AF307886

Ökologie der Abwasserorganismen

Springer

Berlin
Heidelberg
New York
Barcelona
Budapest
Hongkong
London
Mailand
Paris
Santa Clara
Singapur
Tokio

Lemmer/Griebe/Flemming (Hrsg.)

Ökologie der Abwasserorganismen

Mit 73 Abbildungen, davon 5 Farbabbildungen
und 18 Tabellen

Springer

Herausgeber:

Dr. Hilde Lemmer
Bayerisches Landesamt für Wasserwirtschaft
Institut für Wasserforschung
Kaulbachstraße 37, 80539 München

Thomas Griebe
Institut für Siedlungswasserbau, Wassergüte- und Abfallwirtschaft
Universität Stuttgart
Bandtäle 1, 70569 Stuttgart

Prof. Dr. Hans-Curt Flemming
Lehrstuhl für Aquatische Mikrobiologie
Universität Duisburg
Lotharstraße 67, 47057 Duisburg

ISBN-13: 978-3-642-64838-0 Springer-Verlag Berlin Heidelberg New York

Die Deutsche Bibliothek – CIP-Einheitsaufnahme
Ökologie der Abwasserorganismen / Hrsg.: Hilde Lemmer ... –
Hongkong ; London ; Mailand ; Paris ; Santa Clara ; Singapur ;
Tokio : Springer, 1996
  ISBN-13: 978-3-642-64838-0   e-ISBN-13: 978-3-642-61423-1
  DOI: 10.1007/978-3-642-61423-1
NE: Lemmer, Hilde [Hrsg.]

Einbandgestaltung: MetaDesign plus GmbH, Berlin
Satz: Fotosatz-Service Köhler OHG, Würzburg
SPIN: 10493679   2/3020 – 5 4 3 2 1 0 – Gedruckt auf säurefreiem Papier

Vorwort

Was wäre die biologische Abwasserreinigung ohne Mikroorganismen? Die Antwort auf diese Frage ist zweifellos trivial. Nicht trivial ist aber die Antwort auf die Frage nach den Mikroorganismen selbst, die in Anlagen zur biologischen Abwasserreinigung tätig werden und uns helfen, die Qualität unserer Grund- und Oberflächengewässer zu verbessern und langfristig auf einem hohen Niveau zu halten.

Über ein Jahrhundert hinweg haben sich Wissenschaftler und Praktiker bemüht, die Artenzusammensetzung mikrobieller Lebensgemeinschaften in ihrer Abhängigkeit von den vorherrschenden Milieufaktoren erkennen und verstehen zu lernen. Erst in jüngster Zeit gelingt uns aber ein vertiefter Einblick in die Welt der Belebtschlammflocken und Biofilme. Neue Analysentechniken und neue Auswertemethoden haben dazu beigetragen, daß heute mehr Licht in das Dunkel der „black box" eindringen kann. Die Entwicklung der biologischen Abwasserreinigung befindet sich an einer Erkenntnisschwelle.

Die Belebtschlammflocke hat ihren Namen deshalb erhalten, weil beim Blick durch das Mikroskop sich auch dem ungeübten Betrachter ein vielfältiges und bewegtes Treiben eröffnet. Belebtschlamm lebt. Über Jahrzehnte hinweg standen die Protozoen und niederen Metazoen im Belebtschlamm und Tropfkörperrasen denn auch im Zentrum des Interesses. Verteilung und Häufigkeit des Vorkommens einzelner Leitorganismen wurden gemessen und in Beziehung zu den Prozeßbedingungen gebracht, unter denen die biologische Abwasserreinigungsanlage betrieben wurde. Daraus entwickelten sich die Empfehlungen und Vorschriften, die bis heute für den Bau und Betrieb biologischer Kläranlagen maßgebend sind.

Mit Verschärfung der Anforderungen an biologische Kläranlagen änderte sich auch die Schwerpunktsetzung. Nitrifikation, Denitrifikation und biologische Phosphat-Elimination sind Prozesse, die auf modernen Kläranlagen mit einem hohen Wirkungsgrad ablaufen müssen. Im Bereich der Industrieabwasserreinigung, der Reinigung von Deponiesickerwässern und kontaminierter Grundwässer kommen Forderungen nach der Elimination spezieller organischer Verbindungen hinzu. Für all diese Aufgaben werden Bakterien und Pilze mit besonderen metabolischen Fähigkeiten gebraucht. Besonders die Bakterien sind in das Zentrum des Interesses der Mikrobiologen und Ingenieure gerückt. Die Hinwendung zu den eigentlichen Trägern der biologischen Abwasserreinigung war ohnehin überfällig. Daß die höheren Organismen zur Erhaltung des ökologischen Gleichgewichts aber dennoch wichtig sind, darf nicht übersehen werden.

Die Ökologie der Mikroorganismen, d. h. der Bakterien, Protozoen und niederen Metazoen, befaßt sich mit den Wechselwirkungen zwischen Organismenarten, Artenbesiedelung und Umweltfaktoren in Anlagen zur biologischen Abwasserreinigung. Kläranlagen können nur dann wirkungsvoll konzipiert und betrieben werden, wenn diese Wechselwirkungen bekannt sind.

Die Aufgabe des Ingenieurs ist es, die Umweltfaktoren in den Reaktoren zur biologischen Abwasserreinigung zielgerichtet einzustellen. Es muß erreicht werden, daß genau die Organismenarten zum Einsatz kommen, die für die jeweilige Reinigungsaufgabe gebraucht werden.

Aufgabe des Mikrobiologen dabei ist es, die Arten zu identifizieren, die jene Fähigkeiten mitbringen, die für die spezielle Reinigungsaufgabe gebraucht werden. Er muß zudem Informationen über die Milieuanforderungen und Querbeziehungen zwischen verschiedenen Vertretern heterogen zusammengesetzter mikrobieller Lebensgemeinschaften liefern.

Die Chancen, die vielfältigen Vernetzungen innerhalb einer Biozönose genauer erkennen und quantifizieren zu können, und die Chancen des Informationsaustauschs zwischen Ingenieuren und Mikrobiologen sind heute so gut wie nie zuvor. Das hier vorliegende Buch möge dazu beitragen, das wechselseitige Verständnis für die Ökologie der Mikroorganismen im Abwasser zu steigern und neue Wege für eine effiziente biologische Abwasserreinigung aufzuzeigen.

Garching, im Mai 1995

Peter A. Wilderer

Lehrstuhl für Wassergüte-
und Abfallwirtschaft
Technische Universität München
Am Coulombwall, 85748 Garching

Inhaltsverzeichnis

Teil I

Abwasserreinigungsanlagen als aquatisches Biotop

**1 Mikrobiologie und Ökologie –
Was haben sie der Abwassertechnik zu bieten?**
H. Lemmer

**2 Wechselbeziehungen Bakterien-Protozoen.
Ein Beitrag zur ökosystemaren Betrachtungsweise
der biologischen Abwasserreinigung**
H. Güde

Teil II

Den Organismen und Populationsstrukturen abwasserbürtiger Biozönosen auf der Spur

5   *Hyphomicrobium* spp; im Klärwerk und im abwasserbelasteten Gewässer

C. G. Gliesche, P. Hirsch und N. C. Holm

6   Durchflußzytometrische Untersuchung von Belebtschlamm mit rRNA-gerichteten Oligonucleotidsonden

G. Wallner und R. Amann

7   Die Anwendung von *in-situ*-Hybridisierungssonden zur Aufklärung von Struktur und Dynamik der mikrobiellen Biozönosen in der Abwasserreinigung

M. Wagner und R. Amann

**8   PCR-Fingerprint-Verfahren zur Analyse
      von Mikroorganismen-Populationen**
      H.-V. Tichy, P. Wiesner und R. Simon

**9   Reaktionstechnische Untersuchungen zur konjugativen
      Übertragung des TOL-Plasmids pWWO in Suspension
      und im Biofilm**
      C. Dössereck und M. Reuss

10   Viren in der Abwasserbehandlung
      K. P. Hennes

Teil III

Aktivitäten der Mikroorganismen des Abwassers

11 Bestimmung der stoffwechselaktiven Bakterien im Belebtschlamm
T. Griebe, G. Schaule, J. Secker und H.-C. Flemming

**12 Die Bedeutung von Biofilmen und Flocken für die Nitrifikation
in aquatischen Biotopen**
*H.-P. Koops, B. Böttcher, P. Dittberner, G. Rath, G. Stehr und
S. Zörner*

16   Polyphosphatspeichernde Bakterien und weitergehende biologische Phosphorentfernung in Kläranlagen

G. Schön

Teil IV

Physikalische Probleme durch Abwasserbakterien

17   Ursachen und Bekämpfung von Blähschlamm

H. Lemmer

**18   Biologische Ursachen von Schaum und Schwimmschlamm
        in Belebungsanlagen sowie mögliche Gegenmaßnahmen**
        H. Lemmer

19   Schaum in Faulbehältern
        S. Kunst und S. Knoop

Nachwort
        U. Szewzyk

Autorenverzeichnis

Dr. Rudolf Amann
Lehrstuhl für Mikrobiologie
Technische Universität München
Arcisstr. 16, 80290 München

Priv.-Doz. Dr. Georg Benckiser
Institut für Angewandte Mikrobiologie
Justus-Liebig-Universität
Senckenbergstr. 3, 35390 Gießen

Prof. Dr. Eberhard Bock
Institut für Allgemeine Botanik,
Abt. Mikrobiologie
Universität Hamburg
Ohnhorststr. 18, 22609 Hamburg

Dipl.-Biol. Barbara Böttcher
Institut für Allgemeine Botanik,
Abt. Mikrobiologie
Universität Hamburg
Ohnhorststr. 18, 22609 Hamburg

Dipl.-Biol. Petra Dittberger
Institut für Allgemeine Botanik,
Abt. Mikrobiologie
Universität Hamburg
Ohnhorststr. 18, 22609 Hamburg

Dipl.-Ing. Claudia Dössereck
Institut für Bioverfahrenstechnik
Universität Stuttgart
Allmandring 31, 70569 Stuttgart

Prof. Dr. Hans-Curt Flemming
Lehrstuhl für Aquatische Mikrobiologie
Universität Duisburg
Lotharstraße 67, 47057 Duisburg

Dr. Christian G. Gliesche
Institut für Allgemeine Mikrobiologie
Universität Kiel
Am Botanischen Garten 1 – 9, 24118 Kiel

Dipl.-Biol. Thomas Griebe
Institut für Siedlungswasserbau,
Wassergüte und Abfallwirtschaft,
Abt. Chemie Universität Stuttgart
Bandtäle 1, 70569 Stuttgart

Dr. Hans Güde
Landesanstalt für Umweltschutz
Baden-Württemberg
Institut für Seenforschung, Sachbereich 3
Untere Seestr. 81, 88085 Langenargen

Dr. Kilian Hennes
Limnologisches Institut
Universität Konstanz
Postfach 5560 X 913, 78434 Konstanz

Prof. Dr. Peter Hirsch
Institut für Allgemeine Mikrobiologie
Universität Kiel
Am Botanischen Garten 1 – 9, 24118 Kiel

Dr. Niels C. Holm
KÖSTER BAU Umwelttechnik GmbH & Co.
Sandweg 1, 49324 Melle

Prof. Dr. Dr.-Ing. Peter Kämpfer
Institut für Angewandte Mikrobiologie
Justus-Liebig-Universität
Senckenbergstr. 3, 35390 Gießen

Dipl.-Biol. Silke Knoop
Institut für Siedlungswasserwirtschaft
und Abfalltechnik
Universität Hannover
Welfengarten 1, 30167 Hannover

Dr. Hans-Peter Koops
Institut für Allgemeine Botanik,
Abt. Mikrobiologie
Universität Hamburg
Ohnhorststr. 18, 22609 Hamburg

Prof. Dr. Dr. Sabine Kunst
Institut für Siedlungswasserwirtschaft
und Abfalltechnik
Universität Hannover
Welfengarten 1, 30167 Hannover

Dr. Hilde Lemmer
Bayerisches Landesamt für Wasserwirtschaft
Institut für Wasserforschung
Kaulbachstr. 37, 80539 München

Priv.-Doz. Dr. Hans-Joachim Lorch
Institut für Angewandte Mikrobiologie
Justus-Liebig-Universität
Senckenbergstr. 3, 35390 Gießen

Prof. Dr. Lutz-Arend Meyer-Reil
Institut für Ökologie
Ernst-Moritz-Arndt-Universität Greifswald
Schwedenhagen 6, 18565 Kloster/Hiddensee

Prof. Dr. Johannes C. G. Ottow
Institut für Angewandte Mikrobiologie
Justus-Liebig-Universität
Senckenbergstr. 3, 35390 Gießen

Dipl.-Biol. Gabriele Rath
Institut für Allgemeine Botanik,
Abt. Mikrobiologie
Universität Hamburg
Ohnhorststr. 18, 22609 Hamburg

Prof. Dr.-Ing. Matthias Reuss
Institut für Bioverfahrenstechnik,
Universität Stuttgart
Allmandring 31, 70569 Stuttgart

Dipl.-Biol. Jutta Secker
Institut für Siedlungswasserbau,
Wassergüte und Abfallwirtschaft,
Abt. Chemie Universität Stuttgart
Bandtäle 1, 70569 Stuttgart

Dr. Reinhard Simon
TÜV Energie und Umwelt GmbH
Robert-Bunsen-Str. 1, 79108 Freiburg

Dr. Gabriela Schaule
Biofilm Control
Löwenstr. 100, 70597 Stuttgart

Dipl.-Biol. Ingo Schmidt
Institut für Allgemeine Botanik,
Abt. Mikrobiologie
Universität Hamburg
Ohnhorststr. 18, 22609 Hamburg

Prof. Dr. Georg Schön
Institut für Biologie II, Mikrobiologie
Universität Freiburg
Schänzlestr. 1, 79104 Freiburg

Dipl.-Biol. Gabriele Stehr
Institut für Allgemeine Botanik,
Abt. Mikrobiologie
Universität Hamburg
Ohnhorststr. 18, 22609 Hamburg

Dipl.-Biol. Esin Sümer
Institut für Angewandte Mikrobiologie
Justus-Liebig-Universität
Senckenbergstr. 3, 35390 Gießen

Dr. Hans-Volker Tichy
TÜV Energie und Umwelt GmbH
Robert-Bunsen-Str. 1, 79108 Freiburg

Dr. Michael Wagner
Lehrstuhl für Mikrobiologie
Technische Universität München
Arcisstr. 16, 80290 München

Dr. Günter Wallner
GSF-Forschungszentrum für Umwelt
und Gesundheit, AG Durchflußzytometrie
Ingolstädter Landstr. 1,
85764 Oberschleißheim

Dr. Peter Wiesner
Pharmacia Biotech GmbH
Munzinger Str. 9, 79111 Freiburg

Dipl.-Biol. Dirk Zart
Institut für Allgemeine Botanik,
Abt. Mikrobiologie
Universität Hamburg
Ohnhorststr. 18, 22609 Hamburg

Dipl.-Biol. Stephan Zörner
Institut für Allgemeine Botanik,
Abt. Mikrobiologie
Universität Hamburg
Ohnhorststr. 18, 22609 Hamburg

Abkürzungsverzeichnis

AEC	ATP- u. Energiegehalt (*engl.* ATP energy content)
AMO	Ammoniummonooxigenase
ARDRA	Restriktionsanalyse amplifizierter rDNA (*engl.* amplified ribosomal rDNA restriction analysis)
ATV	Abwassertechnische Vereinigung
BSB_5	Biologischer Sauerstoffbedarf (in 5 Tagen)
BTS	Schlammbelastung (= BSB_5-Fracht/d bezogen auf die Trockenmasse des belebt. Schlammes) (s. Glossar)
C	Cytosin
CFU	koloniebildende Einheiten (*engl.* colony forming units)
CSB_{Mn}	Chemischer Sauerstoffbedarf ($KMnO_4$-Verbrauch)
CTC	5-Cyano-2,3-ditolyltetrazoliumchlorid
DAPI	4′,6′-Diamidino-2-phenylindoldihydrochlorid
DAPI-lac	4′,6′-Diamidino-2-phenylindoldihydrochlorid-dilactat
DNA	Desoxyribonucleinsäure
DOC	gelöster organischer Kohlenstoffgehalt (*engl.* dissolved organic carbon)
EBPR	weitergehende biologische Phosporentfernung (*engl.* enhanced biological phosphorus removal)
EUB	bakterienspezifische Hybridisierungssonde
EDTA	Ethylendiaminotetraessigsäure, Na_2-Salz
EPS	extrazelluläre polymere Substanz
ETP	Elektronentransportphosphorylierung
ETS	Elektronentransport-System
EGW	Einwohnergleichwerte
EW	Einwohnerwerte (EW = E + EGW) (s. Glossar)
E	Einwohnerzahl
FISH	fluoreszierende *in situ*-Hybridisierung
FLUOS	5(6)-Carboxyfluorescein-*N*-hydroxysuccinimidester
G	Guanin
Gg	Gigagramm; 10^9 g
HAO	Hydroxylaminoxidreduktase
HGC	„Hoch GC", Bakterien mit einem hohen Gehalt an Guanin und Cytosin (G + C, s. Glossar)
INT	2-*p*-Iodophenyl-3-*p*-nitrophenyl-5-phenyl-2H-tetrazoliumchlorid
KBE	koloniebildende Einheiten, Anzahl kultivierbarer Bakterien
kbp	Kilobasenpaare
M	molar
Mg	Megagramm; 10^6 g
MPN	Methode zur Bestimmung der Bakteriendichte (*engl.* most probable number technique)
N_2O-Red	Lachgasreduktase
NALO	*Nocardia*-ähnlicher Organismus (*engl. Nocardia* like organism)

Nal^S, Nal^R	Nalidixinsäuresensitivität, -resistenz
NiR	Nitritreduktase
NO-Red	Stickstoffoxidreduktase
NR-A	Nitratreduktase A
PAD/EPS	EPS extrapolymere Substanzen
PBS-Puffer	phosphatgepufferte physiologische Kochsalzlösung (*engl.* phosphate buffered saline)
PCR	Polymerasekettenreaktion (*engl.* polymerase chain reaction)
PFGE	Pulsfeld-Gelelektrophorese
PHB	Poly-beta-hydroxybuttersäure
PHV	Poly-beta-hydroxyvaleriansäure
PPAT	Polyphosphat-AMP: Phosphortransferase
ppb	parts per billon
RAPD	randomly amplified polymorphic DNA
RFLP	Restriktionsfragment-Längenpolymorphismus
RNA	Ribonucleinsäure
rRNA	ribosomale Ribonucleinsäure
SDS	Natriumlaurylsulfat (*engl.* sodiumdodecylsulfate)
Sm^S, Sm^R	Streptomycinsensitivität, -resistenz
TEM	Transmissionselektronenmikroskopie
Tg	Teragramm; 10^{12} g
Tol$^-$, Tol$^+$	Physiologische Eigenschaft der Toluolverwertung; nicht vorhanden (–), vorhanden (+)
TRITC	Tetramethylrhodaminisothiocyanat
Trp$^-$	Tryptophanauxotrophie
TTC	2,3,5-Triphenyl-2H-tetrazoliumchlorid
WHG	Wasserhaushaltsgesetz

Teil I

Abwasserreinigungsanlagen als aquatisches Biotop

Mikrobiologie und Ökologie –
Was haben sie der Abwassertechnik zu bieten?

H. Lemmer

1.1
Mikrobielle Lebensgemeinschaften in Abwasser

In der biologischen Abwasserreinigung machen wir uns die Prozesse zunutze, über die in natürlichen aquatischen Systemen durch mikrobielle Lebensgemeinschaften (Biozönosen) organische und anorganische Abwasserinhaltsstoffe in Biomasse bzw. gelöste und gasförmige Abbauprodukte überführt werden (Selbstreinigung). An diesen Reinigungsprozessen sind vor allem Bakterien beteiligt, das sind einfach organisierte Organismen (Prokaryonten), die sich unter optimalen Bedingungen durch Zweiteilung sehr schnell vermehren können (logarithmisches Wachstum). Außerdem kommen auch höher organisierte Organismen (Eukaryonten) wie einzellige Protozoen wie Wimpertierchen oder auch vielzellige Metazoen wie Würmer vor, die nicht gelöste Substanzen aufnehmen, sondern sich von partikulärem Substrat wie Detritus oder anderen Organismen wie Bakterien ernähren. Daneben liegen auch Viren vor, nicht-organismische Partikel, die zwar genetisches Material enthalten, jedoch nur innerhalb der Zellen anderer Organismen vermehrungsfähig sind.

Zur biologischen Abwasserreinigung werden sowohl Systeme mit suspendierter Biomasse, wie z.B. Belebtschlamm im Belebungsverfahren, als auch solche mit fixierter Biomasse wie etwa der Aufwuchs im Tropfkörperverfahren, aber auch Mischsysteme, so z.B. Biofilme in up lift-Reaktoren, eingesetzt.

Je höher organisiert die Organismen sind, desto längere Generationszeiten – das ist der Zeitraum, bis eine neue Generation heranwächst – weisen sie auf. Das bedeutet, daß in Systemen mit hohem hydraulischem Durchsatz sich nur Organismen halten können, deren Generationszeit dieser kurzen Aufenthaltszeit entspricht. Deshalb ging man im Belebungsverfahren sehr schnell dazu über, das einem Durchflußfermenter entsprechende Regime in eines zu verändern, in dem die Biomasse (der „belebte Schlamm") in einem nachgeschalteten Reaktor, dem Nachklärbecken, abgesetzt und in das Belebungsbecken zurückgeführt wird. Diese Vorgehensweise ist dadurch möglich, daß sich Bakterien und andere Organismen des belebten Schlammes in nicht allzu hoch belasteten Systemen mit einer Schlammbelastung unter $1,0\,\mathrm{kg}$ BSB_5 $\mathrm{kg^{-1}}$ TS $\mathrm{d^{-1}}$ zu Aggregaten zusammenlagern, die Belebtschlammflocken. Die Verfahrensweise mit Biomasserückführung bringt neben der Abtrennung der Organismen vom gereinigten Abwasser sowie dem Erhalt adaptierter Mikroorganismen für eine gute Reini-

Lemmer/Griebe/Flemming (Hrsg.)
Ökologie der Abwasserorganismen
© Springer-Verlag Berlin Heidelberg 1996

gungsleistung mit sich, daß für die Selektion von Organismen nicht mehr die hydraulische, sondern die Aufenthaltszeit der Biomasse, d.h. das Schlammalter, ausschlaggebend ist. Dadurch wurde es möglich, wie im Tropfkörperverfahren auch im Belebungsverfahren eukaryontische Einzeller bis hin zu Mehrzellern im System zu etablieren. Diese sind weniger am direkten Stoffabbau beteiligt, sie tragen aber durch die Aufnahme partikulären Substrats maßgeblich zur „Klärung" des aus der Nachklärung abfließenden gereinigten Abwassers bei, was schon in grundlegenden Studien der 70er Jahre nachgewiesen wurde [2, 3].

Schon früh wurde versucht, die Struktur und Funktion der Belebtschlamm-flocke zu ergründen, insbesondere deshalb, weil Störungen der Flockenbildung häufig zu Absetzschwierigkeiten und damit zu Betriebsstörungen in der Nachklärung führten. So erfolgten schon in den 70er Jahren Studien zu physikalisch-chemischen Eigenschaften der Belebtschlammflocke wie etwa deren Ladungsverhältnisse, Adsorptionsverhalten oder die Aufklärung von Polymerstrukturen, die zum „Verkleben" der Organismen mit anorganischen Partikeln zu Aggregaten und Agglomeraten führen [25]. Auch die Aufklärung der Zusammensetzung der an der Flockenbildung beteiligten Bakterienpopulationen wurde sehr bald in Untersuchungen einbezogen [4, 21, 22]. Seit geraumer Zeit wird die (Durch)-Lichtmikroskopie eingesetzt, um durch die qualitative und quantitative Analyse sogenannter Indikatororganismen Hinweise auf die in einer abwasserbürtigen Biozönose vorliegenden Milieu- und Substratbedingungen zu erlangen, die auch Aussagen zum Betriebszustand einer Kläranlage zulassen [14, 15]. Vor allem Protozoen sind hier günstige Objekte, da sie – zumindest bis zur Gruppen- oder Gattungszuordnung – relativ leicht zu bestimmen sind [1, 6, 7, 8, 9]. Daneben können auch fadenförmige Bakterien abwasserbürtiger Biozönosen lichtmikroskopisch unterschieden und eingeordnet werden [5]. Allerdings sind hier durch die Einbindung in die Flocke oder durch morphologische Veränderungen aufgrund der Umgebungsbedingungen [26, 18, 10] Grenzen gesetzt, die nur bei Anwendung neuer *in situ*-Methoden umgangen werden können [27]. Trotz dieser Limitierungen hat die Mikroskopie jedoch inzwischen Eingang in die Kläranlagenpraxis gefunden und wird zur Betriebsüberwachung in vielen Anlagen routinemäßig eingesetzt.

Trotz all dieser Bemühungen ist jedoch aufgrund methodischer Unzulänglichkeiten nur ein bruchstückhaftes Grundverständnis der biologischen Vorgänge bei der Abwasserreinigung vorhanden. Unsere Aufgabe ist es, in die „black box" der biologischen Abwasserreinigung Licht zu bringen.

1.2
Abwasserreinigung früher und heute

In den Anfängen der biologischen Abwasserreinigung wurde das Hauptgewicht auf die Elimination von Kohlenstoffverbindungen gelegt. Damit waren die Anforderungen an die Reinigungsleistung gering. Heute stehen wir vor der Situation, daß hohe Anforderungen nicht nur bezüglich der Elimination von Kohlenstoff-, sondern ebenso von Stickstoff- und Phosphorverbindungen bestehen. Besonders letztere stellen in unseren limnischen und marinen Biotopen häufig einen limitierenden Wachstumsfaktor dar, so daß der Eintrag auch geringster Mengen zu unerwünschten Eutrophierungsvorgängen führen kann. Diese Anforderungen an die Reinigungsleistung sind im Deutschen Wasserrecht (Wasserhaushaltsgesetz WHG § 7a bzw. in der Allgemeinen Rahmenverwaltungsvorschrift über Mindestanforderungen an das Einleiten von Abwasser in Gewässer (RahmenAbwVwV, Anhang 1)) festgelegt und von der Größe der Kläranlagen abhängig. Bei großen Anlagen mit einer Fracht über 6000 kg BSB_5 d^{-1} müssen beispielsweise 75 mg l^{-1} CSB bzw. 15 mg l^{-1} BSB, 18 mg l^{-1} Gesamtstickstoff (ab 12 °C Wassertemperatur) und 1 mg l^{-1} Gesamtphosphor im Ablauf eingehalten werden.

In der aeroben Abwasserreinigung wurden zur Elimination von Kohlenstoffverbindungen zunächst einstufige Reaktoren eingesetzt, in denen die Hauptschwierigkeit in der Bereitstellung eines genügend hohen Sauerstoffgehaltes lag, was regelungstechnisch relativ leicht zu bewältigen war. Heute wird versucht, in verschiedenen Bereichen einer Kläranlage gezielt bestimmte Stoffwechselreaktionen ablaufen zu lassen und neben einer ausreichenden Kohlenstoffelimination auch gute Leistungen hinsichtlich der Stickstoffelimination (Nitrifikation/Denitrifikation) und der biologischen Phosphorelimination zu erreichen. Dazu ist die Einführung mehrstufiger Systeme notwendig, in denen zum einen verschiedene Belastungsverhältnisse und zum anderen, neben aeroben Bedingungen, auch anoxische und anaerobe Bereiche eingestellt werden können. Weiter soll aus Kostengründen die Elimination von Kohlenstoff-, Stickstoff- und Phosphorverbindungen auf engstem Raum erfolgen, was eine Optimierung der Substrat- und Milieubedingungen für die verschiedenen Stoffwechselgruppen schwierig macht. Um erfolgreich eingesetzt werden zu können, erfordert diese Konstellation deshalb neben einer ausgefeilten Regelungstechnik vor allem ein tieferes Grundverständnis für die beteiligten mikrobiologischen Vorgänge als es früher nötig war.

Die heute notwendige Stickstoffelimination aus dem Abwasser, die üblicherweise durch Nitrifikation und Denitrifikation der Ammoniumfracht erfolgt, führte dazu, daß im Vergleich zu den Anfängen der Abwasserreinigung, wo lediglich Kohlenstoffquellen entfernt werden mußten, die Schlammbelastung, d. h. die auf die im System vorliegende Biomasse auftreffende Schmutzstofffracht, von über 1 kg (kg·d)$^{-1}$ heute in den Bereich von 0,1 bis 0,01 kg (kg·d)$^{-1}$ zurückgefahren wurde. Das bedeutet, daß wir uns heute in Belastungsbereichen bewegen, die auch in natürlichen aquatischen Biotopen vorliegen. Daher kann heute in ökologische Betrachtungen zur biologischen Abwasserreinigung der Erfahrungsschatz limnologischer und marinökologischer Forschung direkt eingebracht werden.

1.3
Aktuelle Probleme in der biologischen Abwasserreinigung

1.3.1
Nitrifikation

Um in einem Reaktor neben der Kohlenstoffelimination auch eine Nitrifikation zu bewerkstelligen, muß die Belastung mit Kohlenstoffsubstrat so niedrig gehalten werden, daß Nitrifikanten dem Konkurrenzdruck seitens der Kohlenstoffverwerter standhalten. Diese Senkung der Kohlenstoffbelastung führt zur Selektion der an niedrige Substratkonzentrationen angepaßten oligotrophen Organismen mit anderen spezifischen Wachstumsstrategien als die der copiotrophen Organismen in Hochlastanlagen. Die Ammoniumkonzentration darf nicht zu hoch sein, um Hemmvorgänge und eine damit verbundene unerwünschte Anhäufung von Nitrit zu vermeiden. Die Sauerstoffkonzentration muß genügend hoch gehalten werden, um die Oxidation von Ammonium zu ermöglichen. Eine weitere Schwierigkeit besteht in der starken Temperaturabhängigkeit der Nitrifikationsleistung, so daß in unseren Breiten aufgrund der niedrigen Temperaturen in den Wintermonaten in vielen Anlagen eine vollständige Nitrifikation nicht erreicht werden kann. Dem hat der Gesetzgeber dadurch Rechnung getragen, daß die Einhaltung der o.g. 18 mg l^{-1} Gesamtstickstoff nur bei Wassertemperaturen über 12 °C erforderlich ist.

1.3.2
Denitrifikation

Bei fehlendem Sauerstoff sind viele heterotrophe Bakterien in der Lage, Nitrat anstelle von Sauerstoff als terminalen Elektronenakzeptor zu verwenden. Das bedeutet, daß im sauerstofffreien (bzw. -armen) Milieu die Produktion von Enzymen induziert wird, durch die Nitrat im günstigsten Falle bis zu gasförmigem Stickstoff reduziert wird (Denitrifikation). Ist also eine Denitrifikation erwünscht, ist die Einführung sauerstofffreier, nitrathaltiger Zonen in den Reinigungsablauf notwendig (man spricht von „anoxischen" Zonen). Diese klassische dissimilatorische Nitratreduktion erfordert die Verfügbarkeit einer organischen Kohlenstoffquelle. Je nach der Betriebsweise einer Kläranlage mit vorgeschalteter, nachgeschalteter oder simultaner Denitrifikation bestehen verschiedene Möglichkeiten, z.T. aber auch Probleme bei der Bereitstellung der notwendigen Kohlenstoffverbindungen. Schwierigkeiten treten auch dann auf, wenn es unter bestimmten Bedingungen und entsprechender Zusammensetzung der Denitrifikantenpopulation zur Anhäufung von Zwischenprodukten wie Nitrit oder Lachgas kommt.

Neben der klassischen Denitrifikation ist bekannt, daß einige Denitrifikanten auch unter aeroben Verhältnissen bei entsprechendem Angebot an Kohlenstoffquellen zur Denitrifikation befähigt sind. Andere Bakterien wiederum führen eine dissimilatorische Nitratreduktion durch, bei der nach einer Reduktion von Nitrat zu Nitrit, durch die Energie gewonnen wird, ohne weiteren Energiegewinn Nitrit zu Ammonium reduziert und in die Biomasse eingebaut wird (Nitratammonifikation). Weiter können Bakterien Nitrat als Stickstoffquelle nutzen (Nitratassimilation). Da im Abwassersektor die Denitrifikationsleistung meist durch die Abnahmerate von NO_3-N dokumentiert wird, muß immer die Vielfalt der sich hinter einer Nitratreduktion verbergenden Stoffwechselvorgänge im Auge behalten werden (Übersichtsartikel in Rheinheimer et al. 1988 [23]).

Die Reduktion von Nitrat ist abhängig von verschiedenen Milieu- und Substratbedingungen. Der Bereich sowie die Optima für diese Bedingungen sind von der Zusammensetzung der Denitrifikantenpopulation abhängig. Das Temperaturoptimum vieler heterotropher Bakterien liegt zwischen 27 und 40 °C. Das pH-Optimum für Denitrifikation liegt im neutralen bis leicht alkalischen Milieu. Denitrifikation ist im pH-Bereich von 5,8 bis 9,2 möglich. Abnehmender pH führt zu steigender Hemmung der Distickstoffoxidreduktase, weshalb pH-Werte über 7,3 vermehrt zu Stickstoff-, unter 7,3 eher zu Lachgasbildung führen. Die Nitratreduktion ist auch abhängig von der Sauerstoffkonzentration. Bei der klassischen Denitrifikation wird durch sauerstofffreie Bedingungen die Bildung der Reduktasen induziert. Bei einigen Bakterien werden die Reduktasen allerdings durch niedrige Sauerstoffkonzentrationen nicht gehemmt, wodurch eine „aerobe Denitrifikation" möglich wird [12, 19]. Auch die Abhängigkeit der Denitrifikation von der Kohlenstoffquelle ist wie bei den anderen Parametern grundsätzlich von der Zusammensetzung der Denitrifikantenpopulation abhängig. Kurzkettige organische Säuren, insbesondere Acetat, sind bevorzugte Kohlenstoffquellen. Auch Methanol kann als Kohlenstoffquelle dienen, allerdings kommt es dann zu einer Selektion von methylotrophen Bakterien mit einer folgenden Artenverarmung an Denitrifikanten im Vergleich zur heterotrophen Saprophytenpopulation.

1.3.3
Biologische Phosphorelimination

Die Elimination von Phosphor erfolgt heute noch in vielen Fällen über eine chemische Fällung, meist mit Eisensalzen. Diese Vorgehensweise hat neben hohen Kosten den Nachteil, daß große Mengen an Fällschlamm entstehen, die entsprechende Entsorgungsprobleme nach sich ziehen. Weiter erfolgt durch die Zugabe eine unerwünschte Aufsalzung des Ablaufs.

Schon in den 60er Jahren wurde empirisch festgestellt, daß die Einführung von anaeroben, d.h. sauerstoff- und nitratfreien Zonen zu einer Phosphatrücklösung im anaeroben und einer verstärkten Phosphoraufnahme im aeroben Bereich führt [17]. Dabei spielt nach heutiger Sicht die Aufnahme leicht abbaubaren Substrats im Anaeroben unter Rücklösung von Phosphat sowie der Bildung von Reservestoffen wie Poly-beta-hydroxybuttersäure, die im Aeroben wieder abgebaut werden, eine wichtige Rolle. Im anoxischen Milieu, in dem noch Nitrat vorliegt, kann es dabei zu einer Konkurrenz zwischen denitrifizierenden und Polyphosphat speichernden Bakterien um die vorliegenden Kohlenstoffquellen kommen, weshalb anoxische Verhältnisse in den zur Phosphatrücklösung vorgesehenen Zonen vermieden werden sollten.

Durch die Einführung anaerober Zonen in aerobe Verfahren konnte der Phosphorgehalt des Schlammes in vielen Fällen gegenüber dem Phosphorgehalt in Schlämmen aus rein aeroben Anlagen erhöht werden. Von erhöhter P-Aufnahme spricht man im Abwasserbereich bei P-Konzentrationen über 3 % der Trockenmasse. Durch Entnahme eines solchen Schlammes als Überschußschlamm aus dem Schlammkreislauf ist also eine höhere Phosphorelimination möglich. Man spricht von erhöhter, weitergehender oder einfach biologischer Phosphorelimination (im Insider-Jargon auch einfach von Bio-P); im angelsächsischen Sprachgebrauch von enhanced biological phosphorus removal (EBPR).

Eine umfassende Untersuchung der Stoffwechselvorgänge bei der Bildung von Reservestoffen sowie des Phosphorstoffwechsels im Wechsel von anaeroben und aeroben Verhältnissen erfolgte bisher, ausgehend von den Untersuchungen von Fuhs und Chen [11], im wesentlichen nur anhand der Bakteriengattung *Acinetobacter*, was dazu führte, daß die heute für die Bemessung von Anlagen zur biologischen Phosphorelimination angewendeten Modelle sich praktisch nur an der Biologie dieses Organismus orientieren (Bewertung in Wentzel et al. 1991 [29]). Es liegen mittlerweile schon einige Untersuchungen vor, die nicht auf der Kultivierung von Belebtschlammbakterien beruhen und die belegen, daß nicht ausschließlich *Acinetobacter* zu einer erhöhten Phosphorelimination beitragen kann (Literaturüberblick in [16, 28]).

Die Einführung von anaeroben Zonen in den Betrieb hat ebenso wie die Erniedrigung der Belastung einen großen Einfluß auf die Selektion angepaßter Organismen. Der Beitrag dieser Bakterien zur biologischen Phosphorelimination wurde allerdings bisher nicht detailliert untersucht.

1.3.4
Absetzverhalten des Schlammes

Probleme bei der Feststoffabtrennung im Nachklärbecken über Sedimentation hat es seit Beginn der aeroben Abwasserreinigung gegeben. Insbesondere die Auflösung der Flocken (pin point floc [20]), die Bildung von voluminösem Schlamm (Blähschlamm [24]) sowie das Aufschwimmen des Schlammes in der Nachklärung (Schwimmschlamm [13]) sind seit langem bekannte, bis heute lästige und in vieler Hinsicht noch unverstandene Phänomene, die bei starkem Schlammabtrieb und Abfall der Reinigungsleistung der Kläranlage auch zu Umweltproblemen führen können.

Viele Anlagen haben mit Blähschlamm zu kämpfen, bei dem sich der Schlamm nicht absetzt, sondern sehr voluminös ist und z.T. über die ganze Wassersäule verteilt im Wasserkörper steht. Mikroskopische Untersuchungen zeigen dabei, daß dieses Phänomen von fadenförmigen Mikroorganismen ausgelöst wird, die weit aus den Schlammflocken herausragen, damit das Schlammvolumen vergrößern und das Absetzen verhindern. Eine Ursache ist häufig ein unzureichendes Nährstoffverhältnis mit einer Unterversorgung an Stickstoff- und/oder Phosphorquellen oder eine Unterversorgung an Sauerstoff. Zu Beginn der Abwasserreinigung waren an Hochlast angepaßte Fadenorganismen wie *Sphaerotilus* spp. oder Schwefelbakterien der Gattungen *Thiothrix* und *Beggiatoa* häufig. Heute dominieren an niedrige Schlammbelastung angepaßte Organismen wie etwa das mit der vorläufigen Typnummer bezeichnete Fadenbakterium Typ 0041 [5].

Seit den 70er Jahren treten auch Absetzprobleme durch die Bildung von Schwimmschlamm auf. In diesem Fall setzt sich ein Teil des Schlammes gut ab, ein anderer flotiert an die Wasseroberfläche und bildet eine mehr oder weniger dicke und dichte Schlammdecke, die in den Ablauf abfließen kann. Dieses

Phänomen beobachtet man häufig in Anlagen mit einem hohen Gehalt an hydrophoben oder oberflächenaktiven Abwasserinhaltsstoffen im Zulauf. Im mikroskopischen Bild finden sich als beteiligte Organismen sehr häufig nocardioforme Actinomyceten.

Mit der heute angewendeten Betriebsweise in Kläranlagen geht ein neues Absetzproblem einher: eine massive Schaumbildung schon auf der Belebung, die sich im Gegensatz zu reinen Tensidschäumen nicht durch Besprühen bekämpfen läßt. Die Ursachen hierfür sind nur ansatzweise bekannt. Auffällig ist das überwiegende Auftreten des Fadenorganismus *Microthrix parvicella* in schäumenden Anlagen.

1.4
Aktuelle mikrobiologische und ökologische Fragestellungen in der biologischen Abwasserreinigung

Ziel der Ökologie ist es, ein Verstehen des Zusammenwirkens von Organismenpopulationen einer Biozönose in einem Biotop zu erreichen. Dabei ist zum einen die Kenntnis der Zusammensetzung der beteiligten Populationen vonnöten, zum anderen ihre räumliche und zeitliche Verteilung bzw. ihre Sukzessionsstadien, weiter auch die Verteilung der sie umgebenden abiotischen Milieu- und Substratbedingungen sowie biotische Faktoren wie Konkurrenten oder Symbionten. Im Abwasserbereich stehen im Vordergrund des Interesses die Interaktionen zwischen Bakterien, Protozoen und Metazoen sowie Viren, in Teilbereichen auch die Interaktionen mit photosynthetischen Organismen wie Algen.

Die bisherige mikrobiologische Forschung im Abwasserbereich hat einen wichtigen Beitrag geleistet insbesondere zur Beantwortung autökologischer Aspekte von an der Reinigung beteiligten Mikroorganismen. So ist z. B. über die Abbaumöglichkeiten verschiedener Stoffgruppen durch gezielt untersuchte abwasserbürtige Einzelorganismen vieles bekannt. Allerdings entspricht die früher erfolgte Identifizierung dieser Isolate häufig nicht der nach neuesten Erkenntnissen möglichen taxonomischen Einordnung. Weiter ist stets zu beachten, daß in vielen Fällen aufgrund kultivierungsabhängiger Methoden nicht die für den Reinigungsprozeß *in situ* relevanten Organismen untersucht wurden. Für eine Vielzahl ausgewählter Abwassermikroorganismen wurden optimale Substrat- und Milieubedingungen ermittelt, die eine Beurteilung ihrer Rolle in der Abwasserreinigung erleichtern. Die Untersuchungen beschränken sich meist auf die Ermittlung physiologischer Optima von isolierten Organismen. Hingegen ist unser Wissen hinsichtlich synökologischer Aspekte wie etwa ökologische Wachstumsoptima und Toleranzbereiche in Abhängigkeit von Wechselwirkungen mit anderen Mikroorganismen noch sehr unzureichend.

Daher ist die *Aufklärung der Struktur und Funktion abwasserbürtiger Biozönosen* wie Belebtschlammflocke und Biofilme vorrangiges Ziel aktueller Untersuchungen. Ohne einen Einblick in die „black box" wird das Ziel der Optimierung der Abwasserreinigung mit ihren vielfältigen Ansprüchen nicht erreicht werden.

Zunächst fehlen trotz langjähriger Bemühungen immer noch *verläßliche und vollständige Populationsanalysen* der verschiedenen Organismengruppen. So vermitteln beispielsweise kultivierungsabhängige Florenanalysen nur ein unzureichendes Bild der Populationsstruktur bakterieller Abwasserbiozönosen.

Neben der Beschreibung des Organismengefüges ist die Aufklärung der *Wechselwirkungen im Organismenverband* von vorrangiger Bedeutung, unabhängig davon, ob die Art der Interaktionen im Sinne von Thienemann zu einem „Superorganismus" führen, dessen Eigenschaften mehr beinhalten als die Summe von Einzelreaktionen oder im Sinne des „individualistischen Konzepts" nach Gleason, das unabhängige Teilreaktionen fordert. Dazu gehören beispielsweise Untersuchungen zu Verteilung und Gradienten bestimmter Substrat- und Milieufaktoren oder auch von Diffusionsbarrieren in den zu Aggregaten und Agglomeraten zusammengelagerten Organismenverbänden.

Weiter fehlen systematische Untersuchungen zur *in situ-Leistungsfähigkeit von Abwasserorganismen im Organismenverband* unter den heute in den Kläranlagen herrschenden Bedingungen mit Nährstoffmangelsituationen und Sauerstofflimitierung. Dabei besteht auch die Hoffnung, daß Untersuchungen in dieser Richtung zur Aufklärung des Ablaufs verschiedener (evtl. neu zu beschreibender) Stoffwechselwege im Organismenverband führen. Von besonderem Interesse sind hierbei hinsichtlich der Stickstoffelimination die *Interaktionen der Bakterien des Stickstoffkreislaufs.* Im Hinblick auf die biologische Phosphorelimination ist die Untersuchung der Stoffwechselvorgänge bei der *Speicherung von Reservestoffen* im aeroben und anaeroben Milieu von großer Bedeutung. Hinsichtlich der Schaumbildung in Kläranlagen sind autökologische Untersuchungen an über genetische Typisierung identifizierten Organismen sowie Untersuchungen zum Einfluß von Substrat- und Milieubedingungen auf die *Hydrophobierung von Zelloberflächen* sowie die *Produktion von oberflächenaktiven Substanzen* dringend erforderlich.

Durch verschiedene Neuentwicklungen ist uns heute ein vielfältiges Untersuchungsinstrumentarium an die Hand gegeben, das uns der Beantwortung der oben aufgeworfenen Fragen näher bringen wird, als es bisher möglich war. Daher werden Wachstums- und Überlebensstrategien der Organismen genauer als bisher definiert werden können, was zum tieferen Verständnis der Vorgänge beitragen und bei der Bekämpfung evtl. Schwierigkeiten wirksamere Hilfestellung leisten wird. Die in den folgenden Kapiteln vorgestellten Berichte und Untersuchungen stellen einen Beitrag dazu dar.

Literatur

1. Bick H (1960) Ökologische Untersuchungen an Ciliaten und anderen Organismen aus verunreinigten Gewässern. Arch Hydrobiol 56:378–394
2. Curds CR, Cockburn A, Vandyke JM (1968) An experimental study of the rôle of the ciliated protozoa in the activated-sludge process. WPC 1968:312–329
3. Curds CR, Hawkes HA (eds) (1975) Ecological aspects of used-water treatment. Vol 1: The organisms and their ecology. Academic Press, London
4. Dias FF, Bhat JV (1964) Microbial ecology of activated sludge. Appl Microbiol 12:412–417

5. Eikelboom DH (1975) Filamentous organisms observed in activated sludge. Wat Res 9:365–388
6. Foissner W, Blatterer H, Berger H, Kohmann F (1991) Taxonomische und ökologische Revision der Ciliaten des Saprobiensystems – Band I: Cyrtophorida, Oligotrichida, Hypotrichia, Colpodea. Informationsberichte des Bayerischen Landesamts für Wasserwirtschaft, Heft 1/91, 478 pp
7. Foissner W, Berger H, Kohmann F (1992) Taxonomische und ökologische Revision der Ciliaten des Saprobiensystems – Band II: Peritrichia, Heterotrichida, Odontostomatida. Informationsberichte des Bayerischen Landesamts für Wasserwirtschaft, Heft 5/92, 502 pp
8. Foissner W, Berger H, Kohmann F (1994) Taxonomische und ökologische Revision der Ciliaten des Saprobiensystems – Band III: Hymenostomata, Prostomatida, Nassulida. Informationsberichte des Bayerischen Landesamts für Wasserwirtschaft, Heft 1/94, 548 pp
9. Foissner W, Berger H, Blatterer H, Kohmann F (1995) Taxonomische und ökologische Revision der Ciliaten des Saprobiensystems – Band IV: Gymnostomatea, *Loxodes*, Suctoria. Informationsberichte des Bayerischen Landesamts für Wasserwirtschaft, Heft 1/95, 540 pp
10. Foot RJ, Kocianova E, Forster CF (1992) Variable morphology of *Microthrix parvicella* in activated sludge systems. Wat Res 26:875–880
11. Fuhs GW, Chen M (1975) Microbiological basis of phosphate removal in the activated sludge process for the treatment of wastewater. Microb Ecol 2:119–138
12. Körner H, Zumft WG (1989) Expression of denitrification enzymes in response to the dissolved oxygen level and respiratory substrate in continuous culture of *Pseudomonas stutzeri*. Appl Environ Microbiol 55:1670–1676
13. Lechevalier HA (1975) Actinomycetes of sewage treatment plants. Environ Prot Tech Ser EPA-600/2-75-031, Cincinnati, Ohio 45268
14. Lemmer H (1991) Die mikroskopische Untersuchung von belebtem Schlamm und ihre Bewertung. Münchener Beiträge zu Abwasser-, Fischerei- und Flußbiologie 45: 176–191
15. Lemmer H (1992) Fadenförmige Mikroorganismen aus belebtem Schlamm. Vorkommen – Biologie – Bekämpfung. ATV Dokumentation und Schriftenreihe aus Wissenschaft und Praxis, Band 30, 86 pp
16. Lemmer H (1993) Phosphorstoffwechsel von Mikroorganismen im Hinblick auf den Phosphor-Eintrag von Kläranlagen in Gewässer. Münchener Beiträge zur Abwasser-, Fischerei- und Flußbiologie 47:219–245
17. Levin GV, Shapiro J (1965) Metabolic uptake of phosphorus by wastewater organisms. J Wat Pollut Control Fed 37:800–821
18. Mulder EG, Deinema MH (1992) The sheathed bacteria. In: Balows A, Trüper HG, Dworkin M, Harder W, Schleifer K-H (eds) The Prokaryotes Springer, Berlin
19. Patureau D, Davison J, Bernet N, Moletta R (1994) Denitrification under various aeration conditions in *Comamonas* sp., strain SGLY2. FEMS Microb Ecol 14:71–78
20. Pipes WO (1969) Types of activated sludge which separate poorly. J Wat Pollut Control Fed 41:714–724
21. Prakasam TBS, Dondero NC (1967a) Aerobic heterotrophic bacterial populations of sewage and activated sludge. I: Enumeration. Appl Microbiol 15:461–467
22. Prakasam TBS, Dondero NC (1967b) Aerobic heterotrophic bacterial populations of sewage and activated sludge. II: Method of characterization of activated sludge bacteria. Appl Microbiol 15:1122–1127
23. Rheinheimer G, Hegemann W, Raff J, Sekoulov I (eds) (1988) Stickstoffkreislauf im Wasser. Oldenbourg Verlag, München
24. Smit J (1934) Über die Ursachen des Aufblähens von Belebtschlamm. Arch Mikrobiol 5:550–560
25. Steiner AE, McLaren DA, Forster CF (1976) The nature of activated sludge flocs. Wat Res 10:25–30

26. van Veen WL (1973) Bacteriology of activated sludge, in particular the filamentous bacteria. Antonie van Leeuwenhoek 39:189–205
27. Wagner M, Amann R, Kämpfer P, Aßmus B, Hartmann A, Hutzler P, Springer N, Schleifer K-H (1994a) Identification and in situ-detection of gram-negative filamentous bacteria in activated sludge. System Appl Microbiol 17:405–417
28. Wagner M, Erhart R, Manz W, Amann R, Lemmer H, Wedi D, Schleifer K-H (1994b) Development of an rRNA-targeted oligonucleotide probe specific for the genus *Acinetobacter* and its application for in situ-monitoring in activated sludge. Appl Environ Microbiol 60:792–800
29. Wentzel MC, Lötter LH, Ekama GA, Marais GvR (1991) Evaluation of biochemical models for biological excess phosphorus removal. Wat Sci Tech 23:567–576

KAPITEL 2

Wechselbeziehungen Bakterien-Protozoen
Ein Beitrag zur ökosystemaren Betrachtungsweise
der biologischen Abwasserreinigung

H. Güde

2.1
Biologische Abwasserreinigung auf vorwiegend empirischen Grundlagen

Will man den gegenwärtigen Stand oder Zukunftsaspekte von Technologien wie z. B. der biologischen Abwasserreinigung einordnen, lohnt sich immer auch ein Blick in die Vergangenheit, da manches erst daraus verständlich wird. Wenn man sich in diesem Zusammenhang ganz allgemein die Entwicklung von Technologien in der Zivilisationsgeschichte vor Augen führt, kann man zwei grundsätzliche Muster unterscheiden:

a) Die eine Gruppe von Technologien entwickelt sich langsam empirisch nach Versuch und Irrtum und kommt lange Zeit ohne ein wissenschaflich untermauertes Theoriekonzept aus. Dieses wird erst post hoc im Zuge des wissenschaftlichen Erkenntniszuwachses nachgeliefert, was dann aber nochmals entscheidende technologische Verbesserungen bewirken kann. Gerade aus dem Bereich der angewandten Mikrobiologie liegt ja mit der Gärungstechnik ein Musterbeispiel für diese Art von Technologieentwicklung vor. Diese baute in einer jahrtausendelangen Entwicklung bis zum neunzehnten Jahrhundert auf rein empirischen Grundlagen auf. Die nachfolgende wissenschaftliche Durchdringung des Gärungsprozesses erbrachte zwar keine grundsätzlichen Verfahrensneuerungen, sie trug jedoch zweifellos zu bedeutsamen Optimierungen der Verfahren bei.

b) Demgegenüber steht eine Technologieentwicklung, deren Ausgangspunkt ein a priori vorliegendes theoretisches Konzept ist, aus dem sich deduktiv eine technologische Anwendung ableiten läßt. Als Musterbeispiel für diese Gruppe kann hier der Einsatz der Atomenergie angeführt werden. Diese war ja nur deshalb möglich geworden, weil durch die Atomphysiker theoretische Grundlagen geschaffen worden waren, aus denen die Möglichkeit der energetischen Nutzung der Atomernergie überhaupt erst erkannt werden konnte.

Die technologische Entwicklung der biologischen Abwasserreinigung kann man – wie viele andere erst relativ junge Technologien – zwar nicht eindeutig einem der beiden Entwicklungsmuster zuordnen, dennoch entspricht sie in vielen Zügen sicher weit eher dem ersten Muster: Natürlich bestanden schon bei ihren ersten Erprobungen um die Jahrhundertwende gewisse Vorstellungen über das Wesen der biologischen Selbstreinigung von Gewässern. Diese reichten aber

Lemmer/Griebe/Flemming (Hrsg.)
Ökologie der Abwasserorganismen
© Springer-Verlag Berlin Heidelberg 1996

über relativ allgemeine und nicht scharf umrissene Grundlagen kaum hinaus, so daß die eigentliche Entwicklungsarbeit zunächst weitgehend auf empirischen Versuchs- und Irrtumsansätzen ablief. Die von seiten der Mikrobiologie dazugehörigen wissenschaftlichen Grundlagen wurden, wenn überhaupt, erst nach und nach erarbeitet und sind insbesondere im Hinblick auf die Kenntnis über die organismischen Träger dieser Prozesse immer noch sehr unzureichend.

2.2
Die reduktionistische „black box" Betrachtungsweise

Das bis jetzt für die Abwassertechnologie am nachhaltigsten wirksame theoretische Konzept aus der Mikrobiologie ist zweifellos die Übertragung der von Monod erarbeiteten Gesetzmäßigkeiten für die Zusammenhänge zwischen Substratkonzentration und Wachstumsgeschwindigkeit von Mikroorganismen mit den zugehörigen wachstumkinetischen Modellen auf den Prozeß der Schmutzstoffelimination und des Schlammwachstums in der Abwasserreinigung. Dabei wird das Verfahren formal wie eine chemische Reaktion beschrieben, bei der die Mikroorganismen einerseits und die organischen Substanzen andererseits die Reaktionspartner darstellen. Tatsächlich ist es mit solchen Ansätzen auch gelungen, mathematische Verfahrensmodelle zu erstellen, die sich als durchaus brauchbare Näherungen zur für die Praxis besonders wichtigen Beschreibung der Geschwindigkeit der Elimination der organischen Substanzen und des Schlammzuwachses erwiesen haben. Somit kann hier also zunächst ein durchaus erfolgreiches Beispiel für die Anwendung eines theoretischmikrobiologischen Ansatzes gesehen werden, der auch dem Bedürfnis der Abwasseringenieure nach zuverlässigen, vergleichsweise leicht zu erfassenden Bemessungsgrundlagen entgegen kam.

Kennzeichnend für diesen Ansatz ist jedoch, daß er rigoros reduktionistisch ist, indem ja das Verfahren als quasi Reinkultursystem betrachtet wird, bei dem die Gesamtheit aller Mikroorganismen ebenso wie die der organischen oder anorganischen Schmutzstoffe weitgehend undifferenziert als Belebtschlammbiomasse, BSB_5, Phosphat, Nitrat o. ä. behandelt werden. Damit ist dieser „blackbox" Ansatz jedoch von vornherein untauglich zur Beschreibung solcher Vorgänge, die mit der in Wirklichkeit gegebenen ungeheuren Vielfalt von Organismen und Substraten im Abwasser zusammenhängen. Gerade für diese Vorgänge fehlen aber bislang weitgehend allgemein akzeptierte theoretische Grundkonzeptionen. Damit ergibt sich also eine theoretische Deckungslücke, die keineswegs nur für den Bereich des „akademischen Elfenbeinturms" bedeutsam ist, stehen doch für einige durchaus praxisrelevante Probleme vielfach nur empirisch begründete Verfahrensstrategien zur Verfügung (was natürlich nicht bedeutet, daß diese falsch sein müssen), wie etwa für die Behandlung von Störsituationen durch Überhandnehmen unerwünschter Organismen oder für die gezielte Förderung bestimmter Organismen mit bestimmten Stoffwechselleistungen.

2.3
Die ökosystemare Betrachtungsweise der biologischen Abwasserreinigung

Unabdingbare Voraussetzung für die somit notwendige erweiterte und umfassendere Betrachtung der biologischen Abwasserreinigung ist also ohne Zweifel die Kenntnis der einzelnen unterschiedlichen Organismenpopulationen, aus denen sich die jeweiligen Lebensgemeinschaften der Abwasserreinigungssysteme zusammensetzen. In den letzten Jahren wurden auf diesem Feld – nicht zuletzt dank der Bereitstellung neuer methodischer Hilfsmittel beachtliche Fortschritte erzielt. Gleichwohl ist bis jetzt sicher noch keine vollständige Bestandsaufnahme aller Mikroorganismen der beteiligten Lebensgemeinschaften (Biozönosen) erreichbar. Doch selbst wenn dies der Fall wäre, so wäre damit erst eine notwendige, jedoch keineswegs hinreichende Voraussetzung für das angestrebte umfassendere Verständnis der biologischen Abwasserreinigung geschaffen, wie ja auch die Kenntnis der einzelnen Buchstaben allein noch nicht zur Entschlüsselung einer Schrift ausreicht.

Abwasserreinigungsverfahren müssen vielmehr als Systeme im Sinne von Bertalanffy's [1] betrachtet werden, deren Ganzes mehr ist als nur die Summe ihrer Einzelelemente. Das bedeutet aber, daß ihr Verhalten wesentlich auch durch die Wechselbeziehungen der Einzelteile untereinander und mit dem Gesamtsystem bestimmt wird. Es kann also durch auch noch so genaue Analyse ihrer Einzelteile nicht hinreichend verstanden werden, berücksichtigt man nicht darüber hinaus auch noch die Wechselbeziehungen zwischen den Einzelteilen. Diese Einschränkung ist besonders zur Beurteilung des möglichen Beitrags der Mikrobiologie zum Verständnis der biologischen Abwasserreinigung von entscheidender Bedeutung: Gerade die klassische Mikrobiologie hat ja lange Zeit in konsequenter Verfolgung der Koch'schen Postulate den Weg der isolierten Betrachtung der Einzelorganismen beschritten, wobei nahezu dogmatisch nur die aus Reinkulturversuchen gewonnenen Ergebnisse in der Fachwelt akzeptiert wurden. So wenig bestritten werden kann, daß auf diesem Weg bedeutende Erfolge bei der Krankheitsbekämpfung und Aufklärung der erstaunlichen Vielfalt mikrobieller Stoffwechselleistungen erzielt wurden, so wenig konnte dieser Ansatz hilfreich sein, wenn es darum ging, Wechselbeziehungen zwischen den Organismen zu verstehen. Von daher können aus der Mikrobiologie erst mit der Entwicklung der noch relativ jungen Fachrichtung der mikrobiellen Ökologie nennenswerte Beiträge zum Systemverständnis der biologischen Abwasserreinigung erwartet werden.

Ein systemtheoretischer Ansatz mit besonderer Berücksichtigung der Wechselbeziehungen zwischen den Organismen ist also zum Verständnis von Verfahren der biologischen Abwasserreinigung unverzichtbar. Dabei weisen diese in vielerlei Hinsicht Gemeinsamkeiten mit lebendigen Systemen auf, verhalten sich also gewissermaßen als „Hyperorganismus": Sie sind immer offen, sie haben hohe Komplexität (Anzahl der Elemente), hohe Kompliziertheit (Anzahl der Wechselwirkungen), sie sind hierarchisch geordnet, sie befinden sich meist im Fließgleichgewicht, sie weisen oft äquifinale Eigenschaften auf (d.h. der Zustand des Systems ist von den Anfangsbedingungen unabhängig), und sie sind in der

Regel stabil. Natürlich würde es den Rahmen dieses Beitrags bei weitem übersteigen, hier die gesamte Abwasserreinigung umfassend systemtheoretisch abzuhandeln. In diesem Kapitel soll vielmehr versucht werden, exemplarisch die auf systemtheoretischem Ansatz beruhende ökosystemare Betrachtungsweise des Abwasserreinigungsverfahrens vor Augen zu führen. Das soll unter besonderer Berücksichtigung einer unter Mikrobiologen gemeinhin weniger beachteten, für die Abwasserreinigung jedoch keineswegs vernachlässigbaren Organismengruppe, den Protozoen, geschehen. Gerade an diesem Beispiel läßt sich nämlich veranschaulichen, wie auch eine auf den ersten Blick weniger bedeutsame Organismengruppe durch ihre Wechselbeziehungen mit der Lebensgemeinschaft Wirkungen auf andere Organismengruppen haben und damit potentiell auch auf das Gesamtsystem Einfluß nehmen kann.

2.4
Vorkommen der Protozoen

Neben den Bakterien stellen die Protozoen (Urtierchen, einzellige tierische Organismen) im Hinblick auf Individuenzahl und Biomasse die nächstbedeutende Organismengruppe der Abwasserlebensgemeinschaften dar. Allerdings ist ihr Vorkommen weitgehend auf aerobe Verfahrenstechniken beschränkt, während bei anaeroben Verfahren nur wenige Spezialisten unter den Protozoen beteiligt sind. Die folgenden Ausführungen beschränken sich deshalb auf aerobe Verfahrenstechniken, und innerhalb dieser liegt der Schwerpunkt auf der Betrachtung der Belebtschlammverfahren. Im Rahmen dieses Beitrags ist allerdings nur eine sehr verallgemeinernde Darstellung der Protozoen und ihres Vorkommens in Abwasserreinigungsverfahren möglich, die der großen Vielfalt dieser Gruppe sicher nicht gerecht werden kann. Für detailliertere weitere Informationen sei deshalb auf zusammenfassende Darstellungen verwiesen [2, 4, 11].

In einem gut funktionierenden Belebtschlammbecken kann man bis zu 10^5 Protozoen pro ml zählen (Durchschnitt $10^4 \, \mathrm{ml}^{-1}$). Das sind zwar um mehrere Zehnerpotenzen geringere Zelldichten als die der Bakterien, macht aber immerhin ungefähr 5 % des Gesamt-Trockengewichts des Belebtschlamms aus. Unter den Protozoen stellen die Wimpertierchen (Ciliaten) – mit Ausnahme der Einfahrphase oder von Störsituationen – stets den größten Anteil. Daneben kommen immer auch die in der Regel viel kleineren Geißeltierchen (Flagellaten) und die ständig ihre Form ändernden Wechseltierchen (Amöben) vor, deren Zelldichten allerdings noch eine Größenordnung niedriger als die der Ciliaten liegen (durchschnittlich $10^3 \, \mathrm{ml}^{-1}$). Für die letztere Gruppe muß einschränkend vermerkt werden, daß die Angaben über deren Zelldichten noch mit einiger Unsicherheit behaftet sind, da diese Organismen bei der mikroskopischen Zählung nicht sehr einfach zu identifizieren sind und leicht übersehen werden können. Grundsätzlich findet man in Tropfkörpern ähnliche Zusammensetzungen, wobei dort zusätzlich aufgrund der längeren Aufenthaltszeit auch noch höher entwickelte vielzellige tierische Organismen (Metazoen) wie z. B Rädertiere oder Insekten häufig anzutreffen sind. Für die weitere Betrachtung sind hier unabhängig von ihrer taxonomischen Einordnung vor allem auch Merkmale wichtig, die ihre Lebensweise betreffen, wie etwa ihre Bewegungsart (freischwimmend oder festsitzend), ihre Ernährungsweise (Suspensionsfresser, Weidegänger, Räuber) oder ihre Nahrungsquellen (Bakterien, Algen, andere Protozoen). Diese Merkmale sind nämlich besonders entscheidend für das Verständnis ihrer Bedeutung im Gesamtsystem und ihrer Wechselwirkungen mit anderen Gliedern der Lebensgemeinschaft. Vergleicht man die häufigsten Protozoen-Arten des Belebtschlamms nach diesen Kriterien, so wird deutlich, daß die Mehrzahl aller Arten festsitzende oder kriechende, also an feste Oberfläche gebundene Lebensweise aufweist und sich vorrangig als Suspensionsfresser durch Aufnahme von Bakterien und anderer suspendierter Partikel ernährt.

2.5
Der direkte Beitrag der Protozoen zur biologischen Abwasserreinigung

Natürlich war schon lange bekannt, daß Protozoen in aeroben biologischen Abwasserreinigungsverfahren regelmäßig vorzufinden sind. Dabei herrschte (und herrscht immer noch) keineswegs Einmütigkeit unter den Fachleuten über deren möglichen Beitrag zur biologischen Abwasserreinigung. So reichte anfangs die Einschätzung von dem Extrem, daß die Protozoen die eigentlich für den Reinigungsprozeß verantwortliche Organismengruppe darstelle, bis zum Gegenteil, daß sie für den Reinigungsprozeß schädlich und deshalb eher von Klärsystemen fernzuhalten seien, da sie ja die eigentlichen Leistungsträger, die Bakterien, durch Fraß behinderten. Eine nicht geringe Zahl von Fachleuten tendiert heute – unter Verweis auf die oben angeführten Biomassenverhältnisse – zu der Ansicht, daß die Protozoen für den Reinigungsprozess von eher untergeordneter Bedeutung, also weder schädlich noch nützlich seien. Ein Nutzen könne aus dieser Gruppe allenfalls mittelbar aus ihrer Indikatorfunktion gezogen werden, da nachgewiesen wurde, daß die Zusammensetzung dieser Organismen recht zuverlässig jeweils gegebene Verfahrens-Zustände anzeigt, was man sich heute in der mikroskopischen Analyse des Belebtschlamms zunutze macht.

Solange die Frage nach der Bedeutung der Protozoen nur nach dem Gesichtspunkt ihrer direkten quantitativen Beiträge zur angestrebten Elimination organischer Substanzen aus dem Wasser durch Überführung in Schlammbiomasse bzw. durch Veratmung beurteilt wird, ist die Einschätzung einer eher untergeordneten Bedeutung sicher richtig. Es konnte durch zahlreiche experimentelle Ansätze, insbesondere durch Curds und seine Mitarbeiter [2] belegt werden, daß die Protozoen an den relevanten Stoffumsätzen, zwar auch beteiligt sind, ihr direkter Beitrag dazu jedoch in keinem Verhältnis zu dem der Bakterien steht. An diesem Punkte zeigt sich jedoch besonders deutlich die Unzulänglichkeit der rein analytisch-isolierenden Betrachtung der Einzelelemente, denn zur Einschätzung der Bedeutung der Protozoen müssen eben auch ihre indirekten

Einflüsse bedacht werden, die durch Wechselwirkung mit anderen Teilen der Lebengemeinschaft entstehen. Um diese zu verstehen, sollen im folgenden zunächst in möglichst allgemeiner Form drei wichtige Arten von Wechselbeziehungen innerhalb der Lebensgemeinschaft von Abwasserreinigungsverfahren kurz vorgestellt werden.

2.6
Wechselbeziehungen innerhalb der Lebensgemeinschaft

Eine der wichtigsten Wechselwirkungen zwischen den Organismen ist sicher die Konkurrenz um die verfügbaren Nahrungsressourcen. Im Falle des Abwassers sind dies vor allem die enthaltenen organischen Substanzen, deren Elimination ja ein Hauptziel der Abwasserreinigung darstellt. Wie durch zahllose experimentelle Versuchsansätze mit Durchflußsystemen (also einer Systembedingung der meisten Abwasserreinigungsverfahren) mit Angebot einer gelösten organischen Substanz (z. B. eines Zuckers) belegt wurde, setzt sich innerhalb kurzer Zeit in solchen Kulturen eine dominante Population von Bakterien durch, auch wenn die Kultur mit beliebig vielen unterschiedlichen Organismengruppen beimpft wurde. Ursache für diese Selektion ist die Konkurrenz um die angebotene Nährstoffquelle unter den vorgegebenen Starterpopulationen. Demzufolge setzt sich die Population durch, die das angebotene Substrat am effizientesten nutzen kann. Da durch die Bakterienbiomasse die aktuelle Außenkonzentration der Substrate im Reaktor immer niedrig gehalten wird, werden die Populationen selektioniert, die am besten bei geringen Substratkonzentrationen wachsen können, oder in der Terminologie des oben erwähnten Monod'schen Wachstumsmodels ausgedrückt, die höchste Affinität zum Substrat aufweisen, also bei den kleinsten Konzentrationen ihre halbmaximale Wachstumsgeschwindigkeit erreichen. Das Resultat der Konkurrenz ist nach der Gause'schen Ausschlußregel in jedem Fall eine Verarmung der Populationsvielfalt im System, was aus ökosystemarer Sicht zunächst einmal auch potentiell eine Verringerung seiner Stabilität bedeutet.

Demgegenüber gibt es aber auch solche Wechselbeziehungen, die eher zur Organismenvielfalt beitragen. Hier sind insbesondere mutualistische Beziehungen zu nennen, also solche, bei denen zwei (oder mehrere) Populationen wechselseitig voneinander Nutzen ziehen. Gerade für solche Beziehungen ist anzunehmen, daß sie in Abwassersystemen häufig sind: Als Musterbeispiel sei hier die anaerobe Lebensgemeinschaft im Faulturm genannt, in der verschiedene Populationen in konzertierter Aktion den Abbau von organischen Ausgangssubstanzen über mehrere Stoffwechselzwischenprodukte bis hin zum Endprodukt Methan vollziehen. Da dabei die zum Ende des Prozeßablaufs aktiven Populationen auf die Bereitstellung der Stoffwechelprodukte durch zu Beginn aktive Populationen angewiesen sind, diese aber umgekehrt im Wachstum gehemmt würden, wenn ihre Zwischenprodukte nicht dauernd weiter abgebaut würden, liegt der wechselseitige Vorteil hier auf der Hand. Für aerobe Verfahren sind bis jetzt weniger Beispiele für solche mutualistischen Wechselbeziehungen bekannt, jedoch ist zu vermuten, daß sie auch dort anzutreffen sind.

Sowohl Konkurrenz als Mutualismus kommen auch in ausschließlich bakteriellen Lebensgemeinschaften vor und sind gerade dort oft entscheidende Selektionsfaktoren. Eine dritte starke Wechselbeziehung, die Räuber-Beute-Beziehung, ist jedoch an die Anwesenheit von Protozoen gebunden, die ja in der Mehrzahl Bakterienfresser sind. Damit ergibt sich aber für die Bakterien als Beuteorganismen ein neuer Selektionsfaktor, der u.U. sogar die anderen überlagern kann. Daß der durch die Protozoen auf die Bakterien ausgeübte Fraß- (und damit auch Selektions-)druck beachtlich sein muß, kann anhand einer einfachen Rechnung belegt werden: Nach Literaturangaben kann ein Ciliat mittlerer Größe 1 µl Wasser pro Stunde bakterienfrei fressen (Clearance-Rate). Das bedeutet aber, daß die $10^4\,\mathrm{ml^{-1}}$ Ciliaten potentiell innerhalb weniger Minuten die gesamte Bakterienpopulation des Belebtschlamms leerfressen könnten, also in einer Zeit, die bei weitem unter den angenommenen Verdoppelungszeiten der Bakterien liegt. Aus diesen einfachen Vorüberlegungen wird zunächst einmal deutlich, daß die durch den Bakterienfraß der Protozoen ausgeübte Beeinflussung der Bakterienpopulationen erheblich sein kann.

2.7
Einfluß des Bakterienfraßes auf bakterielle Stoffumsetzungen

Daß Protozoen auf die Bakterienpopulationen tatsächlich erheblichen Einfluß haben, konnte durch zahlreiche experimentelle und Freilanduntersuchungen belegt werden [6, 7, 12]. Dabei kann sich dieser Einfluß zunächst einmal auf die bakteriellen Stoffumsätze auswirken, wobei diese in der Regel intensiviert werden. Das ist angesichts der vorher betonten antagonistischen Effekte der Protozoen als „Räuber" der Bakterien zunächst nicht so selbstverständlich. Es kann aber damit erklärt werden, daß die Bakterienpopulationen durch den Protozoenfraß „verjüngt" werden, d.h. indem die Populationsdichten der Bakterien durch Fraß verringert werden, wird auch die Konkurrenz um das begrenzte Substratangebot für die Bakterien geringer, es steht also pro Bakterium mehr Substrat zur Verfügung. Mit den damit verbesserten Wachstumsbedingungen können die spezifischen Wachstumsraten der Bakterien und damit auch deren Stoffumsetzungen zunehmen. Zu diesem „Verjüngungseffekt" kommt noch verstärkend ein „Regenerationseffekt" mit ebenfalls wachstums-stimulierender Wirkung hinzu: Durch ihre Freßtätigkeit setzen die Protozoen viele zuvor bakteriengebundene organische und anorganische Nährstoffe frei, die den verbleibenden Bakterienzellen zusätzlich für Wachstum zur Verfügung stehen. Durch ihren damit gegebenen Beitrag zur Regeneration von Nährstoffen beschleunigen die Protozoen also die Stoffumsetzungen im System und bewirken damit eine vollständigere Veratmung der ankommenden organischen Stoffe und damit auch eine Reduktion der verbleibenden Bakterienbiomasse. Wachstumsfördernd für die Bakterien können sich schließlich auch mechanische Effekte der Protozoen auswirken: Indem diese durch ihre Freß- und Bewegungsaktivitäten auch rein mechanisch Disaggregation und Neuaggregation von Flocken bewirken können, tragen sie potentiell zu einer erhöhten Nährstoffversorgung der in der Floken-matrix immobilisierten Bakterien bei, indem nämlich somit die sonst für diese Bakterien stark wirksame Diffusionsbarriere durchbrochen und damit der Nach-schub von limitierenden Nährstoffen begünstigt wird.

Es ist jedoch leicht einzusehen, daß sich diese stoffumsatzstimulierenden Auswirkungen des Protozoenfraßes nur solange auch für die angestrebte Reinigungsleistung des Gesamtsystems positiv auswirken können, als die damit ermöglichten Wachstumsgewinne der Bakterien höher oder mindestens gleich groß sind wie ihre Fraßverluste. Wie mit zahllosen experimentellen Ansätzen gezeigt werden konnte, halten sich die Protozoen leider überhaupt nicht an diese Vorgabe, sondern fressen – solange vorhanden – weit mehr von ihren bakte-riellen Futterressourcen weg als diese durch Wachstum kompensieren können [2, 5, 9]. Als Folge davon sind gewaltige Einbrüche bei den Bakterienpopulationen und damit notwendigerweise verbunden auch verringerte Eliminationsleistun-gen des Gesamtsystems zu erwarten. Solche Einbrüche wurden tatsächlich auch immer wieder in Modellsystemen mit Protozoen und Bakterien beobachtet. Auch aus theoretischen Betrachtungen werden phasenverschobene Oszillationen zwischen Räuber und Beute postuliert, denenzufolge Räuber-Beute-Systeme als inhärent instabil anzusehen sind [9]. Es zeigte sich jedoch auch in experimen-tellen Modellversuchen, daß die Schwingungen mit zunehmender Versuchsdauer bis hin zu einem gleichgewichtsähnlichen Zustand gedämpft werden, wie ja auch – zum Vorteil des Verfahrensablaufs – die Schwankungen der Mikroorganis-menbiomasse in den meisten Abwasserreinigungsverfahren in der Regel gering bleiben. Daraus folgt aber, daß es Systembedingungen geben muß, die den desta-bilisierenden Momenten dieser Räuber-Beute-Beziehung entgegenwirken.

Das kann zumindest teilweise damit erreicht werden, daß die bakterien-fressenden Protozoen ihrerseits durch protozoenfressende Organismen kontrol-liert werden. Man findet tatsächlich auch solche Organismen (z. B. räuberische Ciliaten, Sauginfusorien oder Rädertiere) dann gehäuft vor, wenn die Dichte der bakterienfressenden Ciliaten kritische Werte überschreitet. In vielen Abwasser-verfahren ist jedoch die Dichte der räuberischen Organismen zu gering, um die bakterienfressenden Ciliaten wirksam unter Kontrolle zu halten. Da trotzdem schwankungsarme Gleichgewichtsbedingungen eingehalten werden können, müssen weitere Mechanismen zur Systemstabilisierung wirksam sein. Wie im folgenden erläutert wird, kann in der Tatsache, daß die Lebensgemeinschaft der Bakterien nicht homogen, sondern sehr vielfältig zusammengesetzt ist, eine der Hauptursachen zur Systemstabilisierung gesehen werden.

2.8
Einfluß der Protozoen auf die Zusammensetzung der bakteriellen Lebensgemeinschaften

Ein weiteres wichtiges Ergebnis der oben erwähnten experimentellen Versuche mit Bakterien-Protozoen-Kulturen war, daß sich der Bakterienfraß nicht nur quantitativ im Hinblick auf Stoffumsätze und Biomassen, sondern ganz offensichtlich auch qualitiativ im Hinblick auf die Zusammensetzung der Bakterienpopulationen auswirkte. Die Ursache dafür ist, daß die Protozoen nachweislich selektiv fressen, d.h. unterschiedliche Bakterienformen werden unterschiedlich gut gefressen. Demzufolge ist zu erwarten, daß die Selektionsbedingungen für die Bakterien sich auch durch Fraßdruck der Protozoen entscheidend ändern können. Das wurde durch eine Reihe von Experimenten mit Modellkläranlagen belegt [5]: Dort entwickelten sich nämlich in Anwesenheit bakterienfressender Protozoen ganz andere Bakterienpopulationen als in parallelen Ansätzen, die protozoenfrei gehalten wurden. In weiteren Kulturversuchen mit zwei aus diesen Modellsystemen isolierten Bakterienpopulationen konnte gezeigt werden, daß Population 1 stets Population 2 überwuchs, solange Konkurrenz um die vorgegebene Nahrung der alleinige Selektionsfaktor war. In Anwesenheit von Protozoen gewann dagegen Population 2 die Oberhand, die von den Protozoen nicht gefressen wurde. Ganz allgemein bewirkt also der Protozoenfraß eine Verschiebung der Selektionsbedingungen für die Bakterien, derzufolge nicht allein die Anpassung an das gegebene Nährstoffangebot, sondern zusätzlich auch die Freßbarkeit durch Protozoen über den Erfolg einer Population entscheidet. Dementsprechend ist zu erwarten, daß unter starkem Fraßdruck relativ fraßresistente Bakterienpopulationen Selektionsvorteile besitzen und sich deshalb besser im Konkurrenzkampf durchsetzen können.

Leider sind bis jetzt unsere Kenntnisse über die Mechanismen der Fraßresistenz noch unzureichend [7]. Dennoch gibt es keine Zweifel daran, daß u.a. die Zellmorphologie der Bakterien entscheidend für die Fraßresistenz sein kann. So war in den oben geschilderten Experimenten allen unter Fraßdruck selektionierten Populationen gemeinsam, daß sie komplexe Wuchsformen wie z.B. Faden- oder Aggregatbildung aufwiesen, während sich in Abwesenheit von Protozoen bei ansonsten gleichen äußeren Bedingungen unabhängig von der taxonomischen Zusammensetzung stets aus frei suspendierten Einzelzellen bestehende Populationen durchsetzten. Diese Befunde sprechen dafür, daß frei suspendierte Einzelzellen Selektionsvorteile haben, wenn Konkurrenz um die Nährstoffe der dominierende Selektionsfaktor ist, da diese Wuchsform das relativ größte Oberflächen-Volumen-Verhältnis aufweist und damit die Wahrscheinlichkeit von Zell-Substrat-Kontakten optimiert ist [8]. Gleichzeitig ist dies jedoch auch die für Suspensionsfresser am effizientesten verwertbare Wuchsform. Deshalb werden frei suspendierte Einzelzellen mit zunehmendem Fraßdruck durch relativ fraßresistentere Wuchsformen wie Aggregate oder Filamente verdrängt. Gerade solche Wuchsformen sind aber in der biologischen Abwasserreinigung vorherrschend. Natürlich kommen auch andere als morphologische Mechanismen der Fraßresistenz in Frage, wie etwa die chemische Zusammensetzung der Zelloberfläche, die Beweglichkeit, die Anheftung an Oberflächen etc. Über diese Mechanismen ist jedoch bislang viel weniger bekannt.

2.9
Beteiligung der Protozoen bei der Flockenbildung?

Im Hinblick auf die angestrebte Stoffelimination aus dem Wasser, sollte es im Grund keine Rolle spielen, welche Organismen an diesem Prozeß beteiligt sind. Es wird ja durch die Verfahrensbedingungen des offenen Systems und der Substratlimitierung gewährleistet, daß unter den Mikroorganismen ständig Konkurrenz um die Nährstoffe herrscht, so daß beim Wegfall einer Population deren Platz sofort von einer anderen eingenommen wird, für die ähnliche Gesetzmäßigkeiten der Substratelimination gelten wie für den Vorgänger. Eben darauf gründet sich die Anwendbarkeit des reduktionistischen Ansatzes.

Die Zusammensetzung der Lebensgemeinschaft gewinnt im Hinblick auf die Verfahrenstechnik erst dadurch Bedeutung, daß die für die Stoffelimination verantwortlichen Mikroorganismen auch selbst eine stoffliche Belastungsquelle darstellen, die aus dem Wasser eliminiert werden sollte. Verfahrenstechnisches Ziel muß deshalb auch eine möglichst weitgehende Abtrennung der Bakterienbiomasse von dem in das Gewässer abfließenden gereinigten Wasser sein. Das ist technisch vertretbar nur durch mechanische Verfahren, wie Sedimentationsverfahren, mit möglichst kurzer Verweildauer zu erreichen. Da Bakteriensuspensionen jedoch – wenn überhaupt – nur sehr langsam sedimentieren, ist das Vorliegen der Organismenbiomasse in schnell sedimentierender Flockenstruktur eine unverzichtbare Voraussetzung des Belebtschlammverfahrens. Bislang gibt es jedoch noch keine allgemein akzeptierte theoretische Erklärung für die Flockenbildung beim Belebtschlammverfahren. Am meisten wird derzeit die Polymer-Brückenbildung als Ursache der Flokenbildung angesehen. Diese rein physikalisch-chemische Erklärung kann jedoch ebensowenig als ausreichend angesehen werden, wie der Hausbau allein aus den Bindungskräften zwischen Ziegelsteinen und Mörtel verstanden werden kann. Da Bakterienpopulationen offensichtlich die Freiheit besitzen, nicht nur in Flockenform zu wachsen, muß also zusätzlich nach den Systembedingungen gefragt werden, die zur Ausbildung von den für die Brückenbildung notwendigen Polymeren führen.

In diesem Zusammenhang wurde und wird immer wieder auch die Rolle von Protozoen bei der Flockenbildung diskutiert. Ausgangspunkt dafür ist die immer wieder neu bestätigte Beobachtung, daß zufriedenstellende Flockenbildung und klare Abläufe in Kläranlagen nur bei ausreichender Besiedlung mit Protozoen erreicht werden. Zur Erklärung solcher Befunde wurde u. a. vermutet, daß die Protozoen selbst durch Ausscheiden von flocculierenden Polymeren zur Flockenbildung beitragen [2]. Dabei müßte dieser Mechanismus vor allem durch die im Belebtschlamm vorherrschenden sessilen Ciliaten bewirkt werden, da in Anwesenheit anderer bakterienfressender Protozoen, wie frei schwimmender Ciliaten oder Flagellaten die Flockenbildung weit weniger effizient verläuft. Denkbar wären auch von den Protozoen ausgehende chemische Signale, die bei den Bakterien die Produktion von Polymeren auslösen. Beispiele für solche chemisch induzierten Verteidigungsmechanismen, die offensichtlich aus der Co-Evolution von Räuber-Beute-Paaren entstehen können, sind für den aquatischen Bereich in jüngerer Zeit vermehrt bekannt geworden [10]. Nicht zuletzt kann aber auch in der durch Selektion der Protozoen selbst bewirkten Herausbildung von fraßresistenten Wuchsformen ein essentieller Beitrag zur Flokenbildung gesehen   werden. Die oben geschilderten Versuchsergebnisse belegen ja eindeutig, daß bei Substratlimitierung unter Ausschluß der Fraßselektion durch Protozoen Wachstum in flockenförmigen Aggregaten eine nicht wahrscheinliche Wuchsform darstellt, da sie im Hinblick auf die Effizienz der Substrataufnahme nur suboptimal ist. Ungeachtet der noch nicht hinreichend verstandenen beteiligten Mechanismen liegt inzwischen aber genügend Belegmaterial dafür vor, daß die Protozoen direkt oder indirekt an dem für den Verfahrensablauf entscheidenden Prozeß der Flockenbildung wesentlich beteiligt sind.

2.10
Zusammenfassung und Ausblick

Die vorliegenden Ausführungen zeigen, daß auch eine quantitativ weniger bedeutsame Organismengruppe wie die der Protozoen erheblich zur biologischen Abwasserreinigung beitragen kann, wobei dies vor allem indirekt über Wechselwirkung mit den Bakterien geschieht. Dabei beeinflussen die Protozoen durch ihre Freßtätigkeit sowohl die Stoffumsätze als auch die Zusammensetzung der Bakterienpopulationen. Allerdings stellt die Freßtätigkeit auch eine potentielle Gefahr für die Stabilität des Gesamtsystems dar, da nach theoretischen Überlegungen Räuber-Beute-Systeme inhärent instabil sind. Diesem Risiko der Destabilisierung wirken jedoch durch die Protozoen selbst ausgelöste Stabilisierungsmechanismen entgegen. Da gezeigt wurde, daß durch Bakterienfraß besonders fraßresistente Wuchsformen selektiert werden, kann darin ein Hauptmechanismus zur Stabilisierung gesehen werden. Nach theoretischen Überlegungen wird eine Stabilisierung von Räuber-Beute-Systemen nämlich dann am effizientesten erreicht, wenn die Beuteorganismen aktiv oder passiv einen Fraßschutz erhalten [9].

Für das Belebtschlammsystem ist in diesem Zusammenhang zusätzlich die offensichtliche Beteiligung der Protozoen am Flockungsprozeß von besonderem Interesse, wenn auch die genauen Mechanismen dieser Beteiligung noch unklar bleiben. Unbestritten ist jedoch, daß durch die Protozoen die eigentliche „Klärung" des Wassers erfolgt, da sie die frei suspendierten Einzelzellen permanent aus dem Wasser entfernen und damit eine Trübung verhindern. Damit tragen sie u.a. auch wesentlich zur Elimination pathogener Keime aus dem Abwasser bei.

Somit und angesichts der Tatsache, daß gerade beim Flockungsprozeß die häufigsten Störungen des Belebtschlammverfahrens zu beobachten sind, kommt der ökosystemaren Betrachtungsweise der biologischen Abwasserreingung also durchaus praktische Bedeutung zu. Nur damit können wir solche Störungen wirklich verstehen und Ansatzpunkte für Therapie und Prophylaxe liefern. Ebenso ist diese Betrachtungsweise unverzichtbar für den heute vermehrt angestrebten gezielten Einsatz von Bakterienpopulationen mit besonderen Stoffwechselleistungen. Der Erfolg solcher Maßnahmen kann nur dann realistisch eingeschätzt werden, wenn man auch die zur Vermehrung dieser Bakterien erforderlichen Selektionsbedingungen im System ausreichend kennt. Natürlich sind wir jetzt noch von diesem Ziel weit entfernt. Es müssen also noch erhebliche Anstrengungen auf dem Wege dahin unternommen werden. Mit der dann zu erhoffenden umfassenderen Kenntnis der Wechselbeziehungen können jedoch deutlich verbesserte Grundlagen zur gezielten Steuerung der biologischen Abwasserreinigung erwartet werden.

Die sich aus der ökosystemaren Betrachtungsweise ergebenden Fragestellungen und Antwortmöglichkeiten reichen also weit über das rein akademische Interesse hinaus. Umgekehrt ergeben sich aber auch aus der Beschäftigung mit Abwassersystemen durchaus Möglichkeiten zur Bildung und Überprüfung von Theorien über allgemein mikrobiell-ökologische Gesetzmäßigkeiten. Mit der ökosystemaren Betrachtungsweise ergibt sich das Potential einer besonders fruchtbaren Wechselbeziehung zwischen Theorie und Praxis. Es bleibt zu hoffen, daß damit sowohl für Mikrobiologen als auch für Abwasseringenieure Anreiz gegeben ist, sich dieser Sichtweise in Zukunft verstärkt zu öffnen.

Literatur

1. Bertalanffy Lv (1949) Zu einer allgemeinen Systemlehre. Biologia Generalis 19:114–136
2. Curds CR (1982) The ecology and role of protozoa in aerobic sewage treatment processes. Ann Rev Microbiol 36:27–46
3. Foissner W (1988) Taxonomic and nomenclatural revision of Sladecek's list of ciliates (Protozoa: Ciliophora) as indicators of water quality. Hydrobiologia 166:1–64
5. Güde H (1979) Grazing by protozoa as selection factor for activated sludge bacteria. Microb Ecol 5:225–237
6. Güde H (1989) The role of grazing in bacteria in plankton succession. In: Sommer U (ed) Plankton ecology. Succession in plankton communities. Springer Berlin, p. 359–362
7. Jürgens K, Güde H (1994) The potential importance of grazing resistant bacteria in planktonic systems. Mar Ecol Progr Ser 112:169–188
8. Koch AL (1991) Diffusion: The crucial process in many aspects of the biology of bacteria. Adv Microb Ecol 11:37–70
9. Kuno E (1987) Principles of predator-prey interaction in theoretical, experimental and natural population systems. Adv Ecol Res 16:249–337
10. Larsson P, Dodson S (1993) Chemical communication in planktonic animals. Arch Hydrobiol 129:129–155
11. Mudrack K, Kunst S (1988) Biologie der Abwasserreinigung. G. Fischer Verlag, Stuttgart
12. Stout JD (1980) The role of protozoa in nutrient cycling and energy flow. Adv Microb Ecol 4:1–50

KAPITEL 3

Ökologie mikrobieller Biofilme

L.-A. Meyer-Reil

3.1
Einführung

Die Untersuchung mikrobieller Biofilme begann vor 50–80 Jahren mit den einführenden Arbeiten von Söhngen, Cholodny, Henrici und ZoBell. Dort konnte gezeigt werden, daß die Gegenwart von Oberflächen bakterielle Prozesse beeinflußt. Die Entwicklung von Biofilmen auf Glasobjektträgern wurde mit Hilfe der Lichtmikroskopie beobachtet. Die weitere wissenschaftliche Erforschung mikrobieller Biofilme verlief dann sehr langsam. Erst Ende der 60er bzw. 70er Jahre wurde durch die Arbeiten von Stotzky und Mitarbeitern in Böden und von Marshall und Mitarbeitern im Wasser die Bedeutung mikrobieller Besiedlung von Oberflächen deutlich. Diese Untersuchungen waren der Ausgangspunkt für das intensive Studium der Anheftung von Mikroorganismen an Oberflächen und der Prozesse, die letztlich zur Bildung komplexer Biofilme führen. Mikrobielle Biofilme gewannen zunehmend Beachtung in der Forschung.

Ausdruck dieses Interesses war u.a. der Dahlem Workshop zum Thema „Struktur und Funktion von Biofilmen", der 1988 durch den Stifterverband der deutschen Wissenschaft und die Deutsche Forschungsgemeinschaft in Berlin abgehalten und durch das Buch „Structure and function of biofilms" [1] dokumentiert wurde. Ziel dieses Workshops war es *„to provide new concepts, experimental approaches, and mathematical models for the description and control of biofilms".* In den letzten Jahren sind weitere zusammenfassende Darstellungen erschienen, die sich mit unterschiedlichen Aspekten mikrobieller Biofilme beschäftigen [2–6]. Das Ziel der Untersuchung mikrobieller Biofilme kann man in zwei Kernpunkten darstellen:

a) Verständnis der physikalischen, chemischen und biologischen Prozesse, die bei der Bildung und Funktion von Biofilmen bedeutsam sind, und
b) Manipulation der Prozesse mikrobieller Biofilme in Ökologie und Technik.

3.2
Relevanz mikrobieller Biofilme

Was versteht man unter mikrobiellen Biofilmen? Biofilme sind komplexe Akkumulationen von Mikroorganismen, die an einer Oberfläche immobilisiert und in

Lemmer/Griebe/Flemming (Hrsg.)
Ökologie der Abwasserorganismen
© Springer-Verlag Berlin Heidelberg 1996

eine polymere organische Matrix eingebettet sind, die von den Organismen selbst erzeugt wird. Dieser Definition können zwei weitere Charakteristika von Biofilmen hinzugefügt werden:

a) die Akkumulationen von Organismen sind heterogen in Zeit und Raum, und
b) Biofilme schließen eine signifikante Fraktion anorganischen und organischen Materials mit ein, das durch die Matrix zusammengehalten wird.

Mikroorganismen heften sich an nahezu jeder Oberfläche an, die im aquatischen Milieu ausgebracht wird. Die Zellen werden immobilisiert, sie wachsen und teilen sich, sie produzieren extrazelluläre polymere Substanzen (EPS), die letztlich ein Netzwerk bilden und somit die Struktur einer Vergesellschaftung von Mikroorganismen ergeben, die man Biofilm nennt. Die Entwicklung von Biofilmen ist das Nettoresultat von Transport- und Austauschprozessen zwischen dem umgebenden Medium und dem Biofilm sowie von Abbau- und Modifikationsprozessen anorganischen und organischen Materials innerhalb des Biofilms.

Biofilme können ein- und vielschichtig sein. Sie sind gewöhnlich einige 100 μm dick, können jedoch bis auf eine Dicke von mehreren Dezimetern anwachsen und bei entsprechender Verfestigung den Charakter von Matten gewinnen. Die zeitliche und räumliche Heterogenität ergibt sich aus der Vielfalt mikrobieller Substratumsätze innerhalb der Biofilme. Im einfachsten Fall umfaßt der Biofilm die Organismen sowie die Substrate und Produkte ihres Stoffwechsels. Durch die schwammige und poröse Struktur des Biofilms kommt es sehr schnell zur Adsorption von gelöstem und partikulärem anorganischen und organischen Material, so daß sich eine komplexe organische Matrix entwickelt.

Die Relevanz mikrobieller Biofilme ist offenbar. Die mikrobielle Extraktion und Oxidation von anorganischem und organischem Material aus Luft, Wasser und Boden ist die Grundlage für die Reinhaltung der Lebensräume, die Aufbereitung von Trinkwasser, die Klärung von Abwasser, die Elimination von Schadstoffen und den Abbau von Öl. Durch die Katalyse spezifischer Substratumsätze durch immobilisierte Mikroorganismen werden in Technik und Pharmazie spezifische Produkte gewonnen. Die mikrobielle Extraktion und Mobilisation von Mineralen führt zu deren industrieller Gewinnung.

Mikrobielle Biofilme können jedoch auch problematisch sein. Durch Bewuchs von Wärmetauschern und Kühleinrichtungen kommt es zu Behinderungen des Wärme- bzw. Kälteaustausches und damit zum Verlust von Energie. Der mikrobielle Bewuchs in Wasser- und Abwasserleitungen führt zum Anwachsen des kritischen Fließwiderstandes sowie zum Energieverlust. Bewuchs in Trinkwasserleitungen kann die Herabsetzung der Trinkwasserqualität und eventuell auch Gesundheitsgefährdung bedeuten. Bewuchs an Bauten, Geräten und Sensoren führt zur Zersetzung von Material, Korrosion und Beeinträchtigung der Funktionen. Bewuchs auf Zähnen, in Körperhöhlen, Wunden und auf medizinischem Gerät bedingt Gesundheitsgefährdung, wie Karies und Infektionen.

In der Zusammensetzung von Biofilmen können fünf Kompartimente unterschieden werden: Substratum, Basisbiofilm, Oberflächenbiofilm, flüssige und gasförmige Phase. Jedes der Kompartimente ist durch wenigstens eine Phase (fest, flüssig, gasförmig) charakterisiert. Deshalb kann jedes dieser Kompartimente durch seine thermodynamischen und Transporteigenschaften sowie durch die dominierenden Transport- und Transformationsprozesse beschrieben werden. Die Oberfläche, das Substratum, bestimmt über die Zellpopulationen, die siedeln und über deren Besiedlungsrate. Die Oberflächen sind meist undurchlässig, z.B. Metalle, können aber auch porös sein, z.B. Filter; das Substratum kann gleichzeitig als abbaubares Substrat dienen, z.B. Holz oder Detritus.

Der auf das Substratum folgende Basisbiofilm ist gut strukturiert mit definierten Grenzen. Molekulare Diffusion überwiegt. Der Oberflächenbiofilm bildet den Übergang zwischen Basisfilm und flüssiger Phase. Advektiver Transport überwiegt [2]; es bilden sich deutliche Gradienten zur umgebenden flüssigen Phase aus.

Die flüssige Phase beeinflußt durch ihre Fließdynamik entscheidend den Transport von Material, Zellen und Wärme zum Oberflächenbiofilm. Bei laminarer Strömung ist dieser Transport beträchtlich langsamer als bei turbulenter Strömung. Zudem spielt die Systemgeometrie eine bedeutende Rolle für den Transport von Material. Die Gasphase sorgt für die Zufuhr von Gasen (O_2, CO_2) und das Abführen von gasförmigen Produkten des mikrobiellen Stoffwechsels (z.B. N_2, H_2S, CH_4).

Das Biofilmsystem zeichnet sich durch vielfältige Wechselbeziehungen zwischen den unterschiedlichen Kompartimenten aus. Zwischen der flüssigen Phase und dem Oberflächenbiofilm dominieren Transportprozesse von löslichen Komponenten in den Biofilm hinein und aus dem Biofilm hinaus sowie Transferprozesse, z.B. Anheftung und Ablösung von partikulären Komponenten. Im Biofilm dominieren Modifikations- und Abbauprozesse von anorganischen und organischen Substraten, die lösliche und partikuläre Komponenten, Nährstoffe, Elektronenakzeptoren, Zellen und inertes Material einschließen.

3.3
Mikrobielle Besiedlung von Partikeln

Bei der mikrobiellen Besiedlung von Oberflächen können schematisch vier Phasen unterschieden werden, die sich in ihrer Zeitfrequenz überlappen und von physikalischen bis hin zu biologischen Prozessen reichen: Bildung eines Konditionierungsfilms, Besiedlung durch Bakterien, Diatomeen und Metazoen [7]. Der Konditionierungsfilm („conditioning film") entwickelt sich spontan innerhalb weniger Minuten flächenhaft, wenn „reine" Oberflächen in Kontakt mit einer wässerigen Phase kommen. Dieser Konditionierungsfilm besteht aus organischen Molekülen (Proteinen, Glycoproteinen, Polysacchariden, Huminsäuren). Durch die Filmbildung kommt es zu einer Abnahme der Benetzbarkeit der Oberflächen; es resultieren negative Ladungen, und die freie Oberflächenenergie von reinen, energiearmen Oberflächen nimmt ab. Innerhalb weniger Stunden beginnt dann die mikrobielle Besiedlung. In einer dritten

Phase siedeln in einer Zeitspanne von Wochen Diatomeen und in einer vierten Phase Metazoen (Larven, Sporen) im Bereich von Monaten.

Für den Transport und die Anheftung von Mikroorganismen sind im wesentlichen physikalische Kräfte verantwortlich [7]. Im Bereich der wässerigen Phase können die Organismen durch Schwerkraft, Strömungen, Makroturbulenz, Diffusion oder Beweglichkeit (Chemotaxis) an Partikeloberflächen herangetragen werden. Im Bereich der viskosen Grenzschicht (einem strukturierten Wasserfilm) tragen neben Eigenbewegung Mikroturbulenz und Brownsche Bewegung zur Beförderung der Organismen bei. Die Organismen werden im Bereich der elektrostatischen Doppelschicht durch antagonistische Wirkungen anziehender van der Wals-Kräfte und abstoßender elektrostatischer Kräfte immobilisiert. Diese Kräfte können durch bakterielle Polysaccharidfibrillen überwunden werden, die sich über bivalente Kationen mit der Oberfläche verbinden. Durch enzymatische Kontraktionen dieser Fibrillen werden die Organismen dann an die Oberfläche herangezogen. Auf die reversible Adsorption folgt die irreversible Anheftung. Auch Bindungen über Wasserstoffbrücken können bei der Anheftung von Mikroorganismen an Oberflächen eine Rolle spielen.

Mikroorganismen besiedeln nur einen relativ geringen Teil der verfügbaren Partikeloberfläche. Die in der Literatur für marine Sedimente angegebenen Werte schwanken zwischen 0,01 und 5 %, wobei die Schwankungsbreite sicherlich auch durch die unterschiedlichen Methoden der Berechnung der Oberfläche wie auch der Zählung der Organismen bedingt ist. Sand- und Siltpartikel werden bevorzugt besiedelt, während Tonpartikel offenbar wegen ihrer geringen Größe nicht oder kaum besiedelt werden. Neben der Art und Größe spielt auch die Rundung der Partikel eine bedeutende Rolle bei der mikrobiellen Besiedlung: mit zunehmender Alterung (Rundung) der Partikel nimmt die mikrobielle Besiedlung deutlich ab [8].

Mikroorganismen werden bevorzugt in den flachen Buchten und Senken der Partikel gefunden, wo sie gegen mechanischen Abrieb geschützt sind [8, 9]. Tiefe Risse und Spalten werden offensichtlich kaum besiedelt. Wie Untersuchungen von DeFlaun und Mayer [10] nachwiesen, ist das Vorkommen der Mikroorganismen an geschützten Stellen der Partikel eher eine Konsequenz des besseren Überlebens als der bevorzugten Besiedlung. Rasterelektronenmikroskopische Aufnahmen von Weise und Rheinheimer [8] zeigten, daß sich auf der Oberfläche von Sandkörnern vielfältige Mikroumgebungen ausbilden, die von Biofilmen unterschiedlicher Assoziationen von Mikroorganismen dominiert werden.

Die mikrobielle Besiedlung von Oberflächen wird durch eine Sukzession physiologischer Typen von Organismen charakterisiert, wobei offenbar copiotrophen Bakterien die Rolle von Erstbesiedlern zukommt. Durch den Stoffwechsel dieser an relativ hohe Nährstoffkonzentrationen angepaßten Bakterien kommt es zu einem raschen Aufzehren der an den Oberflächen akkumulierten Nährstoffe. Erst dann können oligotrophe (bei geringen Nährstoffkonzentrationen wachsende) Bakterien siedeln (vgl. Literatur bei Fletcher und Marshall, [11]). Die mikrobielle Flora erreicht schnell eine hohe Komplexität in bezug auf Zellformen und Anheftungsmechanismen. Es finden sich Einzelzellen oder Aggregate von bis zu 20 Zellen, die offenbar Mischpopulationen von Bakterien darstellen [12]. Mit zunehmender Besiedlung verringert sich das Verhältnis von Muraminsäure zu ATP, ein Zeichen dafür, daß die zunächst prokaryotische Besiedlung durch komplexere Formen abgelöst wird [13].

Vom Augenblick der Bildung mikrobieller Biofilme an findet auch wieder eine Ablösung von Zellen oder Zellaggregaten statt. Hierfür können Zellbeweglichkeit, aber auch hydrodynamische Kräfte, wie Scherkräfte und Turbulenzen, verantwortlich sein. Durch Erosion von Biofilmen kann es zu einer kontinuierlichen Ablösung von Biofilmmaterial kommen. Beim „sloughing" werden größere Biofilmfetzen abgelöst, z.B. durch plötzliche Änderungen der Temperatur oder des pH-Wertes, durch artifizielle Eingriffe, wie die Behandlung mit Chemikalien oder durch Abweiden der Biofilme („grazing") durch höhere Organismen.

3.4
Schlüsselfunktionen extrazellulärer polymerer Substanzen

Die Anheftung von Mikroorganismen an Oberflächen stimuliert die Bildung extrazellulärer Polysaccharide [14]. Mit zunehmender mikrobieller Besiedlung und nachfolgendem Wachstum bilden sich komplexe Biofilme, die in eine organische Matrix eingebettet sind, die von den Organismen sekretiert wird und aus einem Netzwerk extrazellulärer polymerer Substrate (EPS) besteht. Diese Glycocolyx wird von Kanälen durchzogen (vgl. Schemazeichnung von Lock [15]), die dem Austausch von Flüssigkeiten und Gasen dienen [16]. Mit Hilfe der *Confocal Scanning Laser Mikroskopie* konnte der Partikeltransport in Modellbiofilmen gemessen [17] und Diffusionskoeffizienten für Modellsubstrate errechnet werden [18]. Relativ zur wässerigen Phase war die Diffusion in Biofilmen herabgesetzt. Interessanterweise wurden innerhalb der Biofilme regionale Unterschiede in der Mobilität von Modellsubstraten nachgewiesen.

EPS besitzen Schlüsselfunktionen für die Zellen und ihre Umgebung (vgl. Review von Decho [19]). Durch EPS werden die Organismen auf der Oberfläche und untereinander verankert [20]. EPS schützen die Zellen gegen plötzliche Änderungen ihrer Umgebungsparameter, wie z.B. pH-Wert, Salinität, Austrocknung oder Nährstoffangebot [21]. Weiterhin tragen EPS zur Resistenz der Organismen gegen Schadstoffe bei. Dies hat beträchtliche Konsequenzen für die Kontrolle von Biofilmbakterien [22–24]. Die organische Matrix bildet ein exzellentes Kommunikationsmedium für die Mikroorganismen. Es garantiert die enge räumliche Zuordnung von Organismen, die in ihrem Stoffwechsel aufeinander angewiesen sind (z.B. Nitrifizierer). Durch die Lokalisation extrazellulärer Enzyme in enger Nachbarschaft zur Zelle können die Produkte der enzymatischen Reaktion von den Zellen effektiv aufgenommen werden. Aus den Aktivitäten immobilisierter Zellen resultieren ausgeprägte Gradienten anorganischer und organischer Komponenten. Entlang dieser Gradienten können Substrate und Energie effizient genutzt werden. Die organische Matrix erleichtert zudem den Austausch genetischen Materials zwischen den Zellen (vgl. Working

Reports in Characklis und Wilderer [1]). EPS besitzen eine hohe Stabilität [25] und tragen signifikant zur Adsorption von anorganischem und organischem Material bei [z. B. 26, 27]. Mit zunehmendem Alter der Biofilme erhöht sich die Deposition von Mineralen, was auf biologische und chemische Prozesse zurückzuführen ist [28–30].

Neben den Mikroorganismen stellt deren organische Matrix eine wichtige Nahrungsquelle für höhere Organismen in marinen Sedimenten dar [31–34]. Kohlenstoffbilanzen berücksichtigen in der Regel nur die Biomasse der Organismen; ihre organische Matrix bildet jedoch einen großen, bislang unberücksichtigten Pool organischen Kohlenstoffs. Letztlich tragen EPS durch die Verklebung von Partikeln zur Bindung und Stabilität von Sedimenten bei.

Durch die Sekretion der organischen Matrix bestehend aus EPS sind die Mikroorganismen *plötzlichen Änderungen* ihrer Umgebungsparameter nicht schutzlos ausgeliefert, sondern die Organismen vermögen ihre *Umgebung zu konditionieren* [35]. Die Zellen schaffen ihre spezifischen Mikrohabitate, die es ihnen erlauben, in enger räumlicher Nachbarschaft zu verwandten physiologischen Gruppen zu metabolisieren, wobei die Lebensgemeinschaft *gegen plötzliche Änderungen ihrer Umgebungsparameter abgepuffert* ist. Bei traditionellen Messungen im Wasser oder Sediment bleibt die Spezifität von Mikroumgebungen in Biofilmen unberücksichtigt. Mikrobielle Biofilme zählen als laminierte, versteinerte Matten (Stromatolithe) zu den ältesten Lebensformen auf der Erde. Ihre Bildung kann als ein früher Schritt in der Evolution der Organisation von Zellen angesehen werden. Hiermit wurde durch die Lebensgemeinschaft Biofilm ein Abbaupotential geschaffen, das das einzelner Zellen bei weitem übertrifft.

3.5
Mikrobielle Populationen und Prozesse in Biofilmen

Auch wenn wir heute über die physikalisch-chemische Struktur mikrobieller Biofilme Informationen besitzen, sind unsere Kenntnisse über mikrobielle Populationen sowie die Mechanismen und Zuordnungen mikrobieller Prozesse in Biofilmen sehr lückenhaft. Die meisten Untersuchungen beziehen sich auf ein- oder wenigschichtige Biofilme, die aus der Immobilisation von Reinkulturen von Bakterien im Labor resultieren. Reinkulturen haben jedoch mit natürlichen, komplexen Lebensgemeinschaften wenig gemeinsam, ebenso wenig sind die Verhältnisse im Labor mit denen in der Natur vergleichbar. Dieses mangelnde Wissen über natürliche Biofilme spiegelt sich in der Literatur in schematischen Darstellungen wider, die im Laufe der Zeit bei einigen Autoren immer ideenreicher wurden. Zu einer Vertiefung unseres Wissens über natürliche mikrobielle Biofilme haben diese Darstellungen nicht beigetragen, bestenfalls ist ihr künstlerisches Niveau gestiegen. Was wissen wir tatsächlich über mikrobielle Populationen sowie die Mechanismen und Zuordnungen mikrobieller Prozesse in natürlichen Biofilmen?

3.5.1
Struktur mikrobieller Biofilme

Eine Reihe von Arbeiten beschäftigten sich mit der mikrobiellen Besiedlung verschiedener Oberflächen und der Struktur mikrobieller Biofilme in unterschiedlichen Habitaten. Untersuchungen von Marszalek et al. [36] in subtropischem Seewasser zeigten, daß inerte Oberflächen, etwa Glas oder Stahl, schnell durch Bakterien, Pilze, Choanoflagellaten, Diatomeen, Ciliaten und Mikroalgen besiedelt wurden. Auf aktiven Substraten, z. B. Messing, fand eine langsamere Besiedlung durch eine weniger diverse Mikroflora statt. An Felsen im Intertidenbereich erreichte die mikrobielle Flora schnell eine charakteristische Lebensgemeinschaft, die durch Cyanobakterien dominiert wurde [37]. Borum [38] fand bei seinen Untersuchungen der epiphytischen Flora von Seegras in einem dänischen Ästuar, daß Unterschiede in Nährstoffgradienten mehr durch die Epiphyten als durch das Phytoplankton reflektiert wurden. Hollohan et al. [39] wiesen bei ihren Untersuchungen des Abbaus von Braunalgen eine Sukzession von Bakterien unterschiedlicher Arten und Familien nach. Kepkay et al. [40] zeigten, daß die bakterielle Besiedlung von Filtern im Süßwasser durch eine definierte Sukzession von Zelltypen erfolgte, wobei kleine Kokken die Erstbesiedler darstellten, gefolgt von größeren Stäbchen (s. o.). Neben Pflanzen werden auch Tiere selektiv durch Bakterien besiedelt, wie Nagasawa et al. [41] für marine Copepoden nachweisen konnten. Davidson und Fry [42] entwickelten ein mathematisches Modell des Wachstums bakterieller Mikrokolonien in marinen Sedimenten. Aus ihren Untersuchungen schlossen die Autoren, daß die Bakterien aufgrund ihrer reversiblen Anheftung sehr beweglich zwischen den Partikeln sind.

Eigene Untersuchungen über die Besiedlung von Zellulosepartikel durch natürliche mikrobielle Populationen in marinen Sedimenten zeigten, daß die Partikel innerhalb weniger Stunden besiedelt wurden. Interessanterweise war die Besiedlungsdichte gering. Die Besiedlung erfolgte durch kokkoide bis stäbchenförmige Zellen, die morphologisch sehr ähnlich waren. Besiedlungsrate und -dichte der Zellulosepartikel wurden deutlich durch den Nährstoffgehalt im Porenwasser bestimmt. Nach Zugabe von Pepton sanken die Besiedlungsrate und -dichte. Mit zunehmender Inkubationszeit nahmen die dem Sediment zugesetzten Zellulosepartikel an Größe deutlich ab und aggregierten mit nativen Partikeln im Porenwasser. Zwischen freien und an Partikeln angehefteten Bakterien im Sediment besteht offenbar ein Gleichgewicht. Entnimmt man das Porenwasser und setzt es partikelfrei filtriert dem Sediment wieder zu, so steigt die Anzahl der Zellen im Porenwasser innerhalb von wenigen Stunden wieder deutlich an. Aus dem Anstieg der sich teilenden Zellen kann geschlossen werden, daß die Regeneration von Zellen offenbar durch deren Vermehrung im Porenwasser erfolgt. Diese einleitenden Untersuchungen machen bereits deutlich, daß die Wechselwirkungen zwischen den unterschiedlichen Kompartimenten im Sediment sehr komplex sind und sehr viel eingehender untersucht werden müssen [35, 43].

Pedersen [44, 45] zeigte, daß die Produktionsrate von Biofilmen in Reaktoren durch Fließgeschwindigkeit, Temperatur und Nährstoffkonzentration bestimmt werden. Neben einzelligen und filamentbildenden Bakterien stellten Protozoen eine wichtige Komponente in den Biofilmen dar. Eighmy et al. [20] fanden bei ihren Untersuchungen der Bildung von Biofilmen im Abwasser, daß viele der siedelnden Bakterien gram-negativ und begeißelt waren. Die Biofilmkomponenten umfaßten eine Vielfalt von sich teilenden morphologischen Typen. Filamentbildende Formen wurden nach der Erstbesiedlung der Oberflächen nachgewiesen. Eine morphologisch komplexe, dichte Bakterienpopulation in einer Schleimmatrix wurde auch von Harvey et al. [28] in anaeroben Abwasserreaktoren festgestellt. Methanosarcina-ähnliche Bakterien bildeten große Mikrokolonien. Diese Beobachtungen sprechen für die Diversität der Mikroorganismen bei der Reinigung von Abwasser. Durch die licht- und elektronenmikroskopischen Untersuchungen von Robinson et al. [16] wurde erstmalig die Ultrastruktur von methanproduzierenden Biofilmen in anaeroben Festbettreaktoren analysiert. Herbizidabbauende Biofilme zeigten spezifische Muster von zellulärer Aggregation und Wachstum [46], aus denen die Autoren auf syntrophe Wechselbeziehungen für den optimalen Abbau von Herbiziden schließen. Oberflächenbiofilme auf Pflanzendetritus spielten eine bedeutende Rolle beim Abbau oberflächenaktiver Substanzen [47]. Biofilme aus der Papierverarbeitung enthielten häufig Reservestoffe wie Glycogen und Polyhydroxybutyrat [48]. Entsprechende Reserveprodukte wurden auch in tiefen Schichten dicker Biofilme in einem Fluß in North Wales nachgewiesen [49].

3.5.2
Community-Metabolismus

Neben der mikrobiellen Besiedlung von Oberflächen und der Struktur von Biofilmen stellt deren Stoffwechsel einen Schwerpunkt der Untersuchungen dar. Hierbei ist zu unterscheiden zwischen dem Community-Metabolismus, der Stoffwechselaktivität mikrobieller Biofilme als integrierter Lebensgemeinschaft und der Stratifikation mikrobieller Substratumsätze innerhalb der Biofilme.

Triska und Oremland [50] untersuchten Denitrifikation in Algenmatten an Gestein in Flüssen. Die Enzyme für die Reduktion von Nitrat waren konstitutiv und wurden durch die Algenphotosynthese tagsüber gehemmt. Messungen der Mikrogradienten von Sauerstoff und Kohlendioxid oberhalb von Biofilmen, die sich auf Filtern in Seen bildeten, zeigten ein Respirationsmaximum, das mit der Sukzession von Kokken zu Stäbchen zusammenfiel [40]. Die Fixierung von Kohlendioxid gewann Bedeutung, als Mangan und Eisen durch die Stäbchen gebunden wurde. Bei ihren Untersuchungen der Entwicklung von Biofilmen auf Blättern und Holz konnten Golladay und Sinsabaugh [51] zeigen, daß Pilze eine wichtige Komponente darstellen. Die Bildung extrazellulärer Enzyme für den Abbau von Lignozellulose erfolgte sehr rasch. Die Matrix epilithischer Biofilme akkumulierte kohlenhydratabbauende Enzyme, die die Organismen von Schwankungen gelösten organischen Materials unabhängiger machen könnten [52].

Messungen der Sulfatreduktion in anaeroben, sulfatreduzierenden Biofilmreaktoren zeigten, daß hierdurch die relativ hohen Sulfidkonzentrationen im

Abwasser erklärt werden konnten. Die Sulfatreduktion in Biofilmen von einigen 100 μm Dicke wurde bei geringen Konzentrationen von Sulfat durch dessen Diffusion in den Biofilm begrenzt [53]. Für den Abbau von Schadstoffen in Abwasserbiofilmen spielt Cometabolismus eine bedeutende Rolle: Die Stoffe werden zu organischen Komponenten umgesetzt ohne Inkorporation in Zellkohlenstoff [54, 55].

Zwischen autotrophen und heterotrophen Komponenten in Biofilmen bestehen enge Wechselwirkungen. Untersuchungen von Haack und McFeters [56, 57] an epilithischen Biofilmen in einem Bergfluß zeigten einen direkten Fluß von löslichen Algenprodukten zu Bakterien, wobei nur geringe Mengen gelösten organischen Materials aus dem überstehenden Wasser aufgenommen wurden. In gemischten Biofilmen stellten Autotrophe die einzige Energiequelle für Heterotrophe dar, hingegen waren heterotroph dominierte Biofilme von Energiequellen aus dem umgebenden Wasser abhängig [58]. Aus ihren Untersuchungen über den Abbau von kolloidalem und gelöstem organischen Kohlenstoff durch epilithische Biofilme schlossen Ford und Lock [59], daß zunächst hochmolekulare Komponenten an der Oberfläche der Biofilme adsorbierten. Erst als dieses Material verbraucht war, konnten niedermolekulare Komponenten adsorbiert werden und in die Matrix diffundieren. Auch für epiphytische Bakterienpopulationen auf Seegras konnte nachgewiesen werden, daß sie nahezu ausschließlich von der Photosynthese ihres Wirtes abhängig waren [60]. Epilithische Biofilme aus autotrophen und heterotrophen Komponenten in Boddengewässern zeigten eine ausgeprägte Rhythmik im Flux anorganischer Nährstoffe. Tagsüber wurden Phosphat und Ammonium freigesetzt, nachts jedoch aufgenommen. Gegenüber dem Sediment war für die Biofilme die Jahresbilanz für Sauerstoff positiv. Diese Tatsache besitzt große Bedeutung für den Abbau von organischem Material in den stark mit Nährstoffen überlasteten Boddensedimenten (Neudörfer und Meyer-Reil, unveröffentlichte Daten). Durch den integrierten Stoffwechsel photo- und heterotropher Organismen in Matten kam es zu einem minimalen Verlust fixierten Kohlenstoffs und Stickstoffs an das überstehende Wasser [61]. Laborversuche zeigten, daß in Biofilmen mit Algen durch deren Exsudate die bakterielle DNA-Synthese stimuliert wurde [62].

Die Frage, ob angeheftete (in Biofilmen organisierte) Bakterien aktiver als freie Bakterien sind, wird in der Literatur kontrovers diskutiert. Jeffrey und Paul [63] konnten aufgrund der Inkorporation von tritium[^{3}H]-markiertem Thymidin in DNA sowie der Reduktion von Tetrazoliumsalzen zu Formazan zeigen, daß angeheftete Mikroorganismen aktiver waren als freie. Bakterielles Wachstum (Inkorporation von Thymidin) in „marine snow" war vergleichbar oder geringer als das von freien Bakterien [64]. Untersuchungen von Karner und Herndl [65] zeigten, daß die Produktionsraten von freilebenden und in marine snow assoziierten Bakterien vergleichbar waren. Die hydrolytischen Aktivitäten in marine snow waren jedoch im Vergleich zu freien Bakterien signifikant höher. Zur Klärung der Frage, ob freie oder angeheftete Mikroorganismen aktiver sind, müssen die Bezugsbasis zur Errechnung der Aktivität, die Verfügbarkeit von Nährstoffen sowie die Art der gemessenen Aktivitäten bedacht werden. Ist die

Bezugsbasis Aktivität pro Zelle, so sollte die Anzahl aktiver Zellen und nicht die Gesamtzellzahl zugrunde gelegt werden [66]. Sind ausreichend exogene Nährstoffe vorhanden, so übertrifft die Aktivität freier Zellen die Aktivität angehefteter Zellen. Beim Fehlen von exogenen Nährstoffen ist jedoch die Aktivität angehefteter Zellen größer als die freier Zellen [67]. Zudem müssen die unterschiedlichen Manifestationen mikrobieller Aktivitäten berücksichtigt werden. Entsprechend den jeweiligen ökologischen Bedingungen können Aktivitäten, wie enzymatischer Abbau organischen Materials, Substrataufnahme, Respiration, Biomasseproduktion oder Zellteilung, bei freien und angehefteten Bakterien unterschiedlich manifestiert sein. Der Einfluß von Oberflächen auf mikrobielle Aktivitäten wird in der zusammenfassenden Darstellung von van Loosdrecht et al. [68] ausführlich diskutiert.

3.5.3
Stratifikation mikrobieller Substratumsätze

Im Vergleich zur mikrobiellen Besiedlung von Oberflächen, der Struktur und dem Community-Metabolismus ist über die Stratifikation mikrobieller Substratumsätze in natürlichen Biofilmen wenig bekannt. Derartige Untersuchungen gehören jedoch zu den interessantesten Aspekten der Erforschung von Biofilmen. Für die mangelhaften Kenntnisse der Stratifikation mikrobieller Aktivitäten sowie der Zuordnung der Aktivitäten zu Organismen sind sicherlich methodische Gründe verantwortlich. Aufgrund der kleinräumigen Heterogenität in Biofilmen sind sehr eng auflösende Untersuchungen notwendig, für die die entsprechenden Methoden erst vor wenigen Jahren etabliert wurden oder sich noch in der Entwicklung befinden. Hier sind vor allem Mikroelektroden, Gensonden sowie die Analyse von Dünnschnitten mit chemischen und mikroskopischen Techniken zu nennen.

Die Verwendung von Mikroelektroden erwies sich als ein wichtiger Schritt zur Messung kleinskaliger Variationen chemischer Parameter in Biofilmen. Mit Mikroelektroden können räumliche Auflösungen in der Größenordnung von wenigen 10 µm erreicht werden, die den direkten Einflußbereich von Mikroorganismen erfassen. In ihren Untersuchungen über diffusive Grenzschichten und Sauerstoffaufnahme machten Jørgensen und Revsbech [69] deutlich, daß Sedimente und Detritus auf der Oberfläche in oxischem Wasser anoxisch sein können, wenn ihr Sauerstoffverbrauch hoch genug ist. Mikroprofile mikrobieller Aggregate im Seewasser zeigten, daß die Aggregate im Inneren geringere Sauerstoffkonzentrationen aufwiesen als das umgebende Wasser, so daß die Potenz für eine mikrobielle Fixierung von Stickstoff gegeben war [70].

Christensen et al. [71] und Binnerup et al. [72] bestimmten mit Hilfe eines Mikrosensors in Sedimenten Profile von Sauerstoff und Distickstoffoxid und kalkulierten Denitrifikationsraten. Aus Mikroprofilen von Sauerstoff und Nitrat wurden von Jensen et al. [73] mit Hilfe von Computersimulationen Nitrifikation und Denitrifikation in Sedimenten errechnet.

Mikroprofilmessungen von Sauerstoff zeigten, daß dichte epiphytische Biofilme auf Makrophyten im Meer und Süßwasser nachts zu anoxischen Bedingungen und tagsüber zu hohen Sauerstoff- und geringen Kohlendioxidkonzentrationen führten [74]. Glud et al. [75] bestimmten mit Hilfe von Mikroelektroden Photosynthese und Respiration in epilithischen Biofilmen. Dodds [76] kombinierte Mikroelektrodenmessungen mit der Untersuchung von Dünnschnitten, um vertikale Profile von Stickstoffixierung, Photosynthese, Sauerstoff, Chlorophyll a und Licht in Cyanobakterienkolonien zu analysieren. Tagesrhythmische Fluktuationen der Sulfatreduktion wurden von Fründ und Cohen [77] mit Mikroprofilmessungen von Sauerstoff und Sulfid in Cyanobakterienmatten verglichen. Garcia-Pichel et al. [78] zeigten in einer mikrobiellen Matte tagesrhythmische Wanderungen von Cyanobakterien. Die Wanderungen konnten mit Mikroprofilmessungen von Sauerstoff und Lichtintensität korreliert werden. Auf die Bedeutung der kleinskaligen Messung der Lichtintensität zur Deutung photobiologischer Prozesse in Sedimenten wiesen Kühl et al. [79] hin.

Lens et al. [80] analysierten aufgrund von pH- und Glucose-Mikroprofilen die Verteilung mikrobieller Aktivitäten in methanogenen Aggregaten aus einem anaeroben Reaktor. Die Autoren schlossen aus ihren Untersuchungen, daß acidogene Aktivitäten an den Außenseiten der Aggregate und methanogene Aktivitäten im Inneren dominierten. Mit Mikrosensoren für Sauerstoff, Sulfid und pH bestimmten Kühl und Jørgensen [81] in Biofilmen von aerogen Tropfkörpern die Mikrozonierung von Sauerstoffrespiration, Oxidation von Schwefelwasserstoff und Reduktion von Sulfat.

Die Extrapolation mikrobieller Aktivitäten aus Mikroprofilmessungen chemischer Parameter erfordert Modellrechnungen, deren Voraussetzungen im natürlichen Milieu schwer zu verifizieren sind. Konzentrationsänderungen chemischer Parameter sind bestenfalls die Reflexion mikrobieller Substratumsätze und können die direkte Messung mikrobiellen Metabolismus nicht ersetzen.

Sehr wenig ist über die Verbreitung unterschiedlicher physiologischer Gruppen von Bakterien, die Verteilung ihrer Aktivitäten sowie die Zuordnung der Aktivitäten zu einzelnen Organismen in Biofilmen bekannt. Die Verwendung von Gensonden erscheint hier besonders erfolgversprechend. Durch fluoreszenz-markierte 16S rRNA-Oligonucleotidsonden konnten Amann et al. [82] spezifische sulfatreduzierende bakterielle Populationen in sulfidogenen Biofilmen anaerober Festbettbioreaktoren sichtbar machen. Einzelne Zellen der Domänen *Bacteria* und *Archea* wurden durch enzymmarkierte rRNA-Oligonucleotidsonden identifiziert [83]. Ramsing et al. [84] bestimmten die Verteilung von sulfatreduzierenden Bakterien mit Oligonucleotidsonden in photosynthetisch aktiven Biofilmen im Abwasser. Durch Parallelmessungen mit Mikroelektroden konnten die Autoren zeigen, daß die Verteilung von Sulfatreduzierern mit Konzentrationsprofilen von Sauerstoff negativ korrelierte; die Sulfatreduzierer waren größtenteils auf die anoxischen Biofilmschichten beschränkt. Sonden für Denitrifizierer wurden erfolgreich eingesetzt, um denitrifizierende Bakterien in einem Konsortium eines Bioreaktors nachzuweisen [85]. Mit Hilfe von fluoreszenz-markierten Oligonucleotidsonden, komplementär zu Regionen der 16S und 23S rRNA, fanden Manz et al. [12] in Biofilmen aus Trinkwasserleitungen, daß mehr als 70% der Organismen, die durch Färbung sichtbar gemacht werden konnten, mit Sonden identifizierbar waren. Angeheftete Zellen zeigten höhere rRNA-Gehalte und damit höhere Aktivitäten im Vergleich zu freien Zellen (Diskussion s. o.). Poulsen et al. [86] quantifizierten mit Hilfe von fluoreszenz-markierten rRNA-Sonden den zellulären Gehalt von Ribosomen sulfatreduzierender Bakterien in einem anaeroben Biofilm. Die Autoren folgerten, daß die Generationszeiten der Bakterien in einem etablierten Biofilm signifikant länger als in einem jungen Biofilm waren.

Zambon et al. [87] entwickelten eine Immunofluoreszenztechnik, um spezifische Bakterien in marinen Biofilmen nachzuweisen. Bis zu 39 % der Bakterienflora, die sich im Seewasser spontan an Stahlplatten anhefteten, konnten identifiziert werden. Von Rogers und Keevil [88] wurde *Legionella pneumophila* mit monoklonalen Antikörpern markiert und mit Immunogold oder Fluoreszeinisothiocyanat durch Differential-Interferenz-Kontrastmikroskopie sichtbar gemacht. Aufgrund der Versorgung mit Nährstoffen durch Biofilmorganismen wuchsen die Legionellen extrazellulär in Mikrokolonien.

Zur Untersuchung der Struktur sowie der Stratifikation von Mikroorganismen und ihren Aktivitäten in Biofilmen sind in den letzten Jahren Dünnschnittechniken angewendet worden. Watling [89, 90] fixierte und dehydrierte Sedimente mit Standardtechniken aus der Histologie. Die Sedimente wurden dann eingebettet, geschnitten und gefärbt. Hierdurch konnten Feinstrukturen, die für die Ernährung von Infaunaorganismen Bedeutung haben könnten, sichtbar gemacht werden. Wachendörfer und Krumbein [91] benutzten die Dünnschnittechnik, um die räumliche Verteilung von Bakterien in Cyanobakaterienmatten aufzuzeigen. Kinniment und Wimpenny [92] fertigten Dünnschnitte von einem *Pseudomonas aeruginosa* Biofilm an. Nach Extraktion wurden dann Adeninnucleotide gemessen. Insgesamt war der *energy charge* im Biofilm gering; er stieg von der Basis bis zur Oberfläche um 0,2 Einheiten an. AMP war das dominierende Nucleotid. Umfangreiche Untersuchungen zur Stratifikation chemischer Einflußgrößen und biologischer Aktivitäten werden zur Zeit im Rahmen eines Schwerpunktprogrammes in autotrophen epilithischen Biofilmen aus Boddengewässern durchgeführt (Neudörfer und Meyer-Reil, unveröffentlichte Daten). Die Analyse von Dünnschnitten ergab, daß Konzentrationen von organischem Kohlenstoff, Phospholipide, ATP und enzymatische Abbauraten von organischem Material eng korrelierten. Innerhalb der Biofilme zeigten sich aufeinanderfolgend einzelne Horizonte erhöhter mikrobieller Biomasse und Aktivität. Zur Erklärung sind weitere Untersuchungen mit Mikroelektroden (Sauerstoffmessungen) sowie Analysen der Verteilung der Mikroorganismen (Epifluoreszenzmikroskopie) und respirationsaktiver Zellen [93, 94] in Dünnschnitten der Biofilme vorgesehen.

Neben den Vorteilen der Organisation in Biofilmen werden die Nachteile für die Organismen in der Literatur häufig übersehen (vgl. z. B. Lappin-Scott, 95). Die Verfügbarkeit von Nährstoffen, die Zuordnung physiologischer Gruppen von Organismen, die in ihrem Metabolismus aufeinander angewiesen sind, sowie ein relativer Schutz vor Veränderungen der Umweltparametewr (Diskussion s. o.) sind in jungen, sich entwickelnden Biofilmen sicherlich von bedeutendem Vorteil für die Mikroorganismen. Biofilme sind jedoch dynamische

Systeme, die entsprechend der Aktivität der Organismen und in Abhängigkeit von den Umweltparametern ständigen Veränderungen unterworfen sind. So können etwa durch die erhöhte Aktivität der Organismen primäre Elektronenakzeptoren (Sauerstoff, Nitrat) schnell aufgebraucht werden. Bedingt durch die Herabsetzung der Diffusion in Biofilmen [18] kann es rasch zu anoxischen Verhältnissen kommen, die den Metabolismus aerober Organismen begrenzen [35, 96]. Wenn die Organismen nicht innerhalb des Biofilms beweglich sind, müssen sie in inaktivem Zustand verharren oder sind gar der Lyse unterworfen. So konnten selbst in Seston-Aggregaten im Meer- und Süßwasser ausgeprägte Redoxgradienten beobachtet werden, die die Ausbildung anaerober Zonen bedingten [97–99]. In diesen Aggregaten wurden sowohl strikt aerobe als auch anaerobe Bakterien nachgewiesen [100].

An Oberflächen immobilisierte Zellen unterliegen gegenüber planktischen Zellen einem erhöhten und effektiveren Fraßdruck (grazing) durch Räuber. Dies mag die mikrobiellen Wachstumsraten stimulieren, wirkt sich jedoch nachteilig für die einzelnen Organismen aus. Auch in der Literatur gibt es Hinweise auf die Alterung von Organismen in Biofilmen. So beobachteten Harvey et al. [28], daß Organismen in Biofilmen durch die zunehmende Deposition von Mineralen völlig eingeschlossen wurden; die Zellen schienen zu autolysieren, und viele waren teilweise abgebaut. Herndl (101) bestimmte das Verhältnis von alpha-Glucosidase zu beta-Glucosidase in *marine snow* und fand, daß mit dem Alter der Biofilme beta-glucosidische Bindungen in der polymeren Matrix dominierten.

3.6
Ausblick

Wegen ihrer herausragenden Rolle in Ökologie und Technik gewinnt die Untersuchung mikrobieller Biofilme zunehmend an Bedeutung. Dem gestiegenen Interesse entsprechend sind in den vergangenen Jahren eine Reihe von zusammenfassenden Darstellungen und Einzelveröffentlichungen erschienen, die sich jedoch größtenteils mit der chemischen und physikalisch-chemischen Struktur von ein- bis wenigschichtigen Biofilmen beschäftigen, die aus dem Immobilisieren von Reinkulturen von Bakterien im Labor resultieren. Vergleichsweise wenig ist über natürliche Biofilme bekannt, bedingt durch methodische Probleme, der kleinräumigen Zuordnung von Organismen und der durch sie bedingten Substratumsätze Rechnung zu tragen.

Von besonderem Interesse sind Untersuchungen über die Mechanismen mikrobieller Substratumsätze sowie die kleinräumige Stratifizierung der Prozesse in Biofilmen. Sehr wenig ist über die Zuordnung von Aktivitäten zu Organismen sowie über Sukzessionen von Organismen bekannt. Mikroelektroden, Gensonden sowie die chemische und mikroskopische Untersuchung von Dünnschnitten von Biofilmen sind erfolgversprechende Techniken, die kleinräumige Verteilung von Organismen und Aktivitäten in Biofilmen zu erfassen.

Derartige Untersuchungen werden einerseits zu einem besseren Verständnis mikrobieller Prozesse in Biofilmen führen, andererseits neue Perspektiven eröffnen, mikrobielle Biofilme zur Beantwortung drängender Probleme heranzuziehen, die mit konventionellen Methoden nicht hinreichend gelöst werden können. Hier ist daran zu denken, mit Hilfe von Bioassays die biologische Verfügbarkeit von Substraten in Gewässern oder die Belastung mit Schadstoffen im Abwasser zu bestimmen.

Literatur

1. Characklis WG, Wilderer PA (1989) Structure and function of biofilms. John Wiley & Sons, Chichester
2. Characklis WG, Marshall KC (1990) Biofilms. John Wiley & Sons, Inc, New York
3. Flemming H-C, Geesey GG (1991) Biofouling and biocorrosion in industrial water systems. Springer, Berlin
4. Melo LF, Bott TR, Fletcher M, Capdeville B (1992) Biofilms – science and technology. Kluwer Academic Publishers, Dordrecht Boston London
5. Denyer SP, Gorman SP, Sussman M (1993) Microbial biofilms: formation and control. Blackwell Scientific Publications, Oxford (Society for Applied Bacteriology Technical Series, No 30)
6. Geesey GG, Lewandowski Z, Flemming H-C (1994) Biofouling and biocorrosion in industrial water systems. Lewis Publishers, Boca Raton Ann Arbor London Tokyo
7. Wahl M (1989) Marine epibiosis. I. Fouling and antifouling: some basic aspects. Mar Ecol Prog Ser 58:175–189
8. Weise W, Rheinheimer G (1978) Scanning electron microscopy and epifluorescence investigations of bacterial colonization of marine sand sediments. Microb Ecol 4:175–188
9. Meadows PS, Anderson JG (1966) Microorganisms attached to marine and freshwater grains. Nature 198:610–611
10. DeFlaun MF, Mayer LM (1983) Relationships between bacteria and grain surfaces in intertidal sediments. Limnol Oceanogr 28:873–881
11. Fletcher M, Marshall KC (1982) Are solid surfaces of ecological significance to aquatic bacteria? In: Marshall KC (ed) Advances in microbial ecology, Vol 6. Plenum Press, New York, pp 199–236
12. Manz W, Szewzyk U, Ericsson P, Amann R, Schleifer K-H, Stenström T-A (1993) In situ identification of bacteria in dringing water and adjoining biofilms by hybridzation with 16S and 23S rRNA-directed fluorescent oligonucleotide probes. Appl Environ Microbiol 59:2293–2298
13. Morrison SJ, King JD, Bobbie RJ, Bechthold RE, White DC (1977) Evidence for microfloral succession on allochthonous plant litter in Apalachicola Bay, Florida, USA. Mar Biol 41:229–240
14. Vandevivere P, Kirchman DL (1993) Attachment stimulates exopolysaccharide synthesis by a bacterium. Appl Environ Microbiol 59:3280–3286
15. Lock MA (1993) Attached microbial communities in rivers. In: Ford TE (ed) Aquatic Microbiology. An Ecological Approach. Blackwell Scientific Publications, Oxford, pp 113–138
16. Robinson RW, Akin DE, Nordstedt RA, Thomas MV, Aldrich HC (1984) Light and electron microscopic examinations of methane-producing biofilms from anaerobic fixed-bed reactors. Appl Environ Microbiol 48:127–136
17. Stoodley P, de Beer D, Lewandowski Z (1994) Liquid flow in biofilm systems. Appl Environ Microbiol 60:2711–2716
18. Lawrence JR, Wolfaardt GM, Korber DR (1994) Determination of diffusion coefficients in biofilms by confocal laser microscopy. Appl Environ Microbiol 60:1166–1173
19. Decho AW (1990) Microbial exopolymer secretions in ocean environments: their role(s) in food webs and marine processes. Oceanogr Mar Biol A Rev 28:73–153

20. Eighmy TT, Maratea D, Bishop PL (1983) Electron microscopic examination of wastewater biofilm formation and structural components. Appl Environ Microbiol 45: 1921–1931
21. Boyle CD, Reade AE (1983) Characterization of two extracellular polysaccharides from marine bacteria. Appl Environ Microbiol 46:392–399
22. LeChevallier MW, Cawthon CD, Lee RG (1988) Inactivation of biofilm bacteria. Appl Environ Microbiol 54:2492–2499
23. Freeman C, Lock MA (1992) Recalcitrant high-molecular-weight material, an inhibitor of microbial metabolism in river biofilms. Appl Environ Microbiol 58:2030–2033
24. Yu FP, McFeters GA (1994) Physiological responses of bacteria in biofilms to disinfection. Appl Environ Microbiol 60:2462–2466
25. Shaw JC, Bramhill B, Wardlaw NC, Costerton JW (1985) Bacterial biofouling in a model core system. Appl Environ Microbiol 49:693–701
26. Geesey GG, Jang L, Jolley JG, Hankins MR, Iwaoka T, Griffiths PR (1988) Binding of metal ions by extracellular polymers of biofilm bacteria. Water Sci Technol 20:161–165
27. Ferris FG, Schultze S, Witten TC, Fyfe WAS, Beveridge TJ (1989) Metal interactions with microbial biofilms in acidic and neutral pH environments. Appl Environ Microbiol 55:1249–1257
28. Harvey M, Forsberg CW, Beveridge TJ, Pos J, Ogilvie JR (1984) Methanogenic activity and structural characteristics of microbial biofilm on a needle-punched polyester support. Appl Environ Microbiol 48:633–638
29. Sly LI, Hodgkinson MC, Arunpairojana V (1990) Deposition of manganese in a drinking water distribution system. Appl Environ Microbiol 56:628–639
30. Konhauser KO, Schultze-Lam S, Ferris FG, Fyfe WAS, Longstaffe FJ. Beveridge TJ (1994) Mineral precipitation by epilithic biofilms in the Speed River, Ontario, Canada. Appl Environ Microbiol 60:549–553
31. Cammen LM (1980) The significance of microbial carbon in the nutrient of the deposit feeding polychaete *Nereis succinea.* Mar Biol 61:9–20
32. Moriarty DJW, Hayward AC (1982) Ultrastructure of bacteria and the proportion of Gram-negative bacteria in marine sediments. Microb Ecol 8:1–14
33. Mayer LM (1989) The nature and determination of non-living sedimentary organic matter as a food source for deposit feeders. In: Bowman MJ, Barber RT, Mooers CNK, Raven JA (eds) Lecture notes on coastal and estuarine studies, Vol 31, Ecology of marine deposit feeders. Springer, New York, pp 98–111
34. Bernhard JM, Bowser SS (1992) Bacterial biofilms as a trophic resource for certain benthic foraminifera. Mar Ecol Prog Ser 83:263–272
35. Meyer-Reil L-A (1994) Microbial life in sedimentary biofilms – the challenge to microbial ecologists. Mar Ecol Prog Ser 112:303–311
36. Marszalek DS, Gerchakov SM, Udey LR (1979) Influence of substrate composition on marine microfouling. Appl Environ Microbiol 38:987–995
37. MacLulich JH (1986) Colonization of bare rock surfaces by microflora in a rocky intertidal habitat. Mar Ecol Prog Ser 32:91–96
38. Borum J (1985) Development of epiphytic communities on eelgrass *(Zostera marina)* along a nutrient gradient in a Danish estuary. Mar Biol 87:211–218
39. Hollohan BT, Dabinett PE, Gow JA (1986) Bacterial succession during biodegradation of the kelp *Alaria esculenta* (L) Greville. Can J Microbiol 32:505–512
40. Kepkay PE, Schwinghamer P, Willar T, Bowen AJ (1986) Metabolism and metal binding by surface-colonizing bacteria: results of microgradient measurements. Appl Environ Microbiol 51:163–170
41. Nagasawa S, Simidu U, Nemoto T (1985) Scanning electron microscopy investigation of bacterial colonization of the marine copepod *Acartia clausi.* Mar Biol 87:61–66
42. Davidson AM, Fry JC (1987) A mathematical model for the growth of bacterial microcolonies on marine sediment. Microb Ecol 13:31–45
43. Meyer-Reil L-A (1993) Mikrobielle Besiedlung und Produktion. In: Meyer-Reil L-A, Köster (eds) Mikrobiologie des Meeresbodens. Gustav Fischer Verlag Jena, pp 38–81

44. Pedersen K (1982a) Method for studying microbial biofilms in flowing water systems. Appl Environ Microbiol 43:6–13
45. Pedersen K (1982b) Factors regulating microbial biofilm development in a system with slowly flowing seawater. Appl Environ Microbiol 44:1196–1204
46. Wolfaardt GM, Lawrence JR, Robarts RD, Caldwell SJ, Caldwell DE (1994) Multicellular organization in a degradative biofilm community. Appl Environ Microbiol 60:434–446
47. Federle TW, Ventullo RM (1990) Mineralization of surfactants by the microbiota of submerged plant detritus. Appl Environ Microbiol 56:333–449
48. Väisänen OM, Nurmiaho-Lassila EL, Marmo SA, Salkinoja-Salonen MS (1994) Structure and composition of biological slimes on paper and board machines. Appl Environ Microbiol 60:641–653
49. Blenkinsopp SA, Gabbott PA, Freeman C, Lock MA (1991) Seasonal trends in river biofilm storage products and electron transport system activity. Freshwater Biol 26:21–34
50. Triska FJ, Oremland RS (1981) Denitrification associated with periphyton communities. Appl Environ Microbiol 42:745–748
51. Golladay SW, Sinsabaugh RL (1991) Biofilm development on leaf and wood surfaces in a boreal river. Freshwater Biol 25:437–450
52. Sinsabaugh RL, Repert D, Weiland T, Golladay SW, Linkins AE (1991) Exoenzyme accumulation in epilithic biofilms. Hydrobiologia 222:29–37
53. Nielsen, PH (1987) Biofilm dynamics and kinetics during high-rate sulfate reduction under anaerobic conditions. Appl Environ Microbiol 53:27–32
54. Jacobson SN, O'Mara NL, Alexander M (1980) Evidence for cometabolism in sewage. Appl Environ Microbiol 40:917–921
55. Wang Y-S, Subba-Rao RV, Alexander M (1984) Effect of substrate concentration and organic and inorganic compounds on the occurrence and rate of mineralization and cometabolism. Appl Environ Microbiol 47:1195–1200
56. Haack TK, McFeters GA (1982a) Nutritional relationships among microorganisms in an epilithic biofilm community. Microb Ecol 8:115–126
57. Haack TK, McFeters GA (1982b) Microbial dynamics of an epilithic mat community in a high alpine stream. Appl Environ Microbiol 43:702–707
58. Lock MA, Ford TE (1985) Microcalorimetric approach to determine relationships between energy supply and metabolism in river epilithon. Appl Environ Microbiol 49:408–412
59. Ford TE, Lock MA (1987) Epilithic metabolism of dissolved organic carbon in boreal forest rivers. FEMS Microbiol Ecol 45:89–97
60. Kirchman DL, Mazzella L, Alberte RS, Mitchell R (1984) Epiphytic bacterial production on *Zostera marina*. Mar Ecol Prog Ser 15:117–123
61. Pearl HW, Joye SB, Fitzpatrick M (1993) Evaluation of nutrient limitation of CO_2 and N_2 fixation in marine microbial mats. Mar Ecol Prog Ser 101:297–306
62. Murray RE, Cooksey KE, Priscu JC (1986) Stimulation of bacterial DNA synthesis by algal exudates in attached algal-bacterial consortia. Appl Environ Microbiol 52:1177–1182
63. Jeffrey WH, Paul JH (1986b) Activity measurements of planktonic microbial and microfouling communities in a eutrophic estuary. Appl Environ Microbiol 51:157–162
64. Alldredge AL, Cole JJ, Caron DA (1986) Production of heterotrophic bacteria inhabiting macroscopic organic aggregates (marine snow) from surface waters. Limnol Oceanogr 31:68–78
65. Karner M, Herndl GJ (1992) Extracellular enzymatic activity and secondary production in free-living and marine-snow-associated bacteria. Mar Biol 113:341–347
66. Simon M (1985) Specific uptake rates of amino acids by attached and free-living bacteria in a mesotrophic lake. Appl Environ Microbiol 49:1254–1259
67. Jeffrey WH, Paul JH (1986a) Activity of an attached and free-living *Vibrio* sp. as measured by thymidine incorporation, p-iodonitrotetrazolium reduction, and ATP/DNA ratios. Appl. Environ Microbiol 51:150–156
68. van Loosdrecht MCM, Lyklema J, Norde W, Zehnder AJB (1990) Influence of interfaces on microbial activity. Microbiol Rev 54:75–87

69. Jørgensen BB, Revsbech NP (1985) Diffusive bounday layers and the oxygen uptake of sediments and detritus. Limnol Oceanogr 30:111–122
70. Paerl HW, Prufert LE (1987) Oxygen-poor microzones as potential sites of microbial N_2 fixation in nitrogen-depleted aerobic marine waters. Appl Environ Microbiol 53: 1078–1087
71. Christensen PB, Nielsen LP, Revsbech NP, Sørensen J (1989) Microzonation of denitrification activity in stream sediments as studied with a combined oxygen and nitrous oxide microsensor. Appl Environ Microbiol 55:1234–1241
72. Binnerup SJ, Jensen K, Revsbech NP, Jensen MH, Sørensen J (1992) Denitrification, dissimilatory reduction of nitrate to ammonium, and nitrification in a bioturbated estuarine sediment as measured with ^{15}N and microsensor techniques. Appl Environ Microbiol 58:303–313
73. Jensen K, Revsbech NP, Nielsen LP (1993) Microscale distribution of nitrification activity in sediment determined with a shielded microsensor for nitrate. Appl Environ Microbiol 59:3287–3296
74. Sand-Jensen K, Revsbech NP, Jørgensen, BB (1985) Microprofiles of oxygen in epiphyte communities on submerged macrophytes. Mar Biol 89:55–62
75. Glud RN, Ramsing NB, Revsbech NP (1992) Photosynthesis and photosynthesis-coupled respiration in natural biofilms quantified with oxygen microsensors. Phycol 28:51–60
76. Dodds WK (1989) Microscale vertical profiles of N_2 fixation, photosynthesis, O_2, chlorophyll a, and light in a cyanobacterial assamblage. Appl Environ Microbiol 55:882–886
77. Fründ C, Cohen Y (1992) Diurnal cycles of sulfate reduction under oxic conditions in cyanobacterial mats. Appl Environ Microbiol 58:70–77
78. Garcia-Pichel F, Mechling M, Castenholz RW (1994) Diel migrations of microorganisms within a benthic, hypersaline mat community. Appl Environ Microbiol 60:1500–1511
79. Kühl M, Lassen C, Jørgensen BB (1994) Light penetration and light intensity in sandy marine sediments measured with irradiance and scalar irradiance fiber-optic microprobes. Mar Ecol Prog Ser 105:139–148
80. Lens PNL, de Beer D, Cronenberg CCH, Houwen FP, Ottengraf SPP, Verstraete WH (1993) Heterogeneous distribution of microbial activity in methanogenic aggregates: pH and glucose microprofiles. Appl Environ Microbiol 59:3803–3815
81. Kühl M, Jørgensen BB (1992) Microsensor measurements of sulfate reduction and sulfide oxidation in compact microbial communities of aerobic biofilms. Appl Environ Microbiol 58:1164–1174
82. Amann RI, Stromley J, Devereux R, Key R, Stahl DA (1992a) Molecular and microscopic identification of sulfate-reducing bacteria in multispecies biofilms. Appl Environ Microbiol 58:614–623
83. Amann RI, Zarda B, Stahl DA, Schleifer K-H (1992b) Identification of individual prokaryotic cells aby using enzyme-labeled, rRNA-targeted oligonucleotide probes. Appl Environ Microbiol 58:3007–3011
84. Ramsing NB, Kühl M, Jørgensen BB (1993) Distribution of sulfate-reducing bacteria, O_2, and H_2S in photosynthetic biofilms determined by oligonucleotide probes and microelectrodes. Appl Environ Microbiol 59:3840–3849
85. Smith GB, Tiedje JM (1992) Isolation and characterization of a nitrite reductase gene and its use as a probe for denitrifyinig bacteria. Appl Environ Microbiol 58:376–384
86. Poulsen LK, Ballard G, Stahl DA (1993) Use of rRNA fluorescence in situ hybridization for measuring the activity of single cells in young and established biofilms. Appl Environ Microbiol 59:1354–1360
87. Zambon JJ, Huber PS, Meyer AE, Slots J, Fornalik MS, Baier RE (1984) In situ identification of bacterial species in marine microfouling films by using an immunofluorescence technique. Appl Environ Microbiol 48:1214–1220
88. Rogers J, Keevil CW (1992) Immunogold and fluorescein immunolabelling of *Legionella pneumophila* within an aquatic biofilm visualized by using episcopic differential interference contrast microscopy. Appl Environ Microbiol 58:2326–2330
89. Watling L (1988) Small-scale features of marine sediments and their importance to the study of deposit-feeding. Mar Ecol Prog Ser 47:135–144

90. Watling L (1989) Small-scale features of marine sediments and their imprtance to the study of deposit feeding. In: Bowman MJ, Barber RT, Mooers CNK, Raven JA (eds) Lecture Notes on Coastal and Estuarine Studies. Ecology of Marine Deposit Feeders. Springer, New York, pp 269–290

91. Wachendörfer V, Krumbein WE (1991) The fluorescent sediment thin section technique: spatial distribution of microorganisms in North Sea microbial mat systems. Kieler Meeresforsch, Sonderh 8:381–388

92. Kinniment SL, Wimpenny JWT (1992) Measurements of the distribution of adenylate concentrations and adenylate energy charge across *Pseudomonas aeruginosa* biofilms. Appl Environ Microbiol 58:1629–1635

93. Rodriguez GG, Phipps D, Ishiguro K, Ridgway HF (1992) Use of a fluorescent redox probe for direct visulization of actively respiring bacteria. Appl Environ Microbiol 58:1801–1808

94. Schaule G, Flemming H-C, Ridgway HF (1993) Use of 5-cyano-2,3-ditolyl tetrazolium chloride for quantifying planktonic and sessile respiring bacteria in drinking water. Appl Environ Microbiol 59:3850–3857

95. Lappin-Scott HM, Costerton JW, Marrie TJ (1992) Biofilms and biofouling. Encyclopedia of Microbiol 1:277–284

96. Marshall KC (1991) Planktonic versus sessile life of prokaryotes. In: Balows A, Trüper HG, Dworkin M, Harker W, Schleifer KH (eds) The Prokaryotes. Springer, New York, pp 262–275

97. Alldredge AL, Silver MW (1988) Characteristics, dynamics and significance of marine snow. Prog Oceanogr 20:41–82

98. Grossart H-P, Simon M (1993) Limnetic macroscopic organic aggregates (lake snow): occurrence, characteristics, and microbial dynamics in Lake Constance. Limnol Oceanogr 38:532–546

99. Shanks AL, Reeder ML (1993) Reducing microzones and sulfide production in marine snow. Mar Ecol Prog Ser 96:43–47

100. Bianchi M, Marty D, Teyssie J-L, Fowler SW (1992) Strictly aerobic and anaerobic bacteria associated with sinking particulate matter and zooplankton fecal pellets. Mar Ecol Prog Ser 88:55–60

101. Herndl GJ (1992) Marine snow in the Northern Adriatic Sea: possible causes and consequences for a shallow ecosystem. Mar Microb Food Webs 6:149–172

Teil II

Den Organismen und Populationsstrukturen abwasserbürtiger Biozönosen auf der Spur

Klassische Methoden zur Charakterisierung von Abwasserbakterien – Grenzen und Möglichkeiten

P. Kämpfer

4.1
Ökologische Aspekte der Abwasserreinigung

Abwasser ist jedes nach häuslichem oder gewerblichem Gebrauch veränderte, insbesondere verunreinigte abfließende oder auch von Niederschlägen stammende und in die Kanalisation gelangende Wasser. Zumeist enthält es Bestandteile in gelöster, kolloidaler, fein- und grobdisperser Form. Im häuslichen Abwasser finden sich im wesentlichen organische, biologisch abbaubare Schmutzstoffe. Dagegen lassen sich in gewerblichen und industriellen Abwässern darüber hinaus häufig auch biologisch nicht abbaubare, zum Teil auch toxische Substanzen nachweisen. Weiterhin kann Abwasser verschiedene Salze, etwa Pflanzennährstoffe, enthalten, die in Gewässern (z.B. im Vorfluter) als Eutrophierungsfaktoren wirken können. Übersichten über Herkunft und Zusammensetzung des in öffentlichen Kläranlagen behandelten Abwassers und Fremdwassers, deren technische Behandlung und hygienische Relevanz sind den entsprechenden Lehrbüchern zu entnehmen [1–3]. Bei der Beschreibung komplexer Prozesse wie der der biologischen Abwasserreinigung, spielt die ökologische Sichtweise eine wesentliche Rolle, wobei unter *Ökologie* definitionsgemäß die Wissenschaft vom Stoff- und Energiehaushalt der Biosphäre und ihrer Untereinheiten (z.B. *Ökosysteme*) sowie von den Wechselwirkungen zwischen den verschiedenen Organismen, zwischen Organismen und den auf sie einwirkenden Umweltfaktoren sowie zwischen den einzelnen unbelebten Umweltfaktoren verstanden werden soll [4]. Die Betrachtung einer kleinen Untereinheit, wie der biologischen Abwasserreinigung, verlangt eine integrative Betrachtung physikalischer, chemischer, biologischer und technologischer Gegebenheiten. Im betrachteten System hat jeder Organismus eine bestimmte Toleranzbreite gegenüber einem betreffenden Umweltfaktor, die als ökologische Potenz bezeichnet wird. „Diejenigen der notwendigen Umweltfaktoren bestimmen die Entwicklung eines Organismus oder einer Population in einem Biotop (von Null bis zur Maximalentfaltung), die dem Entwicklungsstadium, das die kleinste ökologische Potenz besitzt, in der am meisten vom Optimum abweichenden Quantität oder Qualität zur Verfügung stehen" (Wirkungsgesetz der Umweltfaktoren [5]). Dabei ist das *Ökosystem* die funktionelle Einheit zwischen Biozönose und Biotop, d.h. ein Wirkungsgefüge aus Organismen und unbelebten natürlichen sowie anthropogenen Umweltfaktoren, die untereinander

Lemmer/Griebe/Flemming (Hrsg.)
Ökologie der Abwasserorganismen
© Springer-Verlag Berlin Heidelberg 1996

und mit ihrer Umgebung in energetischen, stofflichen und informatorischen Wechselwirkungen stehen. Die *Biozönose* (= Lebensgemeinschaft) ist eine den durchschnittlichen äußeren Lebensverhältnissen entsprechende Auswahl und Zahl von Arten (= Species) und Individuen (oder Populationen), die sich gegenseitig bedingen und durch Vermehrung in einem abgemessenen Gebiet dauernd erhalten. Das *Biotop* stellt den Lebensraum der Biozönose dar, geprägt durch eine spezielle Kombination abiotischer Umweltfaktoren. Bei der biologischen Abwasserreinigung wird durch die Veränderung abiotischer Umweltfaktoren die Selbstreinigung von Gewässern (mit technologischen Mitteln) intensiviert. Dies bedeutet, daß dieses Ökosystem stark vom Menschen mit dem Ziel geprägt wird, den beträchtlichen Teil an menschlichen Abfällen in einem technologisch kontrollierbaren System aus dem Stoffkreislauf zu entfernen und somit andere, anschließende Ökosysteme zu entlasten.

Beim mikrobiellen Abbau oder der Umsetzung von Abwasserinhaltsstoffen spielen die aeroben- bzw. fakultativ anaeroben heterotrophen Bakterien eine herausragende Rolle. Sie werden beim Belebungsverfahren, der derzeit in Deutschland meist verwendeten Technik, unter ständiger Belüftung mit den Abwasserinhaltsstoffen in Verbindung gebracht, die dadurch oxidiert bzw. in mikrobielle Biomasse umgewandelt werden. Die Belebtschlammflocken, die aus lebenden und toten Zellen, aus nicht biologisch abbaubarem Material sowie aus anorganischen Bestandteilen bestehen, bilden die Grundlage einer effizienten Abwasserreinigung. Sie werden zur Intensivierung des Reinigungsprozesses kontinuierlich in das Belebungsbecken zurückgeführt. Das Belebungsverfahren stellt somit im Prinzip einen Fermenter mit Biomasserückführung dar [3]. Zur Beibehaltung der Menge an Biomasse wird der Zuwachs als Überschußschlamm aus dem System entfernt.

Abwasserinhaltsstoffe und Mikroorganismen bilden in der Belebungsanlage eine komplexe Lebensgemeinschaft, die in Abhängigkeit von ökologischen Rahmenbedingungen unterschiedlich zusammengesetzt sein kann. Nach Wilderer & Hartmann [6] kann man vereinfacht folgende Gruppeneinteilung vornehmen:

a) Relativ schnell wachsende Bakterien mit unspezifischen Nährstoffansprüchen und kurzen Generationszeiten, die die Mineralisation leicht abbaubarer gelöster Substanzen ermöglichen.

b) Relativ langsam wachsende Bakterien mit spezifischen Nährstoffansprüchen und langen Generationszeiten, die den Abbau gelöster schwer abbaubarer Substanzen ermöglichen.

c) Relativ langsam wachsende Bakterien, die anorganische Wasserinhaltsstoffe oder Stoffwechselendprodukte anderer Mikroorganismen nutzen können.

d) Höhere Organismen, vor allem Protozoen, die Bakterien phagozytieren und partikuläres organisches Material abbauen können.

Die Übergänge zwischen den Gruppen a) bis c) sind fließend. Welche Gruppe in der Lebensgemeinschaft dominiert, wird einerseits von abiotischen (Temperatur, pH-Wert, Redoxpotential, Wasserverfügbarkeit, Substratangebot, Energiefluß etc.), andererseits von biotischen Umweltfaktoren (Überleben, Interaktionen zwischen unterschiedlichen Mikro- und Makroorganismen, Adsorptionsmöglichkeiten etc.) beeinflußt. Im System können sich jedoch nur Organismen behaupten, deren Vermehrungsrate größer ist als die Schlammzuwachsrate.

Obwohl das Belebungsverfahren bereits vor 70 Jahren erfunden und seither ständig weiterentwickelt wurde, liegen relativ wenig gesicherte Daten über die qualitative Zusammensetzung der Mikroflora vor. Dies läßt sich vor allem auf methodisch bedingte Einschränkungen bei der Isolierung, Charakterisierung und Identifizierung der beteiligten Mikroorganismen zurückführen. Die Untersuchungen der *Struktur* und *Funktion* der Lebensgemeinschaften (= Biozönosen) stehen generell im Mittelpunkt ökologischer Forschung, wobei in Abhängigkeit von der eingesetzten Methode Aussagen über makroskopische oder aber mikroskopische Veränderungen gemacht werden können. Vor diesem Hintergrund entstehen häufig Probleme hinsichtlich der Übertragbarkeit von Beobachtungen im komplexen System auf intrazelluläre Vorgänge in einem Organismus, und umgekehrt. Im folgenden soll auf die Grenzen und Möglichkeiten bei der Anwendung klassischer Methoden zur Charakterisierung von Abwasserbakterien und zur Beschreibung von Biozönosen näher eingegangen werden.

4.2
Die Rolle der Taxonomie bei der Bestimmung von Struktur und Funktion mikrobieller Lebensgemeinschaften im Abwasser

Maßgeblich für die mikrobielle Besiedlung von Mikrostandorten (z.B. Belebtschlammflocken) oder auch Makrostandorten (z.B. Belebungsbecken) ist die *Physiologie bzw. das physiologische Potential der Mikroorganismen.* Die Betrachtung der komplexen Einheit von unterschiedlichen Beziehungen der Mikroorganismen mit der umgebenden Umwelt, wird als *Synökologie* bezeichnet [7, 8]. Untersucht man die Beziehungen eines Organismus bzw. einer Population mit den umgebenden Umweltfaktoren, so faßt man dies unter dem Begriff der *Autökologie* zusammen, wobei zuerst geklärt werden muß, welchen Organismus/welche Art man primär betrachtet, zweitens, welchen Effekt unterschiedliche (biotische und/oder abiotische) Faktoren auf diese gewählten Organismen haben und drittens, welche ökophysiologischen Prozesse unter einer Vielzahl von Bedingungen von diesen Organismen katalysiert werden.

Nach Tate [9] sind zunächst einige Voraussetzungen für die Durchführung autökologischer Untersuchungen zu bestimmen:

a) Die Definition der untersuchten Organismen (funktionelle, physiologisch oder genetisch definierte Einheit).
b) Die quantitative und qualitative Nachweisbarkeit dieser Einheit.
c) Die Trennung aktiver von inaktiven Individuen.
d) Die Bestimmung der Funktion oder Rolle der betrachteten Einheit im Ökosystem.
e) Die Analyse der gewonnenen Daten unter Betrachtung aller methodischen Fehlermöglichkeiten.

Diese Voraussetzungen machen die enge Verflechtung von Struktur und Funktion mikrobieller Lebensgemeinschaften deutlich.

Bei der Definition der zu untersuchenden Organismen spielen die Taxonomie bzw. Systematik und Klassifikation der Mikroorganismen eine wesentliche Rolle, wobei diese Begriffe in Anlehnung an die Studie von Sneath [10] im traditionellen Sinne verwendet werden sollen. *Systematik* ist demzufolge die wissenschaftliche Untersuchung von Ähnlichkeiten sowie Diversitäten aller Art

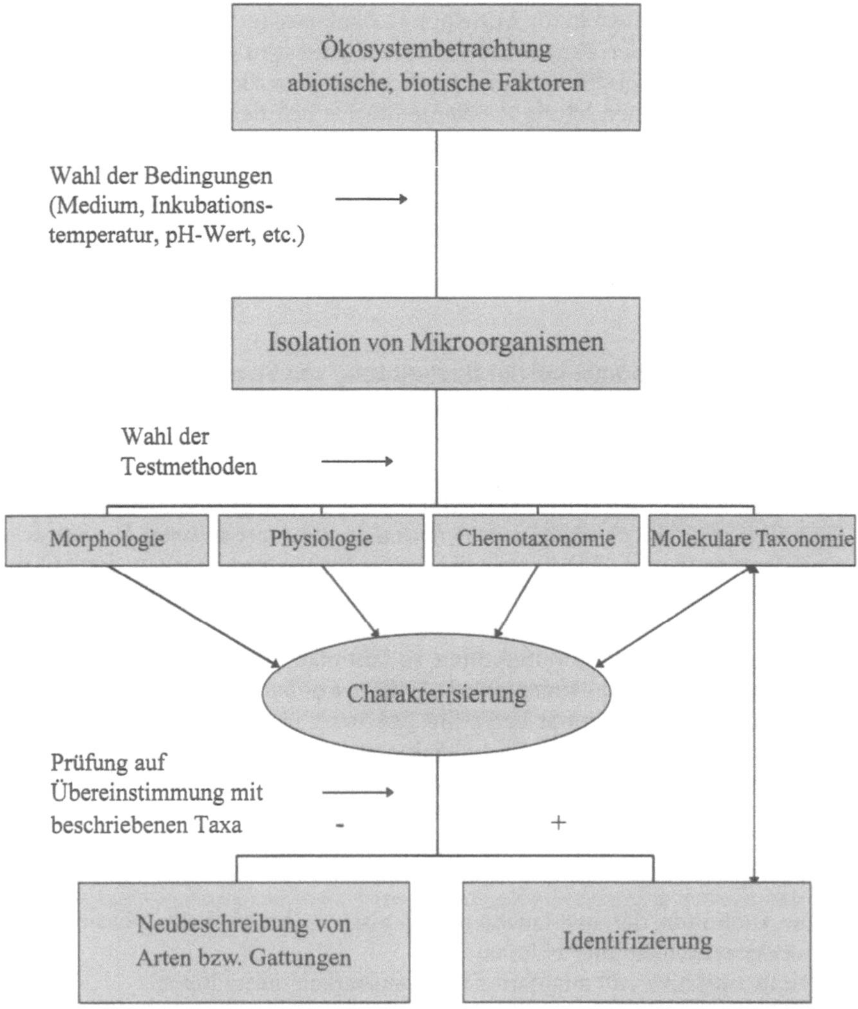

Abb. 4.1 Flußdiagramm zur Isolation, Charaktersierung und Identifizierung von Mikroorganismen aus dem Abwasser in Anlehnung an [13]. Eine direkte Identifizierung von Mikroorganismen mittels molekularbiologischer Methoden ist nur möglich durch spezifische Gensonden, deren Sequenz an *zuvor* charakterisierten Referenzorganismen ermittelt werden muß (siehe [27, 41, 42])

innerhalb aller Organismen. Die *Klassifikation* beinhaltet zunächst die Einordnung von Organismen in Gruppen aufgrund von Ähnlichkeiten (nicht notwendigerweise Verwandtschaft) und die *Taxonomie* ist die theoretische Wissenschaft der Klassifikation, einschließlich ihrer Grundlagen sowie der Identifizierung. Durch die Schaffung einer phylogenetisch orientierten Grundlage der Klassifikation durch die Arbeiten von C.R. Woese [11, 12] wurden die Einteilungs-(Klassifikations-)prinzipien auf eine „natürliche", d.h. evolutionsgemäße (phylogenetische) Basis gestellt. Die phylogenetische Verwandtschaft wird auf allen taxonomischen Ebenen durch die Anwendung der vergleichenden Sequenzierung von 5S-rRNA, 16S-rRNA und 23S-rRNA sowie durch DNA/rRNA-Hybridisierung untersucht [11–13]. Für die Abgrenzung von Arten (Klassifikation) wird im allgemeinen die Methode der DNA/DNA-Hybridisierung empfohlen und angewendet [14].

Die Identifizierung unbekannter Organismen besteht in der Wiedererkennung zuvor klassifizierter und benannter Gruppen (Taxa). Der erste Schritt in der Identifizierung eines unbekannten Organismus sollte in der Zuordnung zu einer Gattung bestehen [13]. Da Gattungen und Species häufig durch klassische (phänotypische), wie morphologische, physiologische, sowie chemotaxonomische Merkmale gut definiert sind, die die phylogenetischen, relativen Abstände (Distanzen) gut widerspiegeln, ist die Anwendung solcher Verfahren gerade bei der Identifizierung unbekannter Organismen sinnvoll. Die Beziehungen zwischen Charakterisierung eines Mikroorganismus und Klassifikation sind in Abb. 4.1 schematisch zusammengefaßt.

Die Anwendung dieser Methoden setzt jedoch die Isolier- und Kultivierbarkeit der zu untersuchenden Mikroorganismen voraus, auf die im folgenden näher eingegangen werden soll.

4.3
Isolation und Kultivierung aerober und fakultativ anaerober Abwasserbakterien

Die Isolation von Bakterien aus dem Abwasser erfordert die Auswahl spezifischer Nährmedien zur Anzucht und Weiterkultivierung, Inkubationsbedingungen und Methoden. Dies bedeutet, daß durch die Festlegung dieser Voraussetzungen (wie Nährstoffkonzentration, Inkubationstemperatur, pH-Wert, Redoxpotential, etc.) spezifische Selektionsbedingungen für bestimmte Organismen oder Organismengruppen geschaffen werden, denn das Isolationsmedium und die -bedingungen haben einen großen Einfluß sowohl auf die Anzahl der isolierten Bakterien, als auch auf die Zusammensetzung der isolierbaren Biozönose.

In der Literatur werden viele, hauptsächlich nährstoffreiche (Fest-)Medien für die Primärisolation von Abwasserbakterien beschrieben [zusammengefaßt in 15–17]. Diese Agarmedien enthalten häufig hohe Pepton- bzw. Fleisch- oder Hefeextraktkonzentrationen und selektieren daher hauptsächlich Organismen, die unter diesen Bedingungen optimal zu wachsen vermögen.

In einigen Untersuchungen wurden auch Medien mit sterilem Belebtschlamm als Nährstoff-Grundlage verwendet, jedoch sind für Routineuntersuchungen stets gleiche Bedingungen und somit Medien mit bekannter Zusammensetzung zu bevorzugen.

Von Reasoner und Geldreich [18] wurde der sogenannte R2A Agar zunächst für die Isolation von Trinkwasserbakterien vorgeschlagen. Dieses Medium enthält unterschiedlich spezifizierte (Glucose, Stärke, Pyruvat), sowie relativ geringe Mengen unspezifizierter Kohlenstoffquellen (Hefeextrakt, Pepton, Aminosäuren aus Casein) jeweils in Konzentrationen von 0,3 – 0,5 g l^{-1}. Für die Isolation einer möglichst großen Vielfalt der im Abwasser vorkommenden, ohne zusätzliche Verfahren kultivierbaren Bakterien, stellt es hinsichtlich Nährstoffgehalt und -vielfalt einen Kompromiß dar und wurde für diesen Zweck bereits erfolgreich eingesetzt [19, 20]. Generell sollte bei der Wahl des Mediums sowie der Inkubationstemperaturen und -bedingungen den Verhältnissen am Standort Rechnung getragen werden. Dennoch können physiologisch spezialisierte Mikroorganismen wie autotrophe Bakterien, etwa Nitrifikanten, aber auch einige heterotrophe Bakterien (z.B. fadenbildende Bakterien) nur durch die Anwendung stark selektiv wirkender Medien und Bedingungen isoliert und kultiviert werden.

Als Verfahren zur Bestimmung koloniebildender Einheiten ist das Oberflächenverfahren dem Plattengußverfahren, das wegen der großen Temperaturschwankungen beim Gießen der Agarplatten negative Auswirkungen haben kann, vorzuziehen [15, 17].

Um gleichmäßige Zellsuspensionen aus Belebtschlammflocken zu erhalten, ist es zudem häufig erforderlich, die Flockenstruktur zu lockern, um die Bakterien aus dem Verband zu lösen.

Hierfür sind in der Literatur sowohl mechanische als auch chemische Methoden beschrieben. Eine schonende Homogenisation ist vor allem deswegen wichtig, um Organismen, die im Innern der Flocke leben, mitzuerfassen, da dort Bakterien vorkommen, die durch veränderte Nährstoff- und O_2-Konzentrationen an andere Lebensbedingungen angepaßt sind. Mechanische Aufschlußmethoden reichen von der Verwendung einfacher Haushaltsgeräte bis zu komplizierten Ultraschallgeräten. Vielfach ist eine Erhöhung der Koloniezahl nach der Homogenisation beobachtet worden [15]. Man sollte jedoch bei guten Homogenisationserfolgen nicht außer acht lassen, daß neben der verwendeten Aufschlußmethode die Struktur der Flocke, die Zahl der freischwimmenden Bakterien in der Probe und deren Überlebensfähigkeit von entscheidender Bedeutung für einen erfolgreichen Aufschluß sind. Chemische Methoden zur Dispersion wie die Zugabe von Tween 80 oder EDTA bringen in der Regel keine weitere Zellzahlerhöhung.

Am besten kann eine Ablösung durch die Ultraturraxbehandlung erfolgen [17, 20]. Die Struktur der Belebtschlammflocken läßt sich jedoch auch nach einer Ultraturraxbehandlung bzw. Ultraschallbehandlung nicht so weit homogenisieren, daß eine gleichmäßige Herauslösung aller Bakterien aus dem Verband der Flocke möglich ist.

4.4
Klassische Methoden zur Charakterisierung und Identifizierung von Abwasserbakterien

4.4.1
Grundlegende Vorgehensweisen und Verfahren

Die Charakterisierung von Bakterien hat zum Ziel, eine möglichst umfangreiche Sammlung aller Eigenschaften der zuvor isolierten Organismen zusammenzustellen, um sie so zu beschreiben. Stimmen die erhobenen Eigenschaften mit denjenigen bereits gut beschriebener Arten überein, so ist eine Identifizierung möglich. Häufig ist jedoch aufgrund fehlender Übereinstimmungen eine Art- oder Gattungszuordnung *nicht* möglich [13] (siehe Abb. 4.1).

Um einen zuvor isolierten Organismus zu identifizieren, gibt es mehrere Ansätze:

- *Unkritischer Ansatz:* Es erfolgt eine ungewichtete Erfassung möglichst vieler Eigenschaften, die dann zusammengetragen und ggf. mit den Merkmalen von Referenzorganismen verglichen werden.
- *Progressiver Ansatz:* Unter Berücksichtigung von Vorinformationen (z.B. selektive Bedingungen der Isolation, bereits beschriebenes Vorkommen im Abwasser etc.) werden bestimmte Gruppen von vornherein ausgeschlossen und das Suchspektrum eingeengt.

Diese Ansätze überschneiden sich zum Teil und können kombiniert werden, um möglichst schnell zu einer Identifizierung zu gelangen.

Ungeachtet dieser Ansätze läßt sich hinsichtlich der Art der Vorgehensweise eine weitere Unterteilung vornehmen, um Einzelergebnisse oder das Identifizierungsresultat zu erhalten:

- *Deterministische Vorgehensweise:* Hier kommt es zur Anwendung von Bestimmungsschlüsseln oder -tabellen. Es erfolgt eine Gewichtung der Merkmale. Die erhaltenen Untersuchungsergebnisse entscheiden über die jeweils folgenden Untersuchungsschritte.
- *Numerische Vorgehensweise:* Die erhaltenen Testergebnisse (qualitativ und/ oder quantitativ) werden mit Hilfe numerischer Verfahren (ungewichtet) auf der Grundlage der Wahrscheinlichkeitstheorie dazu benutzt, um ein (Teil-) Identifizierungsergebnis zu erhalten.

Einige klassische Methoden zur Charakterisierung sollten unabhängig von dem gewählten Ansatz und der Einbindung in deterministische oder numerische Vorgehensweisen durchgeführt werden.

Dies betrifft zunächst die Erfassung zell- und koloniemorphologischer Eigenschaften einschließlich des Gram-Verhaltens, die ohne großen methodischen Aufwand leicht bestimmbar sind (Tabelle 4.1). Die erhaltenen Resultate ermöglichen zunächst eine grobe Vorgruppierung, lassen jedoch (mit wenigen Ausnahmen) noch keine taxonomische Zuordnung zu einer Gattung oder gar Species zu (für detaillierte Methoden s. [21]).

Tabelle 4.1   Merkmale zur Charakterisierung von Abwasserbakterien

1. Morphologie[a]:
   Kolonieform, Koloniefarbe, Koloniebesonderheiten,
   Zellform, Zellgröße, Beweglichkeit, Sporenbildung,
   Zelluläre Einschlüsse
   Gram-Verhalten
2. Analyse der physiologischen Eigenschaften[b]:
   Bestimmung der Nährstoff- und Wachstumsansprüche und des Energiestoffwechsels
   Bestimmung physiologischer Eigenschaften wie z.B.
       Enzymproduktion,
       C-Quellenverwertungsspektren,
       Antibiotikaresistenzen
3. Chemische Analyse der Zell-Bestandteile[c]:
   Fettsäurekomposition der Lipide
   Lipidkomposition der Zelle
   Chinonkomposition
   Peptidoglycanstruktur
   Zellwandzucker
   Polyamine
   Elektrophoretische Proteinmuster
4. Molekularbiologische Untersuchungen[d]:
   Sequenzanalysen der 16S- oder 23S-rRNA
   DNA-DNA Hybridisierung

[a] Die morphologischen Merkmale lassen sich leicht erfassen und erfordern keine spezifische Laborausrüstung. Detaillierte Methodenbeschreibungen finden sich bei Gerhardt et al. [21].

[b] Bei der Bestimmung physiologischer Merkmale ist der Zeit- und Materialaufwand relativ hoch, eine besondere Laborausstattung ist in der Regel nicht notwendig. Eine Vielzahl kommerziell erhältlicher Testsysteme, z.T. in miniaturisierter automatisierter Form versuchen den Zeitbedarf zu verkürzen (siehe Text).

[c] Zur Bestimmung einzelner Zellbestandteile sind häufig große Mengen an Zellmaterial erforderlich. Die Anzucht der Zellen und die Reinigung der Extrakte vor der Analyse sind häufig zeitaufwendig. Zudem werden spezifische Geräte benötigt. Detaillierte Methodenbeschreibungen finden sich u.a. bei Goodfellow und Minnikin [22]. Für die Analyse von Fettsäuremustern existieren kommerziell erhältliche Systeme (siehe Text).

[d] Für molekularbiologische Untersuchungen (insbesondere DNA-DNA Hybridisierungen) sind ebenfalls häufig große Mengen an Zellmaterial erforderlich. Die Anzucht der Zellen und die Reinigung der Nukleinsäuren vor der Analyse sind häufig zeitaufwendig. Für Sequenzierungen kann man sich die PCR-Technik zunutze machen. Für diese Untersuchungen wird eine spezifische Laborausrüstung und für Sequenzvergleiche ggf. ein Datenbankzugriff benötigt. Detaillierte Methodenbeschreibungen finden sich u.a. bei Stackebrandt und Goodfellow [26].

Allgemeiner Hinweis: Die Verwendung von Standard- bzw. Referenzwerken zu Systematik und Klassifikation von Mikroorganismen [23–25] ist für eine Identifizierung von unbekannten Bakterien nur bei grundlegenden, entsprechenden bakteriologisch-taxonomischen Erfahrungen zu empfehlen!

Die Bestimmung physiologischer Eigenschaften umfaßt die Erhebung des Energiestoffwechsels, spezifischer Ansprüche und metabolischer Fähigkeiten sowie ökophysiologischer Parameter, wobei hier eine Unterteilung in taxonomisch wichtige Markereigenschaften (zur Identifizierung des Organismus und somit letztlich zur Beschreibung der *Struktur* der Biozönose) und ökologisch bedeutsame Eigenschaften (zur Bestimmung der *Funktion* des Organismus innerhalb der Biozönose) vorgenommen werden kann. Eine Überschneidung der beiden Testgruppen ist möglich.

Die chemisch-analytische Erfassung von Zellkomponenten wie DNA-Basenkomposition, der Membranzusammensetzung (polare Lipide, Fettsäuremuster, Chinone, Polysaccharide, Mycolsäuren etc.) dienen vor allem der exakten Gattungs- oder Artbestimmung, setzen jedoch häufig methodisch relativ aufwendige Verfahren und das Vorhandensein entsprechender Analysegeräte voraus (für detaillierte Methoden s. [22]).

Umfangreiche Zusammenstellungen zur Systematik der Mikroorganismen einschließlich Anweisungen zu deren Isolierung, Kultivierung und Identifizierung finden sich in den derzeit jeweils vierbändigen Werken „Bergey's Manual of Systematic Bacteriology [23] und „The Prokaryotes" [24], jedoch dienen diese als Standard- bzw. Referenzwerke für die ständig wachsende Information über die unterschiedlichen Eigenschaften aller prokaryontischen Mikroorganismen. Auch die einbändige Version von „Bergey's Manual of Determinative Bacteriology [25], als Bestimmungsbuch mit Identifizierungsanweisungen deklariert, kann ohne ausreichende Erfahrung in der Bakteriensystematik und Taxonomie nicht als Bestimmungsbuch benutzt werden.

Der Einsatz von Nucleinsäurehybridisierungen, wie der DNA/DNA-Hybridisierung für die Abgrenzung von Species (Klassifikation), sowie vergleichender Sequenzierungen von 5S-rRNA-, 16S-rRNA- und 23S-rRNA-Molekülen für eine phylogenetisch orientierte Zuordnung ist (wie bereits in Kapitel 4.2 erwähnt) neben der Klassifikation auch für die Identifizierung von Mikroorganismen geeignet, jedoch methodisch ebenfalls relativ aufwendig [26]. Diese Verfahren werden z.T. bereits den molekularbiologischen Methoden (in Abgrenzung zu den klassischen Verfahren) zugerechnet.

In Tabelle 4.1 sind die wichtigsten Merkmale, die zu einer Charakterisierung und ggf. Identifizierung von Abwasserbakterien herangezogen werden können, aufgelistet. Aufgrund der taxonomischen Vielfalt der im Abwasser vorkommenden Organismen ist eine generelle Empfehlung einiger weniger hinreichender Merkmale für die Identifizierung aller isolierbaren Bakterien *nicht* möglich. So gelingt beispielsweise die Identifizierung von Vertretern aus der Familie *Enterobacteriaceae*, die derzeit mehr als 140 verschiedene Species umfaßt, mit physiologisch-biochemischen Tests relativ gut, während die Anwendung von chemotaxonomischen Verfahren, z.B. Analysen von Fettsäuremustern, hier keine Differenzierung erlaubt. Im Gegensatz dazu ist für eine exakte Zuordnung eines zellmorphologisch als „coryneform" erkannten Bakteriums die Anwendung chemotaxonomischer Verfahren für seine Gattungs- oder Artbestimmung in aller Regel unverzichtbar.

Generell ist für die in Tabelle 4.1 aufgelisteten methodischen Ansätze (mit Ausnahme einiger molekularbiologischer Verfahren) eine Kultivierbarkeit der zu untersuchenden Mikroorganismen unabdingbar. Dadurch ist eine exakte Quantifizierung der Organismen bzw. deren relativer Anteile in einem Ökosystem und damit eine exakte Angabe der Biozönose Zusammensetzung nicht möglich (siehe Kap. 4.3). Eine vielversprechende Abhilfe für diese Probleme schafft die in situ Identifizierung von Mikroorganismen anhand spezifischer rRNA- oder DNA-Oligonucleotid-Sonden bis auf das Einzelzellniveau [26, 27]. Die Vorteile dieser Verfahren werden umfassend in diesem Buch (Kap. 7) von Wagner und Amann [27] dargestellt.

Bei der Verwendung der aufgeführten klassischen Methoden werden für einen Organismus in aller Regel mehr Daten als die zu seiner Identifizierung notwendigen erfaßt. Dies bedeutet allgemein, daß der Umfang und die Anzahl der Daten, die für eine bestimmte Identifizierung erforderlich sind, geringer sind als diejenigen, die im Rahmen einer umfassenden Charakterisierung erhoben werden.

Es ist weiterhin offensichtlich, daß das oben genannte Ziel der Charakterisierung, nämlich eine möglichst umfangreiche Sammlung aller Eigenschaften zusammenzustellen nicht erreicht werden kann, da die kontinuierlich fortschreitende Entwicklung immer neuer Verfahren und Techniken auch zu immer umfangreicheren Datensätzen von Organismen führt [13].

Im Gegensatz dazu ist man jedoch bestrebt, eine Identifizierung mit einem möglichst geringen materiellen und zeitlichen Aufwand zu erreichen. Durch die Vereinfachung, Miniaturisierung und Automatisierung der Durchführung bestimmter Tests (z. B. physiologisch-biochemischer Tests), sowie durch die Anwendung computervermittelter Prozesse auf der Basis der bestehenden numerischen Methoden wurde versucht, die Identifizierung von Mikroorganismen zu erleichtern.

4.4.2
Numerische Verfahren, kommerziell erhältliche Identifizierungssysteme

Bei der deterministischen Identifizierung benutzt man Bestimmungsschlüssel oder dichotome Entscheidungsbäume, um Schritt für Schritt zu einer Eingrenzung der Möglichkeiten, bzw. letztendlich zu einem Identifizierungsergebnis zu kommen. (Progressiver Ansatz). Der Nachteil dieser Methode besteht darin, daß an jeder Verzweigungsstelle des Baumes eine *eindeutige* Entscheidung getroffen werden *muß*, um einen Schritt weiterzukommen. Dies ist bei der Ausprägung vieler Tests innerhalb einer Art oder einer Gattung jedoch eher die Ausnahme als die Regel. Um dieses Problem zu umgehen, wurde versucht, numerische Verfahren in der Bakteriendiagnostik einzuführen.

Das Prinzip der numerischen Identifizierung beruht darauf, daß man die biochemischen Merkmale eines unbekannten Stammes erfaßt und dann mit einer Prozentwertmatrix vergleicht, die zuvor mit Referenzstämmen erstellt wurde [28–30]. Dabei ist die Wahl des Identifizierungskoeffizienten ein wichtiger Punkt, speziell in bezug auf die Aussagekraft kommerziell erhältlicher Identifi-

zierungssysteme. Oft wird als Identifizierungsresultat eine prozentuale Übereinstimmung des unbekannten Stammes mit einer Art angegeben, die zwischen
90 % und 100 % liegt. Bei dieser Zahl handelt es sich aber um eine relative Wahrscheinlichkeit, die „Willcox-probability" [31]. Die ausschließliche Angabe dieses
Koeffizienten ist jedoch mit Problemen behaftet [28–30]. Zusätzlich sollten
andere Identifizierungskoeffizienten wie die Taxonomische Distanz und der
Standardfehler der Taxonomischen Distanz mitaufgeführt werden. In Verbindung mit einer fortschreitenden Automatisierung und Miniaturisierung der
Tests wurde in den letzten Jahren eine fast unübersehbare Fülle kommerziell
erhältlicher Identifizierungssysteme entwickelt und dem Anwender zur Verfügung gestellt. Insbesondere Bakterien aus dem klinischen Bereich werden
heute in den Routinelabors mit diesen Fertigsystemen identifiziert. Dies hat
dazu geführt, daß die Anwendung von kommerziell erhältlichen Systemen oft
unkritisch gehandhabt wird. Nur solche Mikroorganismen können identifiziert
werden, die auch in der Matrix aufgenommen sind.

Viele kommerzielle Identifizierungssysteme benutzen die Prinzipien
der numerischen Identifizierung. Die dort verwendeten Tests (häufig klassisch
biochemisch-physiologische Merkmale), sind in der Weise modifiziert, daß
sie miniaturisiert und im allgemeinen auch automatisiert abgelesen werden
können.

Für folgende Bakteriengruppen sind kommerzielle Identifizierungssysteme
auf dem Markt (Auswahl):

1. *Enterobacteriaceae;*
2. Gram-negative nicht-fermentative Bakterien;
3. *Haemophilus, Neisseria, Branhamella* species;
4. *Staphylococcus, Streptococcus, Enterococcus* species;
5. Anaerobier;
6. Hefen [32, 33].

Jedoch sind bei diesen genannten Gruppen folgende Einschränkungen zu
machen: Die Systeme sind fast ausschließlich auf klinisch bedeutsame Bakterien
ausgerichtet. Dies bedingt hohe Inkubationstemperaturen und geringe Inkuba-
tionszeiten. Weiterhin sind die Testmedien oft sehr nährstoffreich, so daß die
Identifizierung von Isolaten aus dem Abwasser und Boden, die in diesen Medien
nicht wachsen, nicht gelingt. Obwohl zumeist klassische Tests in modifizierter
Form verwendet werden, macht die Benutzung von unterschiedlichen Testmedien und Testbedingungen einen direkten Vergleich mit Literaturdaten oft
unmöglich. Häufig sind die Methoden auch unzureichend standardisiert und
dadurch die Resultate großen Schwankungen bei der Ergebnisinterpretation
ausgesetzt.

Der Einsatz von kommerziell erhältlichen Identifizierungssystemen, die für
den klinischen Bereich konzipiert und entwickelt wurden, ist für Organismen
aus dem Abwasser mit Problemen behaftet und führt nur in Ausnahmefällen zu
plausiblen Ergebnissen. Das Problem der Anwendung kommerziell erhältlicher
Systeme wird dadurch noch erschwert, daß die computervermittelte Auswertung der Ergebnisse und die Anzeige eines Identifizierungsresultats dazu ver-

leitet, die Ergebnisinterpretation dem System zu überlassen. Eine kritische Einstellung der Wissenschaftler und eine entsprechende Erfahrung ist für die Anwendung dieser Systeme unerläßlich.

4.4.3
Automatisierte Identifizierung aerober und fakultativ anaerober Abwasserbakterien mittels physiologisch-biochemischer Tests

Die Miniaturisierung physiologisch-biochemischer Tests, gekoppelt mit einer weitgehenden Standardisierung und Automatisierung der Testdurchführung läßt sich nutzen, um ein Referenzsystem für die Identifizierung von Abwasserorganismen aufzubauen.

Die Schritte zur Erstellung eines solchen Systems (das immer wieder aktualisiert wird) ist der Abb. 4.2 zu entnehmen.

Biochemische oder physiologische Merkmale setzen bestimmte Stoffwechselreaktionen der Mikroorganismen voraus. Im Gegensatz zu den chemotaxonomischen und auch genetischen Methoden, die die Eigenschaften der Mikroorganismen *nach* Zellaufschluß bestimmen, ist bei biochemischen Tests das Wachstum der Mikroorganismen oder zumindest das Funktionieren einer physiologischen Leistung im Test selbst unabdingbar. Biochemische oder physiologische Tests lassen sich daher besonders gut an Mikroorganismen erfassen, die relativ leicht zu kultivieren sind und unterschiedliche Stoffwechselleistungen auch in spezifischen Nährmedien zeigen. Da die Mehrzahl der Mikroorganismen des Abwassers einen aeroben bzw. fakultativ anaeroben Stoffwechsel besitzen, läßt sich für die Mehrzahl dieser Bakterien ein Referenzsystem auf der Basis physiologisch-biochemischer Tests erstellen.

Die Verschiedenartigkeit bzw. unterschiedliche taxonomische Zuordnung der Abwasserbakterien verlangt jedoch bei der Auswahl der Testmedien und der

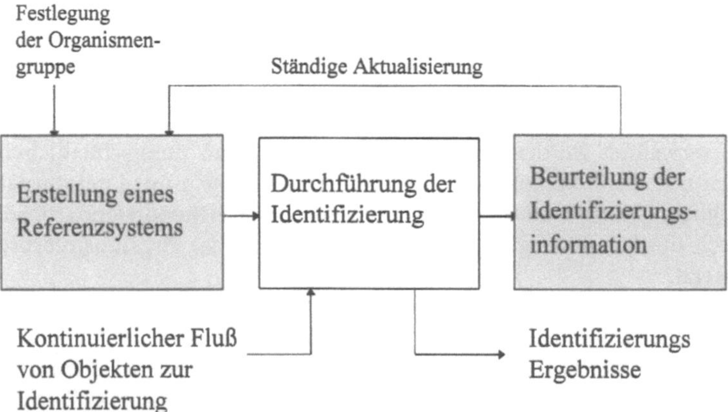

Abb. 4.2 Flußdiagramm der Erstellung eines Referenzsystems zur Identifizierung von Mikroorganismen (verändert nach [45])

Inkubations- und Auswertungskriterien eine genaue Kenntnis der Nährstoff- und Temperaturbedürfnisse, sowie der sonstigen physikochemischen Ansprüche der untersuchten Bakterien. Nicht immer können optimale Bedingungen für alle Organismen geschaffen werden. Dies hat zur Folge, daß einige Tests nur für bestimmte Mikroorganismengruppen zu optimieren sind, während andere Organismen in diesen Tests keine verwendbaren Ergebnisse zeigen. Folgende Testprinzipien können zur Anwendung kommen:

- Fermentationen und Oxidationen (Säurebildungen aus unterschiedlichen Kohlenhydraten).
- Nachweis von Enzymen mit chromogenen (farbstoffhaltigen) Substraten.
- Verwertungstests unterschiedlicher Kohlenstoff- bzw. Stickstoffquellen (Trübungs- oder Farbänderungen).

Eine detaillierte Zusammenstellung der Tests findet sich in Tabelle 4.2. Alle Tests lassen sich miniaturisiert in den Vertiefungen von Mikrotiterplatten anwenden.

Zunächst müssen jedoch einfache Merkmale der isolierten Reinkulturen untersucht werden, die eine einfache Gruppeneinteilung ermöglichen. Die Erhebung dieser Eigenschaften ermöglicht eine erste Einteilung der Bakterien und umfassen:

- Gram-Färbung,
- Oxidase-Reaktion,
- Einige wichtige zellmorphologische Merkmale, wie z.B. die Zellform (Kokkus, Stäbchen, gekrümmtes Stäbchen, unregelmäßig geformtes Stäbchen, sowie spezielle Merkmale),

Darüber hinaus sollten kulturmorphologische Besonderheiten wie Farbe und Form der Kolonie festgehalten werden.

Aus der Durchführung dieser Vortests resultieren vier Bakteriengruppen, für die anhand der durchgeführten physiologischen Tests separate Datenbanken erstellt wurden (Gram-negative, Oxidase-negative Organismen; Gram-negative, Oxidase-positive Organismen; Gram-positive Kokken; Gram-positive Stäbchen oder unregelmäßig geformte Organismen). Dies bedeutet, daß das System deterministische und numerische Vorgehensweisen kombiniert.

Die Bedeutung biochemischer Tests liegt vor allem bei der Differenzierung auf Gattungs- oder Speciesebene, seltener auf der Subspeciesebene. Dabei ist es gleichgültig, ob die Klassifikation (Einteilung der Species) auf phylogenetischen oder phenetischen Grundlagen beruht. Folgende Anforderungen bestehen an die Tests:

- Hohe Differenzierkapazität (Voraussetzung: eine möglichst große Stammanzahl pro Species sollte getestet werden).
- Gute Reproduzierbarkeit (ermittelt im gleichen Labor unter verschiedenen Bedingungen, wie auch im Vergleich unterschiedlicher Labors).
- Einfache Auswertbarkeit (visuell–photometrisch).
- Handhabbarkeit - geringe Kosten.

Tabelle 4.2 Tests zur physiologischen Charakterisierung und Identifizierung aerober und fakultativ anaerober Abwasserbakterien (pNP = para-Nitrophenyl; pNA = para-Nitroanilid)

SÄUREBILDUNG AUS:	*VERWERTUNG VON:*
GLUCOSE	N-ACETYL-D-GALACTOSAMIN
LACTOSE	N-ACETYL-D-GLUCOSAMIN
SACCHAROSE	L-ARABINOSE
D-MANNIT	*p*-ARBUTIN
DULCIT	D-CELLOBIOSE
SALICIN	D-FRUCTOSE
ADONIT	D-GALACTOSE
INOSIT	GLUCONAT
SORBIT	D-GLUCOSE
L-ARABINOSE	D-MALTOSE
RAFFINOSE	D-MANNOSE
RHAMNOSE	alpha-D-MELIBIOSE
MALTOSE	L-RHAMNOSE
D-XYLOSE	D-RIBOSE
TREHALOSE	D-SACCHAROSE
CELLOBIOSE	SALICIN
METHYL-D-GLUCOSID	D-TREHALOSE
ERYTHRIT	D-XYLOSE
MELIBIOSE	ADONIT
D-ARABIT	i-INOSIT
D-MANNOSE	MALTIT
	D-MANNIT
HYRDOLYSE VON:	D-SORBIT
ESCULIN	PUTRESCIN
	ACETAT
pNP-beta-D-GALACTOPYRANOSID	PROPIONAT
pNP-beta-D-GLUCURONID	*cis*-ACONITAT
pNP-alpha-D-GLUCOPYRANOSID	*trans*-ACONITAT
pNP-beta-D-GLUCOPYRANOSID	ADIPAT
pNP-beta-D-XYLOPYRANOSID	4-AMINOBUTYRAT
Bis-pNP-PHOSPHAT	AZELAT
pNP-PHENYL-PHOSPHONAT	CITRAT
pNP-PHOSPHORYL-CHOLIN	FUMARAT
2-DESOXYTHYMIDIN-5'-pNP-PHOSPHAT	GLUTARAT
L-ALANIN-pNA	DL-3-HYDROXYBUTYRAT
L-GLUTAMAT-gamma-3-CARBOXY-pNA	ITACONAT
L-PROLIN-pNA	DL-LACTAT
	L-MALAT
	MESACONAT
	OXOGLUTARAT
	PYRUVAT
	SUBERAT
	L-ALANIN
	beta-ALANIN
	L-ASPARTAT
	L-HISTIDIN
	L-LEUCIN
	L-ORNITHIN
	L-PHENYLALANIN
	L-PROLIN
	L-SERIN
	L-TRYPTOPHAN
	3-HYDROXYBENZOAT
	4-HYDROXYBENZOAT
	PHENYLACETAT

Oftmals ist es schwierig, eine ausreichende Anzahl von Referenzstämmen zum Aufbau und zur Ergänzung der Datenbank physiologischer Tests zu bekommen (siehe Abb. 4.2). Dies ist vor allem darin begründet, daß Artbeschreibungen oft nur auf einem oder aber wenigen Stämmen beruhen. Daraus folgt, daß nicht genau abgeschätzt werden kann, ob eine biochemische Reaktion einheitlich für die Art oder nur für die wenigen von dieser Art getesteten Stämme ausgeprägt ist. Es ist daher in vielen Fällen schwierig, Mikroorganismen, die aus dem Abwasser isoliert wurden, ausschließlich mit biochemischen Tests zu identifizieren.

Ein Identifizierungsergebnis sollte daher nach folgenden Kriterien verifiziert werden:

a) Ist die Übereinstimmung des Testmusters des unbekannten Bakterienstammes mit dem erhaltenen Identifizierungsergebnis hoch genug? (Hier sollte nicht nur die prozentuale „relative Wahrscheinlichkeit" herangezogen werden, sondern auch andere Identifizierungskoeffizienten [30])!

b) Ist die Datenbank (insbesondere bezogen auf das erhaltene Resultat) umfangreich genug, d.h. liegen ihr Ergebnisse von mehr als 10 authentischen Stämmen des jeweiligen Taxons zugrunde?

c) Ist das Ergebnis plausibel, d.h. stimmt es mit den Ergebnissen einfacher zell- und koloniemorphologischer Charakterisierungen (ggf. auch weitergehender chemotaxonomischer Untersuchungen) überein?

Bei nicht eindeutigen Ergebnissen sollten zusätzliche Methoden zur Absicherung zur Anwendung kommen.

4.4.4
Zusammensetzung der isolierbaren Biozönose einer Kläranlage mit biologischer Phosphorelimination

4.4.4.1
Struktur der isolierbaren aeroben und fakultativ anaeroben Lebensgemeinschaft

Mit Hilfe des beschriebenen Identifizierungssystems wurden Proben aus dem Belebungsbecken der Kläranlage Berlin-Ruhleben auf das Vorkommen von aeroben und fakultativ anaeroben Abwasserbakterien über einen Zeitraum von vier Jahren untersucht. Die Belebtschlammproben wurden zunächst mit einem Ultraturrax mechanisch homogenisiert und das resultierende Homogenisat zur Bestimmung der Koloniebildenden Einheiten (KBE) verwendet. Die KBE-Bestimmung erfolgte entweder auf Nähr-Agar, oder aber auf R2A-Agar, jeweils nach dem Oberflächenverfahren. In Abb. 4.3 sind die Ergebnisse zusammengefaßt dargestellt, wobei nur Gattungen berücksichtigt und gemäß der phylogenetischen Zuordnung [11, siehe auch 27] aufgelistet wurden. Insgesamt konnten mehr als 100 verschiedene Species im Abwasser nachgewiesen werden [19, 20].

Vertreter der fakultativ anaeroben Gattung *Aeromonas* wurden mit Abstand am häufigsten isoliert [33]. Isolate aus der Familie *Enterobacteriaceae* wurden ebenfalls nachgewiesen (Gattungen: *Citrobacter, Enterobacter, Escherichia,*

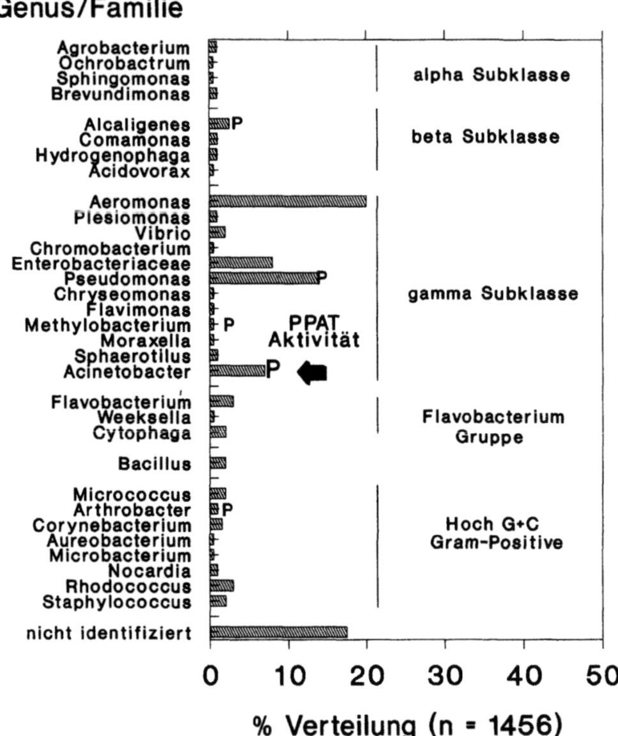

Abb. 4.3 Zusammenstellung und prozentuale Häufigkeit von aeroben und fakultativ anaeroben Abwasserisolaten aus der Kläranlage Berlin-Ruhleben (es wurden nur Gattungen bzw. Familien, gemäß der phylogenetischen Klassifikation [11] aufgelistet). Für weitere Details (Species) siehe [18–20, 42]. P = Polyphosphatspeicherung nachgewiesen; PPAT = Polyphosphat AMP:Phosphotransferase nachgewiesen; für Details zu P-Speicherung und enzymologischen Untersuchungen bei *Acinetobacter*, siehe [34, 44, 46]

Hafnia, Klebsiella, Proteus, Rahnella, Shigella und *Yersinia*), hatten aber nur einen geringen Anteil an der Gesamtzahl isolierter Bakterien. Eine weitere bedeutsame Gruppe von Bakterien, die einen großen Anteil der Isolate ausmachte, waren Gram-negative, aerobe, nicht-fermentative Bakterien, insbesondere Isolate der Gattungen *Pseudomonas* und *Acinetobacter*. Vertreter der letzteren Gattung wurden mit einem Anteil von 7,2% isoliert. Die genannten Gattungen werden phylogenetisch in die gamma-Subklasse der *Proteobacteria* eingeordnet [11] und bilden einen Anteil von über 60% an der isolierbaren Biozönose. Vertreter der Gattungen *Agrobacterium, Ochrobactrum* und *Sphingomonas* (alpha-Subklasse der *Proteobacteria*), sowie *Alcaligenes, Comamonas* und *Hydrogenophaga* (beta-Subklasse der *Proteobacteria*) wurden nur mit 3% respektive 1% Anteil isoliert (Abb. 4.3). Eine Übereinstimmung der Proben zeigte sich in dem gewöhnlich wesentlich geringeren Anteil Gram-positiver Bakterien an der Gesamtzahl der Isolate. Die gefundenen Gram-positiven Organismen gehören hauptsächlich in die Gruppen der „coryneformen" bzw.

„nocardioformen" Bakterien bzw. phylogenetisch in die Gruppe der Grampositiven Organismen mit hohem G + C Gehalt [11] und wurden mit einem Anteil von ca. 12% isoliert.

Um eine Sicherstellung dieser Identifizierungen zu gewährleisten, wurden z. T. chemotaxonomische Untersuchungen wie die Bestimmung von Fettsäuremustern durchgeführt, die die taxonomische Zuordnung bestätigten [33, 34].

Die unterschiedlichen Isolationsmedien (Nutrient-Agar und R2A-Agar) machten sich hinsichtlich des Artenspektrums im Gegensatz zu den Koloniezahlbestimmungen deutlich bemerkbar. So konnten wesentlich größere Anteile von *Aeromonas* spp. auf nährstoffreichen Medien isoliert werden [33].

Bislang waren derart umfangreiche mikrobiologische Untersuchungen des Abwassers nur mit großem Zeit- und Materialaufwand möglich. Erste Untersuchungen der Belebtschlammorganismen gehen bis in die 40er Jahre zurück. Allen [35] fand Vertreter der Gattungen *Achromobacterium*, *Flavobacterium* und *Pseudomonas*, daneben geringe Zahlen von Vertretern aus der Familie *Enterobacteriaceae*. In den 50er bis 80er Jahren wurden in der Hauptsache die Gramnegativen aeroben und fakultativ anaeroben heterotrophen Bakterien in Belebungsanlagen gefunden [für Primärliteratur s. 15–17]. Seit den 70er Jahren erfolgte dann eine systematische Untersuchung der Floren des belebten Schlammes, unter Einbeziehung taxonomischer Methoden [für Primärliteratur s. 15–17]. Einen völlig neuen Zugang zu den komplexen Strukturen mikrobieller Lebensgemeinschaften ermöglicht die Anwendung von gruppen-, gattungs-, oder sogar artspezifischen Gensonden [27]. Durch die Anwendung dieser Verfahren ist erstmals auch eine Quantifizierung von taxonomisch definierten Bakteriengruppen *in situ*, d.h. vor Ort möglich. Erste Untersuchungen führten zu einem wesentlich präziseren Bild der Belebtschlammbiozönose und zu einer ersten detaillierten Einschätzung der methodenbedingten Populationsverschiebungen durch kulturelle Verfahren. Durch Anwendung dieser Methoden wurde deutlich, daß Vertreter der gamma-Subklasse der *Proteobacteria* die selektiven Bedingungen der Isolation (siehe Kap. 4.3) am besten nutzen können und durch den *in situ* Nachweis nur einen Anteil von etwa 15% an der Biozönose haben, während Organismen aus der beta-Subklasse der *Proteobacteria* und Vertreter der Gram-positiven Organismen mit hohem G + C Gehalt mit etwa 35% bzw. 20% Anteil durch die gewählten Kultivierungsbedingungen unterrepräsentiert sind (für Details siehe Kap. 7 von Wagner und Amann [27]).

4.4.4.2
Funktion der isolierbaren aeroben und fakultativ anaeroben Lebensgemeinschaft mit Bezug auf die biologische Phosphorelimination

Seit der Umrüstung der Ausbaustufe II des Berliner Klärwerks Ruhleben bestehend in einer „Vor-Kopf-Beschickung" der Belebungsbecken und Reduktion der Belüftung der Belebungsbecken auf den ersten 50 m Fließstrecke (O_2 Konzentration $< 0,5$ mg l^{-1}) unterblieb einerseits die Bildung von Blähschlamm, andererseits wurde auch eine Reduzierung der Phosphorkonzentration im Klärwerksablauf auf Werte < 1 mgP l^{-1} festgestellt. Es handelt sich also um eine

Kläranlage mit biologischer Phosphorelimination. Über die Grundlagen dieses für die Abwasserreinigung bedeutsamen Prozesses wird an anderer Stelle umfassend berichtet [36]. Hinsichtlich der Zusammensetzung der bakteriellen Lebensgemeinschaft wurde jedoch in einigen Untersuchungen festgestellt, daß die biologische Phosphorentfernung mit einem starken Wachstum von *Acinetobacter* spp. verbunden ist. In den USA fanden Fuhs und Chen [37] Stämme der *Acinetobacter/Moraxella*-Gruppe in Anlagen zur biologischen Phosphatelimination. In Südafrika wies Buchan [38] in vier verschiedenartigen Anlagen, in denen eine biologische Phosphatelimination stattfand, Anteile der Gattungen *Acinetobacter-Moraxella* zwischen 48% und 62,8% an der heterotrophen Gram-negativen Bakterienflora nach. Lötter und Murphy [39] zeigten, daß *Acinetobacter* spp. in der aeroben Zone einer Belebtschlammanlage mit einem Anteil von mehr als 50% die gesamte Bakterienflora dominieren.

Phosphor-Speicherung: Die mikrobiologischen Laboruntersuchungen zur biologischen Phosphorentfernung befaßten sich aufgrund der vermuteten Dominanz im Ökosystem vor allem mit den *Acinetobacter* spp. Es konnte gezeigt werden, daß *Acinetobacter*-Stämme Phosphate in der Form von Polyphosphaten in Zelleinschlüssen (Granula) einlagern können. Der Phosphatgehalt in den Polyphosphatgranula kann dabei 25% betragen [38]. In der gesamten Bakterienzelle wurden mehrfach P-Anteile zwischen 6% und 13% gefunden [36].

Der hohe Anteil an *Acinetobacter* spp. in Anlagen zur biologischen Phosphatelimination wurde jedoch nicht durch alle Untersuchungen bestätigt. Brodisch und Joyner [40] fanden in einer Versuchsanlage in Daspoort, Südafrika, nur geringe Anteile an *Acinetobacter* spp. an der gesamten Belebtschlammflora. Molekularbiologisch orientierte Untersuchungen [41, 42] ergaben eindeutig, daß der *in situ* Anteil von *Acinetobacter* im Bereich von 1% bis 2% an der bakteriellen Biozönose liegt.

Um festzustellen, ob Isolate aus dem Belebtschlamm größere Mengen an Phosphat einlagern (ggf. art- oder gattungsspezifisch), wurden Untersuchungen zu deren Phosphataufnahme durchgeführt. Hierbei ergab sich, daß *Acinetobacter* spp. häufiger positive Resultate aufwiesen als andere Isolate. Jedoch war diese Eigenschaft nicht auf die Gattung *Acinetobacter* beschränkt. Vielmehr konnte eine Vielzahl von Vertretern weiterer Gattungen Polyphosphat speichern (Abb. 4.3).

Enzymologische Untersuchungen: Zum besseren Verständnis der Vorgänge im Zusammenhang mit der Phosphataufnahme in die Zelle und der Speicherung als Polyphosphat dient die Untersuchung der Bildung bzw. des Abbaus dieses energiereichen Speicherstoffes.

Bislang wurden verschiedene Enzyme beschrieben, die den Abbau von Polyphosphat und die Übertragung der Phosphatreste auf Metabolite des Energiestoffwechsels wie ADP, AMP und Glucose katalysieren. So befähigen diese Enzyme die Zelle dazu, sowohl direkt Energie (z.B. in Form phosphorylierter Adenylate) als auch Phosphat (z.B. zur Phosphorylierung von Nicotinamidadenin-dinucleotid oder Glucose) aus Polyphosphat zu gewinnen. Das AMP-Phosphotransferase/Adenylatkinase System besteht aus zwei Enzymen, der Polyphosphat:AMP-Phosphotransferase und der Adenylatkinase. Es wurde als solches von van Groenestijn et al. [43] für *Acinetobacter johnsonii* Stamm 210 A beschrieben. Ein solches zweistufiges System ist differenzierter zu regulieren und dem Energiebedarf der Zelle besser anzupassen als die direkte Phosphorylierung von ADP zu ATP aus Polyphosphat. Weitere Enzyme sind die Polyphosphatkinase, die Polyphosphat-Glucokinase, die Nicotinamidadenindinucleotid (NAD)-Kinase und die polyphosphatabhängige 3-Phosphoglyceratkinase [44].

Insgesamt 10 polyphosphatakkumulierende *Acinetobacter*-Isolate wurden detailliert auf diese fünf polyphosphatabhängigen Enzyme bzw. Enzymsysteme und ihr Phosphatspeicherungsvermögen untersucht. Dabei konnte die Polyphosphat : AMP-Phosphotransferase in fast allen *Acinetobacter*-Isolaten aus dem Belebtschlamm der Kläranlage Berlin-Ruhleben nachgewiesen werden. Alle *Acinetobacter*-Isolate verfügen auch über die Adenylatkinase; die Polyphosphat-Glucokinase konnte in keinem Fall nachgewiesen werden [44].

Einen Anteil von 1–2% *Acinetobacter*-Isolaten [41, 42] an der bakteriellen Lebensgemeinschaft, der mit Oligonucleotidsonden nachgewiesen wurde, steht ein Anteil von ca. 7% gegenüber, der durch die methodischen Beschränkungen kultureller Verfahren erhalten wurde (siehe Abb. 4.3). Geht man jedoch von Gesamtzellzahlen von 10^8 bis 10^9 Mikroorganismen pro ml Abwasser aus, so lassen die prozentualen Unterschiede hinsichtlich der spezifischen Funktion „Biologische Phosphoreliminierung" im Ökosystem *keine* Rückschlüsse zu.

Die Phosphataufnahme der zu den *Acinetobacter* spp. gehörenden Isolate aus dem Klärwerk Berlin-Ruhleben ist zwar überdurchschnittlich hoch, die erhöhte Phosphataufnahme durch *Acinetobacter* spp. kann jedoch nicht die alleinige Ursache für die gute Phosphatelimination in den Belebungsbecken der Ausbaustufe II des Klärwerks Berlin-Ruhleben sein. Besonders hingewiesen werden muß auf die für dieses Klärwerk charakteristischen Bedingungen. Hierzu gehören die Größe der Anlage (240 000 m^3 Abwasser pro Tag) und die Tatsache, daß die Abwässer aufgrund langer Fließzeiten im Kanalsystem bereits hohe Konzentrationen an durch Gärprozesse entstandenen organischen Säuren enthalten. Dies in Kombination mit der sauerstoffarmen Zone und der „Vor-Kopf-Beschickung" der Abwässer in den Belebungsbecken führt zu einer überdurchschnittlich hohen Phosphataufnahme durch den Belebtschlamm insgesamt.

Eine weitere Untersuchung zur *Struktur* und *Funktion* einer mikrobiellen Lebensgemeinschaft mit Bezug auf die biologische Phosphorelimination wurde an einem Laborreaktorsystem durchgeführt, das ebenfalls die Phänomene der biologischen P-Eliminierung aufwies. Wiederum wurde mit Hilfe des beschriebenen Identifizierungssystems die Besiedlung des Reaktors hinsichtlich der Besiedlung mit aeroben und fakultativ anaeroben Abwasserbakterien untersucht. Die Ergebnisse finden sich in Abb. 4.4, wobei wiederum nur Gattungen bzw. Familien berücksichtigt wurden.

Im Gegensatz zu den Ergebnissen der Untersuchung an Belebtschlamm wurden hier Vertreter der fakultativ anaeroben Gattung *Aeromonas* mit einem Anteil von nur 2% nachgewiesen. Auch die Gram-negativen, aeroben, nicht-

Abb. 4.4 Zusammenstellung und prozentuale Häufigkeit von aeroben und fakultativ anaeroben Abwasserisolaten aus einer Laborkläranlage mit biologischer Phosphorelimination (es wurden nur Gattungen bzw. Familien aufgelistet).
P = Polyphosphatspeicherung nachgewiesen; PK = Polyphosphat Glucokinase; für Details zur P-Speicherung und enzymologischen Untersuchungen siehe [44, 47]

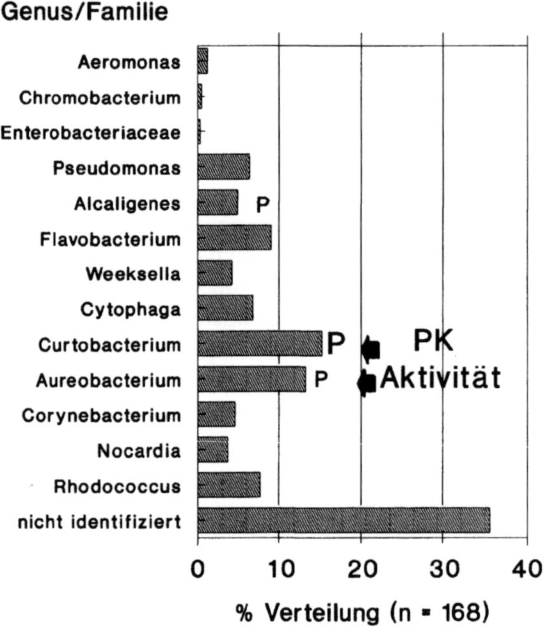

fermentativen Bakterien ließen sich wesentlich seltener isolieren. Organismen der Gattung *Acinetobacter* wurden nicht gefunden. Dafür war der relative Anteil Gram-positiver Bakterien höher, wobei alle isolierten Organismen in die „coryneformen" bzw. „nocardioformen" Bakterien gruppiert werden konnten.

Die Vertreter der Gattungen *Curtobacterium* und *Microbacterium* zeigten sowohl Polyphosphatspeicherung als auch Enzymaktivitäten, die in direktem Zusammenhang mit dem Polyphosphatstoffwechsel stehen. So wurde hier die Polyphosphat-Glucokinase in einigen Isolaten nachgewiesen.

Die „biologische" Phosphateliminierung in Abwasserreinigungsanlagen ist immer noch Gegenstand vieler kontroverser Hypothesen [36]. Obwohl monokausale Erklärungsversuche für dieses Phänomen und der Komplexität des Geschehens nicht gerecht werden und eine Beteiligung physikochemischer und chemischer Prozesse nicht zu vernachlässigen ist, spielen ökophysiologisch spezialisierte Mikroorganismen (wie die detailliert untersuchten *Acinetobacter* spp. oder ggf. auch die bislang unzureichend untersuchten Gram-positiven „coryneformen" Bakterien) zweifelsfrei eine wichtige Rolle bei der „biologischen" Phosphat-Entfernung. Die Eigenschaft der Phosphatspeicherung (als „P-Reserve") in Mikroorganismen der Belebtschlammbiozönose (ca. 2–4 % P) ist weit verbreitet, dagegen ist jedoch die Fähigkeit, aus gespeichertem Polyphosphat Energie zu gewinnen („P" als Energiespeicher), an spezifische Enzymsysteme gebunden, die nur in wenigen physiologisch spezialisierten Mikroorganismen zu finden sind.

4.5
Zusammenfassung und Ausblick

In fast allen mikrobiologischen Forschungsbereichen ist derzeit ein Trend in Richtung molekularbiologische bzw. molekulargenetische Verfahren feststellbar. In der Bakterien-Taxonomie haben die Hybridisierungs- und Sequenzierungs-studien von DNAs und RNAs eine phylogenetisch orientierte Basis geschaffen, und die Konstruktion und Anwendung von DNA- bzw. RNA-Sonden [27], (einschließlich der PCR-(„polymerase-chain-reaction") Technologie) verspre-chen enorme Möglichkeiten zur direkten genotypischen Identifizierung.

Für mikrobiologisch/ökologische Fragestellungen werden ebenfalls immer häufiger molekularbiologische und auch immunologische Verfahren, wie die *in situ*-Hybridisierungs-, Sequenzierungs- und Antigen-Antikörper-Reaktionen eingesetzt, um Mikroorganismenpopulationen zu untersuchen. Dies ergibt ein wesentlich präziseres Bild von der tatsächlichen Zusammensetzung der im Probenmaterial vorhandenen Population, ohne die im Rahmen von oft um-ständlichen Kultivierungstechniken zwangsläufig auftretenden Fehler.

Jedoch treten auch hier Schwierigkeiten bei der Extraktion von Nuclein-säuren aus komplexen Matrices (z. B. Boden) auf. Weiterhin besteht derzeit noch ein Mangel an geeigneten Sonden, und wenn solche vorhanden sind, gibt es oft Schwierigkeiten, die in der fehlenden Spezifität und den oft hohen Kosten für umfassende Analysen zu suchen sind.

Die Anwendungen genetischer Verfahren bieten den Vorteil eines direkten Nachweises (qualitativ und quantitativ) des gesuchten Organismus (definierte Einheit in autökologischen Ansätzen [9]).

Der Prognose, daß Nucleinsäuretechniken bald *alle* herkömmlichen mikro-biologischen Nachweisverfahren ersetzen werden, läßt sich jedoch folgendes entgegenhalten:

a) Für einen universellen Einsatz müßten für alle beschrieben Taxa (bis auf Speciesebene) spezifische Sonden konstruiert werden, ein Unterfangen, das, wenn überhaupt möglich, Jahrzehnte in Anspruch nehmen wird, unabhängig von dem oft schwer lösbaren Problem der Sequenzspezifität.

b) Der gleichzeitige Einsatz einer Vielzahl von Sonden bringt erneut einen großen Zeit- und Materialaufwand mit sich.

c) Die gesuchten Organismen müssen in einer relativ großen Anzahl im Öko-system vorhanden und weiterhin „aktiv" sein, da die Menge an Ziel-DNA (bzw. rRNA) von diesen beiden Größen abhängig ist.

d) Derzeit sind spezifische Untersuchungen zur Struktur von Biozönosen mög-lich, Untersuchungen zur Funktion der nachgewiesenen Einheiten erfordern nach wie vor klassische Verfahren.

Die Trennung aktiver von inaktiven Individuen der betrachteten Organismen bereitet daher sowohl mit kulturellen Verfahren als auch mit direkten mole-kularbiologischen Methoden Schwierigkeiten.

Will man einen Organismus hinsichtlich seiner Funktion untersuchen, beispielsweise seine Fähigkeit, Polyphosphat zu speichern oder spezifische Enzyme zu bilden, so sind umfangreiche Untersuchungen mit Reinkulturen erforderlich, die eine Kultivierbarkeit voraussetzen. Die Charakterisierung dieses Organismus mit klassischen Methoden führt zu einer Sammlung unterschiedlichster Daten (z.B. physiologische Eigenschaften, Nährstoffbedürfnisse etc.), die häufig Rückschlüsse über seine ökologische Bedeutung zulassen.

Literatur

1. Borneff J, Borneff M (1991) Hygiene. Thieme, Stuttgart New York
2. Gundermann KO, Rüden H, Sonntag HG (1991) Lehrbuch der Hygiene. Gustav Fischer Verlag, Stuttgart Jena New York
3. Mudrack K, Kunst S (1994) Biologie der Abwasserreinigung. Gustav Fischer Verlag, Stuttgart Jena New York
4. Bick H (1989) Ökologie. Gustav Fischer Verlag, Stuttgart Jena New York
5. Thienemann A (1950) Verbreitungsgeschichte der Süßwassertierwelt Europas. Schweizerbart, Stuttgart
6. Wilderer P, Hartmann L (1978) Zweistufiges Verfahren zur weitergehenden biologischen Abwasserreinigung. Korrespondenz Abwasser 25:295–299
7. Odum EP (1971) Fundamentals of ecology. Saunders, Philadelphia
8. Alexander M (1971) Microbial ecology. Wiley, New York
9. Tate III RL (1986) Microbial autecology, a method for environmental studies. John Wiley and Sons, New York
10. Sneath PHA (1989) Analysis and interpretation of sequence data for bacterial systematics: The view of a numerical taxonomist. Syst Appl Microbiol 12:15–31
11. Woese C (1987) Bacterial evolution. Microbiol Rev 5:221–271
12. Woese C (1992) Prokaryote systematics: The evolution of a science. In: Balows A, Trüper HG, Dworkin M, Harder W, Schleifer KH (ed) The Prokaryotes, Springer, Berlin New York, pp 3–18
13. Trüper HG, Schleifer KH (1992) Prokaryote characterization. In: Balows A, Trüper HG, Dworkin M, Harder W, Schleifer KH (ed) The Prokaryotes, Springer, Berlin New York, pp 126–148
14. Wayne LG, Brenner DJ, Colwell RR, Grimont PAD, Kandler O, Krichevsky MI, Moore LH, Moore WEC, Murray RGE, Stackebrandt E, Starr MP, Trüper HG (1987) Report of the ad hoc committee on reconciliation of approaches to bacterial systematics. Int J Syst Bacteriol 37:463–464
15. Dott W, Wetzel A (1984) Mikrobiologische Untersuchungen einer zweistufigen Adsorptionsbelebungsanlage. 2. Mitt: In-vitro Aktivitäten der isolierten Bakterien. Z Wasser-Abwasser-Forsch 17:182–185
16. Blaim H (1984) Floraanalysen an Abwasseranlagen der chemischen Industrie, Dissertation, Technische Universität München
17. Kämpfer P (1988) Automatisierte Charakterisierung bakterieller Lebensgemeinschaften, Hygiene Berlin 1, Veröffentlichungen aus dem Fachgebiet Hygiene der Technischen Universität Berlin und dem Institut für Hygiene der Freien Universität Berlin
18. Reasoner DJ, Geldreich EE (1985) A new medium for the enumeration and subculture of bacteria from potable water. Appl Environm Microbiol 49:1–7
19. Kämpfer P, Dott W (1989) Numerische Identifizierung aquatischer Mikroorganismen mittels automatisierter Methoden am Beispiel von Bakterien aus dem belebten Schlamm. Zbl Bakt Hyg B 187:216–229
20. Kämpfer P, Eisenträger A, Hergt V, Dott W (1990) Untersuchungen zur bakteriellen Phosphateliminierung. I. Mitteilung: Bakterienflora und bakterielle Phosphatspeicherung in Abwasserreinigungsanlagen. gwf Wasser Abwasser 131:156–164

21. Gerhardt P, Murray RGE, Costilow RN, Nester EW, Wood WA, Krieg NR, Phillips EB (ed) (1981) Manual of methods for general microbiology. American Society for Microbiology, Washington DC
22. Goodfellow M, Minnikin DE (ed) (1985) Chemical methods in bacterial systematics. Academic Press, London
23. Krieg NR, Holt JG (ed of vol. 1) (1984–1989) Bergey's manual of systematic bacteriology. Williams & Wilkins, Baltimore
24. Balows A, Trüper HG, Dworkin, M, Harder W, Schleifer KH (ed) (1992) The Prokaryotes Vol 1–4. Springer, Heidelberg New York
25. Holt JG, Krieg NR, Sneath PHA, Staley JT, Williams ST (ed) (1994) Bergey's manual of determinative bacteriology, 9th ed, Williams & Wilkins, Baltimore
26. Stackebrandt E, Goodfellow M (ed) (1991) Nucleic acid techniques in bacterial systematics. John Wiley & Sons, New York
27. Wagner M, Amann R (1996) dieses Buch, Kap. 7
28. Willcox WR, Lapage SP, Holmes B (1980) A review of numerical methods in bacterial identification. Antonie van Leeuwenhoek 46:233–299
29. Holmes B, Hill LR (1985) Computers in diagnostic bacteriology, including identification. In: Goodfellow M, Jones D, Priest FG (ed) Computer assisted bacterial systematics, Academic Press, London, pp 265–287
30. Sneath PHA (1979) Basic program for the identification of an unknown with presence-absence data against an identification matrix of percent positive characters. Comput. Geosciences 5:195–213
31. Willcox WR, Lapage SP, Bascomb S, Curtis MA (1973) Identification of bacteria by computer: theory and programming. J Gen Microbiol 77:317–330
32. D'Amato RF, Bottone EJ, Amsterdam D (1991) Substrate profile systems for the identification of bacteria and yeasts by rapid and automated approaches. In: Balows A, Hausler Jr WJ, Herrmann KL, Isenberg, HD, Shadomy HJ (ed) Manual of Clinical Microbiology 5th ed, American Society for Microbiology, Washington DC, pp 128–136
33. Kämpfer P (1995) Automation and miniaturization of physiological tests – some applications in numerical taxonomy and numerical identification. Binary, Computing in Microbiology 7:42–48
34. Kämpfer P, Bark K, Busse HJ, Auling G, Dott W (1992) Numerical and chemotaxonomy of polyphosphate accumulation *Acinetobacter* isolates showing high polyphosphate:AMP phosphotransferase activity. Syst Appl Microbiol 15:409–419
35. Allen LA (1944) The bacteriology of activated sludge, J Hyg 43:424–431
36. Schön G (1996) dieses Buch, Kap. 16
37. Fuhs GW, Chen M (1975) Microbiological basis of phosphate removal in the activated sludge process for the treatment of wastewater. Microb Ecol 2:119–138
38. Buchan L (1983) Possible biological mechanisms of phosphorus removal. Water Sci Technol 15:87–103
39. Lötter LH, Murphy M (1985) The identification of heterotrophic bacteria in an activated sludge plant with particular reference to polyphosphate accumulation. Water SA 11:179–184
40. Brodisch KEU, Joyner SJ (1983) The role of microorganisms other than *Acinetobacter* in biological phosphate removal in activated sludge processes. Wat Sci Technol 15:117–125
41. Wagner M, Erhart R, Manz W, Amann R, Lemmer H, Wedi D, Schleifer KH (1994) Development of an rRNA-targeted oligonucleotide probe specific for the genus *Acinetobacter* and its application for in situ monitoring of activated sludge. Appl Environm Microbiol 60:792–800.
42. Kämpfer P, Erhart R, Beimfohr C, Böhringer J, Wagner M, Amann R (1996) Characterization of bacterial communities from activated sludge: Culture dependent numerical identification versus in situ identification using group and genus specific rRNA targeted oligonucleotide probes. Microb Ecol (in press)
43. Van Groenestijn JW, Deinema MH, Zehnder AJB (1987) ATP production from polyphosphate in *Acinetobacter* strain 210 A. Arch Microbiol 148:14–19

44. Bark K (1992) Enzyme des Phosphatstoffwechsels unterschiedlicher Bakterien im Zusammenhang mit der biologischen Phosphateliminierung aus Abwasser, Hygiene Berlin 10, Veröffentlichungen aus dem Fachgebiet Hygiene der Technischen Universität Berlin und dem Institut für Hygiene der Freien Universität Berlin, Technische Universität Berlin
45. Gyllenberg H (1984) Automated identification of bacteria: An overview and examples. Methods in Microbiol 16:329–339
46. Bark K, Sponner A, Kämpfer P, Grund S, Dott W (1992) Differences in polyphosphate accumulation and phosphate adsorption by *Acinetobacter* isolates from wastewater producing polyphosphate:AMP phosphotransferase. Water Res 26:1379–1388
47. Bark K, Kämpfer P, Sponner A, Dott W (1993) Polyphosphate dependent enzymes in some coryneform bacteria isolated from sewage sludge. FEMS Microbiol Lett 107:133–138

KAPITEL 5

Hyphomicrobium spp. im Klärwerk und im abwasserbelasteten Gewässer

C. G. Gliesche · P. Hirsch · N. C. Holm

5.1
Einleitung

Häufig können in Belebtschlammflocken hyphen- und knospentragende Bakterien beobachtet werden (Abb. 5.1). Meistens sind dies Vertreter der Gattung *Hyphomicrobium*. Aufgrund der besonderen Morphologie der Zellen werden sie taxonomisch der Gruppe der prosthekaten Bakterien zugeordnet [1], auch „dimorphic prosthecate bacteria" genannt [2]. Andererseits gehören sie durch ihre physiologischen Eigenschaften zur großen Gruppe der Methylotrophen, genauer zu den fakultativ methylotrophen Bakterien [3, 4, 5]. Da Hyphomikrobien vornehmlich in oligotrophen Standorten gefunden und von diesen isoliert wurden [6, 7], ist ihr Auftreten im Belebtschlammbecken [8] sehr bemerkenswert. Der Einsatz der externen Kohlenstoffquelle Methanol zur gezielten Denitrifikation ist kostengünstig und gewinnt zunehmend an Bedeutung in der Abwasserbehandlung. Die Zufuhr von Methanol führt zu einem erheblichen Anstieg der Zahl von Hyphomikrobien in der Belebtschlammflocke [9] und in Biofilmen [10]. Solche Veränderungen in der Zusammensetzung der Bakterien-

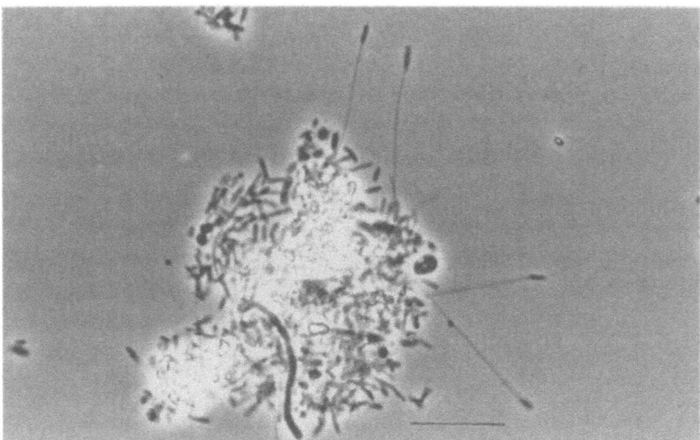

Abb. 5.1 *Hyphomicrobium* ähnliche Bakterienzellen in einer Belebtschlammflocke (Balken 10 µm). (Foto: M. Kusche)

Lemmer/Griebe/Flemming (Hrsg.)
Ökologie der Abwasserorganismen
© Springer-Verlag Berlin Heidelberg 1996

gemeinschaft im Klärwerk sind verfahrenstechnisch von großer Bedeutung. Eine Aufklärung der natürlichen Diversität der dominanten Bakteriengruppen ist hierbei sehr wichtig, um Verschiebungen in der Zusammensetzung der beteiligten Populationen beschreiben und verfolgen zu können. Deshalb wurden in einer einjährigen Studie im Klärwerk Plön (Schleswig-Holstein) und im Kleinen Plöner See, in den die Kläranlage einleitet, die Diversität und die Populationsdynamik von *Hyphomicrobium* spp. verfolgt [11, 12] und die mögliche Beteiligung dieser Organismen an der Denitrifikation unter Verwendung von C_1-Verbindungen im Klärwerk studiert [13]. Diese Untersuchungen zeigten ein sehr differenziertes Bild der Populationen dieser Bakterien im Klärwerk.

5.2
Taxonomie

Methylotrophe Bakterien sind ausgezeichnet durch ihre Fähigkeit zum Wachstum auf C_1-Verbindungen. Dies sind Stoffe, die keine kovalenten C—C-Bindungen enthalten, wie z. B. Methan, Methanol, Formaldehyd, Formiat, Methylamine, methylierte Schwefelverbindungen, Methylphosphate und Halomethane. Nur in manchen Fällen wird das Wachstum durch eine sehr begrenzte Zahl von Verbindungen mit mehreren Kohlenstoffatomen gefördert [14]. Methylotrophe Bakterien werden im künstlichen System in funktionelle Gruppen eingeteilt [3, 4, 5]. *Obligat methylotrophe Bakterien* sind Organismen, die als einzige Kohlenstoff und Energiequelle Verbindungen nutzen, die reduzierter sind als CO_2 und die keine kovalenten C—C-Bindungen enthalten. Dagegen können *fakultativ methylotrophe Bakterien* C_1-Verbindungen verwerten, wachsen aber auch mit Verbindungen mit mehreren Kohlenstoffatomen. Eine dritte Gruppe, die *eingeschränkt fakultativ methylotrophen Bakterien* sind Organismen, die mit C_1-Verbindungen wachsen und die darüberhinaus nur eine sehr begrenzte Anzahl von Verbindungen mit mehreren Kohlenstoffatomen verwerten können.

Im phylogenetischen System, gegenwärtig basierend auf Sequenzen der 5S und der 16S rRNA, werden methylotrophe Organismen der alpha-Gruppe der *Proteobacteria* zugeordnet, wenn sie den Serin-Weg der C_1-Fixierung nutzen. Organismen, die dagegen den Ribulosemonophosphat-Cyclus der C_1-Assimilation besitzen, gehören zur Beta- bzw. Gamma-Gruppe der *Proteobacteria* [15, 16].

Die bisher untersuchten Stämme von *Hyphomicrobium* spp. sind fakultativ methylotroph, viele sogar eingeschränkt fakultativ methylotroph, da sie mit C_1-Verbindungen, aber nicht mit Verbindungen wachsen, die aus drei und mehr Kohlenstoffatomen bestehen. Sie nutzen den Serinweg der C_1-Fixierung [1, 17]. Die wenigen bisher gewonnenen 5S [15] und 16S rRNA [18] Sequenzen führen zur phylogenetischen Einordnung von *Hyphomicrobium* spp. in die Alpha-Gruppe der *Proteobacteria* [19]. Bisher wurden 7 Arten der Gattung *Hyphomicrobium* beschrieben [1].

Unter den prosthekaten Bakterien zeigen die Gattungen *Hyphomicrobium* [1, 2], *Hyphomonas* [2, 20] und *Hirschia* [21], *Pedomicrobium* [22], *Dichoto-*

microbium [23] und *Rhodomicrobium* [24] eine sehr ähnliche Morphologie. Neben einer Reihe chemotaxonomischer Merkmale ist jedoch der wichtigste Unterschied zwischen diesen Bakteriengattungen, daß nur *Hyphomicrobium* methylotroph ist. Bakterien der Gattungen *Hyphomonas*, *Hirschia* und *Pedomicrobium* dagegen können keine C_1-Verbindungen verwerten und wachsen mit Verbindungen, die aus drei und mehr Kohlenstoffatomen bestehen als Kohlenstoff- und Energiequelle. *Rhodomicrobium* ist ein anaerobes, phototrophes Bakterium.

5.3
Die Bakteriengattung *Hyphomicrobium*

Die Gattung *Hyphomicrobium* nimmt eine besondere Stellung unter den fakultativ methylotrophen Bakterien ein, da sie durch die Morphologie mikroskopisch leicht erkennbar ist. Der Lebenscyclus dieser Gattung ist charakterisiert durch die morphologische Differenzierung. Eine begeißelte Schwärmerzelle wird nach dem Verlust der Geißel zur Mutterzelle. Diese Mutterzelle bildet an einem Zellpol eine Hyphe aus, an der sich terminal durch Knospung eine Tochterzelle entwickelt. Es treten also drei morphologisch verschiedene Entwicklungsstadien auf: die (1) begeißelte Schwärmerzelle, die nach dem Verlust der Geißel zur (2) Mutterzelle mit Hyphe wird und die (3) Mutterzelle mit Hyphe und sich entwickelnder Knospe [1].

Die meisten Stämme der Gattung sind aerob oder fakultativ anaerob (Denitrifikation) und nutzen Methanol, Methylamine, methylierte Schwefelverbindungen und Methylphosphate, Halomethane oder andere reduzierte C_1-Verbindungen über den Serin-Weg der C_1-Fixierung als Kohlenstoffquelle [25]. Einige Stämme verwerten zusätzlich auch C_2-Verbindungen wie Acetat oder Ethanol. Allen bisher untersuchten Stämmen fehlt das Enzym Pyruvat-Dehydrogenase [6, 25]. Einige Isolate verwerten Dimethylsulfoxid und Dimethylsulfid [26–28] und können zur Entfernung solcher Substanzen aus Abwässern eingesetzt werden [29]. Biotechnologisch können Hyphomikrobien außerdem beim Abbau von Halomethanen [29–31], Methylaminen [29–32], methylierten Schwefelverbindungen [30–32] und Methylphosphaten [33] in Abwässern eine Anwendung finden.

Einige Hyphomikrobien lassen sich schnell mit Methanol in Gegenwart von Nitrat anreichern [34, 35]. Die Fähigkeit zur Denitrifikation scheint jedoch auf bestimmte Arten beschränkt zu sein [1]. Die Biochemie der Denitrifikation unter Verwendung von C_1-Verbindungen bei diesen Stämmen wurde intensiv untersucht [36–38]. Eine Unterstützung der Denitrifikation durch *Hyphomicrobium* spp. in der Denitrifikationsstufe bei der Abwasserbehandlung durch Zugabe von Methanol wurde erfolgreich nachgewiesen [9, 39, 40]. Im Modellsystem wurden die optimalen Parameter für die Entwicklung von denitrifizierenden Hyphomikrobien unter Verwendung der externen Kohlenstoffquelle Methanol verfolgt [9]. Hierbei lag der optimale pH für das Wachstum mit Methanol unter Verwendung von Nitrat bei pH 8,3. Hyphomikrobien entwickelten sich langfristig bevorzugt bei höheren Schlamm-Temperaturen (22 °C) und die Denitrifikation erwies sich als sensitiv gegenüber Temperaturschwankungen. Dagegen war die Denitrifikationsrate in dieser Untersuchung weitgehend unabhängig von der Methanol- und der Nitrat-Konzentration. Bei pH 8,3 lag das optimale Verhältnis von Methanol zu Nitrat-N bei 2,55, verschob sich jedoch bei pH-Veränderungen in beide Richtungen bis 3,5. Gleiche Wachstumsraten von *Hyphomicrobium* spp. wurden bei Verwendung von Nitrat oder Nitrit gefunden [9].

Eine enge Vergesellschaftung von *Hyphomicrobium* sp. mit *Paracoccus* sp. zeigte eine besonders hohe und effiziente Denitrifikationsleistung unter Verarbeitung von Methanol [39, 40]. Diese Mischkultur verarbeitete 2,6 g Methanol und 1 g Nitrat-N unter Produktion von 0,56 g Zellen [39]. Ein ähnliches Verhältnis fanden Uebayasi und Tonomura [36] in einer Untersuchung der Reinkultur von *Hyphomicrobium* sp. 53–49. Hier wurden für die Entfernung von 1 g Nitrat-N 2,4 g Methanol verbraucht und 0,5 g Zellen gebildet. Eine immobilisierte Mischkultur von *Hyphomicrobium* sp. und einem *Methanosarcina* ähnlichen Organismus war ebenfalls sehr effektiv in der Entfernung von Nitrat aus der Nährlösung [41]. Dabei wurde überschüssiges Methanol durch den methanogenen Organismus in Methan umgewandelt. Die simultane Bildung von molekularem Stickstoff und Methan zeigte, daß Denitrifikation und Methanogenese im gleichen Reaktor durchgeführt werden konnten. Die Zellen von *Hyphomicrobium* sp. wuchsen hier vornehmlich an der Peripherie der Gelkugeln, während *Methanosarcina* sp. sich im inneren Bereich befand. Es kann aber auch bei einer besonderen Abwasserzusammensetzung (sehr hoher Anteil an C_1-Verbindungen) zu einer Massenentwicklung von *Hyphomicrobium* spp. kommen, was zu Betriebsstörungen durch Bildung voluminösen Schlammes führen kann, dessen Struktur und Konsistenz maßgeblich durch die Hyphenlänge beeinflußt wird [42].

Hyphomikrobien sind ubiquitär verbreitet und werden in allen aquatischen und terrestrischen Standorten gefunden [1, 12, 17]. Einerseits sind sie ein charakteristischer Bestandteil der Mikroorganismen in oligotrophen Süßwasserstandorten [43]. Andererseits wurden Hyphomikrobien in hoher Konzentration aber auch an nährstoffreichen Standorten, insbesondere in Klärwerken, nachgewiesen. Schmieder und Ottow [8] fanden in den verschiedenen Reinigungsstufen der Kläranlage Büsnau (Stuttgart) in allen Stufen denitrifizierende Hyphomikrobien, machten jedoch keine quantitativen Angaben. Ebenfalls fand Hirsch (unveröffentlicht) im Bereich des Klärwerkes Surendorf (Holstein) regelmäßig Hyphomikrobien in allen Stufen.

5.4
Vorkommen und Häufigkeit von Hyphomicrobium spp. im Klärwerk und im Gewässer

In einer Untersuchung vom Dezember 1984 bis November 1985 wurden monatlich mit der „Most-probable-number"-Methode (MPN) im Bereich des Klärwerkes Plön (Schleswig-Holstein) die Konzentration von *Hyphomicrobium* spp.

bestimmt [11, 12]. Diese Untersuchung führte zu einem differenzierten Bild der Diversität dieser Bakterienpopulation im Klärwerk.

Zum Zeitpunkt der Untersuchung betrug die im Plöner Klärwerk zu behandelnde Abwassermenge Qt (Trockenwettermenge) 2500 bis 3500 $m^3 d^{-1}$ im Sommer und ca. 2000 bis 2500 $m^3 d^{-1}$ im Winter. Es handelte sich hierbei hauptsächlich um häusliches Abwasser mit BSB_5-Werten zwischen 150 und 350 $mg\,l^{-1}$ und CSB-Werten zwischen 400 und 800 $mg\,l^{-1}$. Nach einer mechanischen Behandlung (Grobrechen) wurde das Abwasser durch ein Vorklärbecken geleitet und gelangte dann über einen Verteiler (Quelltopf) zusammen mit dem Rücklaufschlamm in die zweistraßige biologische Stufe, die mit einem Schlammalter von 14 bis 20 Tagen betrieben wurde. Die Belebungsbecken mit einem Gesamtvolumen von 2160 m^3 waren als Umlaufgraben eingerichtet mit jeweils zwei Mammutrotoren als Oberflächenbelüftung, die alle zwei Stunden für eine Dauer von etwa 2 Stunden außer Betrieb genommen wurden. Das realisierte biologische Behandlungsverfahren kann daher als eine Kombination von simultaner und intermittierender Nitrifikation/Denitrifikation charakterisiert werden. Durch Zugabe von $FeCl_3$ in die Belebung wurde zusätzlich eine simultane chemische Phosphor-Eliminierung betrieben. In zwei horizontal durchströmten Längsbecken (Nachklärbecken) erfolgte die Absetzung des Rücklauf- und Überschußschlammes und das gereinigte Abwasser wurde über einen etwa 50 m langen Graben in den Kleinen Plöner See geleitet.

Für die Zellzahlbestimmungen und Isolierungen von *Hyphomicrobium* spp. wurden folgende vier Probenahmeorte gewählt:

1. Ablauf des Vorklärbeckens (= Zulauf zur Belebung)
2. Belebungsbecken
3. Ablauf des Nachklärbeckens (= Zulauf in den Kleinen Plöner See)
4. Uferbereich des Kleinen Plöner Sees ca. 1 km unterhalb des Einlaufes aus dem Klärwerk

Als Jahresdurchschnittswerte (Tabelle 5.1) der Population von *Hyphomicrobium* spp. (Zellen ml^{-1}) wurden für den Zulauf 6×10^3, für das Belebungsbecken $3{,}5 \times 10^5$, für den Ablauf $2{,}3 \times 10^3$ und für den Kleinen Plöner See $6{,}3 \times 10^0$ ermittelt. Aus den Anreicherungskulturen der MPN-Röhrchen wurden 1199 repräsentative Reinkulturen von *Hyphomicrobium* spp. isoliert. Diese konnten basierend auf morphologischen und physiologischen Merkmalen in sechs Vorgruppen (*VG*) unterteilt werden:

VG I: Die Zellen dieser Gruppe bildeten bis zu 5 teilweise verzweigte Hyphen an einem Zellpol. Diese Hyphen wurden bis zu 10 µm lang und in älteren Reinkulturen konnten oft freie Hyphen beobachtet werden. Das Wachstum wurde durch Vitamine, Spurenelemente, und/oder Pepton gefördert. Alle 264 Reinkulturen dieser Vorgruppe kamen aus dem Kleinen Plöner See.

VG II: Die Zellen der Isolate dieser Gruppe besaßen die gleiche Morphologie wie die Art *H. vulgare* [1, 2]. Eine Wachstumsförderung durch Vitamine, Spurenelemente oder Pepton wurde nicht gefunden. Die Konsistenz der Kolonien war

Tabelle 5.1 Lebendzellzahlen (MPN-Methode) der *Hyphomicrobium*-Population in den vier Untersuchungsstandorten (Zellen ml^{-1})*

Datum	Zulauf	Belebungsbecken		Ablauf	Kleiner Plöner See
15.12.1984	***	$3,2 \times 10^5$	**	***	7,7
15.01.1985	***	$3,2 \times 10^5$	**	***	6,3
20.02.1985	***	$3,2 \times 10^5$	**	***	***
21.03.1985	***	$3,6 \times 10^5$		***	5,6
18.04.1985	***	$2,9 \times 10^5$		$2,8 \times 10^3$	8,9
21.05.1985	$1,9 \times 10^4$	$3,1 \times 10^5$		$1,8 \times 10^3$	3,2
19.06.1985	***	$1,3 \times 10^5$		$2,8 \times 10^3$	1,9
24.07.1985	$3,9 \times 10^1$	$2,3 \times 10^5$		$1,0 \times 10^3$	4,8
21.08.1985	$1,0 \times 10^3$	$2,7 \times 10^5$		$2,8 \times 10^3$	10,7
19.09.1985	$1,0 \times 10^3$	$3,9 \times 10^5$		$4,0 \times 10^3$	11,9
28.10.1985	$1,0 \times 10^4$	$4,5 \times 10^5$		$1,0 \times 10^3$	2,8
25.11.1985	***	$5,3 \times 10^5$		***	6,5

* Der Faktor der 95 % Vertrauensgrenze beträgt für Zulauf und Ablauf 2,57, für den Kleinen Plöner See 1,55 und für das Belebungsbecken deutlich weniger als 1,55.

** Die genaue Konzentration konnte in diesen drei Monaten nicht ermittelt werden, da die Verdünnungsreihen nur bis zu einer Konzentration von $1,25 \times 10^{-6}$ angesetzt waren. Die Werte entsprechen den Mindestkonzentrationen.

*** nicht bestimmt

sehr fest, wobei vereinzelt einige Stämme jedoch auch weiche schleimige Einzelkolonien zeigten. Die 228 Reinkulturen dieser Vorgruppe wurden aus den 3 Klärwerksstandorten isoliert.

VG III: Die Zellen hatten die gleichen morphologischen und physiologischen Merkmale wie die von *VG* II. Diese Stämme bildeten jedoch weiche, schleimige Kolonien. Die 199 Reinkulturen dieser Vorgruppe kamen aus allen 4 Standorten.

VG IV: Die Zellen hatten die Tendenz zu variabler Zellmorphologie und sehr charakteristische Kolonieform (konzentrische Kegel). Alle 43 Reinkulturen dieser Vorgruppe kamen aus den 3 Klärwerksstandorten.

VG V: Von *VG* IV war diese Gruppe durch die eckigen (niemals runden), sehr harten und brüchigen Kolonien unterschieden. Mit einer Ausnahme wurden alle 29 Reinkulturen dieser Vorgruppe aus den 3 Klärwerksstandorten isoliert.

VG VI: Die Mutterzellen waren sehr klein ($0,5 - 1,0\,\mu m$) und bildeten Tochterzellen, von denen im Gegensatz zu allen anderen Gruppen niemals bewegliche Schwärmerzellen beobachtet werden konnten. Das Wachstum war in Reinkulter extrem langsam mit sehr geringer Zellausbeute. Auf festen Medien war sichtbares Wachstum nur in Gegenwart anderer chemoheterotropher Bakterien aus dem Klärwerk möglich. Mit Ausnahme von 9 Stämmen wurden alle 436 Reinkulturen dieser Vorgruppe aus den 3 Klärwerksstandorten isoliert.

Mit 755 Stämmen der *VG* I bis V sowie Vertretern von 5 der bisher beschriebenen Arten von *Hyphomicrobium* wurden DNA-DNA-Hybridisierungen durchgeführt. Damit konnten 671 Stämme 30 Hybridisierungsgruppen (*HG*) zugeordnet werden, während 84 Stämme nicht klassifiziert werden konnten. Überraschend war dabei, daß nur die Vertreter einer Hybridisierungsgruppe zu einer der bisher beschriebenen Arten zugeordnet werden konnten (*HG* 22 = *H. facilis*).

Die Tabelle 5.2 zeigt bezogen auf die gesamte *Hyphomicrobium*-Population die relative Häufigkeit der 13 größten *HG*, der nicht klassifizierbaren Stämme, sowie der *VG* VI. Die drei im Belebungsbecken eindeutig dominierenden *Hyphomicrobium*-Gruppen sind die *VG* VI mit 55%, die *HG* 1 mit 17% und die *HG* 26 mit 11%. Abgesehen von einer geringen Konzentrationsabnahme während der Sommermonate konnten für diese 3 Gruppen keine deutlichen saisonalen Häufigkeitsverteilungen nachgewiesen werden. Sie konnten während des ganzen Jahres aus dem Belebungsbecken isoliert werden.

Da die *VG* VI nur 4% der Zulaufpopulation umfaßte und ihre Konzentration im Belebungsbecken ca. 8×10^2 höher war, konnten die Isolate der *VG* VI aus der Belebung praktisch ausschließlich aus einer dort etablierten Population abgeleitet werden. Das gleiche traf für die *HG* 1 zu, wobei deren Populationsstruktur jedoch in einem höheren Maße von dem Migrationsfaktor Zulauf bestimmt wurde. Die Konzentration von *HG* 26 im Belebungsbecken war etwa 16 mal höher als im Zulauf. Das bedeutet, daß mit dem Überschußschlamm täglich

Tabelle 5.2 Relative Häufigkeit (in Prozent der gesamten jeweiligen *Hyphomicrobium*-Population) der 13 größten Hybridisierungsgruppen (*HG*) und der *Vorgruppe* (*VG*) VI als Jahresmittelwerte an den vier Untersuchungsstandorten

	HG *	Zulauf	Belebungsbecken	Ablauf	Kleiner Plöner See	Vorgruppe (*VG*)
Isolate gesamt		45	745	67	342	
Isolate der *VG* I–V		43	344	53	333	
HG 1	140	9	17	12	– **	II
HG 2	10	–	< 1	12	–	II
HG 3	32	7	3	6	–	II
HG 8	105	–	–	–	31	I
HG 9	60	–	–	–	18	I
HG 10	14	–	–	–	4	I
HG 11	14	–	–	–	4	I
HG 12	18	–	–	–	5	I
HG 18	17	–	–	–	5	III
HG 25	20	9	< 1	7	3	III
HG 26	123	40	11	12	5	II/III
HG 27	37	2	4	9	–	IV
HG 28	28	2	3	4	< 1	V
***	92	24	3	7	15	I–V
VG VI	436	4	55	21	3	VI

* Anzahl Isolate pro *HG* und *VG*.
** nicht vorhanden.
*** nicht klassifizierbare Stämme der *VG* I bis V.

ungefähr die gleiche Menge an Zellen der *HG* 26 der Belebung entzogen wie täglich mit dem Zulauf zugeführt wurde. Der Migrationsfaktor Zulauf spielte für diese Hybridisierungsgruppe also eine große Rolle.

Die 3 *Hyphomicrobium* Gruppen *VG* VI, *HG* 1 und *HG* 26 waren auch im Ablauf am häufigsten vertreten, wobei *VG* VI jedoch relativ zum Belebungsbecken von 55 % auf 21 % reduziert wurde. Das Fehlen von beweglichen Tochterzellen bei dieser Gruppe könnte eine spezifische Anpassungsstrategie auf die speziellen Überlebensbedingungen im Belebungsbecken sein. Denn nur Zellen, die überwiegend mit den Belebtschlammflocken im Absetzbecken sedimentierten und daher mit dem Rücklaufschlamm in das Belebungsbecken zurückgeführt wurden, konnten eine unabhängige, stabile Population im Belebtschlamm aufbauen und aufrechterhalten. Da die Stämme der *HG* 1 und 26 bewegliche Schwärmerstadien bilden, waren ihre Verluste über den Ablauf relativ höher.

Zusätzlich zu diesen drei Gruppen konnten nur noch Vertreter der *HG* 3, 27 und 28 in signifikanter Anzahl aus dem Belebungsbecken isoliert werden. Die Gesamtzahl an Isolaten war jedoch zu gering, um statistisch abgesicherte Aussagen etwa über die Eigenständigkeiten ihrer Belebtschlammpopulationen treffen zu können. Vertreter der *HG* 27 und 28 wurden insbesondere während der Sommermonate aus dem Belebungsbecken isoliert. Da während dieser Zeit die Gesamtkonzentration an Hyphomikrobien am geringsten war, ist dies jedoch ein Hinweis darauf, daß *HG* 27 und 28 das ganze Jahr über in annähernd gleich hoher Konzentration vorhanden waren.

Vertreter aus 8 weiteren Hybridisierungsgruppen konnten nur sporadisch aus dem Belebungsbecken isoliert werden. Es handelte sich hierbei entweder um Zufallsisolate oder um Gruppen, die eine eigenständige Population im Belebtschlamm mit deutlich geringerer Konzentration bildeten.

Die im Rohabwasser und Belebungsbecken am häufigsten vorkommenden *Hyphomicrobium*-Gruppen wurden alle auch in signifikanter Anzahl im Ablauf nachgewiesen. Jedoch nur Stämme der *HG* 25 und 26 sowie der *VG* VI konnten in nennenswerter Zahl aus dem Kleinen Plöner See isoliert werden. Ob diese Gruppen ubiquitär verbreitete Hyphomikrobien oder Kontaminanten aus dem Ablauf des Klärwerkes waren, konnte nicht geklärt werden.

Die *HG* 25 wurde in allen 4 Untersuchungsstandorten nachgewiesen. Die Zellen dieser Gruppe haben im Gegensatz zu allen anderen Hyphomikrobien schraubenförmig verdrillte Hyphen (Abb. 5.2).

Die Stämme von 14 Hybridisierungsgruppen, von denen die 6 größten in der Tabelle 5.2 aufgeführt sind, konnten ausschließlich aus dem Kleinen Plöner See isoliert werden. Hiervon gehören die *HG* 8 bis 17 mit ihrer außergewöhnlichen Morphologie zur *VG* I. Die Hybridisierungsgruppen 18, 19, 20 und 22 (alle *VG* III) waren ebenfalls spezifisch für den See. Die Hybridisierungsgruppen 8 und 9 stellten 49 % aller Isolate aus dem See und konnten ohne saisonale Schwankungen das ganze Jahr über gefunden werden.

Die Isolate der *HG* 22 (= *H. facilis*) stammten ebenfalls aus dem Kleinen Plöner See. Da *H. facilis* ein typisches Bodenbakterium ist [1], war es daher möglich, daß diese Stämme aus dem Boden des Uferbereiches eingewaschen wurden und nicht zur typischen aquatischen Flora gehörten.

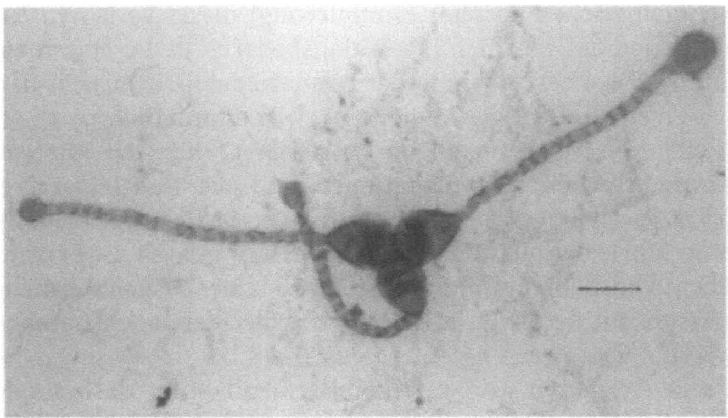

Abb. 5.2 *Hyphomicrobium* sp. IFAM 1465 (*HG* 25) mit spiralig verdrillten Hyphen (Balken 1 µm). (Foto: T. Ingermann)

Diese erstaunliche Vielfalt an neuen Isolaten deutet darauf hin, daß die Population von *Hyphomicrobium* spp. auch funktionell am Standort differenziert ist. Mit Hilfe von spezifischen Gensonden wurde von Kloos et al. [13] bei 17 dieser Hybridisierungsgruppen das Vorhandensein der Gene (*nar*G, *nir*K, *nos*Z) überprüft, die an der dissimilatorischen Nitratreduktion beteiligt sind. Dabei war nun äußerst überraschend, daß die im Klärwerk dominanten Hybridisierungsgruppen 1 und 26 keine Denitrifikationsgene besaßen. Dagegen konnten in der *HG* 27 diese Gene nachgewiesen werden. Diese Befunde wurden durch physiologische Aktivitätsmessungen bestätigt. Dies deutet daraufhin, daß die im Belebtschlamm vorhandenen Populationen verschiedener *Hyphomicrobium* Hybridisierungsgruppen unterschiedliche ökologische Nischen besetzen. Außerdem wurde deutlich, daß zumindest in der Kläranlage Plön, möglicherweise bedingt durch die verfahrenstechnische Kombination von simultaner und intermittierender Nitrifikation/Denitrifikation, die beiden im Belebtschlamm dominanten *Hyphomicrobium* Populationen nicht unter Verwertung von C_1-Verbindungen denitrifizieren. Die denitrifizierende Population von *Hyphomicrobium* sp. der *HG* 27 dagegen war bei diesem Verfahrensablauf zwar vorhanden, aber quantitativ geringer vertreten.

5.5
Schlußfolgerungen für die Praxis

Die gesetzlich verankerten Forderungen (Wasserhaushaltsgesetz, Allgemeine Rahmen-Verwaltungsvorschrift über Mindestanforderungen an das Einleiten von Abwasser in Gewässer) zur weitergehenden Abwasserreinigung, insbesondere zur Eliminierung der Pflanzennährstoffe Stickstoff und Phosphor, haben in den letzten Jahren zur Entwicklung vieler darauf abzielender Verfahrenstechniken geführt. Die mikrobiologischen Grundlagen (Nitrifikation, Denitrifikation sowie biologische Phosphor-Eliminierung) dieser Verfahren haben nicht zuletzt auf Grund des enormen Investitionsbedarfes in dieser Zeit zunehmend an Bedeutung gewonnen. Allein in der Bundesrepublik ist hierfür in den nächsten 10 Jahren ein dreistelliger Milliardenbetrag erforderlich.

Eine Reihe von Untersuchungen weist darauf hin, daß die spezifischen Verfahren und Verfahrenskombinationen und die Rohabwasserzusammensetzung ihre jeweils eigenen sehr spezifischen Bakteriengemeinschaften bestimmen. So führte beispielsweise bei einigen Kläranlagen die Errichtung einer biologischen Phosphoreliminierungsstufe zu einer Massenvermehrung von *Microthrix* spp. mit der Folge von deutlich schlechteren Schlammabsetzeigenschaften [44].

Spezifische Verfahren zur gezielten Denitrifikation, insbesondere unter Einsatz der aus Kostengründen und wegen der Handhabbarkeit zur Zeit favorisierten externen C_1-Kohlenstoffquelle Methanol, dürften dramatische Auswirkungen auf die Zusammensetzung und die mengenmäßige Bedeutung der *Hyphomicrobium* Populationen im Belebtschlamm haben. Eine Klärung der dabei zugrundeliegenden Kausalzuammenhänge kann dabei u. a. als Entscheidungsgrundlage bei der Neu- sowie Erweiterungsplanung von Kläranlagen mit weitergehender Abwasserrreingung dienen.

Der Nachweis der beteiligten Organismen ist nun mit Hilfe neu entwickelter, spezifischer Nucleinsäuresonden für *Hyphomicrobium* spp. möglich [45]. Insbesondere für die im Klärwerk Plön dominante denitrifizierende Hybridisierungsgruppe 27 steht eine spezifische Nucleinsäuresonde zur Verfügung, die eine Untersuchung ihrer Populationsdynamik erlaubt.

Wir bedanken uns bei allen damaligen Mitarbeitern der Kläranlage Plön für die freundliche Unterstützung dieser Arbeit.

Literatur

1. Hirsch P (1989) Genus *Hyphomicrobium* Stutzer and Hartleb 1898, 76AL*. In: Staley JT, Bryant MP, Pfennig N, Holt JG (eds) Bergey's Manual of Systematic Bacteriology, Vol 3, Williams and Wilkins, Baltimore, Hong Kong, London, Sidney, pp 1895–1904
2. Poindexter JS (1992) Dimorphic prosthecate bacteria: the genera *Caulobacter, Asticcacaulis, Hyphomicrobium, Pedomicrobium, Hyphomonas*, and *Thiodendron*. In: Balows A, Trüper HG, Dworkin M, Harder W, Schleifer K-H (eds) The Prokaryotes: a handbook on the biology of bacteria: ecophysiology, isolation, identification, applications, 2nd edn Springer, New York, pp 2176–2196
3. Romanovskaya VA (1991) Taxonomy of methylotrophic bacteria. In: Goldberg I, Rokem JS (eds) Biology of Methylotrophs. Butterworth-Heinemann, Boston, London, Oxford, Singapore, Sydney, Toronto, Wellington, pp 3–23
4. Green PN (1992) Taxonomy of methylotrophic bacteria. In: Murrel JC, Dalton H (eds) Methane and methanol utilizers. Plenum Publishing Corporation, New York, pp 23–84
5. Green PN (1993) Overview of the current state of methylotroph taxonomy. In: Murrel JC, Kelly DP (eds) Microbial Growth on C_1 compounds. Intercept Ltd, Andover, UK, pp 253–265
6. Moore RL (1981) The biology of *Hyphomicrobium* and other prosthecate, budding bacteria. Annu Rev Microbiol 35: 567–594
7. Morgan P, Dow CS (1985) Environmental control of cell-type expression in prosthecate bacteria. In: Fletcher M, Floogate GD (eds) Bacteria in their natural environments. Academic

Press, London, Orlando, San Diego, New York, Austin, Montreal, Sydney, Tokyo, Toronto, pp 131–169

8. Schmider F, Ottow JCG (1986) Charakterisierung der denitrifizierenden Mikroflora in den verschiedenen Reinigungsstufen einer biologischen Kläranlage. Arch Hydrobiol 106:497–512

9. Timmermans P, Van Haute A (1983) Denitrification with methanol – Fundamental study of the growth and denitrification capacity of *Hyphomicrobium* sp. Wat Res 17:1249–1255

10. Liessens, J (1993) Removing nitrate with a methylotrophic fluidized bed: microbiological quality. J Am Wat Assoc 85:155–161

11. Holm NC (1991) Diversität und Struktur von *Hyphomicrobium*-Populationen im Plöner Klärwerk und im Kleinen Plöner See. Dissertation, Universität Kiel

12. Holm NC, Gliesche CG, Hirsch P (1996) Diversity and structure of *Hyphomicrobium* populations in a sewage treatment plant and its adjacent receiving lake. Appl Environ Microbiol 62 (2):im Druck

13. Kloos K, Fesefeldt A, Gliesche CG, Bothe H (1995) DNA-probing indicates the occurrence of denitrification and nitrogen fixation genes in *Hyphomicobium*: Distribution of denitrifying and nitrogen fixing isolates of *Hyphomicobium in a* sewage treatment plant. FEMS Microbiol Ecol 18:205–213

14. Anthony C (1980) The biochemistry of methylotrophs. Academic Press, London

15. Boulygina ES, Chumakov KM, Netrusov AI (1993) Systematics of Gram-negative methylotrophic bacteria based on 5S rRNA sequences. In: Murrel JC, Kelly DP (eds) Microbial Growth on C_1 compounds. Intercept Ltd, Andover, UK, pp 275–284

16. Hanson RS, Bratina BJ, Brusseau GA (1993) Phylogeny and ecology of methylotrophic bacteria. In: Murrel JC, Kelly DP (eds) Microbial Growth on C_1 compounds. Intercept Ltd, Andover, UK, pp 285–302

17. Harder W, Attwood, MM (1978) Biology, physiology and biochemistry of hyphomicrobia. Adv Microb Physiol 17:303–359

18. Stackebrandt ERG, Fischer A, Roggentin T, Wehmeyer U, Smida J (1988) A phylogenetic survey of budding, and/or prosthecate, non-phototrophic eubacteria: membership of *Hyphomicrobium, Hyphomonas, Pedomicrobium, Filomicrobium, Caulobacter* and „Dichotomicrobium" to the alpha-subdivision of purple non-sulfur bacteria. Arch Microbiol 149:547–556

19. Stackebrandt ERG, Murray E, Trüpper, HG (1988) *Proteobacteria* classis nov., a name for the phylogenetic taxon that includes the „purple bacteria and their relatives". Int J Syst Bacteriol 38:321–325

20. Moore RL, Weiner RM (1989) Genus *Hyphomonas* (ex Pongratz 1957) Moore, Weiner and Gebers 1984, 71[VP], in: Staley JT, Bryant MP, Pfennig N, Holt JG (eds) Bergey's Manual of Systematic Bacteriology, Vol 3, Williams and Wilkins, Baltimore, Hong Kong, London, Sidney, pp 1904–1910

21. Schlesner H, Bartels C, Sittig M, Dorsch M, Stackebrandt ERG (1990) Taxonomic and phylogenetic studies on a new taxon of budding, hyphal *Proteobacteria, Hirschia baltica* gen nov, s. nov, Int J Syst Bacteriol 40:443–451

22. Gebers R (1989) Genus *Pedomicrobium* Aristovskaya 1961, 957,[Al] emend. Gebers 1981, 313. In: Staley JT, Bryant MP, Pfennig N, Holt JG (eds) Bergey's Manual of Systematic Bacteriology, Vol 3. Williams and Wilkins, Baltimore, Hong Kong, London, Sidney, pp 1910–1914

23. Hirsch P, Hoffmann B (1989) *Dichotomicrobium thermohalophilum*, gen nov, spec nov, budding prosthecate bacteria from Solar Lake (Sinai) and some related strains. System Appl Microbiol 11:191–301

24. Imhoff JF, Trüper HG (1989) Genus *Rhodomicrobium* Duchow and Douglas 1949, 415[Al]. In: Staley JT, Bryant MP, Pfennig N, Holt JG (eds) Bergey's Manual of Systematic Bacteriology, Vol 3, Williams and Wilkins, Baltimore, Hong Kong, London, Sidney, pp 1677–1678

25. Anthony C (1991) Assimilation of carbon by methylotrophs. In: Goldberg I, Rokem, JS (eds) Biology of Methylotrophs Butterworth-Heinemann, Boston, London, Oxford, Singapore, Sydney, Toronto, Wellington, pp 79–109

26. Hatton, AA, Malin G, McEvan AG (1994) Identification of a periplasmic dimethylsulphoxide reductase in *Hyphomicrobium* EG grown under chemolithoheterotrophic conditions with dimethylsulphoxide as carbon source. Arch Microbiol 162:148–150

27. Leisinger T, La Roche S, Bader R, Schmid-Appert M, Braus-Strohmeyer S, Cook AM (1993) Chlorinated methanes as carbon sources for aerobic and anaerobic bacteria. In: Murrel JC, Kelly DP (eds) Microbial Growth on C_1 compounds. Intercept Ltd, Andover, UK, pp 351–363

28. Kiene RP (1993) Microbial sources and sinks for methylated Sulfur compounds in the marine environment. In: Murrel JC, Kelly DP (eds) Microbial Growth on C_1 compounds. Intercept Ltd, Andover, UK, pp 15–34

29. Large, PJ, Bamforth CW (1988) Methylotrophy and Biotechnology. Longman, Wiley, New York

30. Kelly DP, Malin G, Wood AP (1993) Microbial transformations and biogeochemical cycling of one-carbon substrates containing sulphur, nitrogen or halogens. In: Murrel JC, Kelly DP (eds) Microbial Growth on C_1 compounds. Intercept Ltd, Andover, UK, pp 47–64

31. Ghisalba O, Küenzi M (1983) Biodegradation and utilization of monomethyl sulfate by specialized methylotrophs. Experientia 39:1257–1263

32. Ghisalba O, Heinzer F, Küenzi M (1985) Microorganisms of the genus *Hyphomicrobium* and process for degrading compounds which contain methyl groups in aqueous solutions. United States Patent No 4492756

33. Ghisalba O, Küenzi M, Ramos Tombo GM, Schär H-P (1986) Biodegradation and utilization of methylphosphates and methylphosphonates by specialized methylotrophs. Abstracts of the 5th International Symposium on Microbial Growth on C_1-Compounds, 7-4, Groningen, Haren (The Netherlands), 169

34. Sperl GT, Hoare DS (1971) Denitrification with methanol: a selective enrichment for *Hyphomicrobium* species. J Bacteriol 108:733–736

35. Attwood MM, Harder W (1972) A rapid and specific enrichment procedure for *Hyphomicrobium* spp. Antonie van Leeuwenhoek 38:369–378

36. Uebayasi M, Tonomura K (1976) Denitrification by *Hyphomicrobium* capable of utilizing methanol. J Ferment Technol 54:885–890

37. Nurse GR (1980) Denitrification with methanol: Microbiology and biochemistry. Wat Res 14:531–537

38. Lebedinskii AV, Vedenina JYa (1981) Production of nitrous and nitric oxides by methylotrophic denitrifying bacteria. Mikrobiologiya 50:752–762 (engl transl 555–559)

39. Claus G, Kutzner HJ (1985) Denitrification of nitric acid with methanol as carbon source. Appl Microbiol Biotechnol 22:378–381

40. Vedenina JYa, Govorukhina, NI (1988) Formation of methylotrophic denitrifying coenosis in a sewage purification system for removal of nitrates. Mikrobiologiya 57:320–328 (engl transl 261–268)

41. Lin Y-F, Chen K-C (1995) Denitrification and methanogenesis in a co-immobilized mixed culture system. Wat Res 29:35–43

42. Meyers AJ, Meyers CD (1986) *Hyphomicrobium*-mediated sludge bulking in an industrial wastewater treatment system. Abstracts of the Annual Meeting of the American Society for Microbiology, Washington D.C. USA, N-93

43. Hirsch P (1974) Budding bacteria. Annu Rev Microbiol 28:391–444

44. Seyfried CF, Scheer H (1994) Erfahrungen mit der biologischen Phosphorelimination. In: ATV-Kurse zur Abwasser- und Abfalltechnik, H/2 – Abwasserreinigung, Bemessung und Erfahrungen Stickstoff-P-Elimination

45. Menzel M, Holm NC, Hirsch P, Gliesche CG (1995) Development of a gene probe for *Hyphomicrobium* sp. from activated sludge. BIOspektrum Sonderausgabe:90

Durchflußzytometrische Untersuchung von Belebtschlamm mit rRNA-gerichteten Oligonucleotidsonden

G. Wallner · R. Amann

6.1
Einleitung

Die Artenvielfalt, Häufigkeit und Aktivität von Mikroorganismen in ihrer natürlichen Umwelt sind zentrale Fragen der mikrobiellen Ökologie. Neue Methoden, die Mikroskopie und Durchflußzytometrie mit zell- und molekularbiologischen Techniken verbinden, können darauf meist schneller, zuverlässiger und umfassender Antwort geben als klassische Kultivierungsmethoden. Hier wird gezeigt, wie mit Hilfe von Durchflußzytometrie und fluoreszenzmarkierten, rRNA-gerichteten Oligonucleotidsonden Mikroorganismen in Belebtschlamm schnell und weitgehend automatisiert identifiziert und charakterisiert werden können.

6.1.1
Identifizierung von Mikroorganismen durch rRNA-gerichtete Hybridisierungssonden

Die klassischen Methoden, durch die Mikroorganismen anhand ihrer Physiologie und relativ einfachen Morphologie identifiziert und klassifiziert werden, besitzen eine Reihe von Nachteilen. Die Organismen werden aufgrund des sehr eingeschränkten Informationsgehalts dieser Merkmale in ein künstliches System eingeordnet, das kaum Aussagen über phylogenetische Verwandtschaften zuläßt. Häufig ist die Einordnung auch nicht eindeutig, da viele Merkmale von Kulturbedingungen abhängig oder nicht für alle Stämme einer Art einheitlich sind. Außerdem können die dafür notwendigen Untersuchungen nur mit Reinkulturen der Mikroorganismen durchgeführt werden, was eine Isolierung voraussetzt. Das bedeutet nicht nur, daß sie arbeits- und zeitaufwendig sind, sondern meist auch nur einen Teil der tatsächlich vorhandenen Organismen erfassen. Die Zahl der „koloniebildenden Einheiten", die mit den indirekten Kultivierungsmethoden gemessen wird, kann dabei sogar um mehrere Größenordnungen niedriger liegen als die mit direkter, mikroskopischer Zählung bestimmte Gesamtzellzahl [11]. Die Mikroorganismen, die durch klassische Kultivierungsmethoden nicht nachweisbar sind, sind entweder tatsächlich nicht mehr lebensfähig, befinden sich in einem lebensfähigen, aber nicht kultivierbaren Zustand („viable but non-culturable" [6]) oder sind einfach nur unter den verwendeten Bedingungen nicht kultivierbar.

Lemmer/Griebe/Flemming (Hrsg.)
Ökologie der Abwasserorganismen
© Springer-Verlag Berlin Heidelberg 1996

Dagegen ist eine natürliche, also die Phylogenie widerspiegelnde Klassifizierung und eindeutige Identifizierung von Mikroorganismen möglich, wenn man die wesentlich umfangreichere Information nutzt, die in den Sequenzen und Strukturen ihrer Makromoleküle steckt. Durch vergleichende Sequenzanalyse von Proteinen und Nucleinsäuren, insbesondere von ribosomalen Ribonucleinsäuren (rRNA), konnte erstmals ein umfassendes natürliches System für die Klassifizierung von Mikroorganismen erstellt werden [16, 27]. Die rRNA-Moleküle sind Bestandteil der Ribosomen, der „Proteinsynthesemaschinen" jeder Zelle. Sie sind als phylogenetische Marker, also als „Zeitmesser der Evolution", besonders gut geeignet, da sie in allen Lebewesen vorkommen und die gleiche Funktion erfüllen. Sie sind homolog und nicht konvergent entstanden. Unterschiedlich stark konservierte Bereiche erlauben es, phylogenetische Zuordnungen auf sehr unterschiedlichen taxonomischen Ebenen zu treffen [27]. Die rRNA-Sequenzdaten kann man über die Stammbaumberechnung hinaus dazu benutzen, um Nucleinsäuresonden zur Identifizierung von Bakterien zu entwerfen.

Doch auch ohne die Sequenz der Makromoleküle selbst zu kennen, kann man sie bzw. die entsprechende Struktur indirekt zum Nachweis und zur Identifizierung von Mikroorganismen verwenden. Geeignete Antikörper, die an bestimmte Kohlenhydrat- oder Aminosäurensequenzen binden, oder Nucleinsäuresonden, die an komplementäre Nucleotidsequenzen hybridisieren, erlauben eine hochspezifische Identifizierung bis hin zur Stamm- oder Artebene.

Nucleinsäure-Hybridisierungen beruhen darauf, daß zwei einzelsträngige Nucleotidketten nur dann eine stabile Bindung miteinander eingehen, wenn sie vollständig – oder zumindest weitgehend – zueinander komplementär sind. Bestimmte Nucleotidpaare werden über Wasserstoffbrücken nicht-kovalent verknüpft: in einem Doppelstrang liegen sich jeweils Guanin und Cytosin bzw. Adenin und Thymin (in RNA: Uracil) gegenüber. Die Ausbildung und Stabilität der Bindung hängt von der Basenzusammensetzung und der Länge des gepaarten Bereiches ab, aber auch von äußeren Bedingungen wie Temperatur, Salzkonzentration und pH-Wert [17, 19]. Kurze, synthetische Oligonucleotide (ca. 15 – 30 Nucleotide lang) können unter stringenten Bedingungen selbst einzelne Basenunterschiede diskriminieren.

Oligonucleotidsonden, die gegen Bereiche der rRNA gerichtet sind, können entsprechend der Konservativität der Zielregion so konstruiert werden, daß sie die Identifizierung von Mikroorganismen auf unterschiedlichen taxonomischen Ebenen gestatten. Das Spezifitätsspektrum reicht von Universalsonden, die gegen völlig konservierte Abschnitte gerichtet sind und an die rRNA aller Organismen binden, bis zu art- und unterartspezifischen Sonden gegen hochvariable Bereiche [19]. Erleichtert wird die Entwicklung der Sonden durch umfangreiche, allgemein zugängliche rRNA-Sequenzdatensätze. Antikörper dagegen sind das Produkt einer komplexen Immunreaktion von Tieren, die resultierenden Spezifitäten sind nur beschränkt steuerbar.

Ein weiterer Vorteil von rRNA-gerichteten Oligonucleotidsonden im Vergleich zu Antikörpern ist, daß mit Hilfe der Sonden Organismen auch ohne vorherige Kultivierung identifiziert werden können. Durch molekularbiologische

Methoden können aus der natürlichen Umgebung direkt rRNA-Sequenzen gewonnen werden, die Aufschluß geben über die phylogenetische Stellung eines neuen Organismus, der noch nicht kultiviert werden konnte. Sie bilden auch die Grundlage für die Entwicklung von für ihn spezifischen Sonden [3].

Für *in situ*-Hybridisierungstechniken, also den Nachweis einer bestimmten Nucleinsäuresequenz am ursprünglichen Ort ihres Vorkommens ohne vorherige Isolierung, ist die rRNA als Zielmolekül aus zwei Gründen besonders geeignet. Sie liegt bereits teilweise einzelsträngig vor, was einen eigenen Denaturierungsschritt erübrigt, und sie ist natürlicherweise amplifiziert, also vervielfältigt. Eine *Escherichia coli*-Zelle aus einer exponentiell wachsenden Kultur enthält $10^4 - 10^5$ Ribosomen. Da die rRNA in aktiven Zellen in so hoher Kopienzahl vorliegt, ist ein spezifischer Nachweis auch auf Einzelzellebene möglich. Der Ribosomen- und damit rRNA-Gehalt einzelner Zellen ist aber abhängig von Wachstumsrate [5] oder Ernährungszustand [12]. Das bedeutet einerseits, daß die Stärke des Hybridisierungssignals Aufschluß gibt über den physiologischen Zustand der Zellen. Die rRNA-gerichteten Sonden können also nicht nur der Identifizierung, sondern auch der physiologischen Charakterisierung der betrachteten Zellen dienen. Andererseits heißt das für die Praxis aber auch, daß unter ungünstigen Wachstumsbedingungen der rRNA-Gehalt für einen Nachweis ohne zusätzliche Signalverstärkung zu gering sein kann.

Zur Identifizierung einzelner mikrobieller Zellen wurden die Oligonucleotide anfangs radioaktiv markiert [10]. Fluoreszenzmarkierte Sonden erlauben aber eine schnellere und räumlich besser auflösende Identifizierung. Der an die Sonden gekoppelte Farbstoff, der über die Spezifität der rRNA-gerichteten Hybridisierungssonde nur bestimmte Zellen anfärbt, wird dann durch Fluoreszenzmikroskopie [1, 7] oder Durchflußzytometrie [2, 25] nachgewiesen. (Für weitere Informationen über den Einsatz von rRNA-gerichteten Hybridisierungssonden, insbesondere in Belebtschlamm, siehe Kap. 7).

6.1.2
Durchflußzytometrie

Die Durchflußzytometrie [14, 18] ermöglicht die schnelle Messung mehrerer Eigenschaften vieler einzelner Zellen. Auch in Mischpopulationen können Zellen dadurch rasch, einfach und genau nachgewiesen, gezählt und charakterisiert werden.

In einem Durchflußzytometer bringt man gefärbte Zellen in Suspension dazu, sich in einem dünnen Flüssigkeitsstrahl eine nach der anderen, ähnlich wie Perlen auf einer Kette, anzuordnen. So durchqueren sie einzeln den Strahl einer Lichtquelle. Auf den Schnittpunkt von Flüssigkeits- und Lichtstrahl sind auch die Detektorsysteme ausgerichtet, die das Ergebnis der Wechselwirkung zwischen den einzelnen Zellen und dem Anregungslicht messen: Streulicht und Fluoreszenzlicht.

Während die Lichtstreuung durch eine Zelle Aufschluß gibt über ihre Größe, Form und innere Strukturen, hängt die Fluoreszenzemission vom Gehalt an fluoreszierendem Farbstoff in oder auf der Zelle ab. Diese Farbstoffe können zelleigene Pigmente (z. B. Chlorophylle, Phycobiliproteine) oder von außen zugeführte Färbemittel sein. Es gibt Fluoreszenzfarbstoffe, die selbst spezifisch und stöchiometrisch an bestimmte Zellbestandteile wie DNA, RNA oder Protein binden und deren Quantifizierung erlauben. Andere werden an Antikörper oder Nucleinsäuresonden gekoppelt, um hochspezifisch deren Bindungspartner nachzuweisen. Und wieder andere ermöglichen die Messung funktioneller Zellparameter wie Membranpotential, pH-Wert oder Calziumionenkonzentration.

Zusätzlich zu dieser analytischen Funktion kann ein Teil der gebräuchlichen Durchflußzytometer auch präparativ eingesetzt werden. Sie sind mit einer Sortiereinrichtung ausgestattet, durch die Zellen anhand der unmittelbar zuvor gemessenen Eigenschaften physikalisch voneinander getrennt werden können, um anschließend bestimmte Populationen weiter zu analysieren oder zu kultivieren.

Die Vorteile der Durchflußzytometrie sind ihre Automatisierung, Schnelligkeit (bis ca. 10 000 Zellen pro Sekunde) und Genauigkeit bei der Analyse und beim Sortieren vieler einzelner Zellen. Da für jede Zelle mehrere Eigenschaften gleichzeitig gemessen werden (individuelle Multiparameter-Analyse), ist es meist auch in komplexen Zellgemischen möglich, einzelne Populationen voneinander zu unterscheiden und sie getrennt zu analysieren.

Der größte Teil der bisherigen durchflußzytometrischen Arbeiten befaßte sich mit eukaryotischen Zellen (vor allem Blutzellen von Säugern). Da Prokaryoten deutlich geringere Größe und entsprechend weniger Zielmoleküle (z. B. um etwa drei Größenordnungen weniger DNA) besitzen, und deshalb eine weitaus höhere Sensitivität der Methoden erforderlich ist, konnte die Durchflußzytometrie erst mit Verbesserung der Geräte und Techniken auch vermehrt in der Mikrobiologie angewandt werden. In der mikrobiellen Ökologie wurde vor allem die Zellgröße und der Gehalt an Photosynthese-Pigmenten benutzt, um die Häufigkeit und räumliche Verteilung von marinem, phototrophem Picoplankton mit Hilfe der Durchflußzytometrie zu ermitteln. Nach Färbung mit DNA-Farbstoffen konnten auch marine, heterotrophe Bakterien nach Größe und DNA-Gehalt charakterisiert und damit deren Veränderungen durch Umwelteinflüsse untersucht werden (Übersichtsartikel zur Durchflußzytometrie von Mikroorganismen: [9, 20]).

Anhand solcher Zellparameter können zwar Gruppen von Organismen in bestimmten Eigenschaften unterschieden werden, doch vor allem in komplexen Ökosystemen ist so eine eigenständige Analyse einzelner Gattungen oder Arten nicht möglich. Dagegen erlauben fluoreszenzmarkierte Antikörper oder Nucleinsäuresonden die hochspezifische Identifizierung einzelner Bakterien auch in komplexen Gemischen. Antikörper in Verbindung mit Durchflußzytometrie wurden zum Beispiel erfolgreich eingesetzt, um *Streptococcus pyogenes* in Speichel [15], *Legionella* spp. in Kühlturmwasser [21], *Listeria monocytogenes* in Milch [8] oder Ammonium-oxidierende Bakterien in Kläranlagen [22] zu identifizieren. Die *in situ*-Hybridisierung mit rRNA-gerichteten Oligonucleotidsonden wurde erst in jüngster Zeit mit der Durchflußzytometrie kombiniert [2, 25].

Da diese Kombination die Vorteile von Durchflußzytometrie und rRNA-gerichteten Sonden in sich vereinigt, bietet sie sich als ideales Werkzeug zur

Identifizierung und Charakterisierung von Mikroorganismen auch in so komplexen Gemischen wie Belebtschlamm an [26].

6.2
Methodik

6.2.1
Probenaufbereitung

Proben werden unverzüglich durch Zugabe von Paraformaldehyd [2] oder Ethanol fixiert [24]. Die Fixierung bewirkt zum einen, daß die Zellen besser zugänglich für die Hybridisierungssonden werden, zum anderen, daß Zelleigenschaften wie Größe, Gestalt, DNA- und rRNA-Gehalt der Mikroorganismen in ihrem Zustand zum Zeitpunkt der Probennahme gewissermaßen „eingefroren" werden und sich auch bei längerer Lagerung der Proben nicht oder nur wenig verändern. Dadurch sind auch retrospektive Untersuchungen möglich, z. B. mit neuentwickelten Sonden.

Um Zellen aus Belebtschlammflocken freizusetzen, können Handhomogenisatoren („Potter"), Dispergier- („Ultra-Turrax") oder Ultraschallgeräte eingesetzt werden. Allerdings erlaubt bisher keine Methode eine vollständige Zerlegung der Flocken in freie Einzelzellen, ohne gleichzeitig einen beträchtlichen Anteil der Zellen zu zerstören.

6.2.2
Fluoreszente in situ-Hybridisierung und DNA-Färbung

Die Hybridisierungssonden sind Oligonucleotide von etwa 15 bis 20 Nucleotiden Länge, die zu bestimmten Abschnitten der 16S- oder 23S-rRNA komplementär sind und an einem Ende den Fluoreszenzfarbstoff Fluorescein tragen. Zellen, an die solche Sonden spezifisch binden, leuchten bei Anregung mit blauem Licht im Epifluoreszenzmikroskop oder Durchflußzytometer grün auf.

Die fixierten Proben werden bei 46 °C in einem Puffer inkubiert, der 0,9 M NaCl, 0,1 % SDS, 20 mM Tris/HCl (pH 7,2) und 2 ng μl^{-1} Hybridisierungssonde enthält. Nach zwei bis drei Stunden werden die Zellen gewaschen und schließlich in PBS-Puffer (130 mM NaCl, 10 mM Natriumphosphatpuffer; pH 8,4) resuspendiert. Durch Zugabe von 1 μM Hoechst 33342, einem Fluoreszenzfarbstoff, der an DNA bindet, werden alle Zellen in der Probe angefärbt. Sie leuchten blau bei Anregung mit UV-Licht und lassen sich dadurch von nichtzellulären Teilchen in den Proben unterscheiden.

6.2.3
Durchflußzytometrische Analyse

Das von uns verwendete Durchflußzytometer „FACStar Plus" (Becton Dickinson, Heidelberg) ist mit zwei Argonionenlasern ausgestattet. Ein Laser liefert blaues Anregungslicht (488 nm) zur Messung von Streulicht in kleinem (Vorwärts-Streulicht) und großem Winkel (Seitwärts-Streulicht) sowie zur Anregung der grünen Sondenfluoreszenz. Der zweite Laser (UV-Licht, 351–364 nm) regt den DNA-Farbstoff Hoechst 33342 an, der blaues Licht emittiert. Durch entsprechende Spiegel und optische Filter lassen sich diese vier Lichtsignale anhand ihrer unterschiedlichen Wellenlängen und räumlichen Verteilung trennen und unabhängig voneinander detektieren. Die vier Parameter werden gleichzeitig für jedes Partikel gemessen und abgespeichert. Für die graphische und statistische Auswertung der Meßdaten benutzen wir das Softwarepaket „DAS" [4].

6.3
Anwendungsbeispiel

Die Abbildungen 6.1–6.3 zeigen Messungen [26] an Proben aus dem Belebungsbecken 1 der Kläranlage München II (Gut Marienhof). Die Belebtschlamm-

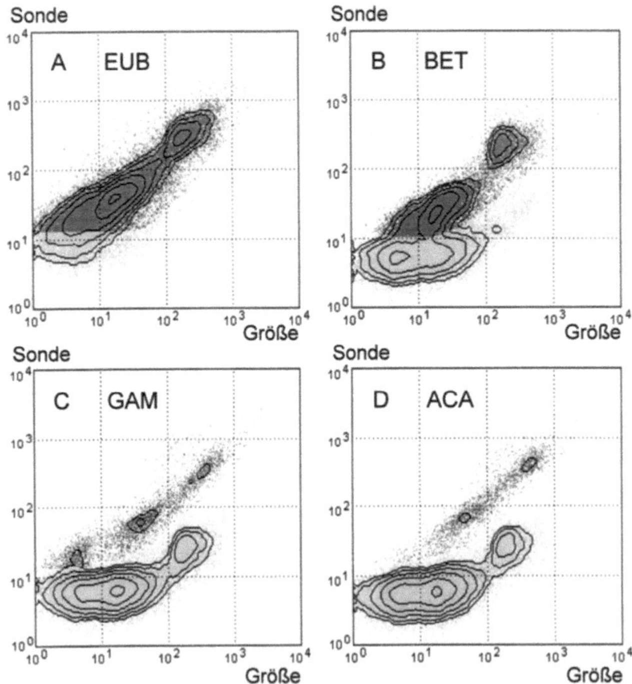

Abb. 6.1   Verteilung und Korrelation von Zellgröße (Vorwärts-Streulicht) und Sondensignal (grüne Fluorescein-Fluoreszenz) der Mikroorganismen in einer Belebtschlammprobe nach Hybridisierung mit Sonden, die für *Bacteria* (A), die beta- (B) und gamma-Gruppe der *Proteobacteria* (C) bzw. die Gattung *Acinetobacter* (D) spezifisch sind

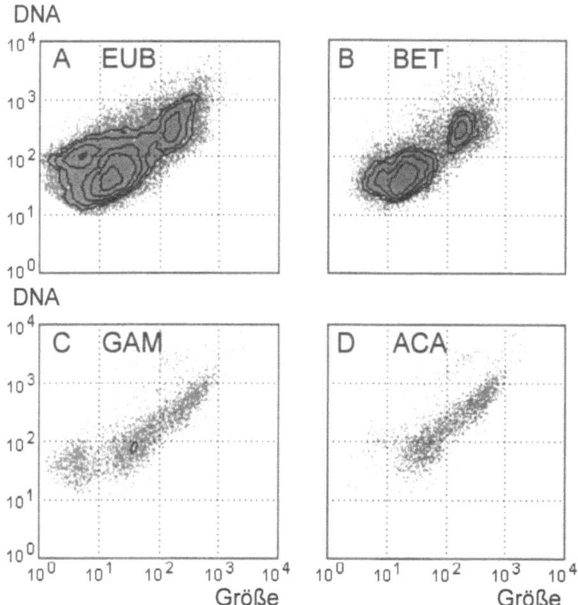

Abb. 6.2 Verteilung und Korrelation von Zellgröße (Vorwärts-Streulicht) und DNA-Gehalt (blaue Hoechst-Fluoreszenz) derselben Proben wie in Abb. 6.1. Nur die Zellen, die von der jeweiligen Sonden spezifisch angefärbt wurden, sind dargestellt

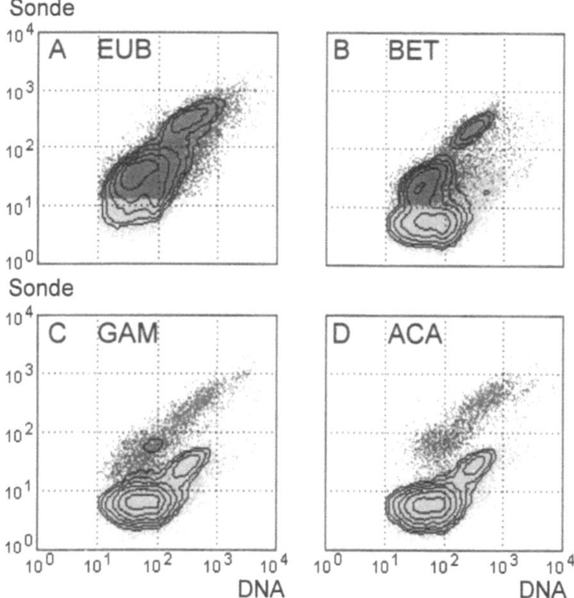

Abb. 6.3 Verteilung und Korrelation von DNA-Gehalt (blaue Hoechst-Fluoreszenz) und Sondensignal (grüne Fluorescein-Fluoreszenz) derselben Proben wie in Abb. 6.1

proben wurden mit vier verschiedenen Sonden hybridisiert, die für alle *Bacteria* (A, EUB [1]), die beta- (B, BET [13]) oder gamma-Gruppe der *Proteobacteria* (C, GAM [13]) bzw. die Gattung *Acinetobacter* (D, ACA [24]) spezifisch sind (vgl. Kap. 7). Nach Gegenfärbung mit Hoechst 33342 wurden jeweils 50000 Zellen gemessen (Meßdauer etwa 2–3 Minuten pro Probe).

In den graphischen Darstellungen entspricht jeder Punkt einer Zelle, seine Lage den Meßwerten für die jeweiligen Parameter auf den Koordinatenachsen. Die darübergelegten Konturlinien geben, ähnlich wie die Höhenlinien einer Landkarte, zusätzlich die Häufigkeitsverteilung in den dichteren Teilen der Punktewolken an. Von außen nach innen bezeichnen sie Bereiche mit zunehmender Häufigkeit von Zellen. Die Abbildungen 6.1–6.3 zeigen dieselben Messungen (A–D), es sind nur unterschiedliche Parameter paarweise gegeneinander aufgetragen.

In solchen zweidimensionalen Darstellungen lassen sich „Fenster" setzen, die Zellen mit bestimmten Eigenschaften umrahmen. Zellen, die in einem solchen Fenster liegen, können dann farbig in Darstellungen mit anderen Parameter gezeigt werden. So sind hier Zellen, die von der Sonde spezifisch angefärbt wurden (Sondenfluoreszenz über dem Hintergrund in Abb. 6.1) in allen Abbildungen in einem dunkleren Grauton dargestellt.

6.3.1
Relative Häufigkeit phylogenetischer Gruppen

Außerdem kann für Zellen in einem Fenster die Anzahl oder die durchschnittliche Fluoreszenzintensität berechnet und mit den Werten für Zellen in anderen Fenstern verglichen werden. Auf diese Weise läßt sich ermitteln, daß Vertreter der beta-Gruppe der *Proteobacteria* in den gezeigten Proben dominieren. Die Sonde BET (B) bringt 41 % aller (Hoechst-gefärbten) Zellen zum Leuchten. Von den 8 % der Zellen aus der gamma-Gruppe der *Proteobacteria* (C) wird über die Hälfte auch durch die Acinetobacter-spezifische Sonde (D, 5 %) angefärbt. Die Sonde EUB (A) dient als Positivkontrolle und färbt knapp 80 % aller Zellen so stark an, daß sie sich vom Fluoreszenzhintergrund absetzen. Das bedeutet, daß die restlichen 20 % der Zellen sich unter diesen Bedingungen mit dieser Methode nicht identifizieren lassen, weil ihr Ribosomengehalt zu niedrig ist oder sie für die Sonden nicht zugänglich sind.

6.3.2
Abschätzung von Zellgröße, Ribosomen- und DNA-Gehalt

Über einfaches Zählen hinaus bieten die Meßdaten aber auch Informationen über verschiedene Eigenschaften jeder einzelnen Zelle bzw. über deren Verteilung und Korrelation in Teilpopulationen. Die Signalintensitäten von Vorwärts-Streulicht, Sonden- bzw. Hoechst-Fluoreszenz geben Aufschluß über die zellulären Parameter Größe, Ribosomen- und DNA-Gehalt. Letztere sind alle mit der Wachstumsrate von Bakterien korreliert [5] und ermöglichen eine Abschätzung ihrer allgemeinen Stoffwechselaktivität. Je höher die Werte für Streulicht,

Sonden- und Hoechst-Fluoreszenz sind, umso aktiver sollten die entsprechenden Zellen sein. Demzufolge ist unter den aktivsten Zellen (Vorwärts-Streulicht über 10^2 in Abb. 6.1 und 6.2) der Anteil der beta-Gruppe (60%) besonders hoch. Die Sonden GAM und ACA färben jeweils etwa 20% dieser Zellen, das heißt, fast alle größeren Bakterien der gamma-Gruppe gehören der Gattung *Acinetobacter* an.

Anhand der Verteilungen über alle Parameter (Abb. 6.1–6.3) wird außerdem deutlich, daß die Zellen, die von der *Acinetobacter*-Sonde erfaßt werden (D), in ihren durchflußzytometrischen Eigenschaften eine Teilmenge der gamma-Gruppe (C) bilden. Dies steht in Übereinstimmung mit der Tatsache, daß die Gattung *Acinetobacter* zur gamma-Gruppe der *Proteobacteria* gehört.

6.4
Möglichkeiten und Grenzen der Methode

Während klassische Kultivierungsmethoden nur sehr unvollständige und verzerrte Abbilder von der Zusammensetzung der Mikroorganismen im Belebtschlamm liefern können, spiegeln Populationsanalysen durch *in situ*-Hybridisierung mit rRNA-gerichteten Sonden die tatsächlichen Verhältnisse viel genauer wider (vgl. Kap. 7; [23]) und die Ergebnisse liegen erheblich schneller vor (in wenigen Stunden statt Tagen). Zwar können auch durch sie nicht alle Zellen eindeutig identifiziert werden, weil manche für die Sonden nicht zugänglich sind oder zu wenig Ribosomen enthalten. Dennoch werden in Belebtschlammproben meist weit über die Hälfte aller Bakterien erfaßt. Durch Verbesserung der Methoden zur Permeabilisierung und Signalverstärkung wird dieser Anteil sogar noch höher werden. Außerdem spielen die Bakterien, die aufgrund eines zu geringen Ribosomengehalts nicht nachweisbar sind, wahrscheinlich *in situ* keine so große Rolle, da eine niedrige Zahl von Ribosomen auf schwache Aktivität hindeutet. Durch Kultivierungsmethoden können solche Organismen dagegen bevorzugt und überschätzt, ursprünglich hochaktive Zellen andererseits benachteiligt und unterschätzt werden.

Bei der Analyse der hybridisierten Proben liegt der entscheidende Vorteil der Durchflußzytometrie gegenüber der Fluoreszenzmikroskopie in ihrer Schnelligkeit und weitgehenden Automatisierung. Pro Sekunde können Tausende von Zellen gemessen werden, für jede davon mehrere Parameter gleichzeitig. Und die Meßwerte geben quantitativ Auskunft über DNA- und Ribosomen-Gehalt der Zellen, aus denen sich ihre Aktivität abschätzen läßt. Diese zusätzliche Information ist zum einen deshalb wertvoll, weil die Bedeutung einzelner Organismengruppen nicht nur von ihrer Anzahl, sondern auch von ihrer Aktivität abhängt. Zum anderen, weil sich wahrscheinlich Störungen zunächst auf den so erfaßbaren Zustand der Zellen auswirken, während sich die Zusammensetzung der Belebtschlammbiozönose nicht oder zeitlich verzögert ändert. (In diesem Zusammenhang sei auch darauf hingewiesen, daß durch neue Färbemethoden zusätzlich andere funktionelle Eigenschaften der Zellen im Belebtschlamm mit Hilfe der Durchflußzytometrie quantitativ erfaßbar sind, z.B. die Atmungsaktivität durch den Redoxfarbstoff CTC; vgl. Kap. 11). Eine Einschränkung der Durchflußzytometrie liegt darin, daß sie ganze Partikel mißt. Im Idealfall sind dies einzelne Zellen, in Belebtschlamm können die Teilchen aber auch Fäden oder Flocken sein, die aus vielen Zellen und anderen Bestandteilen zusammengesetzt sind. Verschiedene Aufschlußmethoden können zwar einen Teil der Bakterien freisetzen, aber eine vollständige Auflösung von Flocken ohne gleichzeitige Zerstörung eines beträchtlichen Anteils der Zellen ist bisher nicht möglich. Die Zellen, die in Aggregaten verbleiben, können durchflußzytometrisch nicht sinnvoll analysiert werden. Entsprechend kann die Häufigkeit von Organismen, die bevorzugt innerhalb von Belebtschlammflocken vorkommen, unterschätzt werden [26]. Diese Einschränkung gilt aber auch für Kultivierungsmethoden, die ebenfalls eine Vereinzelung der Zellen für die Bildung einzelner Kolonien voraussetzen; wahrscheinlich sogar in höherem Maße, da die lebenden Zellen wohl empfindlicher gegen Schädigungen durch Aufschlußverfahren sind, als die durch Fixierung stabilisierten.

Demgegenüber ermöglicht es die Fluoreszenzmikroskopie, insbesondere die konfokale Mikroskopie, einzelne Zellen auch innerhalb von Flocken zu untersuchen. Außerdem können mikroskopisch zusätzliche Informationen über die Morphologie von Zellen und Filamenten sowie ihre räumliche Anordnung zueinander und innerhalb der Flockenmatrix gewonnen werden (vgl. Kap. 7). Quantitative Mikroskopie ist aber arbeits- und zeitaufwendig und deshalb für Routineuntersuchungen nur eingeschränkt anwendbar.

Mit Hilfe der Durchflußzytometrie hingegen ist eine weitgehend automatisierte, schnelle und quantitative Analyse der Mikroorganismen im Belebtschlamm nach Hybridisierung mit rRNA-gerichteten Sonden möglich. Innerhalb weniger Stunden, von der Probennahme bis zur Datenauswertung, können Millionen einzelner Zellen gezählt, identifiziert und nach Größe, rRNA- und DNA-Gehalt, sowie (daraus abgeleitet) ihrer allgemeinen Stoffwechselaktivität charakterisiert werden. Deshalb ist es möglich, eine große Anzahl von Proben auch im Routinebetrieb zu messen. Zunächst werden die resultierenden Daten den Zusammenhang zwischen der mikrobiellen Zusammensetzung des Belebtschlamms und seiner Funktion besser verstehen helfen. Bestimmte Mikroorganismen, die mit Hilfe der *in situ*-Hybridisierung als verantwortlich für gewünschte oder unerwünschte Vorgänge im Kläranlagenbetrieb erkannt werden, können später in Routineuntersuchungen als Indikatoren für diese verwendet werden. So sollte es in Zukunft möglich sein, Funktionen wie biologische Phosphatentfernung oder Nitrifikation und Störungen wie Blähschlamm- und Schwimmschlammbildung durch Messung der Häufigkeit der entsprechenden Organismen und ihrer zellulären Eigenschaften zu kontrollieren oder frühzeitig vorherzusagen.

Literatur

1. Amann RI, Krumholz L, Stahl DA (1990) Fluorescent-oligonucleotide probing of whole cells for determinative, phylogenetic, and environmental studies in microbiology. J Bacteriol 172:762–770
2. Amann RI, Binder BJ, Olson RJ, Chisholm SW, Devereux R, Stahl DA (1990) Combination of 16S rRNA-targeted oligonucleotide probes with flow cytometry for analyzing mixed microbial populations. Appl Environ Microbiol 56:1919–1925
3. Amann R, Ludwig W (1992) Unbekanntem Leben auf der Spur: Stammesgeschichtliche Einordnung und Identifizierung von nichtkultivierbaren Bakterien. Naturwissenschaftliche Rundschau 45:348–351
4. Beisker W (1994) A new combined integral-light and slit-scan data analysis system (DAS) for flow cytometry. Comput Methods Programs Biomed 42:15–26
5. Bremer H, Dennis PP (1987) Modulation of chemical composition and other parameters of the cell by growth rate. In: *Escherichia coli* and *Salmonella typhimurium*. Cellular and Molecular Biology. Neidhardt FC et al (eds) American Society for Microbiology, Washington, D.C., pp 1527–1542
6. Colwell RR, Brayton PR, Grimes DJ, Roszak DR, Huq SA, Palmer LM (1985) Viable but nonculturable *Vibrio cholerae* and related pathogens in the environment: implications for the release of genetically engineered microorganisms. Biotechnology 3:817–820
7. DeLong EF, Wickham GS, Pace NR (1989) Phylogenetic Stains: ribosomal RNA-based probes for the identification of single cells. Science 243:1360–1363
8. Donnelly CW, Baigent GJ (1986) Method for flow cytometric detection of *Listeria monocytogenes* in milk. Appl Environ Microbiol 52:689–695
9. Fouchet P, Jayat C, Hechard Y, Ratinaud MH, Frelat G (1993) Recent advances of flow cytometry in fundamental and applied microbiology. Biol Cell 78:95–109
10. Giovannoni SJ, DeLong EF, Olsen GJ, Pace NR (1988) Phylogenetic group-specific oligodeoxynucleotide probes for identification of single microbial cells. J Bacteriol 170:720–726
11. Jannasch HW, Jones GE (1959) Bacterial populations in seawater as determined by different methods for enumeration. Limnol Oceanogr 4:128–139
12. Kramer JG, Singleton FL (1992) Variations in rRNA content of marine *Vibrio* spp. during starvation-survival and recovery. Appl Environ Microbiol 58:201–207
13. Manz W, Amann R, Ludwig W, Wagner M, Schleifer KH (1992) Phylogenetic oligodeoxynucleotide probes for the major subclasses of proteobacteria: problems and solutions. System Appl Microbiol 15:593–600
14. Melamed MR, Lindmo T, Mendelsohn ML (eds) (1990) Flow Cytometry and Sorting. 2nd ed John Wiley & Sons, New York
15. Sahar E, Lamed R, Ofek I (1983) Rapid identification of *Streptococcus pyogenes* by flow cytometry. Eur J Clin Microbiol 2:192–195
16. Schleifer KH, Ludwig W (1989) Phylogenetic relationships among bacteria. In: Fernholm B, Bremer K, Jörnwall H (eds) The hierarchy of life. Elsevier Science Publishers, Amsterdam, pp 103–117
17. Schleifer KH, Ludwig W, Amann R (1992) Gensonden und ihre Anwendung in der Mikrobiologie. Naturwissenschaften 79:213–219
18. Shapiro HM (1988) Practical Flow Cytometry. 2nd ed Alan R Liss, New York
19. Stahl DA, Amann RI (1991) Development and application of nucleic acid probes. In: Stackebrandt E, Goodfellow M (eds) Nucleic Acid Techniques in Bacterial Systematics. John Wiley & Sons, Chichester, England, pp 205–248
20. Trousselier M, Courties C, Vaquer A (1993) Recent applications of flow cytometry in aquatic microbial ecology. Biol Cell 78:111–121
21. Tyndall RL, Hand RE, Mann RC, Evans C, Jernigan R (1985) Application of flow cytometry to detection and characterization of *Legionella* spp. Appl Environ Microbiol 49:852–857
22. Völsch A, Nader WF, Geiss HK, Nebe G, Birr C (1990) Detection and analysis of two serotypes of ammonia-oxidizing bacteria in sewage plants by flow cytometry. Appl Environ Microbiol 56:2430–2435

23. Wagner M, Amann R, Lemmer H, Schleifer KH (1993) Probing activated sludge with oligonucleotides specific for proteobacteria: inadequacy of culture-dependent methods for describing microbial community structure. Appl Environ Microbiol 59:1520–1525
24. Wagner M, Erhart R, Manz W, Amann R, Lemmer H, Wedi D, Schleifer KH (1994) Development of an rRNA-targeted oligonucleotide probe specific for the genus *Acinetobacter* and its application for *in situ* monitoring in activated sludge. Appl Environ Microbiol 60:792–800
25. Wallner G, Amann R, Beisker W (1993) Optimizing fluorescent *in situ* hybridization with rRNA-targeted oligonucleotide probes for flow cytometric identification of microorganisms. Cytometry 14:136–143
26. Wallner G, Erhart R, Amann R (1995) Flow cytometric analysis of activated sludge with rRNA-targeted probes. Appl Environ Microbiol 61:1859–1866
27. Woese CR (1987) Bacterial evolution. Microbiol Rev 51:221–271

Die Anwendung von *in situ*-Hybridisierungssonden zur Aufklärung von Struktur und Dynamik der mikrobiellen Biozönosen in der Abwasserreinigung

M. Wagner · R. Amann

7.1
Einleitung

Trotz der enormen Bedeutung und des jahrzehntelangen Einsatzes des Belebtschlammverfahrens mit zahlreichen technischen Verbesserungen (Prozeßführung, Belüftungs- und Regeltechnik) ist über die eigentlich aktive Komponente, die Bakterienflora des Belebtschlamms, immer noch sehr wenig bekannt. Bisher wurden für „Florenanalysen" im Belebtschlamm vor allem klassische, kultivierungsabhängige Standardmethoden (PC: „Plate count" oder MPN: „most probable number") verwendet [11, 23, 68]. Die Aussagekraft solcher Kultivierungsverfahren ist aufgrund ihrer Selektivität in Bezug auf bestimmte Mikroorganismen stark eingeschränkt [86]. Plattierungsverfahren repräsentieren darum weniger die tatsächliche bakterielle Populationsstruktur des Belebtschlamms, als vielmehr den Selektionsdruck der verwendeten Medien und Kultivierungsbedingungen. So können sogar mit für die Analyse von Belebtschlamm optimierten Medien und Kultivierungsbedingungen nur zwischen 0,85 [64] und 14 % [86] der durch Direktzählung ermittelten Gesamtzellzahl erfaßt werden. Dieses Phänomen ist Mikrobiologen seit langer Zeit bekannt. Heute ist es unumstritten, daß die Mehrzahl der im Mikroskop sichtbaren Bakterienzellen des Belebtschlamms lebt, jedoch auf Kultivierungsmedien keine sichtbaren Kolonien ausbildet. Gründe hierfür sind sowohl die Flockenbildung der Bakterien im Belebtschlamm, die eine vollständige Zellvereinzelung bei Kultivierungsverfahren verhindert und somit zu einer Unterschätzung der Zahl aktiver Bakterien bei der Lebendkeimzahlbestimmung führt, als auch die für viele Bakterien ungeeigneten Kultivierungsbedingungen. Zusätzlich kann das Auftreten von lebenden, aber nichtkultivierbaren Bakterienformen („viable but non-culturable"), die durch natürliche oder künstliche Streßfaktoren induziert werden [19, 41, 73], zu einer Unterschätzung der aktiven Bakterienzahl bei Verwendung kultivierungsabhängiger Verfahren führen.

Eine Möglichkeit zur Vermeidung kultivierungsbedingter quantitativer und qualitativer Verschiebungen in der mikrobiellen Populationsstruktur stellen direkte chemotaxonomische Untersuchungen von Belebtschlammproben dar. So wurden zur Grobcharakterisierung der mikrobiellen Populationsstruktur Chinonprofile [38] und Polyaminmuster [7] verwendet. Allerdings weisen diese Methoden mehrere Einschränkungen auf. So basieren Aussagen über die Spezi-

Lemmer/Griebe/Flemming (Hrsg.)
Ökologie der Abwasserorganismen
© Springer-Verlag Berlin Heidelberg 1996

fität von Chinon- oder Polyaminprofilen auf einem relativ kleinen Satz von Referenzorganismen, der natürlich nur kultivierbare Bakterien umfaßt. Außerdem können bei Berücksichtigung der biologischen Komplexität von Belebtschlamm die ermittelten relativen Anteile bestimmter Biomarker nur äußerst ungenau in Zellzahlschätzungen umgerechnet werden.

Zur *in situ*-Identifizierung und Quantifizierung von Mikroorganismen auf Zellebene stehen heute zwei Techniken zur Verfügung: die immunologische Detektion mit fluoreszenzmarkierten Antikörpern [13] sowie die *in situ*-Hybridisierung mit fluoreszenzmarkierten Oligonucleotidsonden [4]. Die Immunfluoreszenztechnik wurde u.a. zum Nachweis von *Sphaerotilus natans* [40], *Acinetobacter* spp. [18], *Nitrosomonas* spp. [85], *Legionella* spp. [63], *Nocardia amarae* [36] und *Thiothrix* spp. [14] im Belebtschlamm benützt. Hierbei muß jedoch berücksichtigt werden, daß der Einsatz von Antikörpern durch Diffusions- und Penetrationsbarrieren in komplexen Matrices wie Biofilmen und Belebtschlammflocke [82] sowie durch unspezifische Bindung an abiotische Partikel und Pilzsporen [13] stark eingeschränkt sein kann. Beachtet werden muß auch, daß Antikörper eine durch die antigenen Epitope festgelegte Spezifität besitzen, die sich meist auf Art-, Unterart- oder sogar nur Stammebene bewegt. Das Auftreten einer Vielzahl von Serotypen innerhalb einzelner Bakteriengattungen bedingt, daß zum Nachweis einer Gattung im Ökosystem eine große Zahl verschiedener Antikörper notwendig wäre [10]. Ein weiteres, nicht zu unterschätzendes Problem stellt die Möglichkeit der Beeinflussung der Epitopexpression durch exogene Parameter dar. Außerdem erfordert ein immunologischer Nachweis in der Regel die vorherige Kultivierung eines verwandten Organismus. Die Möglichkeit, daß viele der im Belebtschlamm vorkommenden Bakterien bisher noch nicht kultiviert wurden, macht es notwendig, andere, kultivierungsunabhängige *in situ*-Identifizierungsverfahren zu entwickeln.

Ein solches Verfahren stellt die *in situ*-Hybridisierung mit fluoreszenzmarkierten Oligonucleotidsonden dar. Diese Methode basiert auf der Erkenntnis, daß informative Makromoleküle Dokumente der Evolutionsgeschichte darstellen [97]. Heute wird die vergleichende Analyse von rRNA-Sequenzen als die leistungsfähigste Methode zur Klassifizierung von Mikroorganismen betrachtet [56]. Die besondere Eignung von rRNA-Molekülen als molekulare Chronometer [96] gründet auf deren allgemeinen Verbreitung, nicht konvergenten Entstehung, funktionellen Konstanz, den Besitz unterschiedlich stark konservierter Bereiche und der Vielzahl unabhängig mutierender Nucleotide. Vergleichende Sequenzanalysen von 16S-rRNA- und 23S-rRNA-Molekülen ermöglichen deshalb besser als vergleichende Untersuchungen der Morphologie und Physiologie eine Rekonstruktion der Stammesgeschichte der Mikroorganismen (Phylogenie) [27, 49, 62, 76, 96].

Im folgenden soll ein kurzer Überblick über die Einordnung wichtiger Abwasserbakterien in das auf rRNA-Sequenzdaten basierende moderne phylogenetische System gegeben werden. Der Klasse der *Proteobacteria* [79] wird darin der Großteil der klassischen Gram-negativen Bakterien zugeordnet. Aufgrund von 16S-rRNA-Sequenzdaten wird diese Klasse in mehrere Gruppen

unterteilt, darunter die mit alpha, beta, gamma und delta gekennzeichneten
[96]. In der alpha-Gruppe der *Proteobacteria* befinden sich u.a. die Gattungen
Paracoccus, Caulobacter, Hyphomicrobium und *Nitrobacter.* Die beta-Gruppe
der *Proteobacteria* beinhaltet neben den meisten autotrophen Ammonium-
oxidierern (z.B. *Nitrosomonas* spp.) u.a. die Gattungen *Comamonas, Hydrogenophaga* (zwei in den letzten Jahren von *Pseudomonas* abgetrennte Gattungen),
Leptothrix, Sphaerotilus und *Zoogloea. Acinetobacter* spp., *Aeromonas* spp.,
Enterobakterien, *Leucothrix* spp., fluoreszierende Pseudomonaden, *Thiothrix*
spp. und *Vibrio* spp. sind Vertreter der gamma-Gruppe der *Proteobacteria.* Die
delta-Gruppe der *Proteobacteria* umfaßt u.a. sulfatreduzierende Bakterien,
Bdellovibrionen und Myxobakterien. Andere typische Gram-negative Belebtschlammbakterien, wie z.B. *Cytophaga* spp., *Flavobacterium* spp., *Flexibacter*
spp. und das fadenförmige Bakterium *Haliscomenobacter hydrossis* gehören der
Cytophaga-Flavobacterium-Gruppe [32] an. Die Gram-positiven Bakterien werden aufgrund von molekularbiologischen Untersuchungen in Gram-positive
Bakterien mit einem hohen G + C Gehalt der DNA (z.B. *Arthrobacter* spp.,
Corynebacterium spp., *Microthrix* spp., *Nocardia* spp., *Rhodococcus* spp.) und
in Gram-positive Bakterien mit einem niedrigem G + C Gehalt der DNA eingeteilt (z.B. *Bacillus* spp., *Clostridium* spp., *Enterococcus* spp., *Lactobacillus* spp.,
Staphylococcus spp.).

Die Aufklärung natürlicher Verwandschaftsbeziehungen der Mikroorganismen eröffnete auch dem Forschungsbereich der mikrobiellen Ökologie
neue Möglichkeiten. Die durch verbesserte Sequenzierungstechniken schnell
wachsenden rRNS Sequenzdaten [35] und deren breite Verfügbarkeit in
Datenbanken [44, 49, 59] liefern heute die Grundlage für die Synthese von Oligo-
nucleotiden mit Sequenzkomplementarität zu ausgewählten Bereichen der
rRNA. Je nach Variabilität der Zielregion lassen sich so, im Gegensatz zur
Immunfluoreszenztechnik, Hybridisierungssonden mit unterschiedlicher
Spezifität entwerfen [61, 80]. Durch Auswahl geeigneter Zielregionen der
16S- und 23S-rRNA reicht das Spezifitätsspektrum bisher entworfener
Oligonucleotidsonden von Universalsonden [33], über solche mit sehr hohem
phylogenetischem Niveau (Tabelle 7.1) zu Sonden mit Spezifität auf Gattungs-,
Art- oder Unterartebene [22, 34, 69, 88, 89]. Auf dieser Basis wurden mit Hilfe
radioaktiv markierter Oligonucleotide erste Einzelzellhybridisierungen durchgeführt [33]. Durch Einsatz fluoreszenzmarkierter Oligonucleotide und direkter
Auswertung der damit durchgeführten *in situ*-Hybridisierungen im Epifluoreszenzmikroskop [1, 21] oder Durchflußzytometer [2, 93] gelang es, die Prakti-
kabilität und Schnelligkeit dieser Methode entscheidend zu verbessern. Dies
ermöglichte dann eine direkte, schnelle und hochauflösende Identifizierung
von Mikroorganismen im Ökosystem [1] und erlaubte die Identifizierung und
phylogenetische Einordnung bisher nicht kultivierter Bakterien [3, 78]. Außerdem läßt die Korrelation zwischen Ribosomengehalt und physiologischen
Zustand der Mikroorganismen [21, 75, 93] durch Quantifizierung der erhaltenen
Signalstärke definierter Zellen mittels digitaler Epifluoreszenzmikroskopie
Aussagen über den physiologischen Zustand dieser Zellen in ihrem Ökosystem
zu [67].

Tabelle 7.1   Zusammenstellung von Oligonucleotidsonden mit sehr hohem phylogenetischen Niveau, deren Zielpositionen und Spezifitäten

Sonde	rRNA	Zielorganismen	Quelle
EUB	16S	*Bacteria*	Stahl und Amann, 1991
ALF	16S	alpha-Gruppe der *Proteobacteria;* viele Spirochaeten, einige Vertreter der delta-Gruppe der *Proteobacteria*	Manz et al., 1992
BET	23S	beta-Gruppe der *Proteobacteria*	Manz et al., 1992
GAM	23S	gamma-Gruppe der *Proteobacteria*	Manz et al., 1992
CF	16S	Cytophaga-Flavobacterium-Gruppe	Manz, eingereicht
HGC	23S	Gram-positive Bakterien mit einem hohen G + C Gehalt der DNA	Roller et al., 1994

7.2
In situ-Hybridisierung von Belebtschlamm mit rRNA-gerichteten Oligonucleotidsonden

Die Verwendung rRNA-gerichteter fluoreszenzmarkierter Oligonucleotidsonden bietet die Möglichkeit zur kultivierungsunabhängigen *in situ*-Identifizierung und Quantifizierung spezifischer bakterieller Populationen im Belebtschlamm [51, 80, 86, 87, 88, 89, 91]. Durch Doppelfärbung von Belebtschlamm mit der *Bacteria*-spezifischen Sonde EUB und mit dem DNA-bindenden Farbstoff DAPI [37] kann der durch *in situ*-Hybridisierung identifizierbare Anteil der Bakterien an der Gesamtzellzahl bestimmt werden („EUB/DAPI-Verhältnis"). In allen bisher auf diese Weise charakterisierten Belebtschlammproben wiesen 70–90 % der mit DAPI anfärbbaren Zellen ein eindeutiges Hybridisierungssignal auf [29, 86, 87, 88]. Diese hohe Nachweiseffizienz belegt, daß die überwiegende Mehrheit der im Belebtschlamm vorkommenden Zellen von fluoreszenzmarkierten Oligonucleotidsonden penetrierbare Bakterien mit einem zur Detektion ausreichend hohen rRNA-Gehalt pro Zelle sind. Demnach stellen mindestens 70 % aller im Belebtschlamm vorkommenden Zellen physiologisch aktive Bakterien dar. Diese Erkenntnis sollte unmittelbare Konsequenzen für Berechnungsmodelle von Kläranlagen haben, die häufig immer noch auf der Annahme eines geringen aktiven Bakterienanteils im Belebtschlamm basieren.

Die Nachweiseffizienz der *in situ*-Hybridisierungstechnik ist im Belebtschlamm deutlich höher als die Plattierungseffizienzen verschiedener, üblicherweise zur „Florenanalyse" aus Belebtschlamm verwendeter Medien (Abb. 7.1). Obwohl zur Plattierung von Belebtschlammproben häufig nährstoffreiche Medien (z. B. HD) benützt werden, können damit im Vergleich zu nährstoffärmeren Medien (z. B. R2A [70], Stokes [74]) nur geringere Lebendzellzahlen erreicht werden. Allerdings ist selbst bei Einsatz nährstoffarmer Medien nur ein Bruchteil der durch *in situ*-Hybridisierung nachweisbaren Bakterien kultivierbar [43, 92].

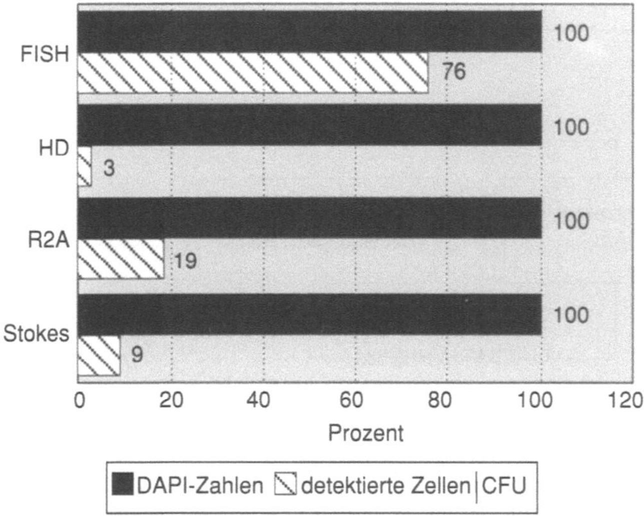

Abb. 7.1 Gegenüberstellung der Detektionseffizienz der *in situ*-Hybridisierungstechnik (FISH) mit der Plattierungseffizienz der Medien HD, R2A und Stokes. Dargestellt ist der prozentuale Anteil der mit der *Bacteria*-spezifischen Sonde EUB detektierbaren Zellen bzw. der koloniebildenden Einheiten an der durch DAPI-Färbung ermittelten Gesamtzellzahl

7.2.1
Gruppenspezifische Oligonucleotidsonden

Für umfassende *in situ*-Strukturanalysen im Belebtschlamm ist ein enkaptischer, d. h. ein ineinander geschachtelter Ansatz, am besten geeignet (Abb. 7.2). Hierbei werden nach Ermittlung des „EUB/DAPI-Verhältnisses" zuerst gruppenspezifische Oligonukleotidsonden (Tabelle 7.1) zur Grobcharakterisierung der Belebtschlammproben eingesetzt. Die dabei erhaltenen Informationen werden dann zur gezielten Auswahl von geeigneten Sondensätzen zur Charakterisierung der Belebtschlammbakterien auf niedrigeren taxonomischen Ebenen verwendet. Dies ermöglicht eine schnelle, übersichtsartige Klassifizierung der physiologisch aktiven Bakterien.

Die Verwendung der in Tabelle 7.1 aufgeführten gruppenspezifischen Sonden zur *in situ*-Populationsanalyse im Belebtschlamm zeigt, daß die bakterielle Biozönose der Belebtschlämme verschiedener kommunaler Kläralagen von Proteobakterien dominiert wird [86, 87, 88]. Innerhalb dieser Klasse spielen dabei Bakterien der beta-Gruppe eine herausragende Rolle (Abb. 7.3). Bei Kultivierung von Belebtschlammproben auf unterschiedlichen Medien kommt es neben der quantitativen Unterschätzung der Zahl aktiver Bakterien (s. Abb. 7.1) zu drastischen, von der Medienzusammensetzung abhängigen qualitativen Verschiebungen (Abb. 7.3). Besonders bemerkenswert ist, daß die Plattierung von Belebtschlamm auf nährstoffreichen Medien häufig zu einer ausgeprägten Selektion auf Bakterien der gamma-Gruppe der *Proteobacteria* führt [51, 86, 87,

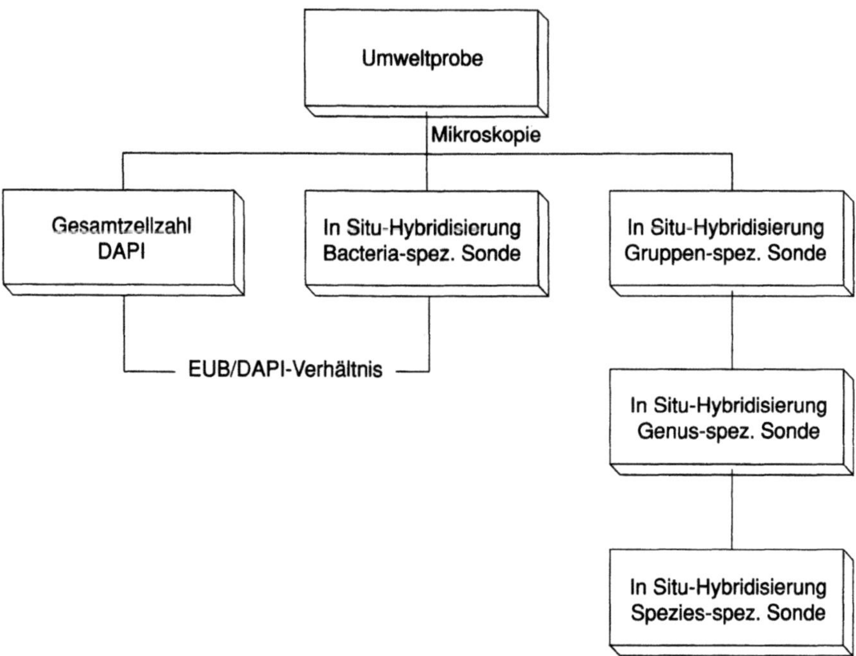

Abb. 7.2 Allgemeines Flußdiagramm des enkaptischen Ansatzes zur Charakterisierung mikrobieller Populationsstrukturen

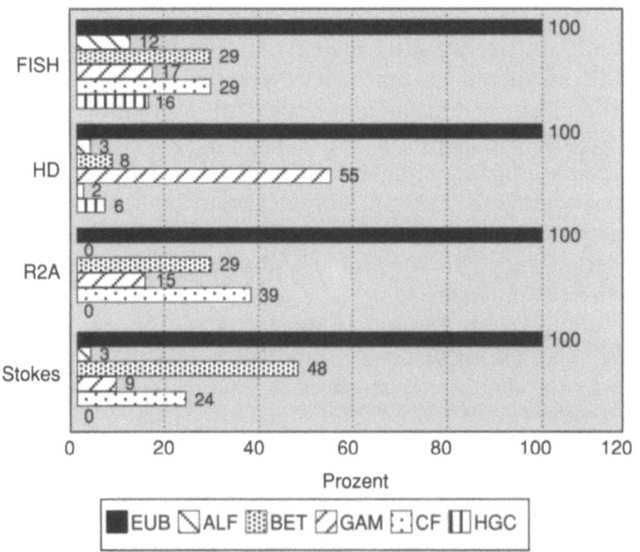

Abb. 7.3 Vergleich der *in situ*-Populationsanalyse einer Belebtschlammprobe (FISH) mit Ergebnissen klassischer Plattierungsverfahren auf den Medien HD, R2A und Stokes. Dargestellt sind die gruppenspezifischen Populationsanteile nach *in situ*- bzw. Einzelzellhybridisierung

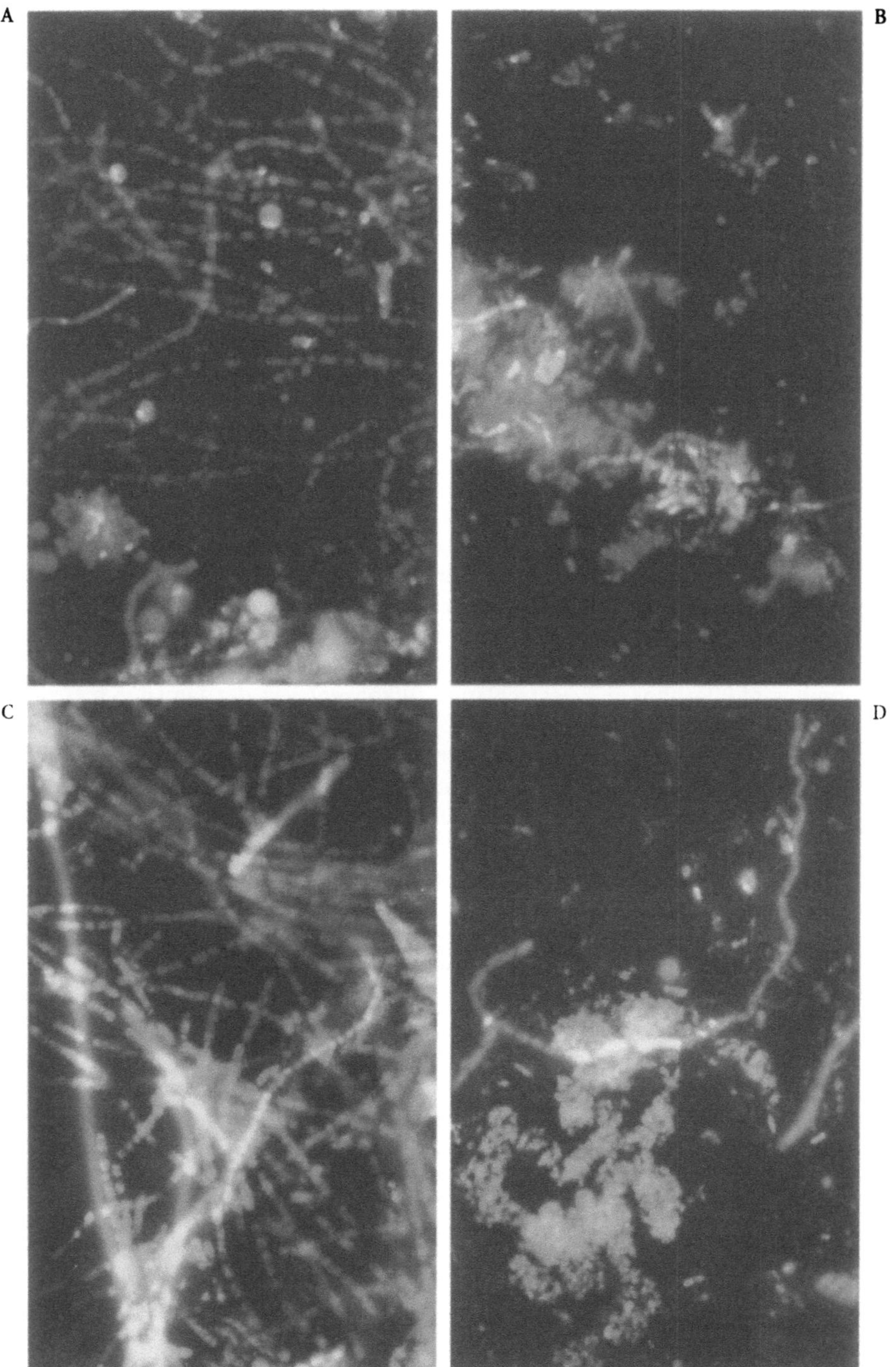

Abb. 7.4 Vergleichende *in situ*-Doppelhybridisierung einer Belebtschlammprobe mit den Sonden BET-FLUOS und GAM-TRITC vor (A) und nach 16stündiger Inkubation mit HD- (B), R2A- (C) und Stokes- (D) Medium

88]. Aufgrund dieser kultivierungsbedingten Verschiebungen werden bei klassischen Florenanalysen aus Belebtschlamm häufig Vertreter dieser phylogenetischen Gruppe, also z. B. *Acinetobacter* spp., Aeromonaden, Enterobakterien und fluoreszierende Pseudomonaden in ihrer Bedeutung überschätzt. Die Selektivität der Plattierungsmedien für bestimmte Bakteriengruppen kann durch *in situ*-Hybridisierung von mit Flüssignährmedium inkubierten Belebtschlammproben auch direkt veranschaulicht werden (Abb. 7.4). Aufgrund der unvermeidlichen Selektivität klassischer Plattierungsverfahren sind diese nicht für quantitative mikrobielle Populationsanalysen im Belebtschlamm einsetzbar.

7.2.2
Die Rolle von Bakterien der Gattung Acinetobacter bei der erhöhten biologischen Phosphorentfernung

Die erhöhte biologische Phosphorentfernung (EBPR) stellt im Rahmen der Ausbauplanungen und Modernisierungen von kommunalen Kläranlagen eine ökologisch und ökonomisch beachtenswerte Alternative zur chemischen Fällung dar. In EBPR-Anlagen kommt es durch den Einsatz anaerob-aerober Verfahren zu einer Anreicherung von Bakterien, die mehr Phosphor aufnehmen, als sie für ihr Wachstum benötigen und in den Zellen als Polyphosphat speichern [6]. Somit wird Phosphor im Belebtschlamm aufkonzentriert, der dann durch Abzug des Überschußschlamms aus dem Abwasser entfernt werden kann. Die am Prozeß der EBPR beteiligten Mikroorganismen wurden bisher meist durch klassische kultivierungsabhängige Standardmethoden untersucht. Bei diesen Experimenten wurden häufig bis zu 70 % der Kolonien als *Acinetobacter* identifiziert und deshalb Vertreter dieser Gattung als Hauptakteure bei der EBPR angesehen [15, 16, 31]. Konsequenterweise basieren darum aktuelle biochemische Modelle der EBPR auf der Annahme, daß ein einzelner Mikroorganismus (vorgeschlagen wird *Acinetobacter* spp.) die ganze Bandbreite der bei der EBPR beteiligten Reaktionen ausführt [20, 53, 94].

In situ-Hybridisierungen in Belebtschlamm aus EBPR-Kläranlagen mit einer für die Gattung *Acinetobacter* spezifischen Oligonucleotidsonde (Abb. 7.5A) zeigen, daß tatsächlich weniger als 10 % der physiologisch aktiven Bakterien zur Gattung *Acinetobacter* gehören [29, 43, 88]. Geht man von einer Selektion auf polyphosphatspeichernde Bakterien durch die anaerob-aerobe Betriebsweise in Kläranlagen mit EBPR aus, so sollten bei vergleichbarer Abwasserzusammensetzung Kläranlagen mit ausschließlich chemischer Phosphatfällung deutlich

Abb. 7.5   *In situ*-Identifizierung von Bakterien der Gattung *Acinetobacter* und fadenförmigen Bakterien im Belebtschlamm. In jeder Reihe ist links der Phasenkontrast und rechts das zugehörige Epifluoreszenzbild dargestellt. (A) *In situ*-Hybridisierung mit einer für den Genus *Acinetobacter* spezifischen Sonde (ACA-FLUOS; [88]). (B) *In situ*-Hybridisierung mit einer für *Haliscomenobacter hydrossis* spezifischen Sonde (HHY-FLUOS; [89]). (C) Simultane *in situ*-Hybridisierung mit den Sonden LDI-FLUOS und SNA-TRITC [89] zum Nachweis von *Leptothrix* spp. und *Sphaerotilus* spp.

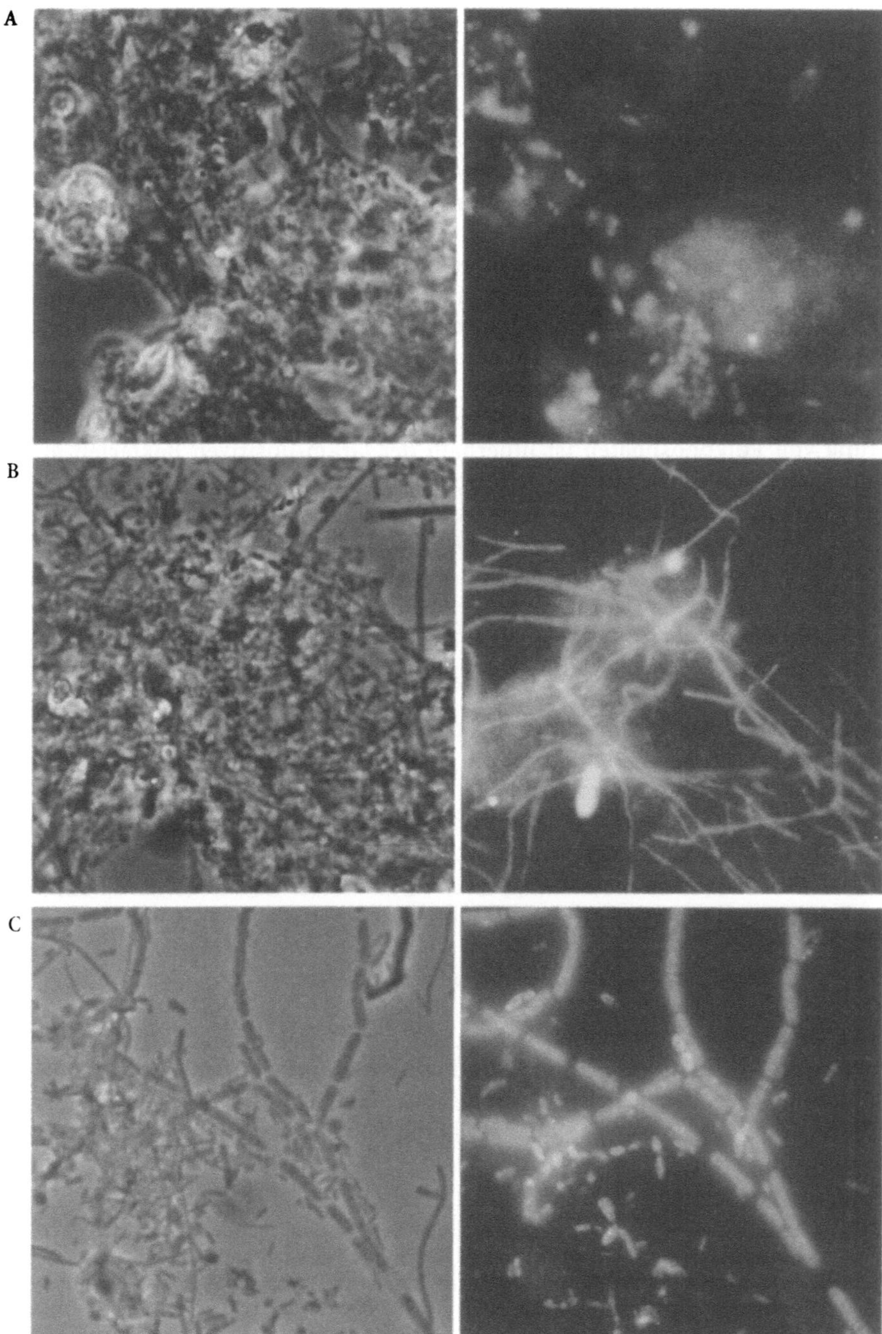

geringere Anteile an den für den EBPR-Prozess verantwortlichen Mikroorganismen aufweisen. Da bei *in situ*-Populationsanalysen in Kläranlagen mit ausschließlich chemischer Phosphatfällung vergleichbare und zum Teil sogar deutlich höhere Anteile der Gattung *Acinetobacter* festgestellt werden konnten [20], ist eine dominierende Rolle von Bakterien dieser Gattung bei der erhöhten biologischen Phosphorentfernung unwahrscheinlich. Die der Gattung *Acinetobacter* zugeschriebene große Bedeutung bei der erhöhten biologischen Phosphoreliminierung beruht offensichtlich auf der hohen Effizienz dieser Gattung bei Kultivierung von Belebtschlammproben auf nährstoffreichen Medien [88].

Vergleichende *in situ*-Populationsuntersuchungen in Belebtschlämmen aus EBPR-Kläranlagen und aus Kläranlagen mit ausschließlich chemischer Phosphatfällung deuten stattdessen auf eine Beteiligung von Gram-positiven Bakterien mit einem hohen G + C-Gehalt der DNA und Bakterien der beta-Gruppe der *Proteobacteria* am Prozeß der EBPR hin [29, 43, 88]. Die Fähigkeit zur Speicherung von Polyphosphaten ist innerhalb der Gram-positiven Bakterien mit einem hohen G+C Gehalt der DNA weit verbreitet. So konnten Polyphosphatgranula unter anderem in *Rhodococcus erythropolis* [77], *Microthrix* spp. [88], *Nocardia* spp. [47], und *Arthrobacter* spp. [60] nachgewiesen werden. Die Isolierung polyphosphatspeichernder Gram-positiver Bakterien aus EBPR-Anlagen, [57, 58, 83] sowie der Nachweis polyphosphatabhängiger Enzyme in coryneformen Belebtschlammisolaten [9] sind weitere Hinweise auf die Bedeutung Gram-positiver Bakterien mit einem hohen G + C Gehalt der DNA bei der EBPR.

Die Beteiligung Gram-positiver Bakterien mit einem hohen G + C Gehalt der DNA am Prozeß der EBPR könnte auch die starke Tendenz vieler EBPR-Anlagen zur Schaumbildung erklären, da diese in fast allen Fällen durch das massenhafte Auftreten fadenförmiger Gram-positiver Bakterien mit einem hohen G + C Gehalt der DNA verursacht wird, wie zum Beispiel *Microthrix parvicella* [26] *Rhodococcus* spp. und *Nocardia* spp. [12, 46].

7.2.3
In situ-Nachweis Gram-negativer fadenförmiger Bakterien

Das Belebtschlammverfahren beruht auf einem mikrobiologischen Reinigungsprozeß des Abwassers im Belebungsbecken und auf der nachfolgenden Abtrennung des dabei entstandenen Belebtschlamms mittels Sedimentation im Nachklärbecken. Unter Blähschlammbildung versteht man ein häufig auftreten-

Abb. 7.6   (A) Simultane *in situ*-Hybridisierung mit den Sonden TNI-FLUOS und 21N-TRITC [89] zur Identifizierung von *Thiothrix* spp. und Eikelboom Typ 021N im Belebtschlamm. Links der Phasenkontrast und rechts das zugehörige Epifluoreszenzbild. (B) Dreidimensionale Rekonstruktionen einer Belebtschlammflocke nach Doppelhybridisierung mit den Sonden TNI-FLUOS (links) und 21N-TRITC (rechts) [89]. Die farbcodierten Tiefenprofile visualisieren die exakte räumliche Anordnung der Filamente. (C) Einzelzellhybridisierung von *Leucothrix mucor* mit der Sonde LMU-FLUOS [89]. Links der Phasenkontrast und rechts das zugehörige Epifluoreszenzbild

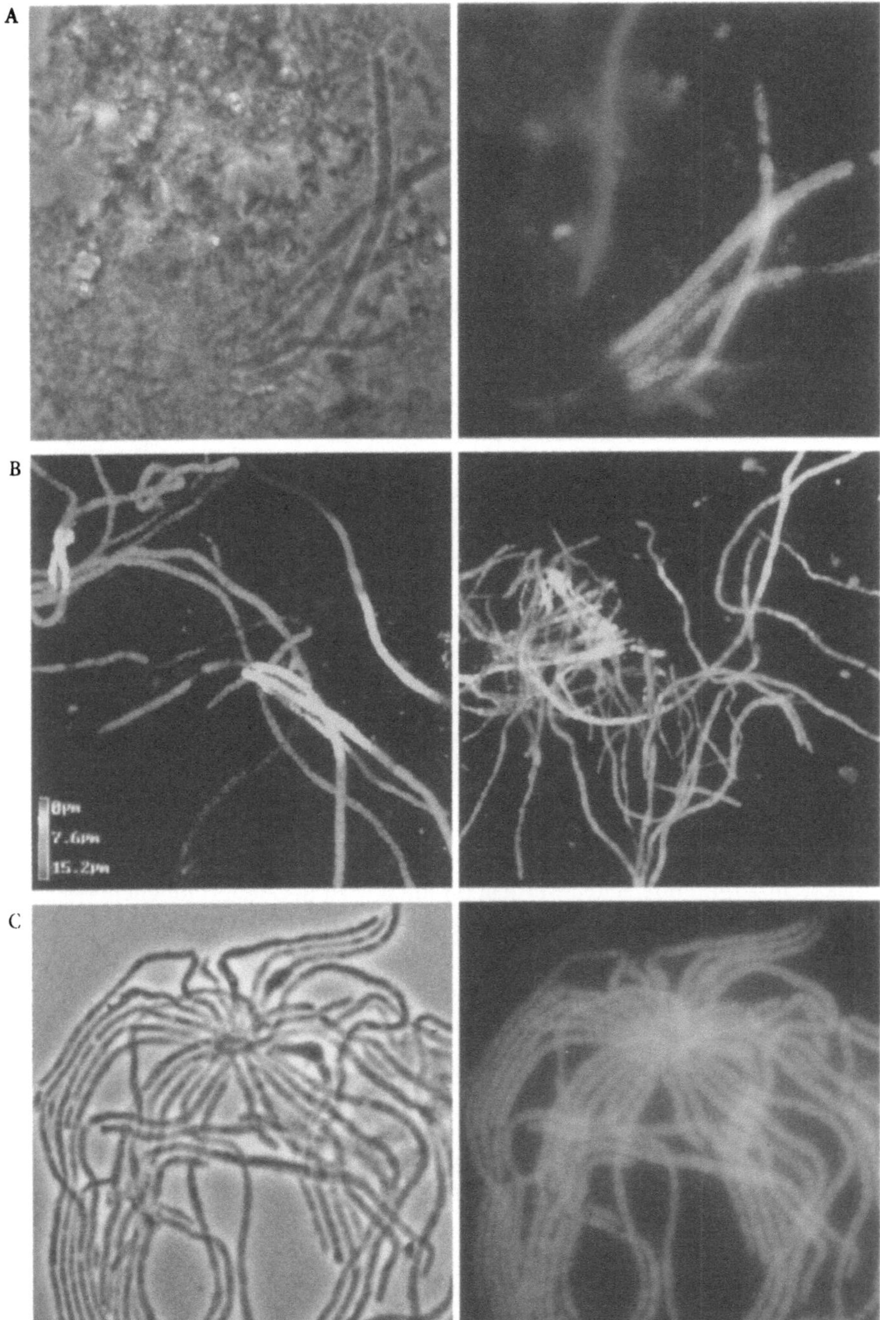

0µm
7.6µm
15.2µm

des Problem in Kläranlagen, in der die Biomasse im Nachklärbecken schlechte Absetzeigenschaften aufweist. Dadurch wird einerseits die Schlammrückführung in das Belebungsbecken erschwert und andererseits das Gewässer durch aus dem Nachklärbecken abfließende Biomasse belastet. Die Ursache für das Auftreten von Blähschlamm liegt meist in einem massenhaften Wachstum fadenförmiger Bakterien im Belebungsbecken [24, 65, 81] und der daraus resultierenden Oberflächenvergrößerung der Belebtschlammflocken. Übersteigt dadurch der Schlammvolumenindex (das Schlammvolumen pro Trockengewicht) den Wert von 150–180 ml g^{-1}, so spricht man von Blähschlamm [66]. Bis heute sind mindestens 30 morphologisch verschiedene fadenförmige Bakterien im Belebtschlamm beobachtet worden, von denen zehn bis fünfzehn kausal mit dem Auftreten von Blähschlamm assoziiert werden können [26].

Haliscomenobacter spp., *Sphaerotilus* spp., *Leptothrix* spp., *Thiothrix* spp., *Leucothrix mucor* und der unbenannte Eikelboom Typ 021N werden häufig als wichtige Vertreter der Gram-negativen fadenförmigen Bakterien des Belebtschlamms beschrieben [24, 30, 42, 55, 84, 95]. Zum schnellen und sensitiven *in situ*-Nachweis dieser Bakterien können spezifische rRNA-gerichtete Oligonucleotidsonden verwendet werden (Abb. 7.5 5B/C, Abb. 7.6 [89]). Mit Hilfe dieser Sonden ist unter anderem eine eindeutige *in situ*-Identifizierung der morphologisch nur äußerst schwer unterscheidbaren fadenförmigen Bakterien der Gattungen *Thiothrix*, *Leucothrix* und des Eikelboom Typs 021N innerhalb weniger Stunden möglich (Abb. 7.6).

Der *in situ*-Nachweis fadenförmiger Bakterien mit Hilfe rRNA-gerichteter fluoreszenzmarkierter Oligonucleotidsonden ermöglicht einen schnellen, eindeutigen und von der Morphologie unabhängigen Nachweis dieser Bakterien im Belebtschlamm. Durch diese Technik können somit auch nichtfilamentöse Wuchsformen potentiell fadenbildender Bakterien in Kläranlagen erkannt werden, die bei Anwendung klassischer mikroskopischer Identifizierungsverfahren [25, 42] übersehen werden. Dadurch wird in Zukunft möglicherweise eine erhöhte Blähschlammgefährdung der Belebungsanlage bereits vor dem massenhaften Auftreten fadenförmiger Bakterien nachweisbar.

7.3
Konfokale Laserscanning-Mikroskopie

Konventionelle Epifluoreszenzmikroskope weisen aus verschiedenen Gründen bei der Detektion fluoreszenzmarkierter Bakterienzellen in Belebtschlamm Limitierungen auf. So besitzen diese Mikroskope keine reale dreidimensionale Auflösung, mit der Folge, daß die räumliche Anordnung detektierter Bakterienpopulationen innerhalb dicker Belebtschlammflocken nicht zufriedenstellend vermessen und dokumentiert werden kann. Außerdem wird der Nachweis fluoreszenzmarkierter Bakterien in der eingestellten Fokusebene häufig durch Streulicht von außerhalb der Fokusebene lokalisierten fluoreszierenden Zellen und Partikeln erschwert. Das konfokale Verfahren der mikroskopischen Abbildung hat diese Probleme weitgehend gemeistert [17, 28, 45].

Die konfokale Laserscanning-Mikroskopie ermöglicht eine exakte Lokalisierung von Bakterien in den Belebtschlammflocken. Bakterien lassen sich in allen Bereichen der Flocke nachweisen, was die Fähigkeit fluoreszenzmarkierter Oligonucleotide zur Penetration durch die extrazellulären polymeren Substanzen der Belebtschlammflocke beweist. Die starken Fluoreszenzsignale der Bakterien in allen Flockenbereichen deuten zudem auf eine hohe physiologische Aktivität in allen Zonen der Belebtschlammflocken hin. Während die meisten der untersuchten Flocken vollständig von Bakterien besiedelt sind, können nur in wenigen Fällen große, vermutlich durch Gasblasen gebildete, Hohlräume oder aber zentrale, stark autofluoreszierende abiotische Partikel beobachtet werden [91]. Folglich gilt für die meisten Belebtschlammflocken aus den untersuchten Kläranlagen nicht, daß der innere Flockenbereich nahezu ausschließlich aus anorganischem Material und unbelebten organischen Stoffen besteht [54]. Durch digitale Bildverarbeitung der konfokal erhaltenen Bilddaten können paraformaldeydfixierte Belebtschlammflocken nach *in situ*-Hybridisierung exakt vermessen werden [91]. Dabei ist davon auszugehen, daß die makroskopische Flockenstruktur zum Teil aufgelöst wird. Kompakte Teilbereiche der Flocken bleiben durch die Probenvorbereitung jedoch unverändert. Sie variieren im Durchmesser für verschiedene Kläranlagen zwischen 5 und 100μm. Diese Ergebnisse korrelieren gut mit Flockengrößenbestimmungen in unfixierten Belebtschlammproben [5, 8, 48].

Im Gegensatz zur konventionellen Epifluoreszenzmikroskopie ermöglicht die konfokale Laserscanning-Mikroskopie mit integrierter digitaler Bildverarbeitung bei der Auswertung von *in situ*-Hybridisierungen im Belebtschlamm häufig eine nahezu vollständige Eliminierung störender Autofluoreszenzsignale [92]. Da konfokale Aufnahmen das gesamte Objekt in seiner dreidimensionalen Ausdehnung erfassen, können mit dieser Technik unter anderem auch die zum Teil über 200 μm langen fadenförmigen Bakterien des Belebtschlamms vollständig scharf abgebildet werden. Zusätzlich sind zur dreidimensionalen Rekonstruktion verschiedene Darstellungsformen wie Rot-Grün Anaglyphen („Stereobilder") und farbcodierte Tiefenprofile wählbar (Abb. 7.6 B). Neben diesen entscheidenden Verbesserungen der Bildqualität liefert die konfokale Mikroskopie die Voraussetzung für quantitative Messungen. So könnte in Zukunft mittels geeigneter bildverarbeitender Programme eine Bestimmung des Biovolumens spezifisch nachgewiesener bakterieller Populationen in Belebtschlammproben halb- oder eventuell sogar vollautomatisch erfolgen. Verwendet man anstatt der Zellzahl das Biovolumen einer definierten Bakterienpopulation als Maß für deren Bedeutung im Ökosystem, so könnten Strukturanalysen der bakteriellen Belebtschlammbiozönose ohne das zeitaufwendige manuelle Auszählen der hybridisierten Zellen durchgeführt werden.

7.4
Ausblick

Detaillierte Kenntnisse über die Zusammensetzung der mikrobiellen Biozönose im Belebtschlamm sind die Voraussetzung für ein genaueres Verständnis funktioneller Zusammenhänge der Abwasserreinigung. Zu diesem Zweck ist die Konstruktion und Anwendung weiterer spezifischer rRNA-gerichteter Oligonucleotidsonden für wichtige Bakterien des Belebtschlammes notwendig. Heute stehen bereits zusätzlich zu den oben erwähnten Oligonucleotidsonden Sonden zur Detektion von Aeromonaden [43], *Caulobacter* spp. [59], *Zoogloea ramigera* [72] und *Nitrosomonas* spp. [Wagner, unveröffentlicht] zur Verfügung. Eine Kombination der durch *in situ*-Hybridisierung ermittelbaren mikrobiellen Populationsstruktur und -dynamik des Belebtschlamms mit wesentlichen chemischen und physikalischen Abwasserparametern könnte neuartige Einblicke in entscheidende Abläufe der Abwasserreinigung ermöglichen und somit die Grundlage für eine verbesserte Modellierung dieser Prozesse schaffen.

Literatur

1. Amann RI, Krumholz L, Stahl DA (1990) Fluorescent-oligonucleotide probing of whole cells for determinative, phylogenetic, and environmental studies in microbiology. J Bacteriol 172:762–770
2. Amann RI, Binder BJ, Olson RJ, Chisholm SW, Devereux R, Stahl DA (1990) Combination of 16S rRNA-targeted oligonucleotide probes with flow cytometry for analyzing mixed microbial populations. App. Environ Microbiol 56:1919–1925
3. Amann R, Springer N, Ludwig W, Görtz H-D, Schleifer K-H (1991) Identification and phylogeny of uncultured bacterial endosymbionts. Nature (London) 351:161–164
4. Amann R, Ludwig W, Schleifer K-H (1994) Identification of uncultured bacteria: a challenging task for molecular taxonomists. ASM News 60:360–365
5. Andreadakis AD (1993) Physical and chemical properties of activated sludge floc. Wat Res 27:1707–1714
6. Appeldoorn KJ, Kortstee GJJ, Zehnder AJB (1992) Biological phosphate removal by activated sludge under defined conditions. Wat Res 26:53–60
7. Auling G, Pilz F, Busse H-J, Karrasch S, Streichan M, Schön G (1991) Analysis of the polyphosphate-accumulating microflora in phosphorus-eliminating, anaerobic-aerobic activated sludge systems by using diaminopropane as a biomarker for rapid estimation of *Acinetobacter* spp. Appl Environ Microbiol 57:3585–3592
8. Barber JB, Veenstra KN (1986) Evaluation of biological sludge properties influencing volume reduction. J Wat Pollut Control Fed 58:149–156
9. Bark K, Kämpfer P, Sponner A, Dott W (1993) Polyphosphate-dependent enzymes in some coryneform bacteria isolated from sewage sludge. FEMS Microbiol Lett 107:133–138
10. Belser LW (1979) Population ecology of nitrifying bacteria. Ann Rev Microbiol 33:309–333
11. Benedict RG, Carlson DA (1971) Aerobic heterotrophic bacteria in activated sludge. Wat Res 5:1023–1030
12. Blackall LL, Parlett JH, Hayward AC, Minnikin DE, Greenfield PF, Harbers AE (1989) *Nocardia pinensis* sp. nov., an actinomycete found in activated sludge foams in Australia. J Gen Microbiol 135:1547–1558
13. Bohlool BB, Schmidt EL (1980) The immunofluorescence approach in microbial ecology. Adv Microb Ecol 4:203–241
14. Brigmon RL, Bitton G, Zam SG, O'Brien B (1995) Development and application of a monoclonal antibody against *Thiothrix* spp. Appl Environ Microbiol 61:13–20
15. Brodisch K (1985) Zusammenwirken zweier Bakteriengruppen bei der biologischen Abwasserreinigung. gwf Wasser/Abwasser 126:237–240
16. Buchan L (1983) Possible biological mechanism of phosphorus removal. Wat Sci Tech 15:87–103

17. Caldwell DE, Korber DR, Lawrence JR (1992) Confocal laser microscopy and digital image analysis in microbial ecology. In: Fletcher M (ed) Advances in microbial ecology. Plenum Press, New York, pp 1–67
18. Cloete TE, Steyn PL (1988) A combined membrane filter-immunofluorescent technique for the *in situ* identification and enumeration of *Acinetobacter* in activated sludge. Wat Res 22:961–969
19. Colwell RR, Brayton PR, Grimes DJ, Roszak DR, Huq SA, Palmer LM (1985) Viable but non-culturable *Vibrio cholerae* and related pathogens in the environment: implications for the release of genetically engineered microorganisms. Biotechnology 3:817–820
20. Comeau Y, Hall KJ, Hancock RE, Oldham WK (1985) Biochemical model for enhanced biological phosphorous removal. Wat Res 20:1511–1521
21. DeLong EF, Wickham GS, Pace NR (1989) Phylogenetic stains: ribosomal RNA-based probes for the identification of single microbial cells. Science 243:1360–1363
22. Devereux R, Kane MD, Winfrey J, Stahl DA (1992) Genus- and group-specific hybridization probes for determinative and environmental studies of sulfate-reducing bacteria. Syst Appl Microbiol 15:601–609
23. Dias FF, Bhat JV (1964) Microbial ecology of activated sludge. Appl Microbiol 12:412–417
24. Eikelboom DH (1975) Filamentous organisms observed in activated sludge. Wat Res 9:365–388
25. Eikelboom DH, van Buijsen HJJ (1983) Handbuch für die mikroskopische Schlamm-untersuchung. Hirthammer, München
26. Eikelboom DH (1993) The *Microthrix parvicella* puzzle. Wat Sci Tech 29:271–279
27. Embley TM, Hirt RP, Williams DM (1994) Biodiversity at the molecular level: the domains, kingdoms and phyla of life. Phil Trans R Soc Lond 345:21–33
28. Engelhardt J, Knebel W (1993) Konfokale Laserscanning-Mikroskopie. Physik in unserer Zeit 2:70–77
29. Erhart R, Wedi D, Amann R, Wagner M, Schade M, Lemmer H, Wilderer PA. *Acinetobacter* plays a minor role in Bio-P-Reactors. Wat Res, eingereicht
30. Farquhar GJ, Boyle WC (1971) Occurrence of filamentous microorganisms in activated sludge. J Water Pollut Control Fed 43:779–798
31. Fuhs GW, Chen M (1975) Microbiological basis of phosphate removal in the activated sludge process for the treatment of wastewater. Micro. Ecol 2:119–138
32. Gherna R, Woese CR (1992) A partial phylogenetic analysis of the „Flavobacter-Bacteroides" phylum: Basis for taxonomic restructuring. System Appl Microbiol 15:513–521
33. Giovannoni SJ, DeLong EF, Olsen GJ, Pace NR (1988) Phylogenetic group-specific oligo-deoxynucleotide probes for identification of single microbial cells. J Bacteriol 170:720–726
34. Goebel UB, Geiser A, Stanbridge EJ (1987) Oligonucleotide probes complementary to variable regions of ribosomal RNA discriminate between *Mycoplasma* species. J Gen Microbiol 133:1969–1974
35. Gutell RR, Larsen N, Woese CR (1994) Lessons from an evolving rRNA: 16S and 23S rRNA structures from a comparative perspective. Microbiol Rev 58:10–26
36. Hernandez M, Jenkins D, Beaman BL (1994) Mass and viability estimations of *Nocardia* in activated sludge and anaerobic digesters using conventional stains and immunofluorescent methods. Wat Sci Tech 29:249–259
37. Hicks R, Amann RI, Stahl DA (1992) Dual staining of natural bacterioplankton with 4′,6-diamidino-2-phenylindole and fluorescent oligonucleotide probes targeting kingdom-level 16S rRNA sequences. Appl Environ Microbiol 58:2158–2163
38. Hiraishi A (1988) Respiratory quinone profiles as tools for identifying different bacterial populations in activated sludge. J Gen Appl Microbiol 34:39–56
39. Hiraishi A, Masumune K, Kitamura H (1989) Characterization of the bacterial population structure in an anaerobic-aerobic activated sludge system on the basis of respiratory quinone profiles. Appl Environ Microbiol 55:897–901
40. Howgrave-Graham AR, Steyn PL (1988) Application of the fluorescent-antibody technique for the detection of *Sphaerotilus natans* in activated sludge. Appl Environ Microbiol 54:799–802

41. Hussong D, Colwell RR, O'Brien M, Weiss E, Pearson AD, Weiner RM, Burge WD (1987) Viable *Legionella pneumophila* not detectable by culture on agar media. Bio/Technology 5:947–950

42. Jenkins D, Richard MG, Daigger GJ (1986) Manual on the causes and control of activated sludge bulking and foaming. Ridgelines Press Lafayette Ca 94549 USA

43. Kämpfer P, Erhart R, Beimfohr C, Böhringer J, Wagner M, Amann R. Characterization of bacterial communities in an activated sludge plant showing enhanced phosphorus removal: Culture-dependent numerical identification versus *in situ* identification using group- and genus specific rRNA targeted oligonucleotide probes. Microb Ecol, eingereicht

44. Larsen N, Olsen GJ, Maidak BL, McCaughey MJ, Overbeek R, Macke TJ, Marsh TL, Woese CR (1993) The ribosomal database project. Nucleic Acids Res 21:3021–3023

45. Lawrence JR, Korber DR, Hoyle BD, Costerton JW, Caldwell DE (1991) Optical sectioning of microbial biofilms. J Bacteriol 173:6558–6567

46. Lemmer H, Kroppenstedt RM (1984) Chemotaxonomy and physiology of some actinomycetes isolated from scumming activated sludge. System Appl Microbiol 5:124–135

47. Lemmer H, Baumann M (1988) Scum actinomycetes in sewage treatment plants. Part 3. Synergisms with other sludge bacteria. Wat Res 22:765–767

48. Li DH, Ganczarczyk JJ (1988) Flow through activated sludge flocs. Wat Res 22:789–792

49. Ludwig W, Schleifer K-H (1994) Bacterial phylogeny based on 16S and 23S rRNA sequence analysis. FEMS Microbiol Rev 15:155–173

50. Manz W, Amann R, Ludwig W, Wagner M, Schleifer K-H (1992) Phylogenetic oligodeoxynucleotide probes for the major subclasses of proteobacteria: problems and solutions. System Appl Microbiol 15:593–600

51. Manz W, Wagner M, Amann R, Schleifer K-H (1994) *In situ* characterization of the microbial consortia active in two wastewater treatment plants. Wat Res 28:1715–1723

52. Manz W, Amann R, Vancanneyt M, Schleifer K-H. Whole cell hybridization probes for members of the cytophaga-flexibacterium-bacteroides (CFB) phylum. Microbiol., im Druck

53. Mino T, Kawakami T, Matsuo T (1984) Location of phosphorus in activated sludge and function of intracellular polyphosphates in biological removal process. Wat Sci Techn 17:93–106

54. Mudrack K, Kunst S (1991) Biologie der Abwasserreinigung. 3. Aufl, Gustav Fischer Verlag, Stuttgart, pp 83–84

55. Mulder EG, Deinema MH (1992) The sheathed bacteria. In: Balows A, Trüper HG, Dworkin M, Harder W, Schleifer K-H (eds), The Prokaryotes. 2nd ed. Springer, Berlin Heidelberg New York, pp 2612–2624

56. Murray RGA, Brenner DJ, Colwell RR, De Vos P, Goodfellow M, Grimont PAD, Pfenning N, Stackebrandt E, Zavarin GA (1990) Report of the ad hoc committee on approaches to taxonomy within the proteobacteria. Int J Syst Bacteriol 40:213–215

57. Nakamura K, Masuda K, Mikami E (1991) Isolation of a new type of polyphosphate accumulating bacterium and its phosphate removal characteristics. J Ferm Bioeng 71:259–264

58. Nakamura K, Hiraishi A, Yoshimi Y, Kawaharasaki M, Masuda K, Kamagata Y (1995) *Microlunatus phosphovorus* gen nov, sp nov, a new gram-positive polyphosphate-accumulating bacterium isolated from activated sludge. Int J Syst Bacteriol 45:17–22

59. Neefs JM, Vandepeer Y, DeRijk P, Chapelle S, DeWachter R (1993) Compilation of small ribosomal subunit RNA structures. Nucleic Acids Res 21:3025–3049

60. Ohsumi T, Shoda M, Udaka S (1980) Influence of cultural conditions on phosphate accumulation of *Arthrobacter globiformis* PAB-6. Agric Biol Chem 44:325–331

61. Olsen GJ, Lane DJ, Giovannoni SJ, Pace NR, Stahl DA (1986) Microbial ecology and evolution: a ribosomal RNA approach. Ann Rev Microbiol 40:337–365

62. Olsen GJ, Woese CR, Overbeek R (1994) The winds of (evolutionary) change: breathing new life into microbiology. J Bacteriol 176:1–6

63. Palmer CJ, Tsai Y-L, Paszko-Kolva C, Mayer C, Sangermano LR (1993) Detection of *Legionella* species in sewage and ocean water by polymerase chain reaction, direct fluorescent-antibody, and plate culture methods. Appl Environ Microbiol 59:3618–3624

64. Pike EB, Curds CR (1971) The microbial ecology of activated sludge process. In: Sykes G, Skinner FA (eds), Microbial aspects of pollution, Academic Press, London, pp 123–147
65. Pipes WO (1967) Bulking of activated sludge. Adv Appl Microbiol 9:185–234
66. Popp W, Lemmer H (1987) Neue Erkenntnisse zur Blähschlammbekämpfung in Belebungsanlagen. Münchner Beiträge zur Abwasser-, Fischerei- und Flußbiologie, 41:230–248
67. Poulsen LK, Ballard G, Stahl DA (1993) Use of rRNA fluorescence *in situ* hybridization for measuring the activity of single cells in young and established biofilms. Appl Environ Microbiol 59:1354–1360
68. Prakasam TBS, Dondero NC (1967) Aerobic heterotrophic populations of sewage and activated sludge. I. Enumeration Appl Microbiol 15:461–467
69. Raskin L, Stromley JM, Rittmann BE, Stahl DA (1994) Group-specific 16S rRNA hybridization probes to describe natural communities of methanogens. Appl Environ Microbiol 60:1232–1240
70. Reasoner DJ, Geldreich EE (1985) A new medium for the enumeration and subculture of bacteria from potable water. Appl Environ Microbiol 49:1–7
71. Roller C, Wagner M, Amann R, Ludwig W, Schleifer K-H (1994) *In situ* probing of gram-positive bacteria with high DNA G+C content by using 23S rRNA-targeted oligonucleotides. Microbiology 140:2849–2858
72. Rosselló-Mora RA, Wagner M, Amann R, Schleifer K-H (1995) On the abundance of *Zoogloea ramigera* in sewage treatment plants. Appl Environ 61:702–707
73. Roszak DB, Colwell RR (1987) Survival strategies of bacteria in the natural environment. Microbio. Rev 51:365–379
74. Rouf MA, Stokes JL (1964) Morphology, nutrition and physiology of *Sphaerotilus discophorus*. Arch Microbiol 49:132–149
75. Schaechter MO, Maaloe O, Kjeldgaard NO (1958) Dependency on medium and temperature of cell size and chemical composition during balanced growth of *Salmonella typhimurium*. J Gen Microbiol 19:592–606
76. Schleifer K-H., Ludwig W (1989) Phylogenetic relationships among bacteria. In: Fernholm B, Brenner K, Jörnvall H (eds), The Hierarchy of Life, Elsevier Science Publishers, Amsterdam, pp 103–117
77. Schön G (1994) Biologische Phosphorentfernung bei der Abwasserreinigung im Belebungsverfahren. BioEngineering 4:23–32
78. Spring S, Amann R, Ludwig W, Schleifer K-H, Petersen N (1992) Phylogenetic diversity and identification of nonculturable magnetotactic bacteria. System Appl Microbiol 15:116–122
79. Stackebrandt E, Murray RGE, Trüper HG (1988) Proteobacteria classis nov, a name for the phylogenetic taxon that includes the „purple bacteria and their relatives". Int J System Bact 38:321–325
80. Stahl DA, Amann R (1991) Development and application of nucleic acid probes in bacterial systematics. In: Stackebrandt E, Goodfellow M (eds), Sequencing and hybridization techniques in bacterial systematics, John Wiley and Sons, Chichester, England, pp 205–248
81. Strom PF and Jenkins D (1984) Identification and significance of filamentous microorganisms in activated sludge. J Wat Pollut Contr Fed 56:449–459
82. Szwerinski H, Gaiser S, Bardtke D (1985) Immunofluorescence for the quantitative determination of nitrifying bacteria: interference of the test in biofilm reactors. Appl Microbiol Biotechnol 21:125–128
83. Ubukata Y, Takii S (1994) Induction ability of excess phosphate accumulation for phosphate removing bacteria. Wat Res 28:247–249
84. Van Veen WL (1973) Bacteriology of activated sludge, in particular the filamentous bacteria. Antonie van Leeuwenhoek 39:189–205
85. Völsch A, Nader WF, Geiss HK, Nebe G, Birr C (1990) Detection and analysis of two serotypes of ammonia-oxidizing bacteria in sewage plants by flow-cytometry. Appl Environ Microbiol 56:2430–2435
86. Wagner M, Amann R, Lemmer H, Schleifer K-H (1993) Probing activated sludge with proteobacteria-specific oligonucleotides: inadequacy of culture-dependent methods for describing microbial community structure. Appl Environ Microbiol 59:1520–1525

87. Wagner M, Erhart R, Wedi D, Amann R (1993) *In situ* Nachweis der untergeordneten Rolle von Acinetobacter in Kläranlagen mit biologisch erhöhter Phosphateliminierung. In: Hahn HH, Trauth R (eds), Wechselwirkungen der biologischen und chemischen Phosphorelimination. Schriftenreihe des Instituts für Siedlungswasserwirtschaft (ISWW) der Universität Karlsruhe, 68:91–100

88. Wagner M, Erhart R, Manz W, Amann R, Lemmer H, Wedi D, Schleifer K-H (1994) Development of an rRNA-targeted oligonucleotide probe for the genus *Acinetobacter* and its application for *in situ* monitoring in activated sludge. Appl Environ Microbiol 60:792–800

89. Wagner M, Amann R, Kämpfer P, Aßmus B, Hartmann A, Hutzler P, Springer N, Schleifer KH (1994) Identification and *in situ* detection of gram-negative filamentous bacteria in activated sludge. System Appl Microbiol 17:405–417

90. Wagner M, Amann R, Lemmer H, Manz W, Schleifer KH (1994) Probing activated sludge with fluorescently labeled rRNA targeted oligonucleotides. Wat Sci Tech 29:15–23

91. Wagner M, Aßmus B, Amann R, Hutzler P, Hartmann A (1994) *In situ* analysis of microbial consortia in activated sludge using fluorescently labeled, rRNA-targeted oligonucleotide probes and scanning confocal laser microscopy. J Microsc 176:181–187

92. Wagner M, Amann R. Molecular techniques for determining microbial community structures in activated sludge. In: Cloete TE (ed), IAWQ-Scientific technical report, im Druck

93. Wallner G, Amann R, Beisker W (1993) Optimizing fluorescent *in situ* hybridization of suspended cells with rRNA-targeted oligonucleotide probes for the flow cytometric identification of microorganisms. Cytometry 14:136–143

94. Wentzel MC, Lötter LH, Loewenthal RE, Marais GvR (1986) Metabolic behaviour of *Acinetobacter* spp. in enhanced biological phosphorus removal-a biochemical model. Water SA 12:209–224

95. Williams TM, Unz RF (1985) Filamentous sulfur bacteria of activated sludge: Characterization of *Thiothrix*, *Beggiatoa*, and Eikelboom Type 021N strains. Appl Environ Microbiol 49:887–898

96. Woese CR (1987) Bacterial evolution. Microbiol Rev 51:221–271

97. Zuckerkandl E, Pauling L (1965) Molecules as documents of evolutionary history. J Theoret Biol 8:357–366

KAPITEL 8

PCR-Fingerprint-Verfahren zur Analyse von Mikroorganismen-Populationen

H.-V. Tichy · P. Wiesner · R. Simon

8.1.
Einleitung

Techniken für die Identifizierung von Mikroorganismen sind die Basis für autökologische Studien. Die traditionellen mikrobiologischen und biochemischen Verfahren beruhen auf der Charakterisierung einer Reihe mehr oder weniger leicht erkennbarer Eigenschaften von Reinkulturen, also auf der teilweisen Beschreibung des Phänotyps eines Mikroorganismus. Für die Identifizierung von Bakterien stehen bewährte Methoden zur Verfügung; standardisierte Medien und Reagenzien sowie Teststreifen sind kommerziell erhältlich. Darüber hinaus sind Automaten verfügbar (z. B. BIOLOG oder Vitek), mit denen zahlreiche biochemische Eigenschaften von Mikroorganismen gleichzeitig getestet werden können. Derartige Systeme sind jedoch bevorzugt auf medizinische Anwendungsbereiche zugeschnitten und können bei Anwendung mit Mikroorganismen aus der Umwelt schwer zu interpretierende oder irreführende Resultate liefern [1–3]. Sie beruhen auf Datenbanken, in denen die Eigenschaften einer begrenzten Zahl von Referenzstämmen enthalten sind. Nur diese lassen sich zur Zeit mit den Identifizierungsautomaten relativ sicher nachweisen. Die Erweiterungen der entsprechenden Datenbanken können u. U. sehr aufwendig sein.

Bei ökologischen Studien an Mikroorganismen aus Habitaten wie Boden oder Wasser werden Methoden benötigt, die für ein großes Spektrum an Arten einsetzbar sind und auch schnell für noch nicht ausreichend beschriebene Organismen angepaßt werden können, ohne daß aufwendige Versuchsreihen durchgeführt werden müssen. Bei bestimmten Fragestellungen ist vor allem das generelle Bild der Artenzusammensetzung (z. B. im Hinblick auf die Artenvielfalt oder die Dominanz einzelner Arten) interessant, wobei die taxonomische Stellung der einzelnen Arten für die angestrebte Aussage zunächst nicht unbedingt relevant ist.

Neben den oben erwähnten mikrobiologischen und biochemischen Charakterisierungsverfahren steht heute eine breite Palette von Methoden zur Verfügung, die molekulare Eigenschaften von Organismen zu ihrer Identifizierung und Typisierung auswerten. Diese können phänotypische Charakteristika sein, wie z. B. bei Verfahren der Chemotaxonomie untersuchte Eigenschaften, die Fettsäurezusammensetzung der Zellhülle oder die Größenverteilung der Zell-

Lemmer/Griebe/Flemming (Hrsg.)
Ökologie der Abwasserorganismen
© Springer-Verlag Berlin Heidelberg 1996

proteine [4]. Die Bestimmung dieser Charakteristika erfordert die Einhaltung konstanter Anzuchtsbedingungen für die zu untersuchenden Organismen. Die genetische Information, d.h. der Genotyp eines Organismus, kann aber auch direkt genutzt werden und macht die Untersuchungen unabhängig von den Bedingungen der Kultivierung. Hierfür stehen die in vielen Bereichen der Forschung und Diagnostik bewährten Nucleinsäure-Hybridisierungsverfahren unter Verwendung spezifischer Gensonden [5, 6] zur Verfügung. Einige dieser Sonden dienen dazu, Mikroorganismen spezifisch nachzuweisen, andere werden eingesetzt, um Muster („genomische Fingerprints") zu erzeugen, die entweder Species-Zuordnungen bzw. -Gruppierungen oder Identitätsüberprüfungen bzw. Typisierungen erlauben [4]. Diese Verfahren werden gewöhnlich als „DNA-Fingerprinting" bezeichnet, da ihre Resultate eine dem menschlichen Fingerabdruck vergleichbare Aussagekraft besitzen. Moderne Fingerprinting-Methoden kommen ohne die viel Zeit beanspruchende DNA-Hybridisierung aus und setzen dafür das Verfahren der Polymerase-Kettenreaktion (PCR) ein. Zum einen Teil sind sie Modifikationen bekannter genetischer (DNA-Hybridisierungs-)Methoden, die durch Verwendung der PCR vereinfacht wurden, zum anderen Teil sind sie völlig neue Entwicklungen. Alle diese Methoden bieten den Vorzug der Schnelligkeit kombiniert mit zum Teil universeller Anwendbarkeit auch für nicht kultivierbare Bakterien und der Möglichkeit zur Computer-unterstützten Auswertung. Wie im folgenden gezeigt wird, bieten die PCR-Fingerprinting-Verfahren, die so durchgeführt werden können, daß sie Aussagen über die Specieszugehörigkeit oder die Stammidentität erlauben, bemerkenswerte Vorteile und finden daher immer breitere Anwendung [7].

8.2
DNA-Fingerprinting für die Identifizierung und Typisierung von Organismen

8.2.1
RFLP-Verfahren

Eine RFLP-Analyse, die Untersuchung von „Restriktions-Fragment-Längen-Polymorphismen", nutzt DNA schneidende Enzyme (Restriktionsendonucleasen), die auf der DNA bestimmte Sequenzmotive erkennen und dort spezifisch schneiden. Bei Einwirkung eines solchen Enzyms auf isolierte und gereinigte DNA entsteht gewöhnlich (abhängig von Genomgröße und eingesetztem Enzym) ein komplexes Spektrum von DNA-Fragmenten unterschiedlicher Länge. Das Fragmentgemisch kann durch Gelelektrophorese aufgetrennt und nach Anfärbung sichtbar gemacht werden. Es ergibt sich meist wegen der großen Zahl der Fragmente ein sehr unübersichtliches Muster, das nicht ohne weiteres analysiert werden kann. Durch Verwendung selten schneidender Enzyme kann dafür gesorgt werden, daß sich einfachere Muster ergeben. Das zur Analyse der dabei entstehenden, sehr großen DNA-Fragmente eingesetzte Verfahren (Pulsfeld-Gelelektrophorese, PFGE) ist aber in seiner Durchführung langwierig und technisch sehr anspruchsvoll. Ein kompliziertes Muster aus kürzeren Fragmenten, die durch Gelelektrophorese-Standardverfahren auftrennbar sind, kann aber auch nachträglich mit Hilfe der DNA-Hybridisierungsverfahren vereinfacht werden [4]. Hierzu wird das Muster der DNA-Banden aus dem Gel auf einen festen Träger übertragen (Southern Blotting) und dort als Einzelstrang-DNA fixiert. Dann läßt man eine markierte DNA-Sonde, die nur bestimmte Fragmente aufgrund ihrer genetischen Information bzw. DNA-Sequenz erkennt, mit diesen reagieren. Nach Durchführung einer Nachweisreaktion, die auf der Bildung eines Farbstoffs oder einer Schwärzung von fotografischem Film mit Hilfe der Sondenmarkierung beruht, erhält man ein leichter zu interpretierendes Muster.

Häufig werden für RFLP-Analysen Sonden verwendet, die spezifisch für bestimmte Arten von Mikro- oder höheren Organismen sind. Es kann aber auch ein Sondentyp eingesetzt werden, der so generell anwendbar ist, daß nahezu von allen Bakterien-Arten spezifische Hybridisierungsmuster erzeugt werden können. Diese Sonden reagieren mit den Genen für ribosomale RNAs (rRNA), die sowohl hochkonservierte als auch variable Bereiche enthalten. Gene für rRNAs liegen meist in mehreren Kopien an verschiedenen Stellen im Genom vor. Sowohl in den flankierenden Regionen als auch innerhalb der rRNA Gene und der Spacerregion zwischen 16S- und 23S-rRNA-Genen können Schnittstellen variabel sein. Je nach Bakterienspecies und analysierter Genregion (ein- oder ausschließlich der flankierenden Regionen bzw. der Spacerregion) ergeben sich daher Species-, Subspecies- oder auch Stamm-spezifische Muster [8].

Das hier beschriebene „Ribotyping", ebenso wie andere RFLP-Analysen auf Basis der DNA-Hybridisierungsverfahren, bedeutet noch immer relativ zeitaufwendige „Handarbeit". Werden dagegen PCR-Verfahren eingesetzt, liegen die Ergebnisse sehr viel früher vor.

8.2.2.
PCR-RFLP-Verfahren

Durch Amplifikation der interessierenden Genregionen mit der Polymerase Kettenreaktion (PCR, Grundlagen dieser Verfahren sind z.B. in [9] beschrieben) kann eine RFLP-Analyse deutlich beschleunigt werden. Hier wird nicht die isolierte Gesamt-DNA mit Restriktionsenzymen verdaut, sondern die amplifizierten Fragmente [10, 11]. Gegenüber der klassischen RFLP-Analyse ergeben sich bei diesem Vorgehen starke Vereinfachungen und damit eine erhebliche Zeitersparnis (Tabelle 8.1). Als Ausgangsmaterial kann z.B. ein einfach zu präparierendes Rohlysat einer kleinen Menge einer Reinkultur von Bakterienzellen dienen, gereinigte hochmolekulare DNA wird nicht benötigt. Außerdem entfällt das Southern-Blotting, die DNA-Hybridisierung und die Nachweisreaktion. Durch die Verringerung des Zeitaufwandes pro Probe wird die Analyse großer Probenzahlen (z.B. 100 Stämme pro Tag und Person) möglich.

Tabelle 8.1. Vergleich von nötigen Schritten und Gesamt-Zeitaufwand für das Southern Blotting/Hybridisierungs-Verfahren und für die PCR-Technik

Southern Blotting/Hybridisierung	PCR
1. Zell-Lyse, mittlerer Maßstab	1. Zell-Lyse, Mikromaßstab
2. DNA-Reinigung	2. DNA-Amplifikation
3. DNA-Spaltung	3. DNA-Spaltung
4. Gelelektrophorese	4. Gelelektrophorese
5. DNA-Transfer	
6. Isolierung und Markierung der Sonde	
7. Hybridisierung	
8. Detektion	5. Färbung oder *on line*-Detektion
≥ Drei Tage	≤ 8 Stunden

8.2.3.
Restriktionsanalyse amplifizierter rDNA (ARDRA)

Im Prinzip kann jede Genregion, deren DNA-Sequenz zumindest an den Enden bekannt ist, Ziel einer PCR-RFLP-Analyse sein. Es können hier spezifische Primer verwendet werden, die nur für eine meist kleine Zahl von Species (z. B. innerhalb einer Gattung) oder sogar nur für eine einzige verwendbar sind, und je nach analysierter Genregion Species- oder Stamm-spezifische Informationen liefern. Es gibt aber auch hier eine generell anwendbare Version, bei der PCR-Primer verwendet werden, die mit konservierten Bereichen in den oben angesprochenen rRNA-Genen reagieren können und die PCR-Amplifikation ermöglichen. Hierdurch ergibt sich auch die Möglichkeit, nicht kultivierbare Bakterien zu charakterisieren (s. u.). Die in den Genen für rRNAs ebenfalls vorhandenen variablen Bereiche enthalten die DNA-Sequenz-Polymorphismen, die als RFLP sichtbar gemacht werden können. Für diese Analysen sind Primerpaare (für fast alle Bakterien) spezifisch für die 16S- rDNA [12, 13] und eine 16S/23S-rDNA Primer-Kombination beschrieben [14]. Im ersten Fall erhält man eine strikt Species-spezifische Aussage, im letzteren eine Kombination mit Stamm-spezifischen Komponenten.

Durch den Einsatz der PCR zur RFLP-Analyse der 16S-rDNA erhält man sehr schnell Ergebnisse, die auf die Specieszugehörigkeit schließen lassen (s. Abb. 8.1). Mit der kurz als ARDRA (= *Amplified Ribosomal DNA-Restriction Analysis,* [14]) bezeichneten Methode ist eine Species-Überprüfung von Mikroorganismen- Isolaten möglich, wenn geeignete Referenzstämme mit in die Analyse aufgenommen werden. Wird eine Referenz-Datenbank erstellt (s. u.), kann auf parallel zu analysierende Referenzstämme, deren Zahl pro Versuch aus technischen Gründen ohnehin eng begrenzt bleiben muß, verzichtet werden. Verglichen werden dann die erhaltenen neuen Muster mit allen gespeicherten Referenzmustern.

Um eine Restriktionsanalyse amplifizierter rDNA durchzuführen, werden nach Amplifikation eines Teils der 16S-rRNA Gene die PCR-Produkte mit einem oder mehreren Restriktionsenzymen geschnitten und gelelektrophoretisch

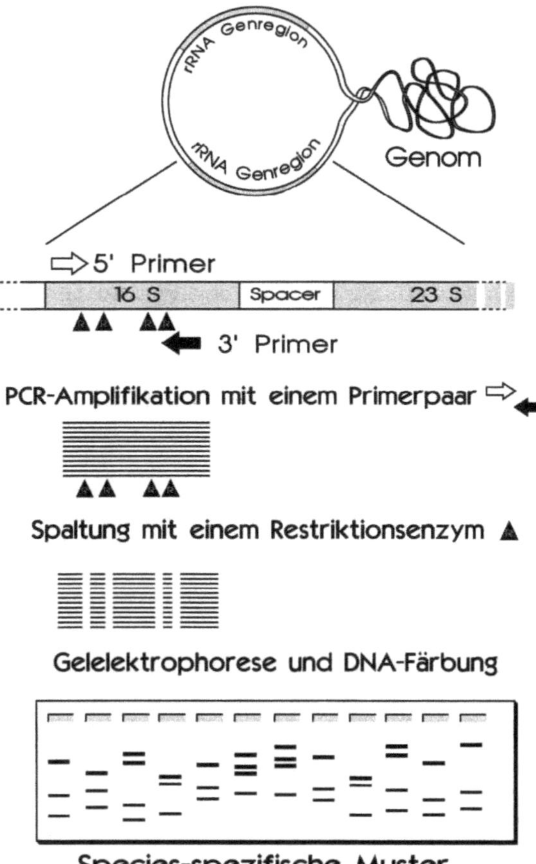

Abb. 8.1. Schema der *„amplified ribosomal DNA-restriction analysis"* (ARDRA). Mit Hilfe von Primern, die komplementär zu konservierten Bereichen der bakteriellen 16S-rDNA sind, wird ein Teil der 16S-rDNA amplifiziert. Die Reaktionsprodukte werden dann mit einem oder mehreren Restriktionsenzymen gespalten. Es entsteht eine Palette von Subfragmenten, die nach Größe auf einem Agarose- oder Polyacrylamidgel elektrophoretisch aufgetrennt werden und nach anschließender Färbung ein Species-spezifisches Bandenmuster ergeben

aufgetrennt. Es ergeben sich Bandenmuster, die in den meisten Fällen charakteristisch für eine Bakterienspezies sind.

Sollen nichtkultivierbare Bakterienarten untersucht werden, wird als Ziel-DNA für die PCR DNA verwendet, die ohne Kultivierung der Organismen direkt aus Umweltmedien wie Boden oder Wasser isoliert wurde. Nach Amplifikation der 16S-rDNA erhält man ein Gemisch von Amplifikationsprodukten, das mit Methoden der Gentechnik getrennt wird. Die verschiedenen 16S-rDNA-Fragmente werden dabei mit Hilfe von DNA-Plasmidvektoren (ringförmige DNA-Trägermoleküle) in *Escherichia coli*-Wirtsstämme überführt. Man erhält eine große Zahl von *E. coli*-Derivaten, die Plasmide mit verschiedenen inserierten 16S-rDNA-Fragmenten enthalten. Diese nun kloniert vorliegende rDNA kann anschließend durch Restriktionsanalyse, wie oben beschrieben, untersucht werden (ARDRA Technik). Die erhaltenen Muster können mit denen von kultivierbaren Mikroorganismen der Population bzw. von Referenzstämmen verglichen werden. Auf diese Weise lassen sich Bakterien-Populationen inklusive eines erheblichen Teils der nichtkultivierbaren Species effektiv charakterisieren. Das erhaltene Bild ist zwar nicht frei von Verschiebungen, die durch die PCR Amplifikation und die Klonierung der Fragmente verursacht werden, kann aber wesentlich umfassender sein als eine Untersuchung, die sich auf kultivierbare oder einige ausgewählte nichtkultivierbare Arten beschränkt.

Einschränkungen bei der Identifizierung von Bakterien mit der ARDRA-Technik ergeben sich heute noch dadurch, daß die Systematik einiger Bakteriengruppen, wie *Pseudomonas*, unvollständig und widersprüchlich ist, oder, z. B. bei einigen pathogenen Bakterien, einige Arten zu verschiedenen Gattungen zugeordnet sind, obwohl sie genetisch eigentlich zu derselben Art gehören (z. B. *Escherichia* und *Shigella* [15]).

8.2.4.
Computergestützte ARDRA-Analyse

Besonders in Studien der mikrobiellen Ökologie wäre es wünschenswert, die Specieszugehörigkeit einer großen Anzahl von Isolaten schnell und zuverlässig analysieren zu können. Große Probenzahlen sind hier wichtig, um statistisch signifikante Aussagen zu erhalten. Es wird ein System benötigt, mit dem eine einfache Bestätigung der Identität von Mikroorganismen auch dann möglich ist, wenn ihre phänotypischen Eigenschaften keine sichere Aussage erlauben. Dies kann der Fall sein, wenn keine eindeutig biochemisch charakterisierten Referenzstämme verfügbar sind, oder, wenn sich die Isolate in wichtigen phänotypischen Merkmalen von den als Referenzen eingesetzten „Typstämmen" unterscheiden, was z. B. für Isolate aus nichtklinischen Bereichen wie Boden oder Wasser zutreffen kann.

Die auf der PCR aufbauenden Methoden bieten hier die besten Voraussetzungen; außerdem besteht die Möglichkeit zur weitgehenden Automatisierung und computergestützten Auswertung der Ergebnisse. Das PCR-Verfahren selbst läuft in Mikroprozessor-gesteuerten Temperiergeräten („Thermocycler") ab, und auch für die Erfassung und Auswertung von Fragmentmustern stehen heute Automaten (z. B. DNA-Sequenzierautomaten, Kapillarelektrophorese) und die entsprechende Software zur Verfügung.

Die Anwendung des ARDRA-Verfahrens zur Bakterienidentifizierung erfordert hochauflösende Analysensysteme, z. B. in Form der oben angesprochenen Automaten, die auch sehr kleine Spaltprodukte der amplifizierten rDNA (in der Praxis ab 100 bp) reproduzierbar detektieren.

Zum Einsatz eines DNA-Sequenzierautomaten zur Fragmentanalyse wird das ARDRA-Verfahren etwas modifiziert: Die Amplifikationsprodukte werden in der PCR mit einer Endmarkierung versehen und die Produkte werden nicht komplett

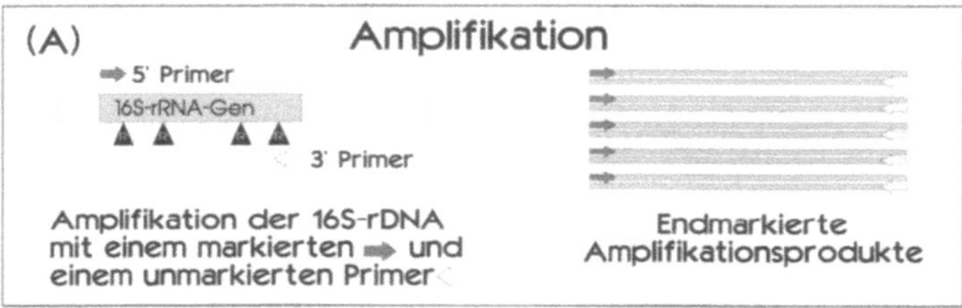

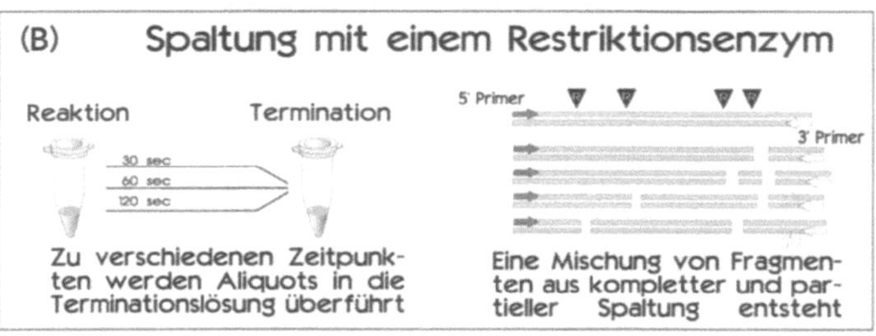

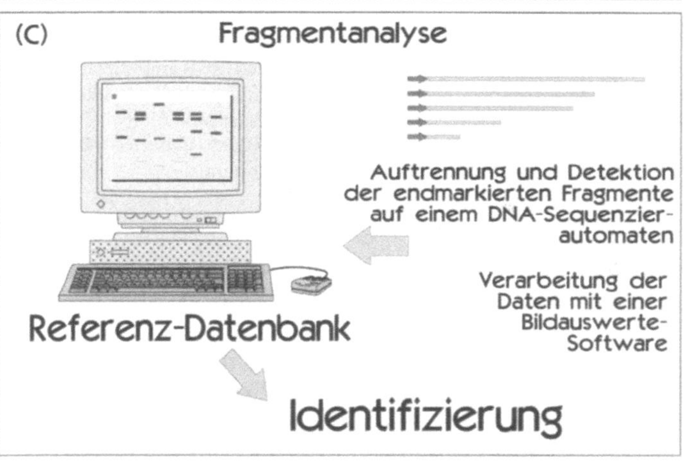

Abb. 8.2. ARDRA als Methode zum Aufbau eines Identifizierungssystems für Bakterien. Ausgehend von Reinkulturen werden aus einer geringen Zellmenge Lysate hergestellt. (A) Nach Amplifikation einer 16S-rDNA-Region unter Verwendung eines markierten und eines unmarkierten Primers liegen endmarkierte Fragmente vor. (B) Diese werden nun mit einem Restriktionsenzym *inkomplett* gespalten, so daß eine Palette unterschiedlich langer, markierter Fragmente entsteht. Diese haben an dem einen Ende den markierten Primer eingebaut; das andere Ende wird durch den Schnitt des verwendeten Enzyms definiert. Bei dem hier verwendeten Enzym kann der Strang an vier verschiedenen Stellen geschnitten werden (siehe rechte Bildhälfte (B)). Während der Auftrennung der Fragmente mit einem Sequenzierautomaten (C) können diese markierten Fragmente *on line* detektiert werden. Man bestimmt so im Prinzip die Positionen der Schnittstellen auf der 16S-rDNA (Restriktions-Kartierung). Die erhaltenen Fingerprints (linke Bildhälfte (C) auf dem Bildschirm des Computers) können als Referenzmuster für die untersuchten Species in einer Datenbank abgelegt werden. Mit den gespeicherten Mustern können wiederum Muster unbekannter Bakterien verglichen und diese damit (falls ein Referenzmuster vorliegt) identifiziert werden

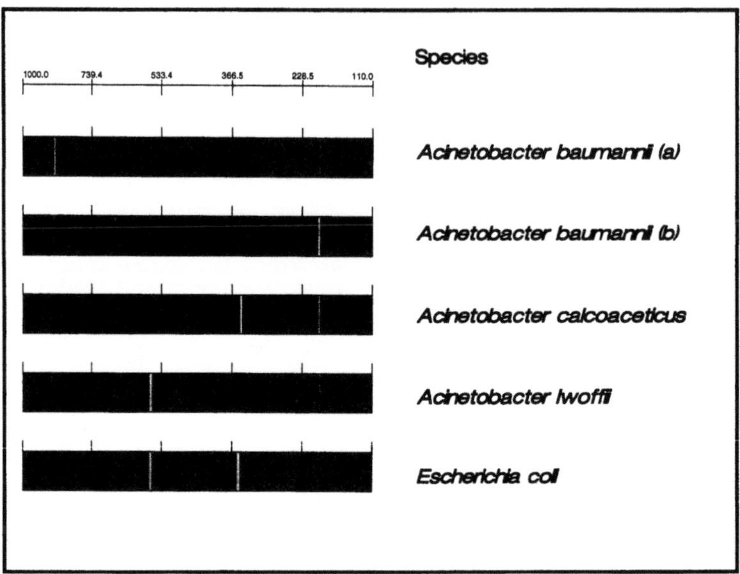

Abb. 8.3.   Species-spezifische Muster von Bakterien. Durch PCR amplifizierte, fluoreszenzmarkierte 16S-rDNA wurde mit dem Restriktionsenzym *HhaI* partiell gespalten und die entstandenen Subfragmente auf dem A.L.F. DNA Sequencer (Pharmacia Biotech, Freiburg) analysiert. Anschließend wurde mit der Bildauswertesoftware WinCam (Cybertech, Berlin) eine Musterdatenbank erstellt. Die Abbildung zeigt einen Ausschnitt daraus

gespalten, sondern nur partiell. Das bedeutet, daß eine Palette von unterschiedlich langen Fragmenten entsteht, die zum Teil mit einer Schnittstelle des verwendeten Enzyms enden oder beginnen (wobei der Fragmentanfang bzw. das Fragmentende mit einem Ende des Amplifikationsprodukts identisch ist), zum anderen Teil an beiden Enden von Schnittstellen begrenzt sind. Markiert sind jedoch nur die Fragmente aus der ersten Gruppe, deren Anfang den markierten Primer enthält. Der Analysenautomat detektiert nur die markierten Spaltprodukte, so daß auf diese Weise die Schnittstellenpositionen auf der rDNA bestimmt („kartiert") werden können. Die erhaltenen Species-spezifischen Muster können in eine Bildverarbeitung eingelesen und in einer Datenbank abgespeichert werden. Sie stehen dann als Referenzmuster für die Identifizierung unbekannter Isolate zur Verfügung (s. Abb. 8.2). Die Abb. 8.3 zeigt beispielhaft die von einer Reihe von *Acinetobacter*-Species und *E. coli* erhaltenen Muster.

8.2.5.
Typisierung von Mikroorganismen durch Analyse von *random amplified polymorphic DNA* (RAPD) Markern

Normalerweise ist die Kenntnis der DNA-Sequenz an den Enden des gewünschten Fragmentes eine Voraussetzung für die PCR Amplifikation, für die ein Paar spezifischer Primer einer Länge von 20 bis 30 Basen verwendet wird, da ein spezifisches Produkt das erwünschte Ergebnis der Reaktion darstellt. Interessanterweise können aber auch mit Hilfe einer durch einen einzelnen, kurzen (um die 10 Basen) Primer unbekannter Spezifität gestarteten Polymerase-Kettenreaktion, z.B. mit der Gesamt-DNA eines Organismus als Ziel-DNA, Fragmente amplifiziert werden. Man erhält nicht ein einzelnes Amplifikationsprodukt, sondern ein reproduzierbares Spektrum von vielen Fragmenten und damit Fingerprint-Muster einer Auflösung, die die Unterscheidung verschiedener Stämme einer Species von Organismen erlauben. Für diese Technik hat sich von mehreren vorgeschlagenen inzwischen der Begriff „Analyse von RAPD (= *Random Amplified Polymorphic DNA*) Markern" [16] weitgehend durchgesetzt.

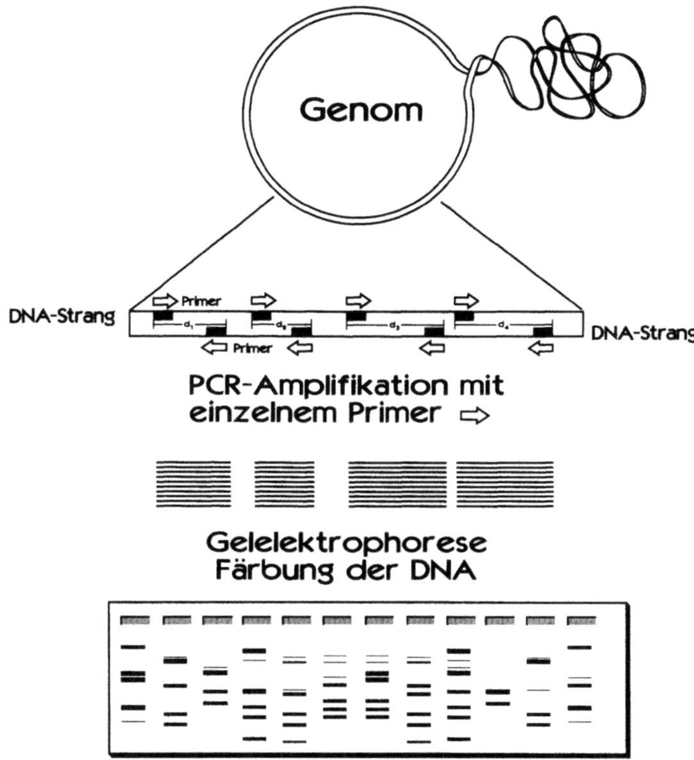

Abb. 8.4. Analyse von RAPD-Markern zur Typisierung. Ein einzelner, kurzer Primer bindet in der PCR Reaktion an viele, nicht weiter bekannte Stellen im Genom. Immer dann, wenn zwei Primer in entgegengesetzter Orientierung an die DNA binden können und der Abstand zwischen ihnen nicht zu groß ist (d < 3000 Basen) kann die Region zwischen ihnen amplifiziert werden. Man erhält nach Elektrophorese und Färbung (oder bei *on line* Detektion auf einem DNA Sequenzierautomaten) komplexe Fingerprint-Muster, die i.d.R. von Stamm zu Stamm innerhalb einer Art verschieden sind

Gegenüber anderen klassischen und molekularen Typisierungsmethoden ist diese PCR-Fingerprinting-Methode (s. Abb. 8.4) konkurrenzlos schnell. Lediglich das Pulsfeld-Gelelektrophorese-Verfahren zur Analyse hochmolekularer Restriktionsfragmente ist vom Ergebnis her konkurrenzfähig oder überlegen, dieses Verfahren aber ist von Zeitaufwand und Komplexität vergleichbar mit den DNA-Hybridisierungsverfahren und damit sehr aufwendig und langwierig [4].

Als Primer für die RAPD-PCR wird, wie oben erwähnt, ein einziges Oligonucleotid verwendet, das zudem meist sehr kurz (8–10 Basen) gewählt wird. Die Sequenz dieses Primers ist im Prinzip beliebig, in der Praxis wird eine Palette an Primern synthetisiert und ausgetestet.

Bei der PCR mit einem einzelnen Primer werden DNA-Regionen aus dem Genom, die zwischen jeweils zwei entgegengesetzt orientierten Primerbindungsstellen gleicher Sequenz liegen, exponentiell amplifiziert (Abb. 8.4). Nach Auftrennung der Amplifikationsprodukte durch Elektrophorese auf einem Agarosegel zeigt sich nach Anfärben mit Ethidiumbromid (spezifische Anfärbung von Nucleinsäuren) das Fingerprint-Bandenmuster. Eine wesentliche Steige-

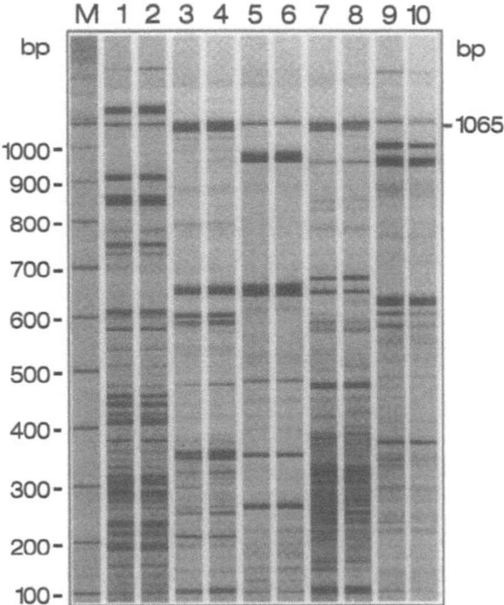

Abb. 8.5. Mit der RAPD-Technik erzeugte, Stamm-spezifische Muster von Bakterien. Die in einer PCR mit einem „arbitrary" (beliebigen) Primer amplifizierten Fragmente wurden auf dem A.L.F. DNA Sequencer aufgetrennt und mit der WinCam Software in ein Bandenmuster umgesetzt. Alle Analysen wurden als zwei Parallelansätze ausgeführt, um die Reproduzierbarkeit der Methode zu überprüfen. Muster folgender Bakterienstämme sind gezeigt: *Escherichia coli* TG1 (1,2); *Acinetobacter baumannii* ATCC 19606 (3,4); *A. lwoffii* ATCC 15309 (5,6); *A. baumannii* 82.33 (7,8) und *A. calcoaceticus* 71.43 (9,10). Die beiden *A. baumannii*-Stämme zeigen einige gemeinsame Banden, sind aber eindeutig voneinander zu unterscheiden (vgl. Spuren 3, 4 mit 7, 8). Die mit M bezeichnete Spur enthält einen DNA-Längenstandard zur Kalibrierung (100 bp Leiter, Pharmacia Biotech, Freiburg)

rung der Sensitivität erhält man durch Verwendung eines dünnen Polyacrylamidgels und Anfärbung der Banden mit Silber [17].

Eine solche PCR-Amplifikation liefert komplexe Fragmentmuster (Abb. 8.5), die meist einige Species-spezifische Komponenten kombiniert mit vielen Stamm-spezifischen Komponenten aufweisen. Mehr Information bekommt man einfach durch weitere Amplifikations-Reaktionen mit Primern, die andere Sequenzen aufweisen. Auf diese Weise können Typisierungsergebnisse sehr gut abgesichert werden, was z.B. zur Identitätsüberprüfung bzw. Unterscheidung sehr nah verwandter Stämme erforderlich ist. Die Möglichkeiten der Primerauswahl sind nahezu unbegrenzt, da ein 10 Basen-Primer eine von ca. einer Million möglichen Sequenzen aufweisen kann.

Das DNA-Fingerprint-Verfahren durch Analyse von „RAPD Markern" kann nach geringfügiger Anpassung des Protokolls oder sogar ohne Modifikationen für prinzipiell alle Organismen wie Bakterien, Pilze, Pflanzen und auch Tiere verwendet werden. Dies rührt daher, daß keine spezifischen Komponenten (Gen-Sonden, spezifische PCR-Primer) verwendet werden und somit auch für den Einsatz dieser Methode keinerlei genetische Informationen über den Organismus vorliegen müssen.

Das RAPD-Fingerprinting ist aufgrund seiner vielen Vorteile die Methode der Wahl, wenn untersucht werden soll, ob und wie sich eine aus vielen verschiedenen Stämmen ein und derselben Species zusammengesetzte Population von Mikroorganismen über einen bestimmten Zeitraum hinweg entwickelt. Allerdings können generell mit Typisierungsverfahren nur kultivierbare Organismen untersucht werden, da immer Reinkulturen benötigt werden.

Dank: Unsere Arbeiten wurden teilweise vom Bundesministerium für Forschung und Technologie (BMFT Projekt 0310581A) unterstützt. Wir danken Frau Birgit Jäger für die exzellenten praktischen Arbeiten.

Literatur

1. Klingler, JM, Stowe RP, Obenhuber DC, Groves TO, Mishra SK, Pierson DL (1992) Evaluation of the Biolog automated microbial identification system. Appl Environ Microbiol 58: 2089–2092
2. Knight, GC, McDonnell SA, Seviour RJ, Soddell JA (1993) Identification of Acinetobacter isolates using the Biolog identification system. Lett Appl Microbiol 16:261–264
3. Burkhardt F (1992) Manuelle, mechanisierte und automatisierte Identifizierung und/oder Empfindlichkeitsprüfung von Bakterien und Pilzen. In: Burkhardt F (ed) Mikrobiologische Diagnostik, Georg Thieme Verlag, Stuttgart New York, pp 701–709
4. Swaminathan B, Matar GM (1993) Molecular typing methods. In: Persing DH, Smith TF, Tenover FC, White TJ (ed) Diagnostic Molecular Microbiology. American Society for Microbiology, Washington, DC, pp 26–50
5. Stahl DA, Amann RA (1991) Development and application of nucleic acid probes. In: Stackebrandt E, Goodfellow M (eds) Nucleic Acid Techniques in Bacterial Systematics. John Wiley & Sons, Chichester New York Brisbane Singapore, pp 205–248
6. Tichy HV, Simon R (1995) Nukleinsäuretechniken. In: DECHEMA e. V. (ed) Materialien und Basisdaten für gentechnisches Arbeiten und für die Errichtung und den Betrieb gentechnischer Anlagen. Band 5: Monitoring. Dechema e. V., Frankfurt (Main), pp 237–341
7. Tichy HV, Simon R (1994) Effiziente Analyse von Mikroorganismen mit PCR-Fingerprint-Verfahren. Bioforum 12:499–505

8. Grimont F, Grimont PAD (1991) DNA Fingerprinting. In: Stackebrandt E, Goodfellow M (ed) Nucleic Acid Techniques in Bacterial Systematics. John Wiley & Sons; Chichester New York Brisbane Toronto Singapore, pp 249–279

9. Wink M, Werle H (ed) (1994) PCR im medizinischen und biologischen Labor – Handbuch für den Praktiker. GIT Verlag, Darmstadt

10. Akopyanz N, Bukanov NO, Westblom TU, Berg DE (1992) PCR-based RFLP analysis of DNA sequence diversity in the gastric pathogen Helicobacter pylori. Nucleic Acids Res 20: 6221–6225

11. Kaltenboeck B, Kousoulas KG, Storz J (1991) Detection and strain differentiation of Chlamydia psittaci mediated by a two-step polymerase chain reaction. J Clin Microbiol 29: 1969–1975

12. Gurtler V, Wilson VA, Mayall. BC (1991) Classification of medically important clostridia using restriction endonuclease site differences of PCR-amplified 16S rDNA. J Gen Microbiol 137:2673–2679

13. Jayarao, BM, Doré JJE., Baumbach GA, Matthews KR, Oliver SP (1991) Differentiation of Streptococcus uberis from Streptococcus parauberis by polymerase chain reaction and restriction fragment length polymorphism analysis of 16S ribosomal DNA. J Clin Microbiol 29:2774–2778

14. Vaneechoutte M, Rossau R, de Vos P, Gillis M, Janssens D, Paepe N, de Rouck A, Fiers T, Claeys G, Kersters K. (1992) Rapid identification of bacteria of the Comamonadaceae with amplified ribosomal DNA-restriction analysis (ARDRA). FEMS Microbiology Letters 93: 227–234

15. Bockemühl J (1992) Enterobacteriaceae. In: Burkhardt F (ed) Mikrobiologische Diagnostik, Georg Thieme Verlag, Stuttgart New York, pp 119–153

16. Williams JGK, Kubelik AR, Livak KJ, Rafalski JA, Tingey SV (1990) DNA polymorphisms amplified by arbitrary primers are useful as genetic markers. Nucleic Acids Res 18: 6531–6535

17. Bassam, BJ, Caetano-Anollés G, Gresshoff PM (1991) Fast and sensitive silver staining of DNA in polyacrylamide gels. Anal Biochem 80:81–84

Reaktionstechnische Untersuchungen zur konjugativen Übertragung des TOL-Plasmids pWWO in Suspension und im Biofilm

C. Dössereck · M. Reuss

9.1
Einleitung

In industriellen Kläranlagen wird die Abbauleistung gegenüber Fremdstoffen entscheidend durch das stoffwechselphysiologische Potential der vorhandenen Bakterienpopulation bestimmt. Der hohe Anteil verschiedener schwer abbaubarer Substanzen, wie alkylierte und/oder halogenierte mono- und polycyclische Aromaten, im Abwasser kann nur durch das Zusammenwirken mehrerer Spezies in einer komplex zusammengesetzten Mischpopulation mineralisiert werden. Da die genetische Ausstattung der autochthonen Bakterien begrenzt ist, wurde wiederholt versucht, durch den Zusatz hochspezialisierter oder auch genetisch veränderter Organismen neue Abbaueigenschaften in das System einzubringen. Wie Untersuchungen in Laborkläranlagen zeigten, werden jedoch die durch eine solche Bioaugmentation frei gesetzten Spezies sehr schnell von der vorhandenen Population verdrängt oder entwickeln unter den vorliegenden Substratbedingungen keine Stoffwechselaktivität [1, 2]. Die Etablierung der neuen metabolischen Leistung setzt somit meist die Übertragung ihrer genetischen Information an die autochthonen Bakterien voraus, damit die Abbauleistung nicht alleine vom Vorhandensein des Spezialstamms abhängt. Obwohl die molekularbiologischen Vorgänge der natürlichen Genübertragung, wie z. B. der Konjugation, weitgehend untersucht sind [3], ist über die Kinetik und die reaktionstechnischen Einflüsse auf diesen Genfluß im mikrobiellen System wenig bekannt. Dies verhindert den effektiven Einsatz leistungsfähiger Stämme mit mobilisierbaren Abbaueigenschaften. Darüber hinaus verlangt die Diskussion um die Freisetzung genetisch veränderter Organismen eine konkrete Abschätzung der Einflüsse des natürlichen Gentransfers auf das Ökosystem, so daß auch hier reaktionstechnische Ansätze zur Risikoabschätzung eingehen müssen.

9.2
Plasmide und Konjugation in Kläranlagen

In der Natur sind verschiedene Mechanismen der Genübertragung bekannt. Neben der Transduktion, der Übertragung von DNA mit Hilfe von Bakterio-

Lemmer/Griebe/Flemming (Hrsg.)
Ökologie der Abwasserorganismen
© Springer-Verlag Berlin Heidelberg 1996

phagen, spielt im Bereich der Abwasserreinigung vor allem die konjugative Übertragung von Plasmiden eine wichtige Rolle [4]. Die Aufnahme freier DNA (Transformation) konnte aufgrund der hohen freien DNaseaktivität nicht nachgewiesen werden [5]. Die ersten Studien zur Konjugation von Plasmiden im Abwasser wurden unter dem Gesichtspunkt der öffentlichen Gesundheit durchgeführt und konzentrierten sich auf das Vorhandensein und die Übertragung von Antibiotikaresistenzen [6]. Die Isolate verschiedener Bakterienarten aus Kläranlagen enthalten zu 10–70 % Resistenz-(R)-Plasmide, von denen 25–40 % selbstübertragend sind [4, 6]. Auch Bakterien, die katabolische Plasmide mit Genen für den Abbau von Xenobiotika tragen, sind in der Umwelt weit verbreitet. Einen Überblick über katabolische Plasmide, die von ihnen kodierten degradativen Eigenschaften, sowie ihren Wirtsbereich und ihre Mobilisationseigenschaften geben Sayler und Mitarbeiter [7].

Durch hohe Zellkonzentrationen und nährstoffreiches Abwassers sind Kläranlagen potentiell Bereiche, in denen Plasmidübertragung mit hoher Effizienz stattfinden kann. Untersuchungen in Modellkläranlagen zeigen dieses Potential nur phänomenologisch auf [1, 8] und bieten keine reaktionskinetischen Ansätze, um etwa ein Verfahren zur Bioaugmentation durch konjugativen Gentransfer zu optimieren.

9.2.1
Mechanistische Beschreibung der Konjugation

Rein mechanistisch läßt sich die Konjugation als gerichtete Genübertragung von einer Donorzelle auf eine Rezipientenzelle betrachten, die einen direkten Zellkontakt zwischen beiden Bakterien voraussetzt. Donorzellen Gram-negativer Bakterien nehmen diesen Kontakt über Filamente, die Sexpili, auf und stabilisieren nach Retraktion der Pili das Kreuzungspaar, so daß die Genübertragung initiiert werden kann. Nach Abschluß der Konjugation trennen sich Donor- und die entstandene Transkonjugantenzelle wieder [3] (Abb. 9.1). Der reaktions- und geschwindigkeitsbestimmende Schritt der Konjugation ist in dieser Kontaktaufnahme zu sehen. Die Morphologie der von Wirten unterschiedlicher Plasmide gebildeten Pili bestimmt die Anforderungen bezüglich bevorzugter Konjugationsbedingungen zur Kontaktaufnahme. Viele Plasmide weisen oberflächenbevorzugende oder oberflächenobligate Konjugationsanforderungen auf, aber auch universelle Systeme sind beschrieben [9]. Dieses Verhalten wird mit der Ausbildung starrer oder flexibler Pili erklärt. Abhängig von der Prozeßführung treten in Abwasserreinigungsanlagen sowohl frei suspendierte Mikroorganismen als auch Flocken oder auf Trägern immobilisierte Organismen auf, so daß für einzelne Plasmide unterschiedlich gute Konjugationsbedingungen vorliegen können.

9.2.2
Reaktionskinetischer Ansatz zur konjugativen Plasmidübertragung

Zur reaktionskinetischen Charakterisierung der Ausbreitung eines Plasmids innerhalb einer Population wurde das Kollisionsmodell von Levin und Mitarbeiter herangezogen [10, 11]. Der Ansatz basiert auf einer zufallsverteilten Kollision der Kreuzungspartner und beschreibt die Reaktion zwischen Donor (D) und Rezipienten (R) und zwischen Transkonjugante (T) und Rezipienten, wobei jeweils wieder eine neue Transkonjugante entsteht.

$$D + R \xrightarrow{k_T} D + T$$

$$T + R \xrightarrow{k_T} T + T$$

Im einfachsten Fall wurde die Reaktionsgeschwindigkeitskonstante k_T für beide Reaktionen gleich gesetzt.

Mathematisch läßt sich die Kollision durch eine Reaktion erster Ordnung bezüglich beider Kreuzungspartner beschreiben. Unter Berücksichtigung des Zellwachstums lassen sich folgende Massenbilanzen für eine einstufige kontinuierliche Prozeßführung formulieren.

$$\text{Transkonjugante:} \quad \frac{dN_T}{dt} = \mu_T N_T + k_T (N_D + N_T) N_R - D N_T \tag{1}$$

$$\text{Donor:} \quad \frac{dN_D}{dt} = \mu_D N_D - D N_D \tag{2}$$

$$\text{Rezipient:} \quad \frac{dN_R}{dt} = \mu_R N_R - k_T (N_D + N_T) N_R - D N_R \tag{3}$$

$\mu \quad$ = spezifische Wachstumsrate,
$D \quad$ = Verdünnungsrate und
$N_{D,R,T}$ = Zellkonzentration der jeweiligen Kreuzungspartner.

9.3
Reaktionstechnische Untersuchungen zur Übertragung des TOL-Plasmids

Die Randbedingungen für die Kinetik des Gentransfers in einer technischen Abwasserreinigungsanlage sind als extrem variabel anzusehen, da die Mikroorganismen als freisuspendierte Zellen vorliegen, an ein Trägermaterial immobilisiert oder in einer Flocke vergesellschaftet sein können. Im Bezug auf die Ausbreitung einer genetischen Information innerhalb der Population liegen in den verschiedenen Systemen gänzlich unterschiedliche reaktionstechnische Bedingungen vor. Diese werden vornehmlich durch die Kontaktfrequenz und die Mobilität einzelner Zellen bestimmt. Darüber hinaus wird die Fähigkeit Plasmide zu übertragen bzw. aufzunehmen aber auch vom physiologischen Zustand der Zelle und den vorliegenden Milieubedingungen bestimmt, so daß zusätzlich Wachstumsrate, Nährstoff- und Sauerstoffkonzentration die reaktionkinetischen Parameter beeinflussen [12]. Um systematisch den Einfluß dieser verschiedenen Parameter beschreiben zu können, sollte mit einem

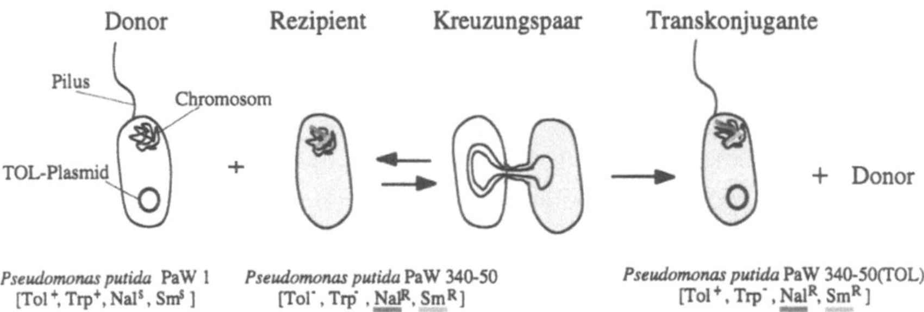

Abb. 9.1   Modellsystem für Konjugationsexperimente mit dem TOL-Plasmid pWWO

Modellsystem in Reinkultur der reaktionskinetische Ansatz für suspendierte und immobilisierte Kreuzungspartner verifiziert werden.

9.3.1
Modellsystem

Als Modellsystem für reaktionskinetische Studien zur konjugativen Übertragung wurde das gut charakterisierte TOL-Plasmid pWWO in dem Wirt *Pseudomonas putida* mt2 gewählt. Das selbstübertragende Plasmid ist 117 kbp groß, gehört zur Inkompatibilitätsgruppe P-9, hat einen weiten Wirtsbereich und wird sowohl in freier Suspension als auch auf der Agarplatte mit hoher Frequenz übertragen [13, 14]. Auf ungefähr 40 kbp liegen die Gene für den Abbau von Toluol, m- und p-Toluylsäure, m- und p-Xylol und verwandten Substraten. Als Rezipientenstamm wurde von dem in der Literatur beschriebenen *P. putida* PaW340 [Tol$^-$, Trp$^-$, Nal^S, Sm^R, flokkulierend] [14] eine nicht flokkulierende Mutante PaW340-50 mit hoher Nalidixinsäureresistenz isoliert. Dieser Rezipientenstamm gewährleistet bei der Untersuchung der Konjugation zwischen frei suspendierten Kreuzungspartnern die Kollision von Einzelzellen. Das Kreuzungsmodellsystem und die physiologischen Eigenschaften von Donor, Rezipient und Transkonjugante sind in Abb. 9.1 dargestellt. Die Selektion der einzelnen Spezies in der Mischpopulation erfolgte wie in [11] beschrieben auf Selektivplatten. Zur Selektion der Transkonjuganten wurde den Platten Nalidixinsäure zugesetzt, um durch Inhibition der DNA-Synthese im Donor die Plasmidübertragung auf der Platte zu verhindern [15].

9.3.2
Konjugation zwischen suspendierten Kreuzungspartnern

Das reaktionskinetische Modell von Levin und Mitarbeiter [10] wurde für die Plasmidübertragung zwischen Kreuzungspartnern in der Suspension durchmischter, gerührter Systeme angewandt. Es basiert auf der Annahme zufällig verteilter und physiologisch gleichwertiger Zellen. Die Reaktionsgeschwindigkeitskonstante k_T stellt das Maß für die Geschwindigkeit der Plasmid-

übertragung dar. Im Vergleich zu der üblicherweise bei Konjugationen angegebenen Konjugationsfrequenz, die das Verhältnis der gebildeten Transkonjugaten
zu den eingesetzten Donor- oder auch Rezipientenzellen angibt, erlaubt k_T
eine Vorhersage über die zeitliche Ausbreitung des Plasmids in der Population.
Wie aus dem Reaktionsansatz hervorgeht, ist die Kollisionswahrscheinlich-
keit von Donor und Rezipientenzellen in der freien Suspension zu deren
Zelldichte proportional, darüber hinaus ist ein Einfluß des Impulstransports
in den in aller Regel turbulenten Strömungsfeldern der Bioreaktoren zu erwarten [11].

Vorversuche haben gezeigt, daß konstante physiologische und reaktionskinetische Bedingungen, wie z. B. Wachstumsrate, das Verhältnis von Donor zu
Rezipienten, Gesamtzellkonzentration usw., garantiert werden müssen, um die
reaktionskinetischen Parameter reproduzierbar bestimmen zu können. Absatz-
weise Ansätze, aber auch einstufig kontinuierlich geführte Prozesse können
diese Voraussetzung nicht erfüllen, da unterschiedliche Wuchscharakteristika
von Donor und Rezipient ($K_{sRezipient} < K_{sDonor}$; Sättigungskonstanten in der jeweiligen Monodkinetik für das Wachstum) die stabile Koexistenz der beiden
Stämme nebeneinander erschwerten [11].

Als leistungsfähige Prozeßführung konnte eine 2-stufige kontinuierliche
Anlage etabliert werden, die konstante reproduzierbare physiologische Bedingungen vor und während der Konjugation garantiert. Wie die schematische Darstellung in Abb. 9.2 zeigt, wurden Donor und Rezipient in der ersten Stufe jeweils
separat kontinuierlich kultiviert und die Abläufe der Reaktoren in der zweiten
Stufe, der Kreuzungsstufe, zusammengeführt. Die Verdünnungsraten D und die
Substratzulaufkonzentrationen C_{so} wurden so eingestellt, daß die physiologischen Bedingungen beim Übergang von der vorgeschalteten in die Kreuzungsstufe konstant bleiben. Diese Prozeßführung erlaubt es, die Wachstumsraten von
Donor und Rezipient sowie den Einfluß verschiedener Parameter wie z. B.

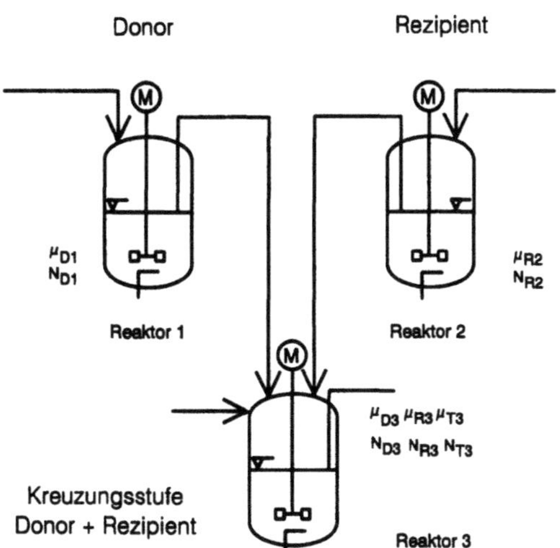

Abb. 9.2 2-stufige kontinuierliche Anlage. Die Konjugation findet in der Kreuzungsstufe (Reaktor 3) statt

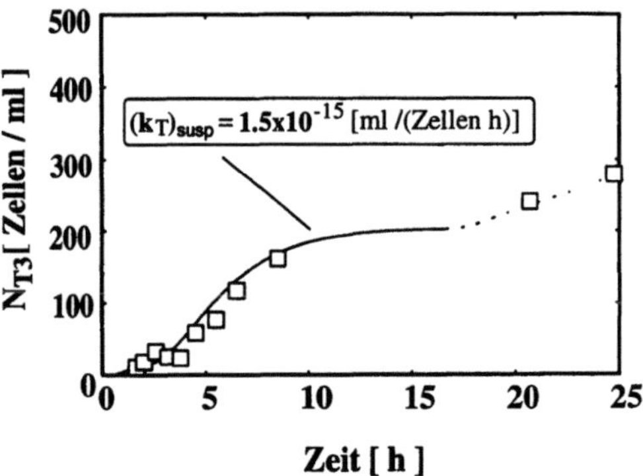

Abb. 9.3   Konjugationsverlauf in der Kreuzungsstufe. Vergleich von Experiment und Simulation für das dynamische Verhalten der Anlage direkt nach dem Zuschalten der Vorstufen zum Zeitpunkt t = 0h; Verdünnungsrate $D_1 = D_2 = 0{,}3$ [h^{-1}]; $D_3 = 0{,}6$ [h^{-1}]; $N_{D3} = 4 \cdot 10^8$ [Zellen/ml]; $N_{R3} = 1{,}6 \cdot 10^8$ [Zellen/ml]. Die Experimente wurden im Rührreaktor mit Glucose als limitierendes Substrat bei 30 °C durchgeführt

Rührerdrehzahl und Gelöstsauerstoff auf die Konjugation systematisch in der Kreuzungsstufe zu variieren.

Nachdem die Kreuzungspartner in der ersten Stufe im Fließgleichgewicht waren, wurde die Konjugation durch Zuschalten der Vorstufe an den Kreuzungsreaktor (Reaktor 3) gestartet. Die Zellkonzentrationen von Donor N_{D3} und Rezipient N_{R3} steigen zunächst an, bis sich bei einer Verdünnungsrate von $D_3 = 0{,}6$ [h^{-1}] nach ≈ 10 h konstante Zellkonzentrationen in der freien Suspension einstellen (Daten nicht gezeigt). In Abb. 9.3 ist die Zunahme der Transkonjuganten über die Zeit dargestellt. Auch für N_{T3} stellt sich nach 10 h eine konstante Konzentration ein. Für den stationären Zustand kann mit Hilfe von Gleichung (1) aus dieser Transkonjugantenkonzentration N_{T3} direkt die Reaktionsgeschwindigkeitskonstante der konjugativen Übertragung $(k_T)_{susp}$ für die Suspension wie folgt berechnet werden.

$$(k_T)_{susp} = \frac{N_{T3}\,(D_3 - \mu_{T3})}{N_{D3}\,N_{R3}} \tag{4}$$

Das dynamische Verhalten der Population direkt nach dem Zusammenschalten läßt sich durch die Massenbilanzen für Donor, Rezipient und Transkonjugante beschreiben (Abb. 9.3). Unter den gewählten Konjugationsbedingungen beträgt die ermittelte Reaktionsgeschwindigkeitskonstante $(k_T)_{susp} = 1{,}5 \cdot 10^{-15}$ [ml/(Zellen h)].

Obwohl Donor und Rezipientenkonzentration sich im weiteren Verlauf des Experiments nicht mehr ändern, steigt N_{T3} nach weiteren 10 h erneut an und erreicht schließlich eine neue Gleichgewichtskonzentration, die um den Faktor 10 über der anfangs ermittelten liegt (Abb. 9.4). Die genaue Analyse dieses Verhaltens zeigte, daß ein dünner Biofilm an der Fermenterwand die in der freien Suspension bestimmten Konjugationsereignisse entscheidend beeinflußt. Suspendierte Donor- und Rezipientenzellen hefteten sich an die Fermenterwand und konnten dort bei direktem Zellkontakt das TOL-Plasmid anscheinend wesentlich effizienter übertragen als in der freien Suspension. Offenbar ist der Anstieg von N_{T3} auf die Abscherung des Biofilms zurückzuführen. Zur Stützung

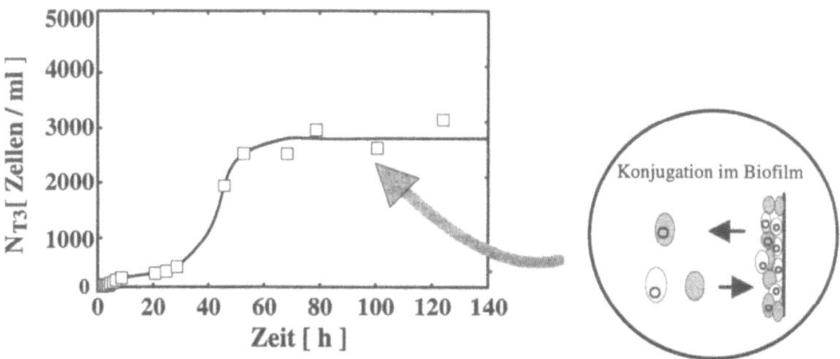

Abb. 9.4 Einfluß der Biofilmbildung auf den Konjugationsverlauf in der Kreuzungsstufe ab t > 20 h

dieser Hypothese wurde nach dem Versuchsabbruch der Biofilm isoliert und seine Zusammensetzung bestimmt. Er enthielt fünf mal mehr Transkonjuganten als die gesamte Suspension.

Im Vergleich zu der hier im Rührreaktor beobachtete Reaktionsgeschwindigkeitskonstante $(k_T)_{susp}$ von $1{,}5 \cdot 10^{-15}$ [ml/(Zellen h)] liegen die von Smets und Mitarbeitern [12] mitgeteilten k_T-Werte für die Übertragung des TOL-Plasmids von *P. putida* auf *P. aeruginosa* zwischen $6 \cdot 10^{-13}$ und $3 \cdot 10^{-11}$ [ml/(Zellen h)]. Diese Experimente wurden jedoch in geschüttelten Kulturröhrchen durchgeführt [12]. Bei anderen Untersuchungen mit *E.coli* K12 in gerührten Systemen liegen die $(k_T)_{susp}$-Werte für verschiedene Plasmide zwischen $1{,}6 \cdot 10^{-9}$ und $4{,}4 \cdot 10^{-12}$ [ml/(Zellen h)] [10]. Ziel einer Bioaugmentation unter Ausnutzung des natürlichen Gentransfers ist, durch die Zugabe einer möglichst geringen Menge spezialisierter Zellen die genetische Kapazität der autochthonen Mikroorganismenpopulation zu erhöhen. Eine Simulationsanalyse von Smets und Mitarbeitern zeigte, daß die Reaktionsgeschwindigkeitskonstante k_T größer als 1 [(L gTranskonjuganten)/(gDonor gRezipient d)] entsprechend $4 \cdot 10^{-12}$ [ml/(Zellen h)] sein muß, damit sich die neue Eigenschaft durchsetzen kann [16]. Diese Simulationen basieren auf dem um einen Plasmidverlust erweiterten Kollisionsmodell (Gl. (1–3)), wobei als Kriterium für die erfolgreiche Etablierung die stationäre Konzentration der Transkonjuganten herangezogen wurde. Die in der vorliegenden Arbeit unter turbulenten Strömungsbedingungen im Rührreaktor ermittelte Konstante $(k_T)_{susp}$ ist demgemäß für eine Bioaugmentation zu gering. Weitere Untersuchungen sind erforderlich, um dieses System für technisch relevante Anlagen zu interpretieren. So liefern die wesentlich höheren Geschwindigkeitskonstanten in geschüttelten Kulturröhrchen [12] den Hinweis, daß geringere Turbulenzintensitäten, wie sie möglicherweise in pneumatisch durchmischten Anlagen (Blasensäulen, Schlaufenreaktoren) vorherrschen, zu einer erfolgreichen Etablierung führen könnten. Darüber hinaus ist darauf hinzuweisen, daß die hier mit einem Modellsystem ermittelten Ergebnisse keine Extrapolation auf den Gentransfer der in technischen Anlagen autochthonen Population ermöglicht.

Unter Umständen sind hier die durch zusätzliche Inkompatibilitäten vorhandenen Barrieren zu beachten.

9.3.3
Konjugation bei immobilisierten Kreuzungspartnern

Im Biofilm liegen die einzelnen Zellen dicht zusammen, eingebettet in eine Polymermatrix, was zu stabilen Zell-zu-Zell-Kontakten führt. Die weitverbreitete Vorstellung, daß die häufig im Bereich der Mikrobiologie und der Genetik eingesetzten Platten- und Filterkreuzungstechniken, die zu hohen Konjugationsfrequenzen führen, bessere Bedingungen zur Ausbreitung einer genetischen Information in einer Population darstellen, wurde von Smets und Mitarbeitern angezweifelt [16]. Es konnte gezeigt werden, daß die aus Literaturdaten errechneten Reaktionsgeschwindigkeitskonstanten für Kreuzungen auf Oberflächen kleiner sind als die in der freien Suspension. Dieser Zusammenhang könnte dadurch erklärt werden, daß die Kreuzungspartner örtlich fixiert sind und die Wahrscheinlichkeit auf einen potentiellen Rezipienten zu treffen begrenzt ist. Deshalb ist zu erwarten, daß der reaktionskinetische Ansatz, der die Konjugation bei immobilisierten Kreuzungspartnern beschreiben kann, wesentlich komplexer sein muß als im suspendierten System.

Als Modell für die Konjugation an festen Oberflächen wurde die Filterkreuzungstechnik ausgewählt, da bei dieser Methode die Zellkonzentration und das Verhältnis plasmidhaltiger zu plasmidfreien Zellen einfach einzustellen ist. Hierzu wurden die Kreuzungspartner getrennt im Schüttelkolben kultiviert und in der exponentiellen Wachstumsphase geerntet. Donorzellen und Rezipienten wurden in der gewünschten Konzentration gemischt, sofort sterilfiltriert (Filter: Nylon, 25 mm, 0,2 mm, Gelman) und anschließend auf Mineralsalz-Agar mit Glucose bei 30 °C inkubiert. Zur Aufnahme einer Kinetik wurden die Filter nach verschiedenen Zeiten in Mineralsalzmedium abgeschwemmt und die Kreuzungspartner und die Transkonjuganten auf Selektivmedien quantifiziert. Damit zu Beginn des Versuchs der direkte Zell-zu-Zell-Kontakt gewährleistet ist, wurden mindestens $4 \cdot 10^6$ Zellen/cm^2 auf den Filter aufgebracht [9].

In Abb. 9.5 ist die Kinetik einer Filterkreuzung mit einer Anfangszellkonzentration von N_R (t = 0) = $6 \cdot 10^8$ [Zellen/cm^2] und N_D (t = 0) = $3 \cdot 10^8$ [Zellen/cm^2] dargestellt. Das Plasmid breitet sich innerhalb von nur einer Stunde vollständig in der Population aus. Die Transkonjugantenkonzentration steigt innerhalb der ersten Stunde steil an, bis alle Rezipienten das Plasmid erhalten haben, danach wächst die Zahl der Transkonjuganten mit der gleichen Wachstumsrate (μ = 0,52 [h^{-1}]) wie die übrige Population.

In Anlehnung an die Untersuchungen von Smets [16] und Simonson [17] wurde zur Abschätzung einer repräsentativen Geschwindigkeitskonstante wieder das Kollisionsmodell herangezogen (Abb. 9.5), wobei die Zellzahl zunächst auf die Filterfläche bezogen wurde. Die ermittelte Reaktionsgeschwindigkeitskonstante $(k_T)_{immob}$ für die Konjugation bei immobilisierten Kreuzungspartnern beträgt unter den hier gewählten Bedingungen $3,8 \cdot 10^{-8}$ [cm^2/(Zellen h)]

Abb. 9.5 Kinetik der Filterkreuzung. Vergleich von Experiment und Simulation für $N_R(t=0) = 6 \cdot 10^8$ [Zellen/cm²]; $N_D(t=0) = 3 \cdot 10^8$ [Zellen/cm²]. $N_R \square$; $N_D \bullet$; $N_T \blacktriangle$

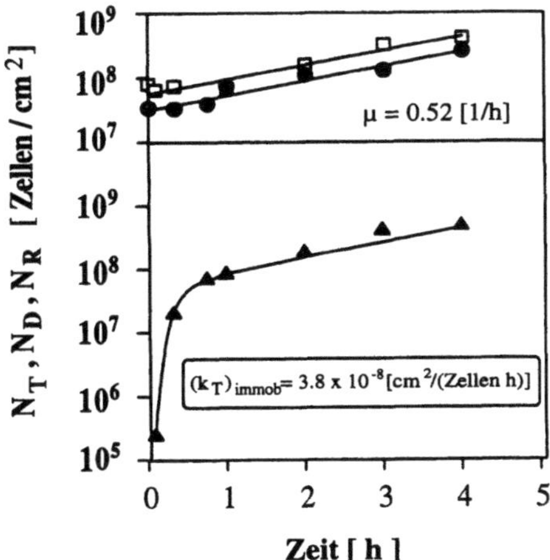

und liegt ungefähr in der gleichen Größenordnung wie die aus der Arbeit von Bradley und Williams [14] abgeschätzte Reaktionsgeschwindigkeitskonstante $(k_T)_{immob} = 1 \cdot 10^{-7}$ [cm²/(Zellen h)], die bei einem Plattenkreuzungsexperiment bestimmt wurde. Für verschiedene andere Inc-P-Plasmide in *Pseudomonas aeruginosa* liefert die Auswertung der Angaben aus der Literatur [9] einen Bereich von $3 \cdot 10^{-7} < (k_T)_{immob} < 1 \cdot 10^{-10}$ [cm²/(Zellen h)].

Da die Geschwindigkeitskonstante $(k_T)_{immob}$ auf die Filterfläche bezogen ist, könnte diese Größe direkt zur Auslegung von Biofilmflächen zur Bioaugmentation herangezogen werden. Sie erlaubt indes keinen direkten Vergleich zwischen Konjugation bei suspendierten und immobilisierten Kreuzungspartnern. Für den letztgenannten Vergleich läßt sich unter Berücksichtigung des aus dem durchschnittlichen Zellvolumen von *P. putida* (2,3 μm³) ermittelten Zellvolumen/cm² im Versuch eine volumenbezogene Geschwindigkeitskonstante für die immobilisierten Zellen von $8,7 \cdot 10^{-11}$ [ml/(Zellen h)] abschätzen. Dieser Wert liegt um mehr als drei Zehnerpotenzen über der in der Suspension unter turbulenten Strömungsbedingungen beobachteten Konstanten $(k_T)_{susp}$ von $1,5 \cdot 10^{-15}$ [ml/(Zellen h)] und letztlich in der Größenordnung der für eine stabile Bioaugmentation angegebenen Zahlenwerte [16]. Dieses Ergebnis kann so interpretieren werden, daß wenn überhaupt via Konjugation eine Erweiterung des genetischen Potentials der autochthonen Population zustandekommt, diese dann bevorzugt im immobilisierten System (z.B. Flocken, Pellets, Biofilme etc.) abläuft.

9.4
Zusammenfassung

Am Modellsystem der konjugativen Übertragung des TOL-Plasmids in *P. putida* wurde ein reaktionskinetischer Ansatz vorgestellt, der Informationen zur Ab-

schätzung und Förderung des natürlichen Gentransfers in Abwasserreinigungsanlagen liefern soll. Der eindeutige Vorteil des Kollisionsmodells liegt darin, daß
über die Reaktionsgeschwindigkeitskonstante k_T als einzigen Parameter eine
Voraussage zur Ausbreitung eines Plasmids innerhalb einer Population gemacht
werden kann. Um die ermittelten k_T verschiedener Plasmide vergleichen und
auch auf andere reaktionskinetische Bedingungen und Umweltverhältnisse
übertragen zu können, müssen bei der Bestimmung der Reaktionsgeschwindigkeitskonstante k_T konstante reproduzierbare Versuchsbedingungen
eingehalten werden. Für die Untersuchung verschiedener Prozeßparameter
auf die Konjugation zwischen suspendierten Kreuzungspartnern wurde eine
2-stufige kontinuierliche Anlage etabliert, die diese Vorgaben erfüllt. Da sich das
Abwasserbakterium *P. putida* jedoch bevorzugt an Oberflächen und damit auch
an die Fermenterwand heftet, konnten ab einer Prozeßzeit von 20 h keine konstanten Bedingungen mehr aufrechterhalten werden. Die Reaktionsgeschwindigkeitskonstante $(k_T)_{susp}$ für die Suspension liegt mit $1{,}5 \cdot 10^{-15}$ [ml/(Zellen h)]
um drei Zehnerpotenzen niedriger als die bei immobilisierten Kreuzungspart-
nern ermittelte $(k_T)_{immob*}$[1] von $8{,}7 \cdot 10^{-11}$ [ml/(Zellen h)]. Unter den gewählten
Bedingungen beschreibt das Kollisionsmodell sowohl die Plasmidübertragung
bei suspendierten als auch bei immobilisierten Kreuzungspartnern. Zur Erweiterung des Kollisionsmodells sollen weitere Untersuchungen mit immobilisierten Kreuzungspartnern bei niedriger Zelldichte bzw. kleinem Donor:
Rezipienten-Verhältnis angeschlossen werden.

Die Arbeit wurde vom BMFT im Rahmen des Zentralen Schwerpunktprojekts
Bioverfahrenstechnik finanziert.

Literatur

1. McClure NC, Weightman AJ, Fry JC (1989) Survival of *Pseudomonas putida* UWC1 containing cloned catabolic genes in a model activated-sludge unit. Appl Environ Microbiol
   55:2627–2634
2. Dwyer DF, Rojo F, Timmis KN (1988) Fate and behaviour in an activated sludge microcosm
   of a genetically-engineered micro-organism designed to degrade substituted aromatic
   compounds. In: Sussmann M, Collins CH, Skinner FA, Stewart-Tull DE (eds) The release of
   genetically-engineered micro-organisms. Academic Press, London, San Diego, New York,
   Berkley, Boston
3. Willets N (1984) Conjugation. Meth Microbiol 17:33–59
4. Saye DJ, Miller RV (1989) The aquatic environment: consideration of horizontal gene transmission in a diversified habitat, Chapter 7, In: Levy AB, Miller RV Gene transfer in the
   environment. MacGraw-Hill Inc, USA, 223–260
5. Feldmann SD, Sahm H (1994) Untersuchungen zum Verhalten genetisch veränderter
   Mikroorganismen in Kläranlagen. BIOforum 17:220–226
6. Mach PA, Grimes DJ (1982) R-plasmid transfer in a wastewater treatment plant. Appl
   Environ Microbiol 44:1395–1403
7. Sayler GS, Hooper SW, Layxton AC, King MH (1990) Catabolic plasmids of environmental
   and ecological significance. Microb Ecol 19:1–20

---

[1] Volumenbezogene Reaktionsgeschwindigkeitskonstante der konjugativen Übertragung bei
immobilisierten Kreuzungspartnern [cm²/(Zellen h)].

8. Nüßlein K, Maris D, Timmis K, Dwyer DF (1992) Expression and transfer of engineered catabolic pathways harbored by *Pseudomonas* spp. introduced into activated sludge microcosms. Appl Environ Microbiol 58:3380–3386

9. Bradley DE (1983) Specification of the conjugative pili and surface mating systems of *Pseudomonas* plasmids. J Gen Microbiol 129:2545–2556

10. Levin BR, Stewart FM, Rice VA (1979) The kinetics of conjugative plasmid transmission: fit of a simple mass action model. Plasmid 2:247–260

11. Reuss M, Dössereck C (1994) Reaction engineering aspects of conjugation in biodegradation processes. Ann. NY Acad Sci 721:428–439

12. Smets BF, Rittman BE, Stahl DA (1993) The specific growth rate of *Pseudomonas putida* PAW1 influences the conjugal transfer rate of the TOL plasmid. Appl Environ Microbiol 59:3430–3437

13. Assinder SJ, Williams PA (1990) The TOL plasmids: determinants of the catabolism of toluene and the xylenes. Adv Microbiol Physiol 31:1–69

14. Bradley DE, Williams PA (1982) The TOL plasmid is naturally derepressed for transfer. J Gen Micobiol 128:3019–3024

15. Haas D, Holloway BW (1976) R-factor variations with enhanced sex factor activity in *Pseudomonas aeruginosa*. Mol Gen Genet 144:243–251

16. Smets BF, Rittman BE, Stahl DA (1990) The role of genes in biological processes. Environ Sci Technol 24:162–169

17. Simonsen L (1990) Dynamics of plasmid transfer on surfaces. J Gen Microbiol 136: 1001–1007

KAPITEL 10

Viren in der Abwasserreinigung

K. P. Hennes

10.1
Einleitung

Die Geschichte der Virusökologie ist geprägt von Studien, bei denen das Vorkommen von Viren in Gewässern hauptsächlich auf den Einfluß des Menschen zurückgeführt wurde. Höhere Viruskonzentrationen konnten nur durch Einleitungen gereinigter oder ungereinigter kommunaler Abwässer in Flüsse und Seen erklärt werden. Inzwischen hat sich die Blickrichtung in gewissem Sinne umgekehrt. Man weiß heute, daß Viren in sehr hohen Konzentrationen zur Mikrobenwelt eines gesunden und unbelasteten Gewässers dazugehören, wie auch Bakterien, mikroskopisch kleine Algen und räuberische Einzeller. Neue Forschungsarbeiten haben einen Einblick in die ökologischen Wechselwirkungen von Viren mit dieser Mikrobenwelt eröffnet. Diese Zusammenhänge sind auch für die mikrobiologischen Vorgänge innerhalb von Kläranlagen bedeutsam. Daher wird im folgenden nicht nur auf pathogene (krankheitserregende) Viren aus dem Abwasser und auf virale Indikatoren für den Grad fäkaler Verunreinigungen eingegangen, sondern auch auf Viren, die keine direkte Wirkung auf den Menschen haben, aber den Prozeß der Abwasserreinigung beeinflussen können. Es wird neben einer groben Einführung in die Virologie zur Abwasserreinigung auch ein kurzer Überblick der aktuellen Virusökologie gegeben.

10.2
Struktur und Biologie von Viren

Viren sind parasitische, unbelebte Partikel, die keinen eigenen Stoffwechsel haben. Sie unterscheiden sich darin entscheidend von allen Lebewesen. Zu ihrer Vermehrung sind sie auf ganz bestimmte Lebewesen angewiesen. Diese werden als Wirtsorganismen bezeichnet, da sie nach einer Virusinfektion neue Viren produzieren. Wirtsorganismen finden sich zum Beispiel unter Säugetieren, höheren Pflanzen, Einzellern des mikroskopisch kleinen Planktons oder auch unter den Bakterien. Viren, welche Bakterien infizieren, werden Phagen genannt. In natürlichen Gewässern kommen, wie man erst seit wenigen Jahren weiß, Viren in enorm hohen Konzentrationen von bis zu 10^9 pro ml (eine Milliarde Viren pro Milliliter) vor [1]. Dies kann dem unbelasteten Zustand eines

Lemmer/Griebe/Flemming (Hrsg.)
Ökologie der Abwasserorganismen
© Springer-Verlag Berlin Heidelberg 1996

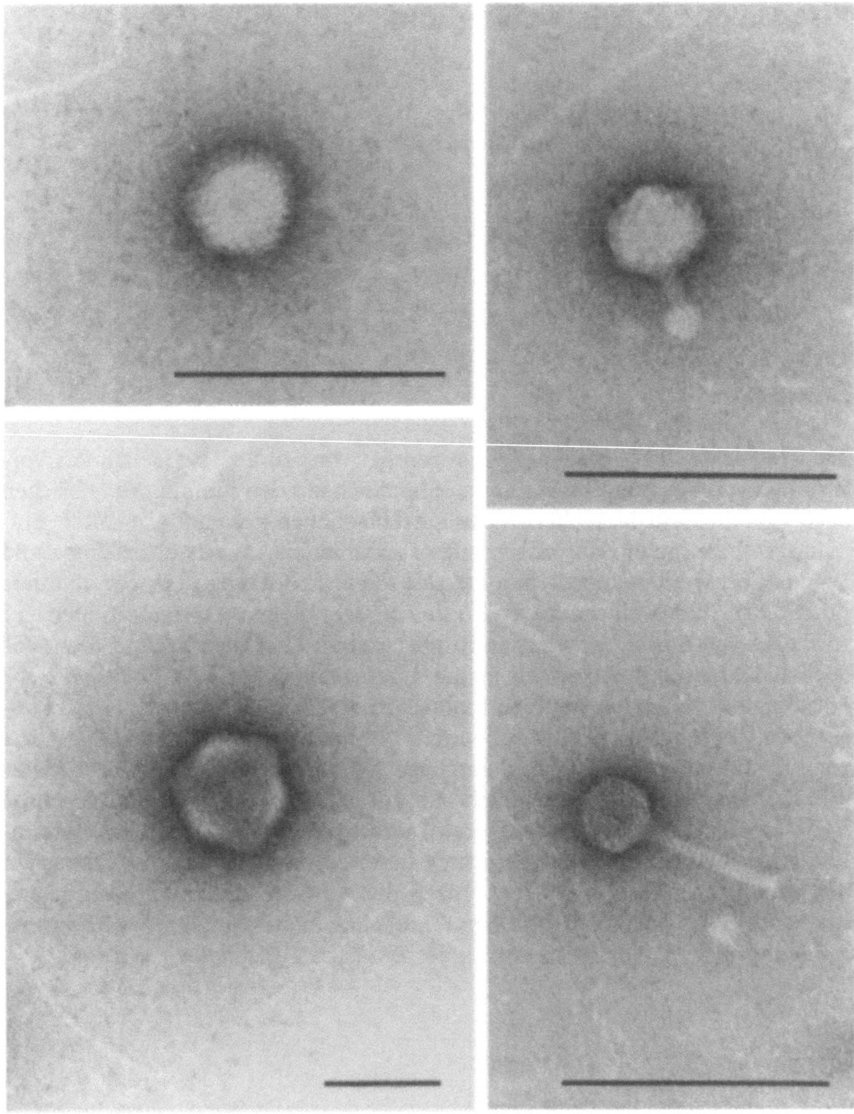

Abb. 10.1 Transmissionselektronenmikroskopische Aufnahmen von Gewässerviren nach Negativkontrastierung. Maßbalken = 0,1 Mikrometer

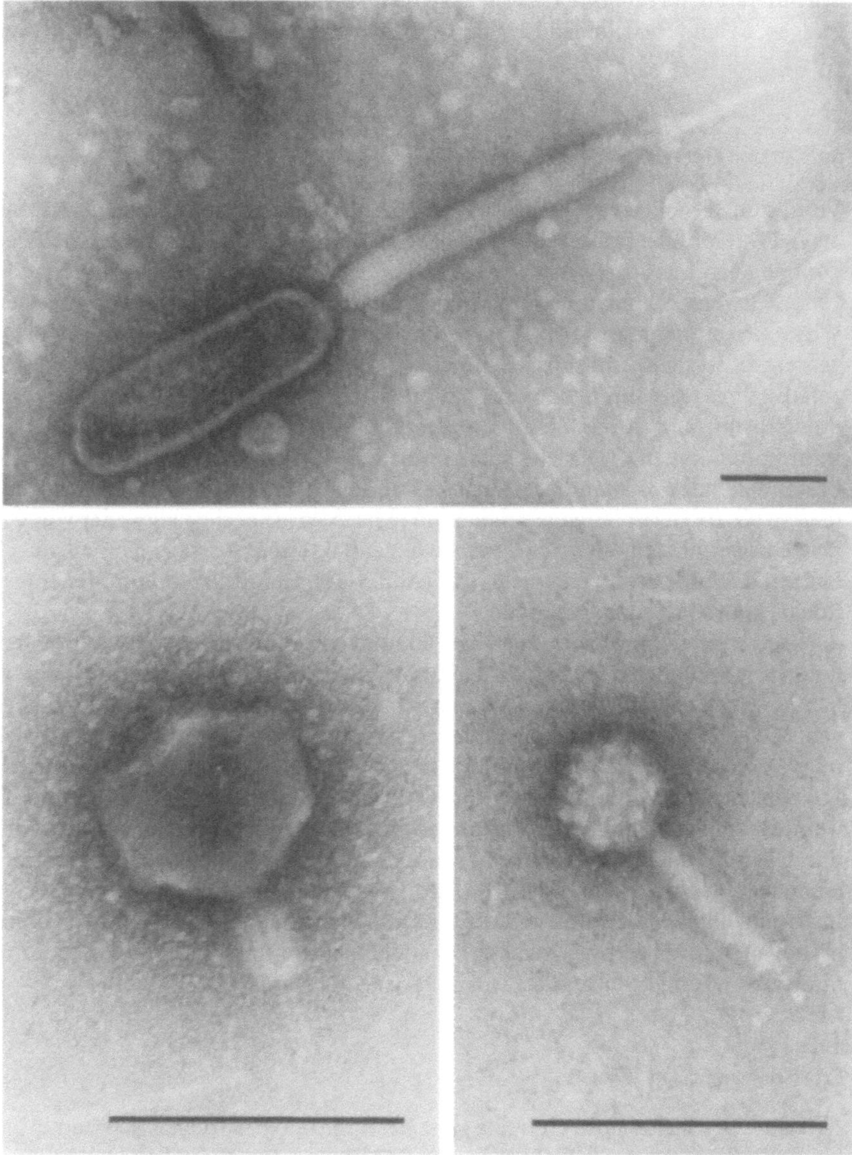

Abb. 10.2 Transmissionselektronenmikroskopische Aufnahmen von Gewässerviren nach Negativkontrastierung. Maßbalken = 0,1 Mikrometer

Vorfluters entsprechen. Es handelt sich dort vor allem um die sogenannten Phagen, welche entscheidend auf den Stoffhaushalt der Gewässer einwirken (vgl. Abschn. 10.2.3).

10.2.1
Aufbau und Eigenschaften von Viren

Viren sind kompliziert aufgebaute Biomoleküle, bestehend aus Erbsubstanz und einer Proteinhülle. Diese schützt die Erbsubstanz vor Umwelteinflüssen. Viren können auch Merkmale, wie schwanzartige Anhänge aufweisen (Abb. 10.1 und 10.2). Zur Vermehrung müssen Viren Kontakt mit der Zellwand einer passenden Wirtszelle aufnehmen [14]. Dies geschieht durch Verfrachtung mit der Umgebungsflüssigkeit und durch Diffusion [12]. Erst wenn Virus und Wirt sich zufällig direkt berühren, können sich die Viren an der Wirtszelle anheften und ihre Erbsubstanz in das Zellinnere des Wirts einschleusen. Entsprechend der Information, die in der Erbsubstanz enthalten ist, stellt dann die Wirtszelle alle Bestandteile des vollständigen Virus her und baut diese zu neuen Viren zusammen (Abb. 10.3). Die Viren werden dann je nach Art (Spezies) entweder von der Zelle ausgeschieden oder sie werden, wie bei Bakterien meistens der Fall, durch Platzen der infizierten Wirtszelle frei (Abb. 10.4). Damit kann dann der Infektionszyklus von neuem beginnen.

Viren können im Wasser lange Zeit überdauern, ohne ihre Infektivität zu verlieren [7]. Bezüglich der chemischen Zusammensetzung des Umgebungswassers haben verschiedene Arten von Viren unterschiedliche Toleranzen. Sie sind aber generell sehr empfindlich gegenüber bestimmten Substanzen (z. B. Eisensalze oder Ozon). Sie werden auch durch starke UV-Strahlung und eiweißabbauende Enzyme zerstört. Einem Wasserkörper können sie zudem entzogen werden, wenn sie sich an Schwebepartikel anheften, welche dann absinken können oder durch technische Eingriffe entfernt werden. Im Abwasser haben infektiöse Viren eine relativ lange Haltbarkeit; ihre Konzentration vermindert sich ungefähr innerhalb eines Monats nur um die Hälfte. Daher muß man in Kläranlagen mit pathogenen Viren rechnen, die mit Fäkalien in das Abwasser gelangen und dann ohne große Verluste bis in den Zulauf verfrachtet werden.

10.2.2
Erfassung von Viren

Einzelne Virusarten infizieren nur ganz bestimmte Wirtsorganismen und lösen bei der Infektion sehr charakteristische Reaktionen aus. Viren haben eine typische Feinstruktur und enthalten immer dicht gepackte Erbsubstanz. Diese Eigenschaften macht man sich bei der Erfassung von Viren zu Nutze.

10.2.2.1
Keimzahlmethoden

Bei der Bestimmung der Virenkonzentration mit Keimzahlmethoden werden Viren, die in einer Wasserprobe enthalten sind, mit Reinkulturen von Wirts-

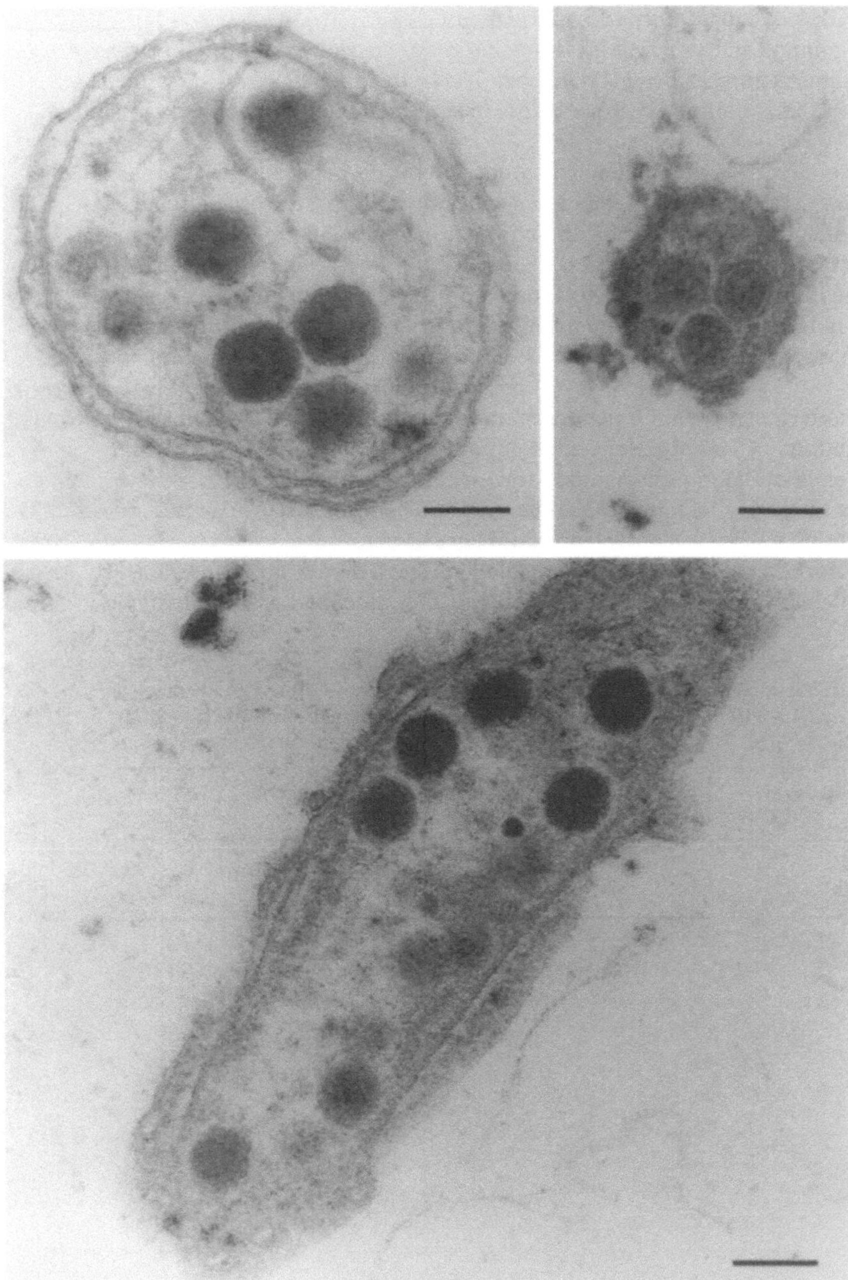

Abb. 10.3 Virusinfizierte Gewässerbakterien. Transmissionselektronenmikroskopische Aufnahmen von gefärbten Ultradünnschnitten. Maßbalken = 0,1 Mikrometer

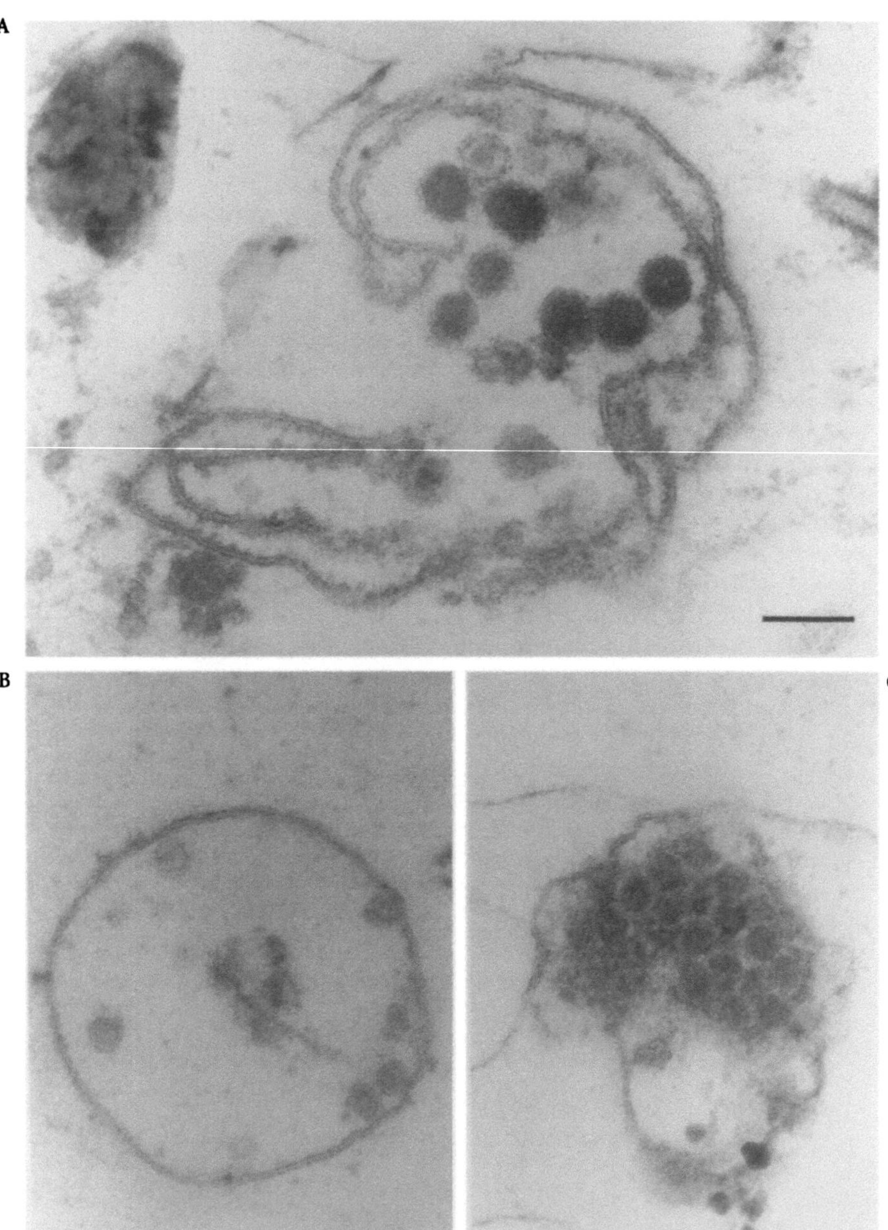

Abb. 10.4 A und C: Nach Virusinfektion aufplatzende Gewässerbakterien, welche den Zellinhalt einschließlich neu gebildeter Viren in das Umgebungswasser entlassen. B: Schnitt durch noch intakten Zellwandbereich einer phageninfizierten Bakterienzelle, deren Zellinhalt schon größtenteils entlassen ist. Maßbalken = 0,1 Mikrometer

zellen zusammengebracht. Weil nun bei diesen Methoden die Zellen an ihren jeweiligen Ort gebunden sind (z.B. Gefäßwand), führen nach entsprechender Inkubationszeit einzelne infizierte Wirtszellen zu Virus-Infektionsherden, welche mit dem bloßen Auge sichtbar sind. An den Infektionsherden kann dann abgezählt werden, wieviele Viren ursprünglich in der Wasserprobe enthalten waren. Da Viren nur ganz bestimmte Zellen infizieren können, erfaßt man mit solchen Methoden immer nur selektiv die Konzentration von Viren bestimmter Arten. Dieses Prinzip wird auf sehr unterschiedliche Art und Weise verwirklicht. Die Wirtszellen sind entweder an Oberflächen gebunden oder in gallertigen Substanzen (z.B. Agar) eingebettet oder auch in kleinen Gefäßen eingeschlossen.

Pathogene Viren, die in Abwasserproben meist in relativ geringen Konzentrationen vorkommen (s. Abschn. 10.3.1), müssen vor der Keimzahlbestimmung erst aufkonzentriert werden [4]. Dies kann mit einer Reihe von Verfahren erreicht werden. Zum Beispiel können die Viren bei bestimmtem pH-Wert an Glasfasern anhaften und dann mit kleinen Volumina von speziellen Lösungsmedien wieder abgewaschen werden. Eine andere, kostenaufwendige, aber sehr zuverlässige Methode basiert auf dem Zurückhalten der Viren an Membranen mit feinen Poren, die zwar das Umgebungswasser, nicht aber die Viren hindurchlassen. Hier wird gleichzeitig eine stetige Strömung der Probenflüssigkeit parallel zur Membran aufrechterhalten, um ein Verstopfen derselben zu verhindern. Nach der Viruskonzentration wird auf der Innenwand von Kulturgefäßen eine gut sichtbare Schicht von Wirtszellen angezogen. Auf diese Schicht wird dann die konzentrierte Virenprobe gegeben. Hier verursachen die Viren Infektionsherde, die als durchsichtige Flecken erkennbar sind.

Für den Nachweis von Phagen wie z.B. Coliphagen (s. Abschn. 10.3.2) ist ein Aufkonzentrieren der Proben meist nicht erforderlich. Zunächst werden in Nährlösungen hohe Konzentrationen von Wirtszellen angezogen. Kleine Mengen dieser mit Zellen beladenen Nährlösungen werden zusammen mit einer Wasserprobe unter verflüssigte Gallerte gemischt. Diese Gallerte wird dann in dünner Schicht auf einer Kulturschale ausgegossen, in der sie sich sofort verfestigt. In dieser Schicht vermehren sich nun die Wirtszellen derart, daß sie nach wenigen Stunden bis einigen Tagen milchig-trüb erscheint (Bakterienrasen). Lediglich an Stellen, an denen ein Phage aus der Wasserprobe eine der Zellen infizieren konnte, bleiben klare Lysehöfe.

10.2.2.2
Transmissionselektronenmikroskopie

Bei der Bestimmung der Virenkonzentration im Transmissionselektronenmikroskop (TEM) wird eine verdünnte Wasserprobe samt Viren auf TEM-Objektträger ultrazentrifugiert. Die Objektträger mit den bei der Ultrazentrifugation sedimentierten Viren werden dann mit einem Kontrastmittel gefärbt und im TEM ausgezählt. Zwar haben Viren hier ein charakteristisches Aussehen, welches sie von allen anderen Partikeln absetzt (Abb. 10.1 und 10.2), aber verschiedene Virusarten können anhand ihrer Form nicht unterschieden werden. Somit kann im TEM nur die Virengesamtkonzentration bestimmt werden.

10.2.2.3
Epifluoreszenzmikroskopie

Das Epifluoreszenzmikroskop ist ein gewöhnliches Lichtmikroskop mit einer Zusatzausstattung, die es erlaubt, UV-Licht auf ein Präparat zu senden und das dort angeregte Fluoreszenzlicht sichtbar zu machen. Da hier die betrachteten Objekte des Präparates selbst Licht aussenden, ist es möglich, auch Partikel wie fluoreszenzgefärbte Viren zu beobachten, deren Durchmesser weit unter der Auflösungsgrenze eines gewöhnlichen Lichtmikroskopes liegt. Von der TEM unterscheidet sich dieses Verfahren insbesondere dadurch, daß es nicht die extrem teure und aufwendige Verwendung von Ultrazentrifuge und hochkompliziertem Elektronenmikroskop erfordert. So kann man mit der Epifluoreszenzmikroskopie vor Ort – z.B. in der Kläranlage – die Gesamtkonzentration der freien Viren bestimmen, nachdem man diese mit einem speziellen Fluoreszenzfarbstoff angefärbt hat:

Zunächst werden zur Herstellung der Färbelösung 50 µl einer 1 mM Lösung des Fluoreszenzfarbstoffs Yo-Pro-1 (Fa. MoBiTec, Göttingen) in 950 µl einer 2 mM Natriumcyanid-Lösung verdünnt und als Vorrat für ca. 12 Proben bei – 20 °C aufbewahrt. Dann werden in den Deckel einer Kunststoffpetrischale zwei Rundfilter aus Papier gelegt und mit 3 ml einer 0,3 %igen Kaliumchlorid-Lösung getränkt. Im Boden der Petrischale werden je nach Anzahl der zu verarbeitenden Wasserproben bis zu 7 einzelne Tropfen (80 µl) der aufgetauten Färbelösung im Abstand von ca. 3 cm aufgebracht. Zur Bestimmung der Konzentration freier Viren werden nach der Vorbereitung einer solchen Färbekammer je 10 µl der (gegebenenfalls mit Polykarbonatmembranen sterilfiltrierten) Abwasserproben, deren absetzbare Stoffe nach Imhoff sedimentiert sind, in 800 µl doppelt destillierten Wassers verdünnt. Beim anschließenden Abfiltrieren der so verdünnten Proben durch eine keramische Filtermembran mit 0,02 µm Porendurchmesser (Anodisc 25, Fa. Kummer, Freiburg/Br.) werden Viren, Bakterien und alle übrigen Partikel auf der Membran zurückgehalten. In der Färbekammer werden dann die Membranen (mit der Oberseite nach oben) auf je einen Tropfen der Färbelösung gelegt und für 6 Stunden bis 2 Tage im Dunkeln inkubiert. Während dieser Zeit diffundiert der Farbstoff auf die Oberseite der Filtermembran, wo er die Viren anfärbt. Nach der Färbung werden die Filter zweimal mit 800 µl destillierten Wassers gespült und mit Glycerin zwischen einem Deckglas und Objektträger eingebettet. Bei Blaulichtanregung im Epifluoreszenzmikroskop werden freie Viren als isolierte grüne Punkte gezählt (Abb. 10.5). In nicht sterilfiltrierten Proben sind Bakterien ebenfalls als grüne Objekte zu beobachten, sie unterscheiden sich aber durch ihre Helligkeit und teilweise ihre Form deutlich von Viren. Totes organisches Material wird mit dem verwendeten Farbstoff gelb angefärbt. Zur Bestimmung der Konzentration von Viren, die an sedimentierbares partikuläres Material gebunden sind, muß die unsedimentierte Probe vor der Verdünnung mit Ultraschall homogenisiert werden. Die Virenkonzentration in der so vorbereiteten Probe abzüglich der Konzentration freier Viren (siehe oben) ergibt die Konzentration gebundener Viren. Von allen Verfahren zur Virusbestimmung ist

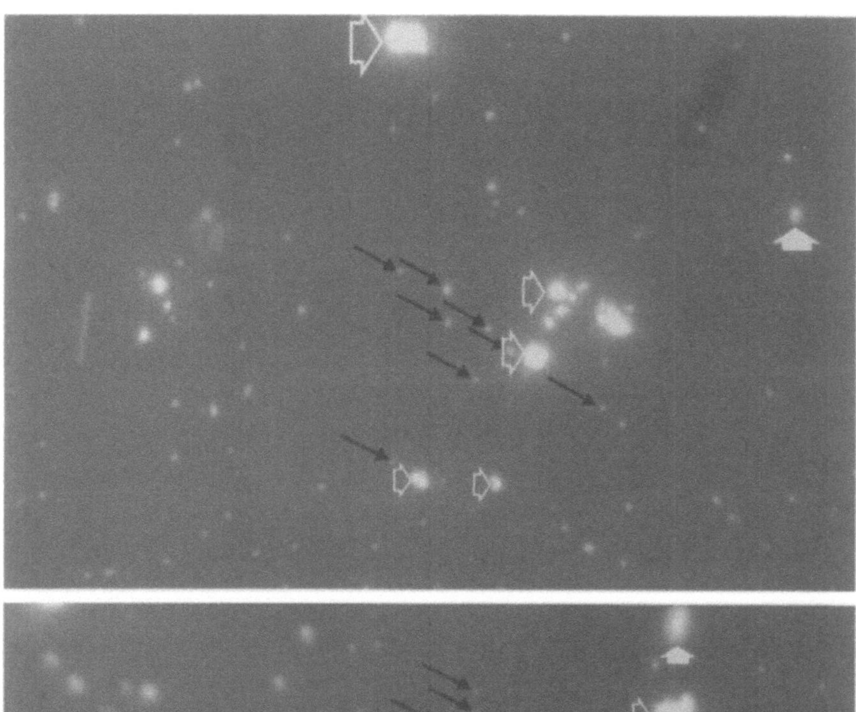

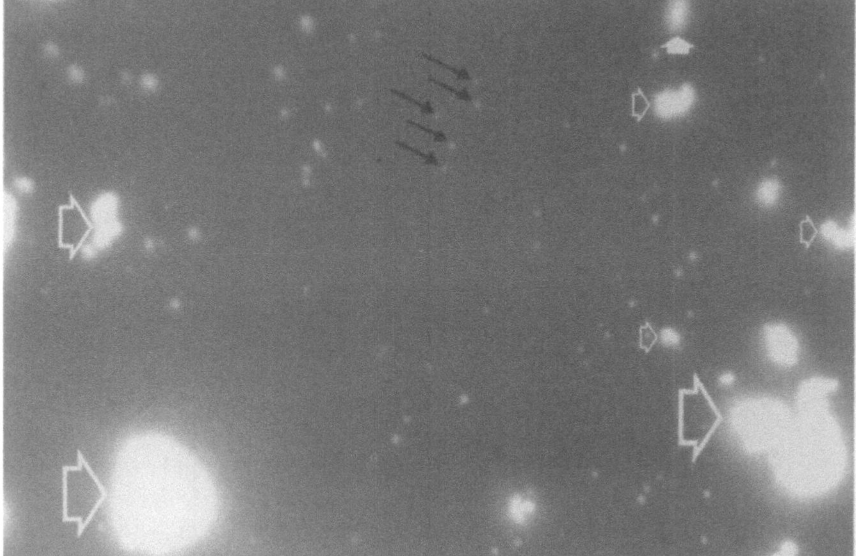

Abb. 10.5 Wasserproben verdünnt in destilliertem Wasser, gefärbt mit Yo-Pro-1 und im Epifluoreszenzmikroskop bei Blaulichtanregung und 1000facher Vergrößerung fotografiert. Viren erscheinen als kleine grüne Punkte (schwarze Pfeile). Gelb gefärbte Objekte enthalten keine Erbsubstanz und sind daher als Detrituspartikel anzusprechen (offene weiße Pfeile). Bakterien (weiße Pfeile) in nicht sterilfiltrierten Proben unterscheiden sich durch ihre Größe und Helligkeit von Viren

die hier beschriebene Prozedur [10] mit dem geringsten Aufwand durchzuführen.

10.2.3
Phagenökologie

Das Vorkommen von Viren in natürlichen Gewässern ist seit den 50er Jahren bekannt [7]. Viren wurden hier zunächst als reines Kuriosum angesehen und vereinzelte Funde erhöhter Virenkonzentrationen galten als Indikator für Abwassereinleitungen. Dank neuer Meßmethoden gilt es heute als gesicherte Tatsache, daß im unbelasteten Gewässer Konzentrationen von mindestens 10^7 Viren pro ml dem normalen Zustand entsprechen [1]. Viren stellen einen wichtigen Bestandteil der Lebensgemeinschaft im Wasser dar und wirken entscheidend auf den Biomassetransport im Räuber-Beute-Gefüge ein [6].

Neueren Untersuchungen zufolge sind die Mehrzahl der Viren, die sich in einer unbelasteten Wasserprobe befinden, Phagen, d.h. bakterienspezifische Viren. Diese infizieren einen erheblichen Anteil der natürlichen Bakteriengemeinschaft und lassen die betroffenen Bakterien im Zuge der eigenen Vermehrung platzen (Abb. 10.4). Bis zu einem Drittel der natürlichen Sterberate von Wasserbakterien kann hierdurch bedingt sein. So können die während der Biomasseproduktion festgelegten organischen Substanzen der Zellen ständig wieder freigesetzt werden [9]. Der Anteil infizierter Bakterien ist um so größer, je besser die Bedingungen für gesteigertes Bakterienwachstum und damit auch für gesteigerte Phagenproduktion pro infizierte Bakterienzelle sind [8, 9]. Die Bakterien selbst stehen nun als die häufigsten Organismen des Planktons (Lebensgemeinschaft im Wasser frei schwebender Organismen) zusammen mit dem pflanzlichen Plankton am Anfang von Nahrungsketten. Diese Nahrungsketten reichen über räuberische Einzeller und planktische Krebstiere bis hin zu den Fischen. Da Bakterien große Mengen von gelösten organischen Substanzen aufnehmen und diese während ihres Wachstums u.a. in partikuläre Biomasse umwandeln (Zellaufbau), bewirken sie einen Transport dieser Substanzen in die Nahrungskette, wenn sie als Beuteorganismen von ihren Räubern gefressen werden. Dieser Biomassetransport, d.h. die Umwandlung von gelöster organischer Substanz in Bakterienbiomasse, wird durch die Produktion von Phagen kurzgeschlossen, wenn infizierte Bakterien platzen und Phagen entlassen, anstelle gefressen zu werden. Auch die Bakterienbiomasse in Aggregaten wird z.T. durch Phageninfektionen in gelöste Substanzen überführt [13].

Phagen werden dem Wasser aber auch kontinuierlich entzogen. Dies geschieht vorwiegend durch die Einwirkung der Sonnenstrahlung oder durch Anheftung an solches partikuläres Material, welches durch Sedimentation den Wasserkörper verläßt. Oft stellt sich über diese Mechanismen ein Konzentrationsgleichgewicht der Phagen im Gewässer ein. Betrachtet man nun eine Kläranlage als einen Sonderfall des natürlichen Ökosystems, so wird deutlich, daß auch das dort vorhandene Femtoplankton (biologische Schwebepartikel von Virengröße) unter bestimmten Bedingungen eine Wirkung zeigen muß.

10.3
Viren in Kläranlagen

In Kläranlagen finden sich hohe Konzentrationen von freien Viren (Abb. 10.6). Diese Viren werden einerseits mit dem Rohwasser eingetragen und andererseits in der Anlage selbst von den dort lebenden Bakterien produziert, ähnlich wie dies auch in natürlichen Gewässern geschieht. Da nicht nur die Konzentrationen freier Viren (Abb. 10.6), sondern auch die Bakterienkonzentrationen in der Größenordnung von 10^9 pro ml (eine Milliarde Bakterien pro Milliliter) liegen, ist die Häufigkeit, mit welcher Phagen und Bakterien in Berührung kommen, sehr hoch [12], so daß die Bedingungen für Infektionen sehr günstig sind. Nicht nur von den Resistenzeigenschaften der Bakterien gegen Virusbefall, sondern auch von den Wachstumsbedingungen für die infizierten Bakterien hängt es dann ab, wie hoch tatsächlich in der jeweiligen Kläranlage die Phagenproduktion ist. So wird bei geringer Nährstoffverfügbarkeit pro Bakterienzelle nur eine geringe Anzahl von Phagen freigesetzt werden [8]. Eine hohe Nährstoffverfügbarkeit hingegen kann zu erhöhter Phagenproduktion und damit auch zum vermehrten Abtöten von nicht resistenten Bakterienstämmen führen, welche an der biologischen Abwasserreinigung beteiligt sind. Die gleichzeitig mit der Freilassung von Phagen erfolgende Freisetzung aller übrigen Zellinhaltsstoffe (Abb. 10.4) bewirkt eine erhöhte Versorgung des Umgebungswassers mit gelösten organischen Substanzen, welche von anderen Bakterien sofort wiederverwendet werden können [5]. Generell bewirkt erhöhte Phagenproduktion eine weniger effiziente Umwandlung von gelöster in partikuläre Biomasse und gleichzeitig einen weniger effizienten Transport von Biomasse in die Nahrungskette [11]. Dies ermöglicht aber auf der anderen Seite durch die Wiederverwertung von Biomasse eine erhöhte Stoffwechselaktivität der Bakterien insgesamt.

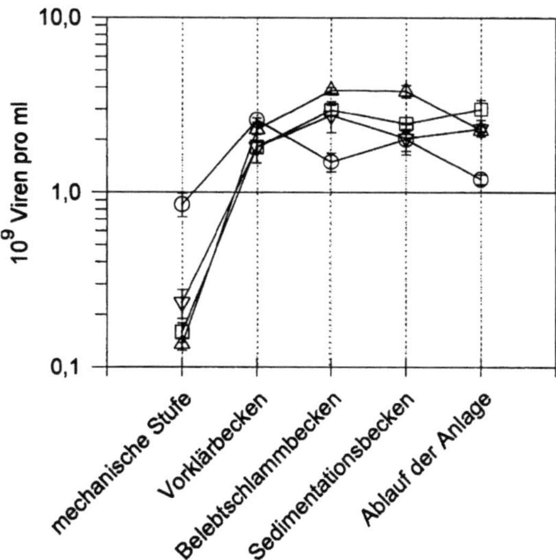

Abb. 10.6 Konzentration der freien Viren in einzelnen Stufen der Kläranlage Konstanz. Verschiedene Symbole stehen für Stichprobenmessungen im Winter 1994

Viren (darunter auch Phagen) werden in Kläranlagen vor allem durch unspezifische Anheftung an Belebtschlammflocken und deren Sedimentation dem Abwasser entzogen [3]. Dies durch den direkten Nachweis pathogener Viren im Einzelfall zu überprüfen, ist sehr aufwendig [4]. Daher empfehlen sich Kontrollmessungen der Konzentration von Indikatorviren, welche nicht während der Abwasserreinigung produziert werden können und so über den Brutto-Virusabbau Auskunft geben.

Man hat es in Kläranlagen mit einer Vielzahl von Virusarten zu tun, von denen aber nur ein kleiner Bruchteil Gefahren für den Menschen birgt. Von hygienischem Interesse sind zunächst nur pathogene Viren, die mit Fäkalien ins Rohwasser gelangen und für ein breites Krankheitsspektrum, bis hin zu tödlichen Infektionen, verantwortlich sind [4].

10.3.1
Pathogene Viren im Abwasser

Viren können in einer weit geringeren Konzentration eine Infektion verursachen als z. B. bakterielle Krankheitserreger. So liegt bei manchen Viren die minimale infektiöse Dosis, die in den Körper aufgenommen zum Ausbruch der Krankheit führen kann, unter einem Dutzend Viren. Verschiedene epidemiologische Untersuchungen haben zudem gezeigt, daß 5 bis 12 % aller wasserbürtigen Epidemien durch Viren verursacht wurden [3]. Eine drastische Senkung der Konzentration pathogener Viren im Verlauf der Abwasserreinigung ist also zwingend notwendig, um eine Belastung der Umwelt mit diesen Krankheitserregern zu verhindern [4].

Im ungereinigten Abwasser können sich ungefähr 140 verschiedene Typen von pathogenen Viren befinden [3]. Entsprechend den geographischen, sozioökonomischen, sanitären und saisonalen Gegebenheiten schwanken hier die Konzentrationen zwischen 0 und über 20 000 infektiösen Viren pro Liter [4]. Diese Konzentrationen entsprechen zwar nur einem Anteil von maximal 0,0000001 % an der Gesamtkonzentration der Viren im Abwasser, dennoch ist mit ihnen ein ernst zu nehmendes Gesundheitsrisiko verbunden. Pathogene Viren, die auf fäkal-oralem Weg übertragbar sind, lösen je nach Art u. a. Durchfall, Fieber, Bindehautentzündung, Herpangina, Sommergrippe, Herzmuskelerkrankungen, Hirnhautentzündung, Bauchspeicheldrüsenentzündung, Hepatitis oder Kinderlähmung aus [15]. Eine Infektion mit diesen Viren ist u. a. durch die Aufnahme von ungenügend behandeltem Trinkwasser möglich, wenn es aus fäkal belasteten Gewässern stammt. Auch geringe Mengen an Wasser, die beim Schwimmen in kontaminierten Gewässern verschluckt werden, können eine Infektion nach sich ziehen, ebenso Aerosole (feine, schwebende Tröpfchen von Wasser in der Luft) von kontaminiertem Wasser, wenn sie in die Atemwege gelangen. Oft reicht schon der Verzehr von rohem Gemüse, welches mit kontaminiertem Wasser gewässert wurde, um sich zu infizieren [4]. Epidemiologische Studien haben gezeigt, daß z. B. Hepatitis und Gastroenteritis häufig auf solchen Wegen übertragen werden.

10.3.2
Viren als Indikatoren

Die direkte Erfassung von speziellen pathogenen Viren und Bakterien erfordert teure und zeitraubende Prozeduren, aufwendige Sicherheitsvorkehrungen und ein hoch qualifiziertes Laborpersonal. Um diese Erfordernisse bei der Untersuchung von Wasserproben zu umgehen, wurde das Konzept der Indikator-Organismen entwickelt. Diese Organismen zeigen das Vorkommen fäkaler Kontaminationen im Wasser an und weisen so auf mögliche Gefahren durch fäkale Krankheitserreger hin. Colibakterien sind hier als der klassische Indikator für Fäkalbakterien zu nennen; sie eignen sich aber nicht als Indikatoren für pathogene Viren. Dagegen sind Coliphagen (Viren, die bestimmte Darmbakterien infizieren), die erst in den 80er Jahren als Indikator eingeführt wurden [3], viel sensitivere Fäkalindikatoren. Ihre im Verlauf einer Kläranlage abnehmende Konzentration kann als Indikator für die erfolgreiche Entfernung von pathogenen Viren aus dem Abwasser herangezogen werden.

10.3.2.1
Phagen als Fäkalindikatoren

Colibakterien als Indikatoren haben entscheidend bei der Bekämpfung von Typhus- und Colera-Epidemien geholfen. Leider bieten bakterielle Indikatoren aber nicht die Möglichkeit eines absolut verläßlichen Nachweises von fäkalen Viruskontaminationen, da Viren oft länger im Wasser überdauern als Bakterien [2]. Pathogene Viren können noch in Oberflächengewässern vorhanden sein, wenn Colibakterien schon längst nicht mehr nachweisbar sind. Mit Bakterien als Indikatoren kann demnach keine vollständige Beurteilung epidemiologischer Gefahren erfolgen. Weil aber pathogene Viren selbst nur unter sehr großem Aufwand nachweisbar sind, wurde nach viralen Indikatoren gesucht, die in Herkunft und Resistenz gegenüber Umwelteinflüssen den problematischen Viren ähnlich sind und folglich bessere Auskunft über deren Vorkommen geben können als Bakterien. Hier wurden Coliphagen eingeführt, auch weil sie leichter nachgewiesen werden können als pathogene Viren und weil Coliphagen im Abwasser in höheren Konzentrationen vorkommen als diese.

Die natürliche Umgebung von Coliphagen ist die ihrer Wirte, d.h. die von Colibakterien, welche im Darm vom Menschen und warmblütigen Tieren leben. Dementsprechend gelangen sie auch mit deren Fäkalien in das Abwasser. Im menschlichem Stuhl können bis zu 10^6 Coliphagen pro Gramm nachgewiesen werden, die Konzentrationen bei Tieren betragen sogar bis zu 10^7 pro Gramm [7]. Verglichen mit allen übrigen Viren und Bakterien im Stuhl haben Coliphagen eine sehr geringe Empfindlichkeit gegenüber Umweltstreßfaktoren. Trotz dieser günstigen Eigenschaft ist die Anwendungsmöglichkeit von Coliphagen als Indikator begrenzt. Coliphagen sind zwar gut geeignet, um fäkale Verunreinigungen in Oberflächengewässern aufzuspüren, sie können aber dort keine genaue Auskunft über deren Ausmaß geben [7].

Neben den Phagen der Colibakterien wurden auch Phagen von anderen Darmbakterien wie z. B. von Salmonellen und Clostridien zum Nachweis von Abwassereinleitungen in natürliche Gewässer verwendet. Die Konzentration dieser Phagen steht in direktem Verhältnis zum Grad der Verunreinigung. Als weiteres Beispiel für Bakterien, die mittels Phagen angezeigt wurden, können hier Typhusbakterien genannt werden. Mit ihren Phagen konnten im Trinkwasser sehr empfindlich Typhuskontaminationen aufgespürt werden.

10.3.2.2
Viren als Indikatoren in Kläranlagen

Um die Ausbreitung von pathogenen Viren in Gewässern durch Kläranlageneinleitungen zu verhindern und damit epidemiologische Gefahren einzudämmen, ist ihre hinreichende Entfernung aus dem Rohwasser unbedingt erforderlich und gegebenenfalls zu überprüfen. Die direkte Erfassung solcher Viren ist aber weder im Rahmen von Routinemeßprogrammen noch bei häufigen Stichprobenuntersuchungen realisierbar. Um dennoch Auskunft über die aktuelle Reinigungsleistung einer Anlage zu erhalten, muß auch hier auf Indikatoren ausgewichen werden. In kommunalem Abwasser sind Coliphagen immer nachweisbar. Selbst in behandeltem Abwasser, wo pathogene Viren meist nur noch in Spuren vorhanden sind, werden Coliphagen regelmäßig vorgefunden, weil sie in vergleichsweise hohen Konzentrationen von bis zu 10^4 pro ml im Abwasser vorliegen.

Die Wirtszellen der Coliphagen haben außerhalb ihrer natürlichen Umgebung, dem Darm warmblütiger Tiere, keine optimalen Wachstumsbedingungen. Die für das Wachstum der Wirtszellen ungünstigen Temperaturen in Kläranlagen hemmen die Coliphagenproduktion. Da auch die Produktion von pathogenen Viren nur in menschlichen Körperzellen erfolgen kann, werden in Kläranlagen sowohl der Indikatorvirus als auch die angezeigten humanpathogenen Viren während der Reinigung nur aus dem Rohwasser entfernt, ohne etwa gleichzeitig nachproduziert zu werden. Diese Entfernung geschieht vor allem durch unspezifische Anheftung an Schwebstoffe bzw. an Belebtschlammflocken und deren anschließende Sedimentation [3]. Diese unspezifische Anheftung wiederum bedeutet, daß im Verlauf der Abwasserreinigung auch verschiedenartige Viren, wie der Indikator und die angezeigten Viren, dem Wasser ungefähr gleichermaßen entzogen werden. Die prozentuale Abnahme der Konzentration von Coliphagen im Verlauf des Belebtschlammverfahrens, also zwischen Zulauf des Belebungsbeckens und Ablauf des Sedimentationsbeckens, wird somit zu einem groben Maß für die prozentuale Abnahme von allen übrigen Viren und damit auch von pathogenen Viren.

Auch die Bakterien des Belebtschlammverfahrens sind potentielle Wirtsorganismen. Hier kann zwar eine relativ geringe Nährstoffversorgung pro Zelle die Phagenproduktion stark hemmen, aber die hohen Konzentrationen von Viren und Bakterien sind sehr günstig für eine Phageninfektion von den Bakterien, welche an die Umweltbedingungen dieses Verfahrens angepaßt sind [12]. Dies führt zwangsläufig zur Produktion von Phagen während der Abwasserreinigung. Dementsprechend kann die Gesamtkonzentration aller Viren, einschließlich der Phagen, nicht so stark abnehmen wie die Konzentration von Indikatorviren oder pathogenen Viren, welche beim Belebtschlammverfahren größtenteils entfernt werden [2, 7]. Trotz dieser, in zahlreichen Studien belegten Virusentfernung findet im Verlauf der Abwasserreinigung sogar eine deutliche Nettoproduktion der freien Viren statt (Abb. 10.6). Es ist zu beachten, daß neu produzierte Viren, welche dem Abwasser durch Adsorption an Belebtschlammflocken entzogen wurden, hier nicht enthalten sind. Auch die Phagenproduktion auf Flocken [13] kann in Gesamtbilanzen zu einer starken Bruttoproduktion von Phagen beim Belebtschlammverfahren beitragen.

Daraus folgt, daß ähnlich wie im natürlichen Gewässer ein bedeutender Anteil von Bakterien durch Phagen abgetötet wird. Leider gibt es bis heute keine ausführlichen Studien, bei denen der Einfluß der Phageninfektion auf die Reinigungsleistung untersucht worden wäre. Werden viele Phagen produziert, so muß es zu einer internen Aufstockung des Abwassers mit Zellinhaltsstoffen der geplatzten Bakterien kommen [5]. Gleichzeitig stehen natürlich die betroffenen Bakterien nicht mehr für den Schadstoffabbau zur Verfügung. Aber die freigesetzten gelösten organischen Stoffe können von anderen Bakterien sofort wiederverwendet werden und so eine gesteigerte Stoffwechselaktivität der Bakterien insgesamt ermöglichen. Dabei wird aber die Festlegung gelöster organischer Stoffe in Biomasse verlangsamt [5, 11].

Der oben beschriebene Kurzschluß bei der Festlegung gelöster organischer Substanzen in Biomasse ist also auch in Kläranlagen von Bedeutung. Dies sollte von großem Interesse sein, da die Phagenproduktion von Umweltfaktoren wie der Nährstoffversorgung pro Zelle beeinflußt wird und theoretisch, z. B. über die Schlammbelastung, Möglichkeiten der Prozeßsteuerung bietet. Auch eine künstliche Erhöhung der Konzentration freier Phagen bietet prinzipielle Möglichkeiten auf die Infektionshäufigkeit und damit auf die Stoffwechselaktivität der Bakterien einzuwirken [12].

10.3.3
Entfernung von Viren im Abwasser

Die maximale Phagenkonzentration in unbehandeltem Abwasser beträgt nach elektronenmikroskopischen Abschätzungen mindestens 10^{10} pro l [7]. (Hier ist aber zu beachten, daß bei der Präparation für die Elektronenmikroskopie je nach Wasserprobe ein wesentlicher Prozentsatz der Viren verloren geht [10].) Da Viren eine hohe Affinität zu mineralischen und organischen Partikeln haben, sind im Rohwasser ungefähr ein Drittel der Viren an Schwebstoffe gebunden [2]. Ihre Infektivität kann sich dabei zwar länger erhalten als bei ungebundenen Viren, dieser Anteil kann aber schon in der mechanischen Reinigungsstufe (Vorklärung) reduziert werden. Während einer 2-stündigen Aufenthaltszeit im Sedimentationsbecken der mechanischen Stufe können so maximal 30 % der pathogenen Viren dem Abwasser entzogen werden [7].

Das Tropfkörperverfahren, bei dem das Abwasser über einen Biofilm fließt, hat sich ebenfalls als eine ungenügende Methode zur Virusentfernung herausgestellt. Charakteristisch sind enorm hohe Schwankungen bei der Effizienz der Virenentfernung von 20 bis 90 % [2, 3].

Das Belebtschlammverfahren unterstützt die rasche Produktion mikrobieller Biomasse aus gelösten organischen Substanzen. Die gebildete Biomasse verklumpt zu Flocken, in denen Bakterien und auch höhere Mikroorganismen zu finden sind. Diese Flocken bilden den Belebtschlamm und sedimentieren in den folgenden Reinigungsstufen. Der Einschluß von Viren in Belebtschlammflocken und die Bindung an deren Oberfläche ist in Kläranlagen der wichtigste Mechanismus, um Viren dem Wasser zu entziehen. Bei einer Vielzahl von Untersuchungen der Reinigungsleistungen verschiedener Belebtschlammanlagen zeigte sich, daß pathogene Viren mit wenigen Ausnahmen zu 92 bis über 99 % entfernt werden [2]. Im allgemeinen ist also die Reinigungsleistung herkömmlicher Kläranlagen ausreichend, um die Konzentration dieser Viren auf ein hygienisch unbedenkliches Niveau zu senken. Sollte dies im Einzelfall nicht erreicht werden, so bieten sich verschiedene chemische und physikalische Verfahren an, um die Restkonzentration sehr effektiv zu vermindern.

Mit Desinfektionsmitteln wie Chlor, Jod und Ozon wäre es ohne weiteres möglich, den Restgehalt an Viren im behandelten Abwasser drastisch zu reduzieren. Mit Chlor können pathogene Viren um 99,9 % mit Ozon um 99,99 bis 99,999 % inaktiviert werden [3]. Allerdings ist von einer Chlorierung des Kläranlagenablaufs wegen der unkontrollierten Entstehung von organischen Chlorverbindungen abzuraten. Bei der chemischen Desinfektion ist zu beachten, daß an Feststoffe gebundene Viren deutlich weniger empfindlich sind als frei suspendierte. Es ist also auch im Hinblick auf eine möglichst effiziente Desinfektion wichtig, diese (falls erforderlich) erst nach der Sedimentation im Anschluß an die biologische Reinigungsstufe vorzunehmen.

Mit Fällungsmitteln wie Calciumoxid, Eisensulfat oder Eisenchlorid können je nach eingesetzter Konzentration und eingestelltem pH-Wert bis zu 99,9 % der Viren entfernt werden. Polyelektrolyte, als Flockungsmittel eingesetzt, haben allerdings keine Virusdesinfektion zur Folge; sie erleichtern lediglich die Sedimentation schon partikelgebundener Viren [3].

10.3.4
Ausblick

Es wird nötig sein, in Zukunft stärker auf die Bedeutung der Phagenproduktion für den Betrieb von Kläranlagen einzugehen. Dies sollte in zweierlei Hinsicht geschehen. Einmal konnte bei den Bemühungen, Phagen als Mittel gegen solche Mikroorganismen zu verwenden, die den Betrieb von Kläranlagen stören, noch immer kein Erfolg verzeichnet werden. Zum andern muß noch im Detail untersucht werden, unter welchen Bedingungen die Phagenproduktion einen deutlichen Einfluß auf die Reinigungsleistung von biologischen Klärstufen hat. Die Epifluoreszenzmikroskopie bietet hier ein potentes Werkzeug.

Im Zuge der rasanten Entwicklung gentechnologischer Methoden muß man damit rechnen, daß künftig standardisierte Schnelltestverfahren zur Erfassung einzelner pathogener Viren verfügbar sein werden. Hiermit wären ohne großen

Aufwand gezielte epidemiologische Untersuchungen möglich. Die Quantifizierung von Indikatoren für die Effizienz von Kläranlagen bei der Entfernung pathogener Viren werden solche Methoden aber voraussichtlich nicht ersetzen können.

Literatur

1. Bergh Ø, Børsheim KY, Bratbak G, Heldal M (1989) High abundance of viruses found in aquatic environments. Nature 340:467–468
2. Bitton G (1980) Introduction to environmental virology. John Wiley, New York
3. Bitton G (1994) Wastewater microbiology. Wiley-Liss, New York
4. Block JC, Schwartzbrod L (1989) Viruses in water systems: detection and identification. VCH Publishers, Weinheim
5. Bratbak G, Heldal M, Thingstad TF (1990) Viruses as partners in spring bloom microbial trophodynamics. Appl Environ Microbiol 56:1400–1405
6. Fuhrman JA, Suttle CA (1993) Viruses in marine planktonic systems. Oceanogr 6:51–63
7. Goyal SM (1987) Phage ecology. John Wiley, New York
8. Hayes W (1964) Genetics of bacteria and their viruses. John Wiley, New York
9. Hennes KP, Simon M (1995) Significance of Bacteriophages for Controlling Bacterioplankton growth in a Mesotrophic Lake. Appl Environ Microbiol 61:333–340
10. Hennes KP, Suttle CA (1995) Direct counts of viruses in natural waters and laboratory cultures by epifluorescence microscopy. Limnol Oceanogr 40:1054–1059
11. Murray AG, Eldridge PM (1994) Marine viral ecology: incorporation of bacteriophage into the microbial planktonic food web paradigm. J Plankton Res 16:627–641
12. Murray AG, Jackson GA (1992) Viral dynamics: a model of the effects of size, shape, motion and abundance of single-celled planktonic organisms and other particles. Mar Ecol Prog Ser 89:103–116
13. Proctor LM, Fuhrman JA (1991) Roles of viral infection in organic particle flux. Mar Ecol Prog Ser 69:133–142
14. Schlegel HG (1985) Allgemeine Mikrobiologie. Thieme Verlag Stuttgart
15. Schuster G (1988) Virus und Viruskrankheiten. Ziemsen Verlag, Wittenberg

Teil III

Aktivitäten der Mikroorganismen des Abwassers

Bestimmung der stoffwechselaktiven Bakterien im Belebtschlamm

T. Griebe · G. Schaule · J. Secker · H.-C. Flemming

11.1
Einleitung

Die Bestimmung der Stoffwechselaktivität ist ein zentrales Anliegen der Ökologie der Abwasser-Mikroorganismen, da der Abbau von organischen Wasserinhaltsstoffen und die Stoffumsatzrate nur durch physiologisch aktive Organismen bestimmt werden. In der Regel wird die Aktivität von Mikroorganismen im Abwasser über die summarische Bestimmung von Stoffumsatzraten und Biomasseparametern charakterisiert. Diese summarischen Kenngrößen ermöglichen keine Aussagen über die Verteilung der Stoffwechselaktivität in den einzelnen Populationen. Für das Verständnis der Populationsdynamik und der Stoffumsatzraten im Abwasser ist zunächst die Erfassung der physiologisch aktiven Mikroorganismen auf zellulärer Ebene eine wesentliche Voraussetzung. Die gleichzeitige Identifikation der stoffwechselaktiven Mikroorganismen über Gensonden, um die wirklichen Akteure und deren Bedeutung für die Stoffumsetzung im Abwasser zu charakterisieren, stellt in einem weiteren Schritt eine wichtige Aufgabe der Ökologie dar.

Zur Bestimmung der Aktivität von Mikroorganismen eignen sich einfach durchführbare Enzymuntersuchungen, wie der Dehydrogenasentest [1–3]. Da Dehydrogenasen im Enzymsystem sämtlicher Mikroorganismen vorhanden sind, ist die Dehydrogenasenaktivität ein Indikator für Stoffwechselaktivität und kann als Maß für die Intensität mikrobieller Stoffumsetzungen angesehen werden [4]. Die biologische Oxidation von Substraten erfolgt im wesentlichen über Dehydrogenasen im Elektronentransport-System (ETS). Dort werden die von spezifischen Dehydrogenasen abgespaltenen Wasserstoffatome über Coenzyme in die Atmungskette eingeschleust oder für biochemische Reduktionsschritte verbraucht. Bei den Dehydrogenasen-Tests werden chemische Verbindungen eingesetzt, die aufgrund ihres Redoxpotentials in Konkurrenz zu den natürlichen Trägern des ETS auftreten. Als chemische Verbindung werden z. B. Tetrazoliumsalze eingesetzt, die je nach Redoxpotential im ETS als künstliche Elektronen-Endakzeptoren dienen [5–7]. Für die Bestimmung der mikrobiellen Aktivität in Belebtschlamm wurden bislang die Tetrazoliumsalze 2-*p*-Iodophenyl-3-*p*-nitrophenyl-5-phenyl-2H-tetrazoliumchlorid (INT) [8–10] und 2,3,5-Triphenyl-2H-tetrazoliumchlorid (TTC) [2, 3, 11] eingesetzt. Bei der Reduktion werden die farblosen und wasserlöslichen Tetrazoliumsalze wie INT

Lemmer/Griebe/Flemming (Hrsg.)
Ökologie der Abwasserorganismen
© Springer-Verlag Berlin Heidelberg 1996

und TTC zu farbigen Kristallen umgesetzt. Problematisch bei diesen Methoden ist, daß der farbige Kristall mikroskopisch nur schwer in der einzelnen Bakterienzelle detektierbar ist [12, 13]. Daher werden die Reduktionsprodukte (Formazane) für die photometrische Bestimmung mit Formazanlösungsmitteln extrahiert [3, 6, 14]. Diese Bestimmung ermöglicht nur eine summarische Abschätzung der mikrobiellen Aktivität in Belebtschlamm, da die extrahierte Formazan-Menge keinen Rückschluß auf den tatsächlich vorhandenen Anteil an stoffwechselaktiven Bakterien zuläßt. In der vorliegenden Arbeit wird eine Fluoreszenz-Methode zur Erkennung und Quantifizierung von stoffwechselaktiven Bakterien in Belebtschlamm auf zellulärer Ebene vorgestellt. Als Redoxfarbstoff wurde das Tetrazoliumsalz 5-Cyano-2,3-ditolyltetrazoliumchlorid (CTC) eingesetzt. Dieses Tetrazoliumsalz wird durch die Dehydrogenasen von stoffwechselaktiven Mikroorganismen zu einem wasserunlöslichen und nach Anregung fluoreszierenden Formazan-Kristall reduziert, der mittels Epifluoreszenzmikroskopie in der Bakterienzelle nachweisbar ist [12,13] oder für die photometrische Bestimmung mit Ethanol extrahiert werden kann. Damit bietet CTC eine Möglichkeit, zwischen aktiven und nicht aktiven Bakterien auf zellulärer Ebene zu differenzieren [12, 13, 15].

CTC wurde nach Gegenfärbung mit dem DNA-spezifischen Fluorochrom 4′,6′-Diamidino-2-phenylindoldihydrochlorid-dilactat (DAPI-lac) zur quantitativen Bestimmung von stoffwechselaktiven Bakterien und der Gesamtzellzahl im Belebtschlamm eingesetzt. Im Rahmen der Untersuchungen wurde die Methodik für die Aktivitätsbestimmung in Belebtschlamm optimiert. Außerdem wurde der Einfluß von Nährstoffzugabe und Probenlagerung geprüft.

11.2
Material und Methoden

11.2.1
Bestimmung der Stoffwechselaktivität auf zellulärer Ebene

Zur Bestimmung der stoffwechselaktiven Mikroorganismen in Belebtschlamm wurde der Redoxfarbstoff 5-Cyano-2,3-ditolyltetrazoliumchlorid (CTC, Polyscience Inc., Eppelheim, Deutschland) eingesetzt. Für die Bestimmung der Gesamtzellzahl wurde das an DNA bindende Fluorochrom 4′,6′-Diamidino-2-phenylindoldihydrochlorid-dilactat (DAPI-lac, Polyscience Inc.) verwendet.

Die CTC-Lösung wurde vor jeder Probenaufarbeitung frisch hergestellt, da sie auch im Kühlschrank nicht lagerfähig ist. Die Belebtschlammprobe (1 ml) wurde mit 1 ml CTC bei Raumtemperatur (20 °C) im Dunkeln inkubiert. Die Reduktion des Redoxfarbstoffes wurde durch Formaldehyd (Endkonz. 2%) abgestoppt. Mit DAPI-lac (10 µg/ml) erfolgte die Gegenfärbung, um alle Bakterien anzufärben, so daß der Anteil der CTC-positiven Bakterien ermittelt werden konnte. Bevor eine mikroskopische Quantifizierung der aktiven Bakterien erfolgte, mußte die Belebtschlammprobe einer adäquaten Homogenisierung unterzogen werden. Mit Dispergierhilfen wie dem Ultra Turrax konnte nur bei sehr langer Homogenisations-Zeit (5 bis 10 Minuten) eine ausreichende Disaggregation der Belebtschlammflocken erreicht werden. Dieses Verfahren ist somit für die Homogenisierung von Belebtschlamm-Flocken nicht geeignet, da besonders fadenförmige Bakterien zerstört werden. Für die zerstörungsfreie Homogenisierung von Belebtschlammproben wurde daher ein Glashomogenisator, bestehend aus einem graduierten Glaszylinder und einem Teflon-Piston, eingesetzt [16]. Anschließend wurde die Belebtschlammprobe mit steril filtriertem Trinkwasser verdünnt und über einen schwarzen Polycarbonatfilter (Millipore, 0,2 µm Porengröße) filtriert (Abb. 11.1). Der in fluoreszenzfreies Immersionsöl eingeschlossene Filter wurde im Epifluoreszenzmikroskop untersucht, nachdem das Immersionsöl die fluoreszierenden Formazan-Kristalle, welche in der Flocke außerhalb der Bakterienzelle gebildet wurden, auflöste. Durch die Wahl geeigneter Filterkombinationen im Epifluoreszenzmikroskop ist es möglich, die Gesamtzellzahl und die Anzahl aktiver (CTC-positiver) Bakterien im selben Gesichtsfeld zu bestimmen. Die Bestimmung der CTC-positiven Bakterien erfolgte mit nachstehend benanntem Filtersatz der Fa. Zeiss: Anregungsfilter BP 450-490, FT 510 und dem Sperrfilter LP 590. Die Bestimmung der Gesamtzellzahl erfolgte mit dem Filtersatz: Anregungsfilter BP 365, FT 395 und dem Sperrfilter LP 420.

Abb. 11.1 Schematische Darstellung der Probenpräparation für die Bestimmung der Dehydrogenasenaktivität in Belebtschlamm

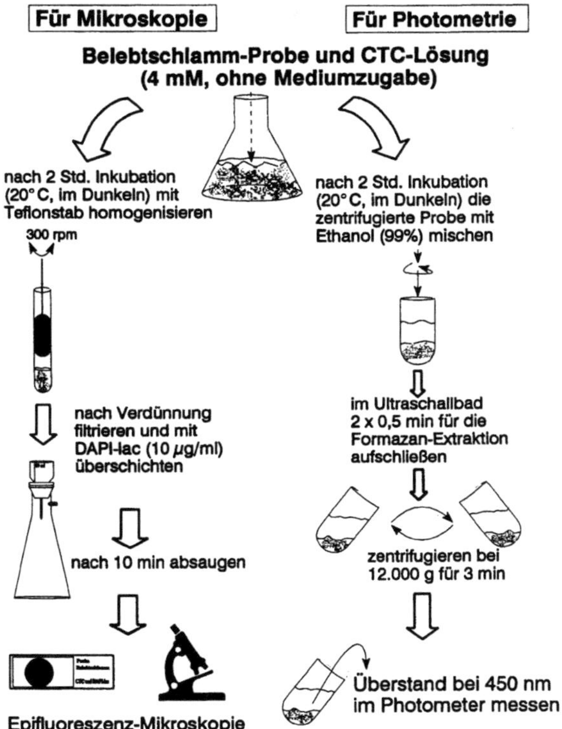

11.2.2
Bestimmung der Gesamt-Stoffwechselaktivität

Die mikrobiell reduzierte Form des Redoxfarbstoffes CTC läßt sich genauso wie die meisten anderen Tetrazoliumsalze bzw. deren Formazane mit Lösungsmitteln wie Ethanol extrahieren und photometrisch bestimmen. Für die Extraktion der Formazan-Kristalle aus der Belebtschlammprobe wurde absolutes Ethanol (99%) verwendet. Nach der Inkubation mit CTC-Lösung (Endkonzentration 4 mM), wurde die Belebtschlammprobe (2 ml) bei 12000 g für 3 min zentrifugiert. Der Überstand wurde verworfen und das Pellet mit 2 ml Ethanol resuspendiert und im Ultraschallbad 0,5 min beschallt. Anschließend wurde die Probe bei 12000 g für 3 min zentrifugiert und der Überstand aufbewahrt. Das Pellet wurde auf Eis gekühlt, mit 2 ml Ethanol überschichtet und ein zweites Mal im Ultraschallbad beschallt und zentrifugiert. Die vereinigten Überstände wurden in einem Spektralphotometer (Fa. Perkin Elmer, Küvettendurchmesser 1 cm) bei 450 nm gegen Ethanol gemessen.

11.3
Ergebnisse und Diskussion

11.3.1
Mikroskopische Quantifizierung von stoffwechselaktiven Belebtschlamm-Bakterien

Der Dehydrogenasentest mit dem Tetrazoliumsalz CTC ermöglichte eine differenzierte Erkennung von stoffwechselaktiven und nicht aktiven Bakterien in der Belebtschlammflocke (Abb. 11.2a und 11.2b). Bei den mikroskopischen Untersuchungen der Belebtschlammproben fiel auf, daß die fadenförmigen Bakterien besonders große Formazan-Kristalle bildeten. Die rot fluoreszierenden Formazan-Kristalle in den fadenförmigen Belebtschlammbakterien waren auch bei UV-Anregung im Epifluoreszenzmikroskop sichtbar (Abb. 11.2c). Bei der mikroskopischen Betrachtung wurde ferner beobachtet, daß die Formazane des Tetrazoliumsalzes CTC auch außerhalb der Bakterien auftraten. Das Tetrazoliumsalz CTC wird folglich nicht nur in aktiven Bakterien selektiv zu einem fluoreszierenden Formazan reduziert. Für die Erkennung von stoffwechselaktiven Bakterien auf zellulärer Ebene wurden die Proben nach adäquater Homogenisation, Verdünnung und Filtration in Immersionsöl eingebettet und im Fluoreszenzmikroskop bei UV-Anregung für 15 min. beleuchtet, um die außerhalb der Bakterien gebildeten Formazane aufzulösen. Belebtschlammproben, die vor dem Dehydrogenasentest mittels Formaldehyd oder Sterilisation inaktiviert wurden, um den Einfluß der abiotischen Reduktion des Tetrazoliumsalzes zu überprüfen, enthielten keine Formazan-Kristalle. Dies kann als Indiz für die rein biotische Reduktion des Tetrazoliumsalzes durch intakte Zellfragmente in der unbehandelten Flockenmatrix betrachtet werden. Daher wird angenommen, daß physiologisch intakte Bestandteile von lysierten Bakterien, die in der Flockenmatrix des Belebtschlammes für die Hydrolyse von Substraten

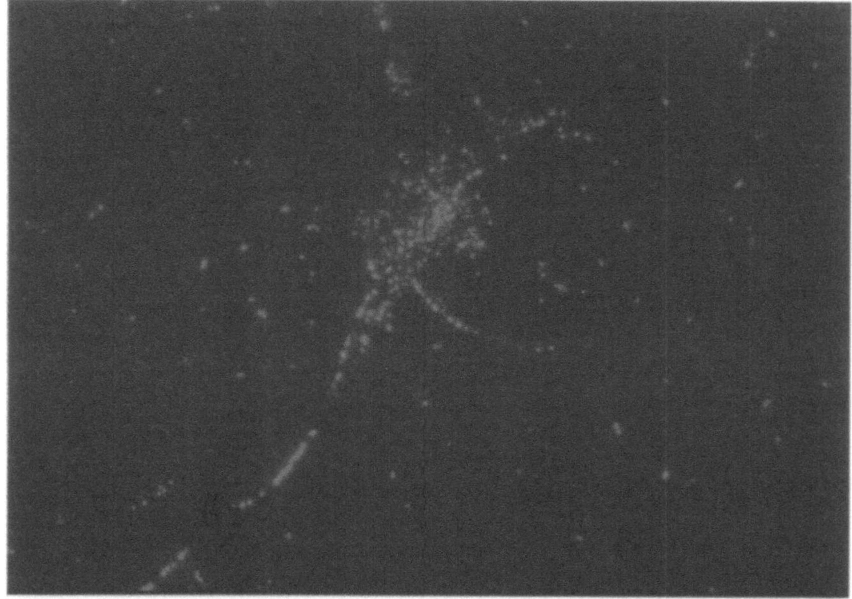

a

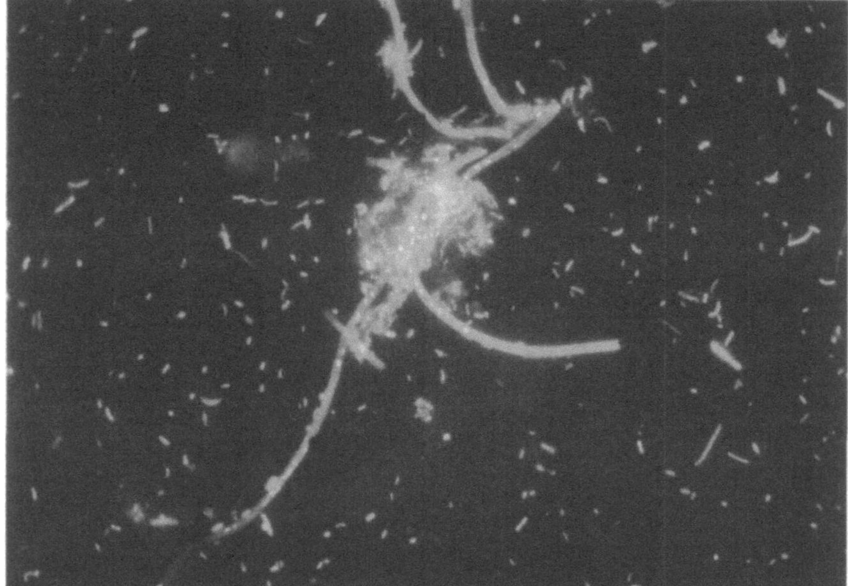

b

Abb. 11.2 a, b Der Dehydrogenasentest mit dem Tetrazoliumsalz CTC ermöglicht eine differenzierte Erkennung von stoffwechselaktiven (rot fluoreszierenden) und nicht aktiven (blau fluoreszierenden) Bakterien aus Belebtschlamm im selben mikroskopischen Gesichtsfeld. Die rot fluoreszierenden Formazan-Kristalle in den Belebtschlammbakterien sind auch bei Blaulichtanregung (Filtersatz: FT 510, BP 450-490 und LP 590 nm) sichtbar. Die mit DAPI-lac blau fluoreszierenden Bakterien wurden bei UV-Anregung (Filtersatz: FT 395, BP 365 und LP 420 nm) im Epifluoreszenzmikroskop bei 1000facher Vergrößerung fotografiert

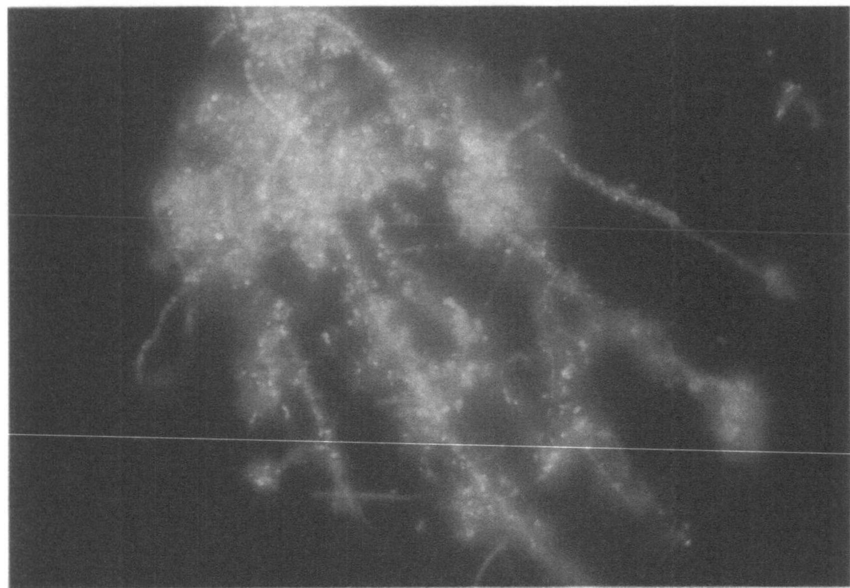

c

Abb. 11.2 c Der Dehydrogenasentest mit dem Tetrazoliumsalz CTC ermöglicht eine differenzierte Erkennung von stoffwechselaktiven (rot fluoreszierenden) und nicht aktiven (blau fluoreszierenden) Bakterien in der Belebtschlammflocke. Bei den mikroskopischen Untersuchungen der Belebtschlammproben fiel auf, daß die fadenförmigen Bakterien besonders große Formazan-Kristalle bildeten. Die rot fluoreszierenden Formazan-Kristalle in den fadenförmigen Belebtschlammbakterien sind selbst bei nicht optimaler UV-Anregung (Filtersatz: FT 395, BP 365 und LP 420 nm) im Epifluoreszenzmikroskop sichtbar

von Bedeutung sind [16], auch die Reduktion des Tetrazoliumsalzes extrazellulär ermöglichen. Aufgrund der intensiven Fluoreszenz der Formazan-Kristalle in den stoffwechselaktiven Bakterien kann auch der Einsatz von Durchfluß-Zytometrie [17] und Bildverarbeitungssystemen erfolgen, um die Stoffwechselaktivität eines einzelnen Bakteriums zu bestimmen [13].

Die bislang eingesetzten Tetrazoliumsalze TTC und INT sind gegenüber CTC nur zur summarischen Abschätzung der Gesamt-Stoffwechselaktivität in Belebtschlamm einsetzbar, da sie photometrisch nach der Extraktion von Formazan-Kristallen bestimmt werden. Die von Bitton und Koopman [7] in Anlehnung an die von Zimmermann et al. [19] entwickelte Methode zur mikroskopischen Quantifizierung von respiratorisch aktiven Bakterien mit Hilfe von INT wurde zwar für Reinkulturen fädiger Mikroorganismen (*Sphaerotilus natans* und Typ 021N) erfolgreich eingesetzt [10]. Für Belebtschlamm-Mischkulturen wurden aber von den letztgenannten Autoren keine Angaben gemacht, da die dunklen, nicht fluoreszierenden Formazan-Kristalle des Tetrazoliumsalzes INT im überwiegenden Anteil der Belebtschlammbakterien auch bei 1000facher mikroskopischer Vergrößerung nicht oder nur sehr schwer erkennbar sind. Die Bestimmung der Stoffwechselaktivität von Belebtschlamm-Mikroorganismen mit dem Tetrazoliumsalz CTC zeigt erstmals, daß der Anteil an aktiven Bakterien zwischen 35 und 40% im Belebtschlamm ausmachen kann. Der Dehydrogenasentest mit dem Tetrazoliumsalz TTC nach DEV [11] ist für die Bestimmung der mikrobiellen Stoffwechselaktivität in Belebtschlamm weniger geeignet als der INT- oder CTC-Test. Neben toxischen Effekten von TTC auf Mikroorganismen [4, 20], die zu einer Verzerrung von Aktivitätsmessungen mit diesem Farbstoff führen können, ist TTC genauso wie INT leichter reduzierbar als CTC.

11.3.2
Einfluß der CTC-Konzentration

Belebtschlammproben wurden mit verschiedenen Konzentrationen an CTC für 2 h bei Raumtemperatur im Dunkeln inkubiert. Die Ergebnisse zeigten, daß eine CTC-Konzentration von 4 mM auch bei sehr hoher Zelldichte (ca. 10^{8}– 10^{10} Bakterien ml^{-1}), wie sie im Belebtschlamm auftritt, zur sichtbaren Formazan-Bildung ausreichte (Abb. 11.3). Eine Erhöhung der CTC-Konzentration bis 10 mM führte weder zu einer Zunahme noch zu einer Abnahme an stoffwechselaktiven Bakterien. Dies steht in Überstimmung mit den von Rodriguez et al. [12] und Stewart et al. [15] durchgeführten Untersuchungen.

Vergleichend zur mikroskopischen Bestimmung der Stoffwechselaktivität wurde die Menge an gebildeten Formazan-Kristallen für Belebtschlammproben, die mit CTC-Konzentrationen von 4 mM und 10 mM inkubiert wurden, summa-

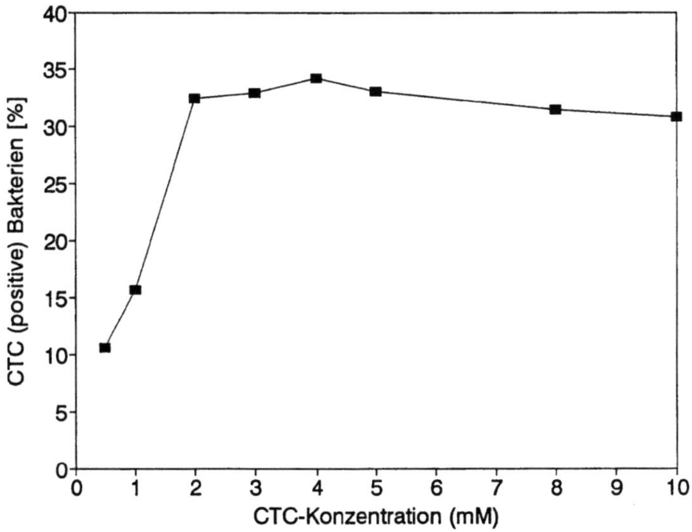

Abb. 11.3 Einfluß der CTC-Konzentration auf die Stoffwechselaktivität von Mikroorganismen aus Belebtschlamm. Die Stoffwechselaktivität wurde zellulär über die Epifluoreszenzmikroskopie bestimmt. Die Anzahl an stoffwechselaktiven Bakterien (CTC-positiv) ist im Verhältnis zur Gesamtzellzahl angegeben

Tabelle 11.1   Einfluß der CTC-Konzentration auf die Bildung von Formazan in Belebtschlamm

Methode zur Bestimmung der Aktivität	Eingesetzte CTC-Konzentration	$\overline{X}$	s	n	$D_f \overline{X}_4, \overline{X}_{10}$ $D_f s_4, s_{10}$	Statistische Bewertung bei einer Irrtumswahrscheinlichkeit von 5%
Zellulär (Mikroskopie)	4 mM	22,50%	3,0%	4	4,75%	$\overline{X}_4, \overline{X}_{10}$ und s_4, s_{10} unterscheiden sich nicht signifikant
Zellulär (Mikroskopie)	10 mM	17,75%	2,75%	4	0,25%	
Summarisch (Photometrie)	4 mM	0,506[a]	0,027[a] (5,53%)	8	28,06%	$\overline{X}_4, \overline{X}_{10}$ und s_4, s_{10} unterscheiden sich signifikant
Summarisch (Photometrie)	10 mM	0,364[a]	0,056[a] (15,38%)	8	9,85%	

$\overline{X}$ = Mittelwert von CTC-positiven Bakterien, bzw. von extrahiertem Formazan,
s = Standardabweichung,
n = Stichprobenumfang,
$D_f \overline{X}_4, \overline{X}_{10}, D_f s_4, s_{10}$ = Differenz von $\overline{X}$ und s,
[a] = Absorptionseinheit bei 450 nM.

risch über die Photometrie quantifiziert. Die Ergebnisse zeigen eindeutig, daß bei einer CTC-Konzentration von 10 mM die Menge an gebildetem Formazan abnahm, obwohl der Anteil an CTC-positiven Bakterien gleich blieb (Tabelle 11.1). Für den Vergleich von Mittelwerten und Standardabweichungen wurde eine Varianzanalyse mit verbundenen Stichproben durchgeführt (Irrtumswahrscheinlichkeit von 5%). Die Bestimmung von stoffwechselaktiven Bakterien auf zellulärer Ebene mit Hilfe der Epifluoreszenzmikroskopie zeigte, daß die CTC-Konzentrationen von 4 mM und 10 mM keinen signifikanten Einfluß auf den Anteil an CTC-positiven Bakterien hatten. Die signifikanten Unterschiede der Mittelwerte und der Standardabweichungen bei der summarischen Bestimmung der gebildeten Formazan-Menge in Belebtschlamm, der mit den CTC-Konzentrationen von 4 mM und 10 mM inkubiert wurde, weisen auf eine Hemmung der Aktivität hin. Die hohe Variabilität innerhalb der Stichproben, die mit einer CTC-Konzentration von 10 mM inkubiert wurden, läßt sich nicht mit einer Ungenauigkeit der Methode erklären. Bei acht untersuchten Proben lag die Standardabweichung vom Mittelwert bei 15,39%. Dies kann als weiteres Indiz für eine physiologisch bedingte Hemmung der Stoffwechselaktivität angesehen werden.

Diese Ergebnisse zeigen deutlich die Diskrepanz zwischen den beiden methodischen Ansätzen der summarischen Bestimmung der Formazan-Menge durch Photometrie und der zellulären Erfassung von stoffwechselaktiven Bakterien mittels Epifluoreszenzmikroskopie. Im Gegensatz zur Bestimmung der Stoffwechselaktivität auf zellulärer Ebene wurde bei einer CTC-Konzentration von 10 mM eine signifikante Verringerung der Aktivität im Belebtschlamm festgestellt. Diese Bewertung steht aber nicht in Übereinstimmung mit dem konstant bleibenden Anteil an CTC-positiven Bakterien in den gleichen Proben. Folgerichtig ergaben sich aus diesen Erkenntnissen weitreichende Konsequenzen für den Einsatz von Tetrazoliumsalzen zur Bewertung toxischer Substanzen in Belebtschlamm, wie sie z.B das Deutsche Einheitsverfahren [11] vorsieht, da die summarisch ermittelte Veränderung der gebildeten Formazan-Menge nicht mit dem Anteil an stoffwechselaktiven Mikroorganismen korreliert. Untersuchungen von Dehydrogenasenaktivität mittels TTC, Sauerstoffverbrauch, Keimzahl und Trockengewicht in Belebtschlamm [14] zeigten, daß das Tetrazoliumsalz TTC nicht für Aktivitätsbestimmungen von Belebtschlamm-Mikroorganismen geeignet ist, da auch nicht aktive Bakterien zur Reduktion des Redoxfarbstoffs beitragen [18].

11.3.3
Einfluß der Inkubationszeit

Der Einfluß der Inkubationszeit auf die mikrobielle Reduktion von CTC und somit die Bildung von Formazan-Kristallen wurde summarisch über die Photometrie nach erfolgter Extraktion mit Ethanol und zellulär über die Epifluoreszenzmikroskopie vergleichend untersucht. Eine Inkubation von 2 h war ausreichend, um alle potentiell aktiven (CTC-positiven) Bakterien im Belebtschlamm zu detektieren (Abb. 11.4). Eine Verlängerung der Inkubationszeit führte zu keiner Erhöhung der CTC-positiven Bakterien in den Belebtschlammproben, die nicht mit Nährstoffen supplementiert wurden. Demgegenüber zeigte die Extraktion der Formazan-Kristalle aus Parallelproben einen Anstieg über einen Zeitraum von 24 h, da die Größe und Anzahl der Formazan-Kristalle in den mikroskopisch betrachteten Bakterien zunahm (Abb. 11.5). Wiederholt wird gezeigt, daß die beiden analytischen Vorgehensweisen zu abweichenden Bewertungen der Stoffwechselaktivität von Belebtschlamm-Mikroorganismen führen, und daß grundsätzlich die Richtigkeit der summarisch bestimmten Aktivität in Belebtschlammproben überprüft werden muß.

Abb. 11.4 Einfluß der Inkubationszeit auf die Stoffwechselaktivität von Mikroorganismen aus Belebtschlamm. Die Stoffwechselaktivität wurde zellulär über die Epifluoreszenzmikroskopie bestimmt. Die Anzahl an stoffwechselaktiven Bakterien (CTC-positiv) ist im Verhältnis zur Gesamtzellzahl angegeben

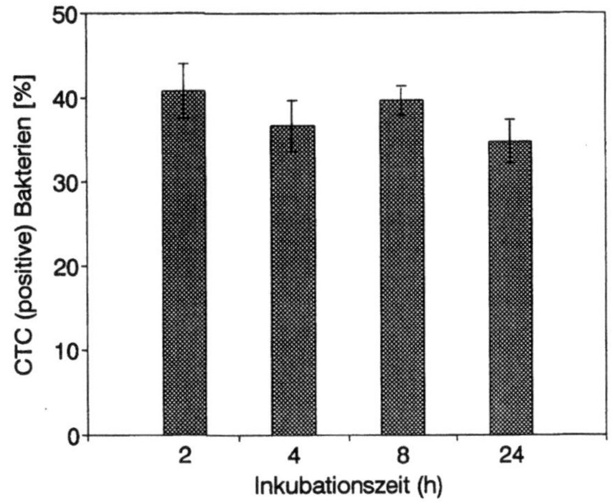

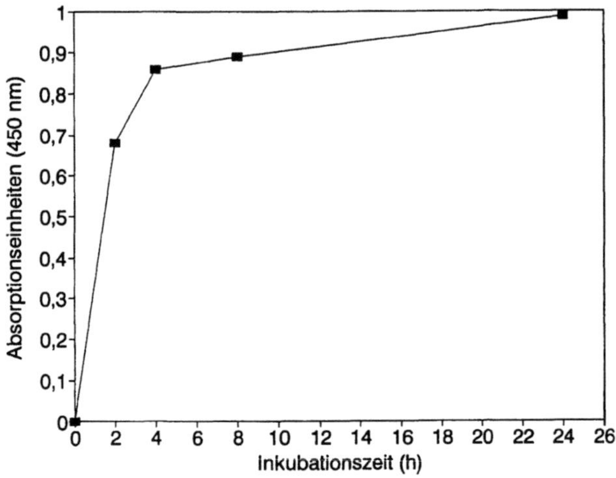

Abb. 11.5　Einfluß der Inkubationszeit auf die Stoffwechselaktivität von Mikroorganismen aus Belebtschlamm. Die Stoffwechselaktivität wurde summarisch über die Extraktion von Formazan des reduzierten Tetrazoliumsalzes CTC bestimmt

11.3.4
Einfluß von Nährstoffzugabe und Sauerstoff auf die CTC-Reduktion in Belebtschlamm

Belebtschlamm wurde vor dem Dehydrogenasentest mit Nährstoffen unter folgenden Bedingungen 2 h inkubiert:

a) 100 ml Belebtschlamm gerührt und belüftet (Kontrolle)
b) 100 ml Belebtschlamm + 50 mg Acetat gerührt und belüftet
c) 100 ml Belebtschlamm + 50 mg Acetat gerührt unter anaeroben Bedingungen
d) 100 ml Belebtschlamm + 50 mg Acetat und 50 mg Kalium-Nitrat gerührt unter anoxischen Bedingungen.

Nach der Vorbehandlung des Belebtschlamms wurden Aliquote mit 4 mM CTC-Lösung bei Raumtemperatur im Dunkeln für 2 h inkubiert. Anschließend erfolgte eine Fixierung mit Formaldehyd und eine Gegenfärbung mit DAPI-lac. Als Kontrolle diente Belebtschlamm ohne Nährstoffzugabe. Zusätzlich zum Dehydrogenasentest mit CTC wurde die Anzahl kultivierbarer Bakterien (KBE) nach Ausplattierung auf Standard I Medium bestimmt. Die Zugabe von Nährstoff (Acetat) führte zu keiner deutlichen Erhöhung der CTC-positiven Bakterien (Tabelle 11.2). Unter den gewählten Inkubationsbedingungen wurde eine Zunahme von ca. 4 % an stoffwechselaktiven Bakterien (CTC-positiv) gegenüber der Kontrolle festgestellt. Das Tetrazoliumsalz CTC wurde unter aeroben, anaeroben und anoxischen Bedingungen von stoffwechselaktiven Bakterien gleichermaßen reduziert, da es seinem negativen Redoxpotential entsprechend weniger stark mit Sauerstoff als Elektronenakzeptor konkurriert als andere Tetrazoliumsalze mit einem positiven Redoxpotential. Somit bietet der Dehydrogenasentest mit CTC eine Möglichkeit, in den unterschiedlichsten aquatischen Habitaten den physiologischen Zustand

Tabelle 11.2 Vergleich von stoffwechselaktiven (CTC-positiv) Bakterien und Koloniezahlen (KBE) in Belebtschlamm[a] unter verschiedenen Inkubationsbedingungen

Inkubationsbedingungen	CTC (positiv) in % der Gesamtzellzahl	KBE in % der Gesamtzellzahl
Belüftet	12,1	0,3
Acetat, belüftet	16,7	0,4
Acetat, anaerob	17,5	0,2
Acetat, anoxisch	15,1	0,4

[a] Biomasseparameter für den untersuchten Belebtschlamm: Gesamtzellzahl $4 \cdot 10^9$/ml, Proteingehalt 1 g/l, Trockengewicht 1,4 g/l (n = 4, s = ± 5 – 12 %).

von Bakterien zu bestimmen [12, 13]. Die Ergebnisse zeigen auch, daß eine Nährstoffzugabe zu keiner deutlichen Erhöhung der Stoffwechselaktivität innerhalb der zweistündigen Inkubationszeit führte. Die von Rodriquez et al. [12] und Schaule et al. [13] beschriebene Probeninkubation mit CTC und R2A-Medium führte ebenfalls zu keiner Steigerung der mikrobiellen Aktivität in Belebtschlamm während der zweistündigen Inkubationszeit. Daher wurde die von Stewart et al. [15] eingesetzte Methode der Probeninkubation mit einer CTC-Lösung ohne Nährstoffzugabe beibehalten. Der Verzicht auf die Stimulation der Stoffwechselaktivität mittels Nährstoffzugabe ist von besonderer Bedeutung für die Bestimmung der tatsächlich vorhandenen physiologischen Aktivität und somit des Belebtschlammzustandes. Schließlich sollte bei dem Einsatz einer empfindlichen Methode stets berücksichtigt werden, daß sich jede Form der Milieuveränderung auf die physiologische Aktivität von Mikroorganismen auswirkt und die resultierenden Meßdaten nicht unbedingt den *in situ*-Verhältnissen entsprechen.

Ein Vergleich des Dehydrogenasentests mit der Plattenmethode zur Bestimmung von Koloniezahlen in Belebtschlamm ergab, daß mit der CTC-Methode zwei Zehnerpotenzen mehr an vitalen Bakterien schnell (innerhalb von 2 h) und sensitiv (Detektionslimit = 1 Bakterienzelle) erfaßt werden konnten. Ein Vergleich von Koloniezahlen mit den als stoffwechselaktiv definierten Bakterien über den Dehydrogenasentest ist strenggenommen nicht zulässig, da mit den beiden Methoden zwei völlig unterschiedliche Aussagen erhalten werden. Während mit dem Dehydrogenasentest der physiologische Zustand von Bakterien, unabhängig von der Bakterienspecies, aber beeinflußt von Milieubedingungen bestimmt wird, kann mit der Plattenmethode über die Koloniezahlen die Kultivierbarkeit von Bakterien auf dem dafür vorgesehenen Medium untersucht werden. So haben z.B. Probentransport und Probenlagerung einen geringeren Einfluß auf die KBE als vergleichsweise auf die Stoffwechselaktivität.

11.3.5
Einfluß von Probenlagerung auf die CTC-Reduktion in Belebtschlamm

Eine sehr wichtige Einflußgröße bei der Bestimmung der mikrobiellen Aktivität in Belebtschlamm war die Probenlagerung und der Probentransport. Denn wie

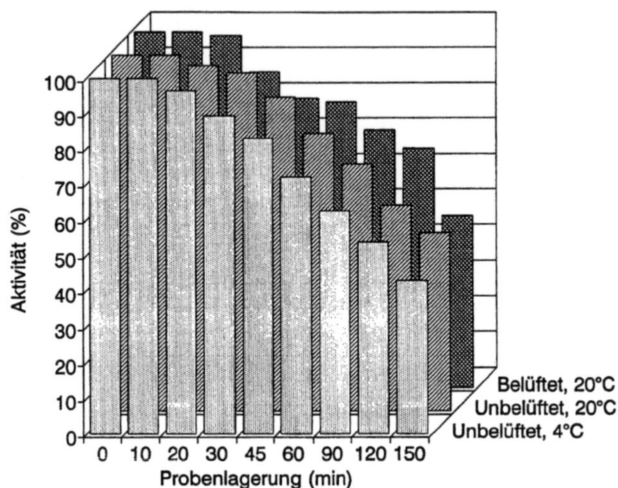

Abb. 11.6 Einfluß der Probenlagerung (belüftet bei 20 °C, nicht belüftet bei 20 °C, nicht belüftet bei 4 °C) auf die Stoffwechselaktivität von Mikroorganismen aus Belebtschlamm

die Untersuchungen zeigten, führte die Probenlagerung (gekühlt, belüftet und unbelüftet) schon innerhalb von 30 Minuten zu einer signifikanten Abnahme der Dehydrogenasenaktivität (Abb. 11.6). Nach 2,5 h reduzierte sich die Gesamtaktivität um 50 %. Es wird deutlich, daß die Zeitspanne zwischen Probennahme und der Analyse schon im Bereich von Minuten einen großen Einfluß auf die gemessenen Aktivitätswerte hat. Bei Probennahmeorten, die räumlich vom Labor getrennt sind, muß deshalb die CTC-Lösung direkt bei der Probennahme zugegeben werden.

In der Regel werden physiologische Untersuchungen an Belebtschlamm durch die Probennahme und Probentransport um 1 bis 2 h verzögert vorgenommen. Folglich sind die im Labor gemessenen Aktivitätswerte lediglich eine resultierende Reaktion auf die Milieuveränderung durch Probenlagerung und lassen keine Aussage über die *in situ*-Stoffwechselaktivität zu.

Obgleich hinlänglich bekannt ist, daß Bakterienkulturen sehr schnell auf Nährstoffabnahme mit Aktivitätsverlust reagieren [13, 17], wird die vergleichbare Milieuveränderung infolge der Probenlagerung häufig nicht berücksichtigt.

Für die praktische Anwendung des Tetrazoliumsalzes CTC im Dehydrogenasentest mit Belebtschlammproben sollte unter Berücksichtigung der vorliegenen Ergebnisse insbesondere die Probenlagerung vermieden werden, da die Einflußfaktoren CTC-Konzentration ($> 4\,\mathrm{mM}$), Inkubationszeit ($> 2\,\mathrm{h}$), Nährstoffzugabe und Sauerstoffgehalt bei dem eingesetzten analytischen Vorgehen die Anzahl an stoffwechselaktiven Bakterien bei der epifluoreszenzmikroskopischen Bestimmung nicht beeinflußten.

11.4
Schlußfolgerungen

- Das Tetrazoliumsalz CTC ist für die Erkennung von stoffwechselaktiven Bakterien im Belebtschlamm einsetzbar.
- Das Tetrazoliumsalz wird unter aeroben, anaeroben und anoxischen Bedingungen von stoffwechselaktiven Bakterien reduziert.
- Mit dem vorgestellten Dehydrogenase-Test können auch aktive, jedoch nicht kultivierbare Bakterien schnell (innerhalb von 2 h) und sensitiv (Detektionslimit = 1 Bakterienzelle) erfaßt werden.
- Eine CTC-Konzentration von 4 mM ist ausreichend für die Bestimmung stoffwechselaktiver Bakterien in Belebtschlamm.
- Die summarische Aktivitätsbestimmung über die Photometrie korreliert nicht mit der tatsächlich vorhandenen Anzahl an stoffwechselaktiven Belebtschlammbakterien.
- Die Probenlagerung hat einen signifikanten Einfluß auf die Dehydrogenasenaktivität von Belebtschlamm-Mikroorganismen.

Literatur

1. Nybroe O, Jørgensen PE, Henze M (1992) Enzyme activities in wastewater and activated sludge. Wat Res 26:579–584
2. Miksch K (1985) Auswahl einer optimalen Methodik für die Aktivitätsbestimmung des Belebtschlammes mit Hilfe des TTC-Testes. Vom Wasser 64:187–198
3. Bucksteeg W, Thiele H (1959) Die Beurteilung von Abwasser und Schlamm mittels TTC. Gas-Wasserfach, Wasser-Abwasser 100:916–920
4. Schinner F, Öhlinger R, Kandeler E (1991) Bodenbiologische Arbeitsmethoden. Springer Verlag, Berlin, Heidelberg, New York
5. Altmann, FP (1970) On the oxygen sensitivity of various tetrazolium salts. Histochemie, 22: 256–261
6. Altmann, FP (1976) Tetrazolium salts and formazans. Fischer Verlag, Stuttgart
7. Bitton G, Koopman B (1982) Tetrazolium reduction-malachite green method for assessing the viability of filamentous bacteria in activated sludge. Appl Environ Microbiol 43: 964–966
8. Logue C, Koopman B, Bitton G (1983) INT-reduction assays and control of sludge bulking. J Envir Eng 109:915–923
9. Kim CW, Koopman B, Bitton G (1987) Effect of suspended solids concentration and filament type on the toxicity of chlorine and hydrogen peroxide to bulking activated sludge. Toxic Assess 2:49–62
10. Kim Cw, Koopman B, Bitton G (1994) INT-dehydrogenase activity test for assessing chlorine and hydrogen peroxide inhibition of filamentous pure cultures and activated sludge. Wat Res 28:1117–1121
11. Deutsche Einheitsverfahren (DEV) zur Wasser-, Abwasser-und Schlamm-Untersuchung: L3, Bestimmung der Toxizität von Abwässern und Abwasserinhaltsstoffen nach der Dehydrogenasenaktivität mittels 2,3,5-Triphenyltetrazoliumchlorid (TTC)
12. Rodriguez GG, Phipps D, Ishiguro K, Ridgway HF (1992) Use of a fluorescent redox probe for visualization of actively respiring bacteria. Appl Environ Microbiol 58:1801–1808
13. Schaule G, Flemming HC, Ridgway HF (1993) Use of 5-Cyano-2,3-Ditolyl Tetrazolium Chloride for quantifying planktonic and sessile respiring bacteria in drinking water. Appl Environ Microbiol 59:3850–3857

14. Tebbut, THY, Paraskevopoulos AG (1981) Viability parameters for activated sludge. Environmental Technology Letters, 2:293–302

15. Stewart PS, Griebe T, Srinivasan R, Chen C-I, Yu FP (1994) Comparision of respiratory activity and culturability during monochloramine disinfection of binary population biofilms. Appl Environ Microbiol 60:1690–1692

16. Frølund B, Griebe T, Nielsen PH (1995) Enzymatic activity in the activated sludge floc matrix. Appl Microbiol Biotechnol 43:755–761

17. Kaprelyants AS, Kell DB (1993) Dormancy in stationary-phase cultures of Micrococcus luteus: Flow cytometric analysis of starvation and resuscitation. Appl Environ Microbiol 59:3187–3196

18. Weddle CL, Jenkins D (1971) The viability and activity of activated sludge. Wat Res 5:621–640

19. Zimmermann R, Iturriaga R, Becker-Birck J (1978) Simultaneous determination of the total number of aquatic bacteria and the number thereof involved in respiration. Appl Environ Microbiol 36:926–935

20. Thalmann A (1968) Zur Methodik der Bestimmung der Dehydrogenasenaktivität im Boden mittels Triphenyltetrazoliumchlorid (TTC). Landwirtsch Forsch 21:249–258

Die Bedeutung von Biofilmen und Flocken für die Nitrifikation in aquatischen Biotopen

H.-P. Koops · B. Böttcher · P. Dittberner · G. Rath · G. Stehr · S. Zörner

12.1
Einleitung

Biofilme und Flocken gelten neben Sedimenten als Zentren des mikrobiellen Stoffumsatzes in aquatischen Biotopen. Für ihre Entstehung sind extrazelluläre polymere Substanzen (EPS), die von zahlreichen Mikroorganismen in erheblichen Mengen ausgeschieden werden, von großer Bedeutung. Sie dienen als Kittsubstanzen und führen zur Bildung schleimiger Aggregate, die sich leicht an Oberfächen anheften. Durch Sekundärbesiedlung dieser Matrix kommt es schnell zur Ausbildung vielfältiger, mikrobieller Lebensgemeinschaften, die in der Lage sind, eine breite Palette von Substraten in komplexen Metabiosen sehr effizient umzusetzen. Ein klassisches Beispiel dafür, wie die Leistungsfähigkeit solcher Lebensgemeinschaften praktisch genutzt werden kann, ist der Einsatz natürlicher oder künstlicher Biofilme bzw. Flocken in der Abwasseraufbereitungtechnik. Nitrifizierende Bakterien spielen dabei schon seit langer Zeit eine wichtige Rolle. Die an diesem Prozeß beteiligten Organismen sind in der Lage, das teilweise in großen Mengen anfallende Ammonium zu beseitigen, und sie leisten durch die Umwandlung des toxischen Ammoniaks in Nitrat auch einen wichtigen Beitrag zur möglichen Stickstoffeliminierung durch Denitrifikation. In den folgenden Kapiteln werden einige Aspekte der Nitrifikation in Biofilmen und Flocken näher betrachtet. Dabei wird in erster Linie auf die zur Zeit vorliegenden Erkenntnisse über natürliche Systeme eingegangen.

12.2
Der Nitrifikationsprozeß und die beteiligten Organismen

An der lithoautotrophen Nitrifikation sind zwei Gruppen von Bakterien beteiligt, die phylogenetisch nicht näher miteinander verwandt sind.

Die Vertreter der ersten Gruppe verwenden Ammoniak als Substrat und oxidieren es in einer zweistufigen Reaktion über Hydroxylamin zu Nitrit [1]: $NH_3 + 2\,[H] + O_2 \rightarrow NH_2OH + H_2O$ und $NH_2OH + H_2O \rightarrow HNO_2 + 4\,H^+ + 4\,e^-$. Von den insgesamt 16 beschriebenen Arten gehören zwei marine Species der Gattung *Nitrosococcus* der gamma-Subdivision der Proteobakterien an. Die zweite phylogenetische Gruppe umfaßt sämtliche Vertreter der Gattungen *Nitro-*

Lemmer/Griebe/Flemming (Hrsg.)
Ökologie der Abwasserorganismen
© Springer-Verlag Berlin Heidelberg 1996

somonas, Nitrosospira, Nitrosolobus und *Nitrosovibrio* und ist innerhalb der beta-Subdivision der Proteobakterien angesiedelt [2, 3, 4]. Sämtliche Arten sind obligat chemolithoautotroph und verfügen über ein einheitliches stoffwechselphysiologisches Grundkonzept [5]. Unter aeroben Bedingungen scheint Ammoniak die ausschließliche Energiequelle zu sein. CO_2 dient als Hauptkohlenstoffquelle. Eine begrenzte Kapazität zur mixotrophen Assimilation organischer C-Verbindungen ist nachgewiesen [6]. Bei geringem Sauerstoffpartialdruck kann Nitrit in einer Denitrifikationsreaktion unter N_2O-Bildung als terminaler Elektronenakzeptor der Atmungskette genutzt werden [7]. Aus jüngster Zeit liegen Hinweise vor, denen zufolge ein Denitrifikationsstoffwechsel auch unter anaeroben Bedingungen möglich ist. Molekularer Wasserstoff und Ammoniak können dabei alternativ als Elektronendonatoren verwendet werden [8]. Zahlreiche, jedoch nicht alle Arten zeigen Ureaseaktivität und können damit Harnstoff als Ammoniakquelle nutzen [9]. Eine biotopspezifische Verbreitung bestimmter Arten konnte mehrfach beobachtet werden (Tabelle 12.1). Als selektive Faktoren spielen dabei u.a. der Eutrophierungsgrad sowie die Salinität und der pH-Wert des jeweiligen Standortes eine entscheidende Rolle [10, 11].

Die Vertreter der zweiten Gruppe der lithoautotrophen nitrifizierenden Bakterien nutzen die Oxidation von Nitrit zu Nitrat zur Energiegewinnung [1]:

Tabelle 12.1 Phylogenetische Positionen und bevorzugte Biotope der bekannten Arten der lithoautotrophen Ammoniak bzw. Nitrit oxidierenden Bakterien

Arten	Substrat	Phylogenetische Position	Bevorzugte Standorte
Nitrosomonas communis	Ammoniak	beta-Proteobakterien	Böden, oligotroph
Nitrosomonas ureae	Ammoniak	beta-Proteobakterien	Böden, oligotroph
Nitrosomonas europaea	Ammoniak	beta-Proteobakterien	Abwasser, eutroph
Nitrosomonas eutropha	Ammoniak	beta-Proteobakterien	Abwasser, eutroph
Nitrosomonas oligotropha	Ammoniak	beta-Proteobakterien	Abwasser, oligotroph
Nitrosomonas nitrosa	Ammoniak	beta-Proteobakterien	Abwasser, oligotroph
Nitrosomonas aestuarii	Ammoniak	beta-Proteobakterien	Seewasser
Nitrosomonas marina	Ammoniak	beta-Proteobakterien	Seewasser
Nitrosomonas halophila	Ammoniak	beta-Proteobakterien	Seewasser
Nitrosomonas cryotolerans	Ammoniak	beta-Proteobakterien	Seewasser
Nitrosococcus mobilis	Ammoniak	beta-Proteobakterien	Seewasser
Nitrosococcus oceanus	Ammoniak	gamma-Proteobakterien	Seewasser
Nitrosococcus halophilus	Ammoniak	gamma-Proteobakterien	Seewasser
Nitrosospira briensis	Ammoniak	beta-Proteobakterien	Böden, oligotroph
Nitrosolobus multiformis	Ammoniak	beta-Proteobakterien	Böden
Nitrosovibrio tenuis	Ammoniak	beta-Proteobakterien	Böden, oligotroph
Nitrobacter winogradskyi	Nitrit	alpha-Proteobakterien	Böden, Süßwasser
Nitrobacter hamburgensis	Nitrit	alpha-Proteobakterien	Böden, Süßwasser
Nitrobacter vulgaris	Nitrit	alpha-Proteobakterien	Böden, Süßwasser
Nitrococcus mobilis	Nitrit	gamma-Proteobakterien	Seewasser
Nitrospina gracilis	Nitrit	delta-Proteobakterien	Seewasser
Nitrospira marina	Nitrit	delta-Proteobakterien	Seewasser

$NO_2^- + H_2O \rightarrow NO_3^- + 2\,H^+ + 2\,e^-$. Die beteiligten Organismen bilden eine polyphyletische, stoffwechselphysiologische Gruppe. Die drei beschriebenen Arten der Gattung *Nitrobacter* sind unter den alpha-Proteobakterien zu finden, die einzige Art der Gattung *Nitrococcus* gehört zu den gamma-Proteobakterien, und die beiden Gattungen *Nitrospina* und *Nitrospira* sind in der delta-Subdivision der Proteobakterien angesiedelt [12]. Alle Nitritoxidanten sind in der Lage, einen rein lithoautotrophen Stoffwechsel zu betreiben [5]. Für die Vertreter der Gattung *Nitrobacter* konnte auch heterotrophes Wachstum nachgewiesen werden [6]. Wie die Ammoniakoxidanten zeigen auch die Nitritoxidanten bei geringem Sauerstoffpartialdruck und unter anaeroben Bedingungen die Fähigkeit zur Denitrifikation [13]. Eine auffällig biotopspezifische Verbreitung (Tabelle 12.1) konnte bisher nur bei den obligat halophilen, marinen Arten beobachtet werden [14].

Neben der lithotrophen Nitrifikation gibt es auch eine sog. heterotrophe Nitrifikation. Es handelt sich dabei um die Bildung von Nitrit oder Nitrat aus der Oxidation reduzierter anorganischer (Ammoniak, Hydroxylamin) oder organischer (aliphatische und aromatische) Stickstoffverbindungen durch verschiedene heterotrophe Bakterien und niedere Pilze. Diese Reaktionen können jedoch offenbar nicht zur Energiegewinnung genutzt werden [15]. Die Bedeutung der heterotrophen Nitrifikation an natürlichen Standorten scheint im Vergleich zur lithoautotrophen Nitrifikation in der Regel eher gering zu sein. Es ist jedoch möglich, daß die Umsatzraten der heterotrophen Nitrifikation vielfach unterschätzt werden. In der Regel wurde nicht berücksichtigt, daß die beteiligten Organismen häufig parallel zur Nitrifikation auch Denitrifikationsaktivitäten aufweisen [16], so daß die Konzentrationen der Nitrifikationsendprodukte die jeweiligen Umsatzraten nur bedingt widerspiegeln [17]. Aufgrund der außerordentlichen taxonomischen Heterogenität der beteiligten Organismen ist die Bedeutung der heterotrophen Stickstoffoxidation in natürlichen Systemen nur schwer abzuschätzen. Die unterschiedlichen ökophysiologischen Bedingungen an verschiedenen Standorten könnten von großer Bedeutung sein. Unter diesem Gesichtspunkt wurden in den letzten Jahren insbesondere mit *Thiosphaera pantotropha* (= *Paracoccus denitrificans*) umfangreiche Forschungsarbeiten durchgeführt. Dieser heterotrophe Nitrifizierer scheint nach den vorliegenden Ergebnissen u.a. in der Lage zu sein, durch gekoppelte Nitrifikation/Denitrifikation auch größere Mengen von Ammoniak quantitativ in molekularen Stickstoff zu überführen [18].

12.3
Analyse nitrifizierender Bakterienpopulationen an natürlichen Standorten

Die Möglichkeiten von *in situ*-Analysen nitrifizierender Bakterienpopulationen sind zur Zeit aufgrund der zur Verfügung stehenden Methoden noch stark limitiert. Die quantitative Erfassung der Organismen erfolgt entweder über die sog. MPN-Technik [19] oder indirekt über die Messung von Aktivitätspotentialen [20]. Abgesehen davon, daß beide Methoden nur bedingt belastbare Ergebnisse produzieren, erlauben sie keine weitergehende Differenzierung innerhalb der jeweiligen Gesamtpopulation. Damit können Fragen, die eine *in situ*-Analyse auf der Artebene voraussetzen, überhaupt nicht oder nur unzulänglich beantwortet werden. Es kann beispielsweise nicht unter *in situ*-Bedingungen geprüft werden, ob die Neigung zur sessilen bzw. zur frei suspendierten Lebensweise ein artspezifisches oder ein gruppenspezifisches Merkmal nitrifizierender Bakterien darstellt oder ob diese Neigung etwa von den Bedingungen im jeweiligen Lebensraum abhängig ist.

In Einzelfällen führte die Anwendung relativ aufwendiger, serologischer Techniken zu detaillierteren Aussagen. So konnte z.B. durch den Einsatz fluoreszenzmarkierter Antikörper mit Hilfe der Immunfluoreszenztechnik eine große Artenvielfalt lithotropher Ammoniak- und Nitritoxidanten an natürlichen Standorten nachgewiesen werden [21, 22]. Mit dieser Methode konnte auch gezeigt werden, daß unterschiedliche Standortbedingungen das Spektrum der vorkommenden nitrifizierenden Bakterienarten entscheidend beeinflussen [23]. Leider wird die Aussagekraft der mit dieser Technik erzielten Ergebnisse häufig durch das Auftreten von Sero-Typen innerhalb von Arten beeinträchtigt. In diesen Fällen ist es nicht möglich, alle Standortvarianten von Arten mit Antikörpern, die mit Hilfe eines Stammes gewonnen wurden, zu erfassen. Vor Beginn einer geplanten Populationsanalyse müßten jeweils alle am Standort vorkommenden Stämme nitrifizierender Arten isoliert und zur Antikörperproduktion eingesetzt werden. Diese Voraussetzung ist jedoch praktisch nicht erfüllbar. Das Isolieren nitrifizierender Bakterien ist außerordentlich zeitaufwendig und auch bei größter Sorgfalt lassen sich kaum alle Stämme erfassen. Außerdem wurde beobachtet, daß der Nachweis der Zellen mit fluoreszenzmarkierten Antikörpern in Biofilmen und Flocken durch die Schleimmatrix entscheidend behindert wird [24], so daß nur frei suspendierte Populationen zufriedenstellend analysiert werden können.

Wesentlich vielversprechender sind gegenwärtig laufende Bemühungen zum Aufbau von Gensondensystemen auf der Basis von 16S rRNA-Gensequenzen. Die dafür erforderlichen Daten liegen jedoch zur Zeit noch nicht vollständig vor [4, 12].

12.4
Entstehung und Besiedlung von Biofilmen und Flocken

Bei der Entstehung natürlicher Biofilme und Flocken spielen polymere Substanzen, die von vielen Mikroalgen und Bakterien ausgeschieden werden, eine entscheidende Rolle [25]. Diese extrazellulären polymeren Substanzen (EPS) dienen als Matrix. Es handelt sich in der Regel vorwiegend um polysaccharidische Verbindungen, die mit negativ geladenen, reaktiven Gruppen ausgestattet sind. Diese Substanzen besitzen neben ihrer Fähigkeit zur Bindung partikulärer und gelöster Stoffe auch eine hohe Effizienz als Ionenaustauscher [26]. Die Eigenschaften der EPS-Matrix begünstigen die Anheftung an Oberflächen und die Bildung von Aggregaten und damit die Entstehung von Biofilmen und Flocken.

Die Ausscheidung von EPS durch nitrifizierende Bakterien ist schon sehr früh erkannt worden. Dabei wurde zunächst an eine artspezifische Fähigkeit gedacht. So entstanden heute nicht mehr anerkannte Gattungsnamen wie *Nitrosogloea*, *Nitrosocystis* und *Nitrocystis* [27], die auf die Bildung schleimiger Aggregate in wachsenden Kulturen hindeuten. Die *in situ*-Ausbildung von Cysten ist auch in Standortmaterial häufig zu beobachten (Abb. 12.1). Watson [28] wies jedoch darauf hin, daß die Bildung gallertiger Matrixsubstanzen bei Nitrifikanten wahrscheinlich in erster Linie von den Wachstumsbedingungen abhängt und nicht als Artmerkmal anzusehen ist. Ergebnisse aus neueren Untersuchungen machen es wahrscheinlich, daß die Fähigkeit zur EPS-Bildung sowohl artspezifisch unterschiedlich ausgeprägt ist [29, 30] als auch in ihrer Intensität durch die

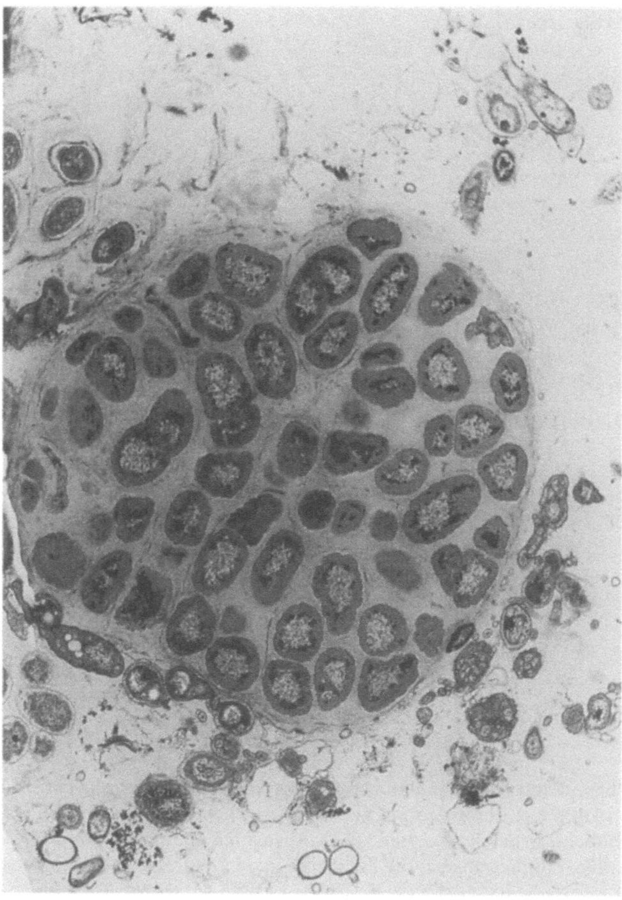

Abb. 12.1 Elektronenmikroskopische Aufnahme eines Ultradünnschnittes von Flockenmaterial aus einer Abwasseraufbereitungsanlage. Die in eine Cyste eingebetteten Zellen von *Nitrosomonas* sp. sind an den typischen, peripher angeordneten, intracytoplasmatischen Membranen zu erkennen

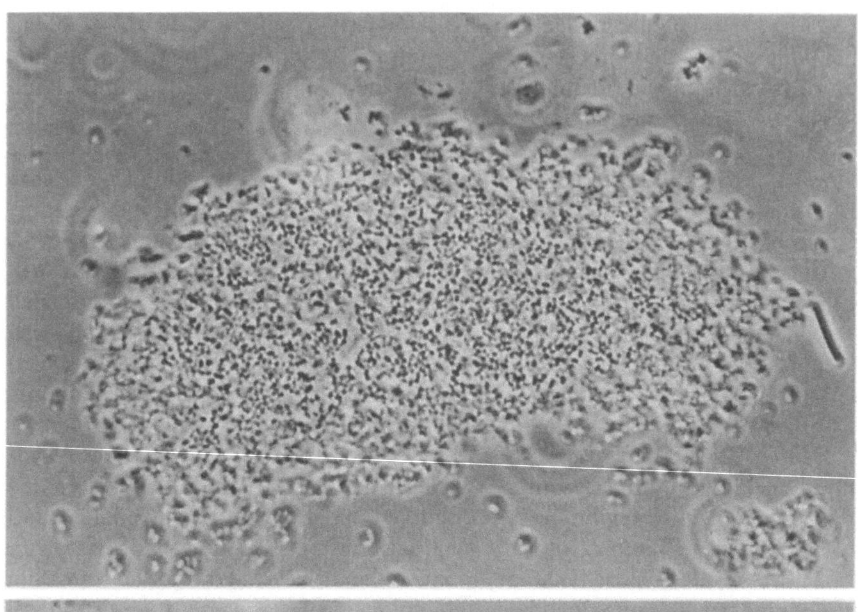

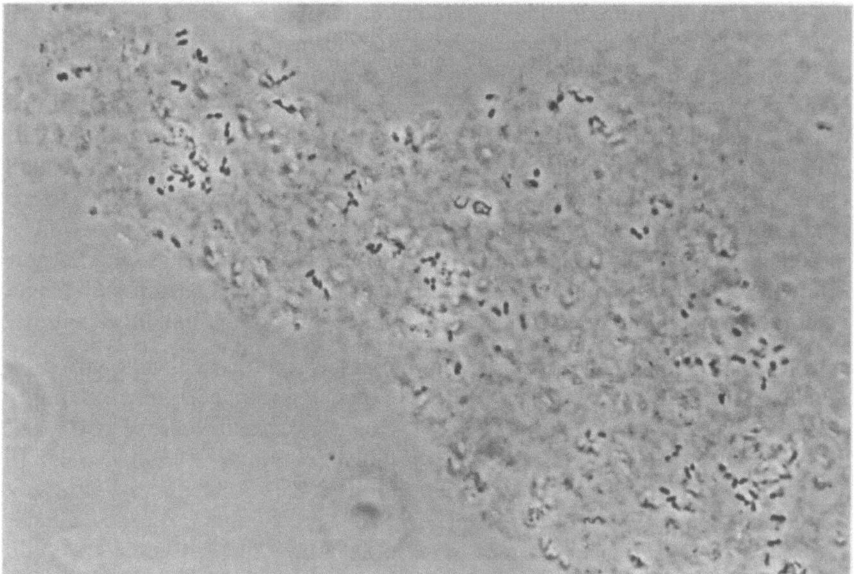

Abb. 12.2 Phasenkontrastaufnahmen von EPS-Aggregaten aus *Nitrosomonas*-Kulturen. In Anzuchten mit 10 mM NH_4Cl werden nur geringe Mengen von EPS produziert. Daraus resultiert eine hohe Zelldichte in den Aggregaten (12a). Anzuchten mit nur 0,2 mM NH_4Cl zeichnen sich durch starke EPS-Produktion aus. Die Zelldichte in den Aggregaten ist dementsprechend sehr gering (12b).

Wachstumsbedingungen stark beeinflußt wird [30]. In den Abb. 12.2a und 12.2b ist deutlich zu erkennen, daß die EPS-Produktion durch Zellen einer Reinkultur von *Nitrosomonas* sp. Nm 84 von der Ammoniumkonzentration im Medium abhängig ist.

In natürlichen EPS-Aggregaten werden jedoch nicht nur Arten gefunden, deren Zellen sich durch eine auffällige EPS-Produktion auszeichnen, sondern auch Arten, die dieses Charakteristikum nicht aufweisen. Die Gründe dafür sind in der starken Sorptionsfähigkeit der EPS zu suchen. Zellen verschiedenster Arten von Mikroorganismen können sich sekundär ansiedeln und so komplexe Lebensgemeinschaften mit den EPS-produzierenden Primärbesiedlern bilden. In einem Laborexperiment wuchsen Zellen von *Nitrosomonas europaea* Nm 87 in einer Reinkultur frei suspendiert, während sie sich in einer Mischkultur mit einer zweiten *Nitrosomonas* -Art nahezu quantitativ an die von dieser Art gebildeten EPS-Aggregate anhefteten [30].

12.5
Ökophysiologische Aspekte der Nitrifikation in Biofilmen bzw. Flocken

Bei der Betrachtung der ökophysiologischen Aspekte der Nitrifikation in Biofilmen und Flocken spielen die Eigenschaften der EPS-Matrix eine ganz entscheidende Rolle. Aber auch die Möglichkeiten der Ausbildung räumlicher Strukturen innerhalb der Gemeinschaft der angesiedelten Organismen und die Entstehung chemisch-physikalischer Gradienten sind von großer Bedeutung.

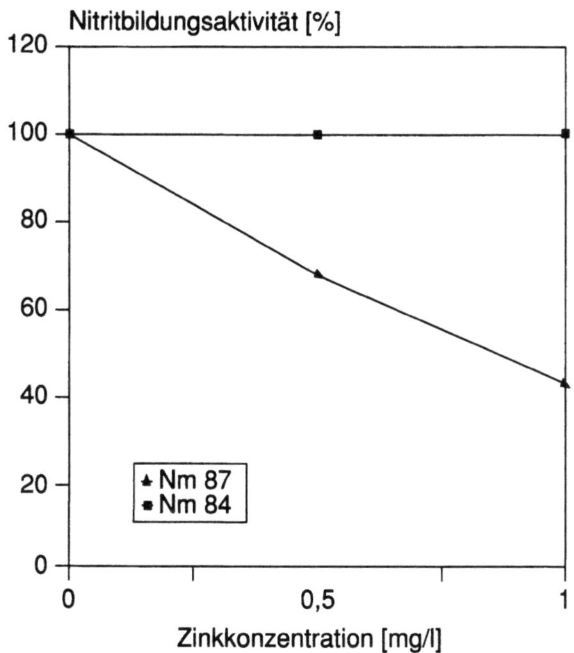

Abb. 12.3 Die unterschiedliche Auswirkung ansteigender Zinkkonzentrationen auf die Nitrifikationsraten zweier *Nitrosomonas*-Arten. Während Kulturen von *Nitrosomonas* sp. Nm 84 (starke EPS-Produktion) selbst bei einer Zn-Konzentration von 1 mg/l noch keine Reaktion zeigen, wird die Nitrifikationsrate in Kulturen von *Nitrosomonas europaea* Nm 87 (keine EPS-Produktion) schon bei geringen Zn-Konzentrationen signifikant reduziert

Ein gutes Beispiel für die Pufferfunktion der EPS ist der nachweisbare Schutz der eingebundenen Organismen gegen die toxische Wirkung von Schwermetallen. Das wird an dem in Abb. 12.3 vorgestellten Beispiel deutlich. Gut erkennbar ist die ausgeprägte Toleranz EPS-gebundener Zellen von *Nitrosomonas* sp. Nm 84 gegenüber ansteigenden Konzentrationen von Zink im Anzuchtmedium im direkten Vergleich mit den äußerst sensitiv reagierenden, EPS-freien Zellen von *Nitrosomonas europaea* Nm 87. Entsprechende Ergebnisse wurden auch mit anderen Schwermetallen und mit anderen Bakterien erzielt [25]. Die Bindungskapazität von Kationen ist jedoch pH-abhängig, da es sich um ein Ionenaustauschprinzip handelt [31]. Im sauren Milieu sinkt die Bindungskapazität deutlich ab (Abb. 12.4), offenbar durch verstärkte Protonenbindung. In diesem Zusammenhang ist eine Beobachtung interessant, derzufolge aus Böden isolierte, an EPS-Aggregate gebundene Zellen Ammoniak oxidierender Bakterien in Flüssigmedien bei niedrigen pH-Werten um 5,0 noch signifikant nitrifizierten, während EPS-freie Ammoniakoxidanten aus denselben Böden dazu nicht in der Lage waren [32]. Auch durch die Salinität im Medium wird die Bindungsfähigkeit der EPS gegenüber ionisierten Stoffen beeinflußt. Wie aus Abb. 12.5 zu ersehen ist, ließ sich EPS-gebundenes Kupfer in Kulturen von *Nitrosomonas* sp. Nm 84 durch Zugabe von NaCl zum Medium teilweise remobilisieren.

Mehrfach wurde beobachtet, daß absinkende Temperaturen sich auf die Stoffumsatzraten nitrifizierender Bakterienpopulationen, die in künstliche Biofilme

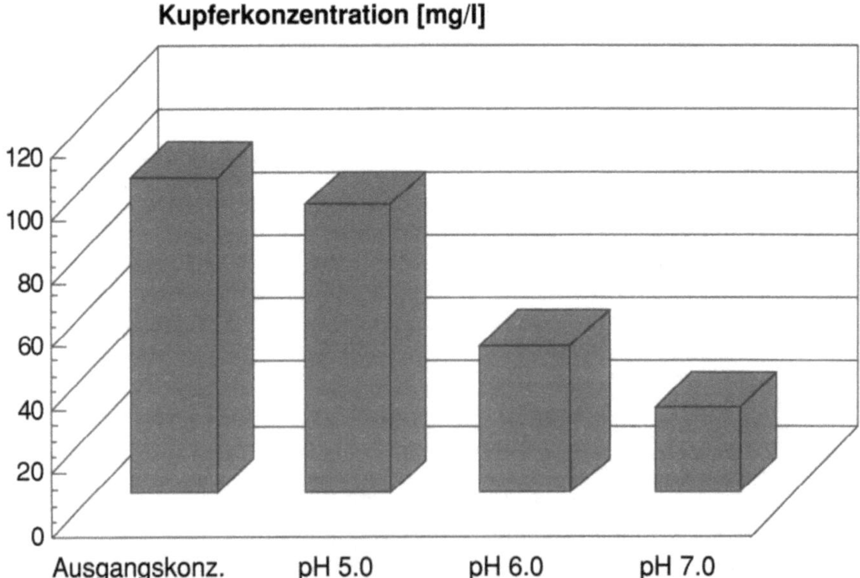

Abb. 12.4 Kupferadsorption an EPS-Aggregate von *Nitrosomonas* sp. Nm 84 bei unterschiedlichen pH-Werten. Nach Zugabe definierter Mengen von EPS-Aggregaten ins Testmedium erfolgte eine deutlich vom pH-Wert abhängige Abnahme der Konzentration des gelösten Kupfers

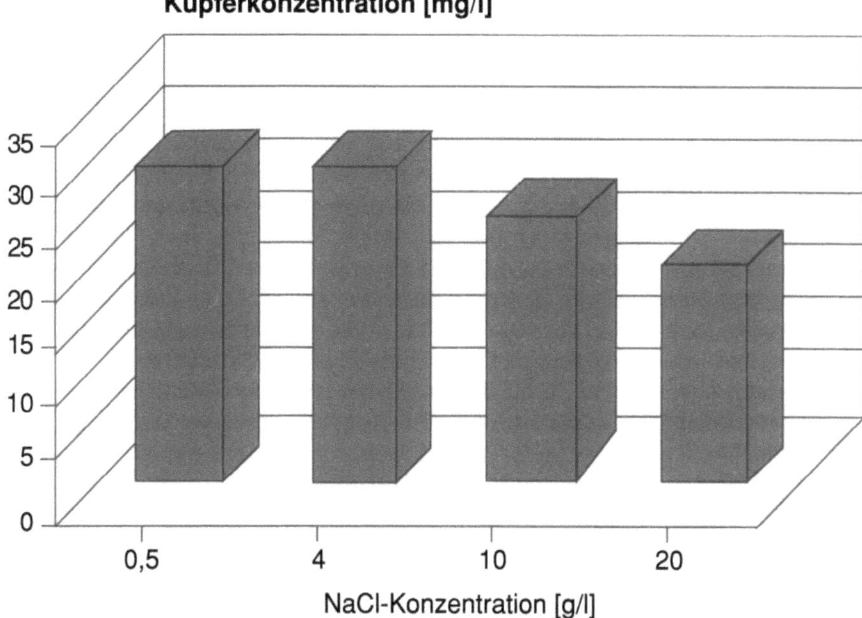

Abb. 12.5 Remobilisierung EPS-gebundenen Kupfers durch Erhöhung der Ionenkonzentration im Testmedium. Mit Kupfer gesättigte EPS-Aggregate von *Nitrosomonas* sp. Nm 84 wurden in Medien mit unterschiedlichen NaCl-Konzentrationen gewaschen. Anschließend wurden die noch an die EPS-Aggregate adsorbierten Mengen an Kupfer bestimmt

eingebettet waren, deutlich weniger stark auswirkten als das in Flüssigkulturen unter Laborbedingungen der Fall ist [33]. Dabei handelt es sich um ein gutes Beispiel für die Bedeutung der Ausbildung räumlicher Strukturen in Biofilmen und Flocken. Bei optimalen Temperaturen wurde das angebotene Substrat von den peripher im Biofilm angesiedelten Zellen verbraucht und erreichte die in tieferen Zonen angesiedelten Zellen nicht. Bei sinkenden Temperaturen wurden die Umsatzraten der oberflächennahen Zellen entsprechend reduziert. Das führte zu einem Substratüberschuß und damit zu einer größeren Eindringtiefe des Substrates und einer zunehmenden Beteiligung der tiefer im Biofilm lokalisierten Zellen am Nitrifikationsprozeß. Dadurch wurden die geringeren Stoffumsatzraten pro Zelle zumindest in gewissem Umfang kompensiert.

Auftretende Diffusionsgradienten spielen offenbar schon bei der Besiedlung von Biofilmen und Flocken eine entscheidende Rolle. Hinweise dafür konnten aus der Entwicklung künstlich immmobilisierter Nitrifikanten abgeleitet werden. Es zeigte sich, daß die Zunahme der Zellbiomasse vorwiegend in oberflächennahen Bereichen der Biofilme stattfand [34]. Neben der Substratdiffusion könnte auch die Versorgung mit Sauerstoff von Bedeutung gewesen sein [35]. Sauerstoffgradienten sind wohl auch eine wesentliche Voraussetzung dafür, daß Nitrifikation und Denitrifikation in Biofilmen und Flocken simultan ablaufen können [36].

12.6
Aufbau stabiler Populationen nitrifizierender Bakterien in aquatischen Biotopen

Die lithoautotrophen Nitrifikanten gehören zu den langsam wachsenden Bakterien. Die Generationszeiten liegen selbst unter optimierten Bedingungen kaum deutlich unter 10 h und können sogar wesentlich größere Zeiträume umfassen. Das bedeutet für Fließgewässer, daß sich nur in den Sedimenten und evtl. in verlangsamt transportiertem partikulären Material (Flocken) zahlenmäßig stabile Populationen aufbauen und halten können. Frei suspendierte Teilpopulationen sind dagegen in der Regel auf ständige Neuzufuhr von Zellen aus Uferzonen, aus dem Sediment oder aus der partikulären Phase (Biofilme, Flocken) angewiesen.

Ein klassisches Beispiel für die Bedeutung der Immobilisierung nitrifizierender Populationen in Fließsystemen finden wir bei der Abwasserreinigung. Eine effiziente Nitrifikationsrate kann bei hohen Durchflußraten nur dann gewährleistet werden, wenn Ammoniak- und Nitritoxidanten in natürlichen oder künstlichen Biofilmen oder Flocken gebunden sind [37]. Bei frei suspendierten Nitrifikanten würde es wegen der relativ hohen Generationszeiten schnell zu einer starken Ausdünnung der Populationen kommen.

Auch in natürlichen Fließgewässern läßt sich die Bedeutung der immobilisierten Nitrifikation zeigen. So finden wir z. B. in der Tide-abhängigen Unterelbe die Mehrzahl der lithoautotrophen nitrifizierenden Bakterien an Schwebstoffe gebunden. Im Bereich des Trübungsmaximums, nahe der Brackwasserzone des Flusses, beträgt dieser Anteil sogar weit über 90 % der Gesamtpopulation. Die Nitrifikationsraten sind in diesem Flußabschnitt während der warmen Sommermonate so hoch, daß das gesamte Ammonium zu Nitrat umgesetzt werden kann. In den achtziger Jahren, in denen in der Regel hohe Ammoniumfrachten in der Unterelbe gemessen wurden, führte die intensive Nitrifikation sogar zur Ausbildung ausgeprägter Sauerstoffdefizite im Fluß [38].

12.7
Perspektiven der *in situ*-Untersuchungen des Nitrifikationsprozesses

Hinsichtlich ihrer ökophysiologischen Möglichkeiten sind nitrifizierende Bakterien noch nicht hinreichend untersucht. Das gilt insbesondere für die heterotrophe Nitrifikation. Von ganz besonderem Interesse wären Leistungsspektren, die in Mischpopulationen unter Standortbedingungen zum Tragen kommen könnten. Besonders auffällige Wissensdefizite finden wir auf dem Gebiet der Nitrifikation bei niedrigem Sauerstoffpartialdruck und unter anaeroben Bedingungen. Generell müßte bei allen Untersuchungen in viel stärkerem Maße als das bisher der Fall war auf die große Artenvielfalt innerhalb der Gruppen nitrifizierender Bakterien eingegangen werden.

Um zu detaillierteren Aussagen über die Bedeutung der an Biofilme bzw. Flocken gebundenen Nitrifikation in aquatischen Biotopen zu gelangen, müssen in erster Linie die Methoden zur *in situ*-Untersuchung der beteiligten Bakterienpopulationen verbessert werden. Durch den Einsatz spezifischer Sonden könnten einige wichtige anstehende Fragen beantwortet werden:

- Sind die Artenspektren nitrifizierender Bakterienpopulationen standortspezifisch?
- Unterscheiden sich die immobilen und die mobilen Teilpopulationen eines Standortes hinsichtlich ihrer Artenspektren?
- Sind Einzelzellen und Mikrokolonien nitrifizierender Bakterien innerhalb von Biofilmen und Flocken nach erkennbaren Kriterien lokalisiert?
- Zeigen einzelne Arten nitrifizierender Bakterien an bestimmten Standorten eine unterschiedliche Dynamik der Entwicklung ihre Populationsstärke?

Erst nach Beantwortung entsprechender grundlegender Fragen lassen sich Modelluntersuchungen im Labor auf einer hinreichend soliden Basis konzipieren. So kann z. B. davon ausgegangen werden, daß sich einzelne Arten der Nitrifikanten in ihren ökophysiologischen Eigenschaften erheblich unterscheiden und damit je nach Art des zu simulierenden Biotops in sehr unterschiedlicher Weise für den Einsatz in Modellversuchen geeignet sind. Das gilt in ganz besonderem Maße für die Entwicklung zielgerichteter Technologien wie etwa komplexer, mehrstufiger Abwasserreinigungsanlagen.

Literatur

1. Suzuki I (1984) Oxidation of inorganic nitrogen compounds. In: Crawford RL, Hanson RS (eds) Microbial growth on C_1 compounds, American Society for Microbiology, Washington, D. C., pp 42–52
2. Woese CR, Weisburg WG, Paster BJ, Tanner RS, Krieg NR, Koops HP, Harms H, Stackebrandt E (1984) The phylogeny of the purple bacteria: the beta subdivision. Syst Appl Microbiol 5:327–336
3. Woese CR, Weisburg WG, Hahn CM, Paster BJ, Zablen LB, Lewis BJ, Macke TJ, Ludwig W, Stackebrandt E (1985) The phylogeny of the purple bacteria: the gamma subdivision. Syst Appl Microbiol 6:25–33
4. Head IM, Hiorns WD, Embley TM, McCarthy AJ (1993) The phylogeny of autotrophic ammonia-oxidizing bacteria as determined by analysis of 16S ribosomal RNA gene sequences. J Gen Microbiol 139:1147–1153
5. Wood PM (1986) Nitrification as a bacterial energy source. In: Prosser JI (ed) Nitrification. Special publications of the Society for General Microbiology, Vol 20, IRL Press, Oxford, pp 39–62
6. Smith AJ, Hoare DS (1977) Specialist phototrophs, lithotrophs, and methylotrophs: unity among a diversity of procaryotes. Bact Rev 41:419–448
7. Goreau TW, Kaplan WA, Wofsy SC, McElroy MB, Valois FW, Watson SW (1980) Production of NO_2^- and N_2O by nitrifying bacteria at reduced concentrations of oxygen. Appl Environ Microbiol 40:526–532
8. Bock E, Schmidt I, Stüven R, Zart D (1995) Nitrogen loss caused by denitrifying *Nitrosomonas* cells using ammonium or hydrogen as electron donors and nitrite as electron acceptor. Arch Microbiol 163:16–20
9. Koops HP, Möller UC (1992) The lithotrophic ammonia-oxidizing bacteria. In: Balows A, Trüper HG, Dworkin M, Harder W, Schleifer KH (eds) The Procaryotes, Vol III, Springer Verlag, New York, pp 2625–2637
10. Watson SW, Mandel M (1971) Comparison of morphology and deoxyribonucleic acid composition of 27 strains of nitrifying bacteria. J Bacteriol 107:563–569

11. Koops HP, Böttcher B, Möller UC, Pommerening-Röser A, Stehr G (1991) Classification of eight new species of ammonia-oxidizing bacteria: *Nitrosomonas communis* sp. nov., *Nitrosomonas ureae* sp. nov., *Nitrosomonas aestuarii* sp. nov., Nitrosomonas marina sp. nov., *Nitrosomonas nitrosa* sp. nov., *Nitrosomonas eutropha* sp. nov., *Nitrosomonas oligotropha* sp. nov. and *Nitrosomonas halophila* sp. nov. J Gen Microbiol 137:1689–1699

12. Teske A, Alm E, Regan JM, Toze S, Rittmann BE, Stahl D (1994) Evolutionary relationships among ammonia- and nitrite-oxidizing bacteria. J Bacteriol 176:6623–6630

13. Freitag A, Bock E (1990) Energy conservation in *Nitrobacter*. FEMS Microbiol Lett 66: 157–162

14. Bock E, Koops HP (1992) The genus *Nitrobacter* and related genera. In: Balows A, Trüper HG, Dworkin M, Harder W, Schleifer KH (eds) The Procaryotes, Vol III, Springer Verlag, New York, pp 2302–2309

15. Focht DD, Verstraete W (1977) Biochemical ecology of nitrification and denitrification. Adv Microb Ecol 1:135–214

16. Castagnetti D, Hollocher, TC (1984) Heterotrophic nitrification among denitrifiers. Appl Environ Microbiol 47:620–623

17. Kuenen JG, Robertson LA (1987) Ecology of nitrification and denitrification. In: Cole JA, Ferguson S (eds) The nitrogen and sulfur cycles, Cambridge University Press, Cambridge, pp 162–218

18. Hooijmans CM, Geraats SGM, van Newil EWJ, Robertson LA, Heijnen JJ, Luyben KChAM (1990) Determination of growth and coupled nitrification/denitrification by immobilized *Thiosphaera pantotropha* using measurement and modelling of oxygen profiles. Biotechnol Bioeng 36:931–939

19. Both GJ, Gerards S, Laanbroek HJ (1992) The occurrence of chemolitho-autotrophic nitrifiers in water-saturated grassland soil. Microb Ecol 23:15–26

20. Belser LW, Mays EL (1982) Use of nitrifier activity measurements to estimate the efficiency of viable nitrifier counts in soil and sediments. Appl Environ Microbiol 43:945–948

21. Belser LW, Schmidt EL (1978) Serological diversity within a terrestrial ammonia-oxidizing population. Appl Environ Microbiol 36:589–593

22. Fliermans CB, Bohlool BB, Schmidt EL (1974): Autecological study of the chemoautotroph *Nitrobacter* by immunofluorescence. Appl Environ Microbiol 27:124–129

23. Smorczewski WT, Schmidt EL (1991) Number, activity, and diversity of autotrophic ammonia-oxidizing bacteria in a freshwater, eutrophic lake sediment. Can J Microbiol 37:828–833

24. Szwerinski H, Gaiser S, Bardtke D (1985) Immunofluorescence for the quantitative determination of nitrifying bacteria: interference of the test in biofilm reactors. Appl Microbiol Biotechnol 21:125–128

25. Decho AW (1990) Microbial exopolymer secretions in ocean environments: their role(s) in food webs and marine processes. In: Barnes M (ed) Oceanogr. Mar Biol Annu Rev, Vol 28, Aberdeen University Press, pp 73–153

26. Ferris FG, Schultze S, Witten TC, Fyfe WS, Beveridge TJ (1989) Metal interactions with microbial biofilms in acid and neutral pH environments. Appl Environ Microbiol 55: 1249–1257

27. Starkey RL (1948) Family I. *Nitrobacteriaceae* Buchanan. In: Breed RS, Murray EGD, Hitchens AP (eds) Bergey's Manual of Determinative Bacteriology, The Williams & Wilkins Co, Baltimore, pp 69–81

28. Watson SW (1971) Taxonomic considerations of the family *Nitrobacteraceae* Buchanan. Request for opinions. Int J Syst Bacteriol 21:254–270

29. Suwa Y, Imamura Y, Suzuki T, Tashiro T, Urushigawa, Y (1994) Ammonia-oxidizing bacteria with different sensitivities to $(NH_4)_2SO_4$ in activated sludges. Wat Res 28:1523–1532

30. Stehr G, Zörner S, Böttcher B, Koops HP (1995) Exopolymers: an ecological characteristic of a floc-attached, ammonia-oxidizing bacterium. Microb Ecol 30:115–126

31. Rudd T, Sterrit RM, Lester JM (1983) Mass balance of heavy metal uptake by encapsulated cultures of *Klebsiella aerogenes*. Microb Ecol 9:261–272

32. Allison SM, Prosser JI (1993) Ammonia oxidation at low pH by attached populations of nitrifying bacteria. Soil Bio. Biochem 25:935–941

33. Tijhuis L, van Loosdrecht MCM, Heijnen JJ (1992) Nitrification with biofilms on small suspended particles in airlift reactors. Wat Sci Tech 26:2207–2211
34. Hunik JH, van den Hoogen MP, De Boer W, Smit M, Tramper J (1993) Quantitative determination of the spatial distribution of *Nitrosomonas europaea* and *Nitrobacter agilis* cells immobilized in K-Carrageen gel beads by a specific fluorescent-antibody labelling technique. Appl Environ Microbiol 59:1951–1954
35. Painter HA (1986) Nitrification in the treatment of sewage and waste-waters. In: Prosser JI (ed) Nitrification. Special publications of the Society for General Microbiology, Vol 20, IRL Press, Oxford, p 185–211
36. Watanabe Y, Masuda S, Ishiguro M (1992) Simultaneous nitrification and denitrification in micro-aerobic biofilms. Wat Sci Tech 26:511–522
37. Den Blanken JG (1993) Effects of phenol and sludge load on adaptation and nitrification. Environ Tech 14:831–839
38. ARGE (1987) Arbeitsgemeinschaft für die Reinhaltung der Elbe, Gewässergütebericht Elbe 1984/1985, Hamburg, Wassergütestelle

KAPITEL 13

Neue Wege vom Ammonium zum Stickstoff

D. Zart · I. Schmidt · E. Bock

13.1
Einleitung

Im Stickstoffkreislauf stellt Ammonium bzw. Ammoniak die am stärksten reduzierte Stufe des Stickstoffs dar. Ammonium wird von nitrifizierenden Bakterien über Nitrit zum Nitrat oxidiert. Beide Verbindungen können von denitrifizierenden Bakterien zu molekularem Stickstoff reduziert werden. In der Abwasserreinigung werden nitrifizierende und denitrifizierende Bakterien eingesetzt, um die anorganische Stickstoffracht zu vermindern. Dabei ergeben sich unter anderem Probleme, weil die Nitrifikation nach der klassischen Definition ein obligat aerober Prozeß ist, während Denitrifikation nur in Abwesenheit von Sauerstoff ablaufen kann. Dementsprechend müssen in der Praxis beide Prozesse unter verhältnismäßig großem Aufwand zeitlich oder räumlich getrennt werden. In den letzten Jahren wurde mehrfach beschrieben, daß sowohl die Nitrifikanten als auch die Denitrifikanten über einen vielseitigeren Stoffwechsel verfügen, als lange Zeit angenommen. Es wurde unter anderem nachgewiesen, daß viele Denitrifikanten auch in Gegenwart von Sauerstoff weiter denitrifizieren können [1, 2] und das Nitritoxidanten der Gattung *Nitrobacter* in der Lage sind, Nitrat anaerob zu reduzieren [3, 4]. Diese neuen Kenntnisse haben bislang keinen Eingang in die Praxis gefunden. Einer der Gründe dafür könnte in der Tatsache liegen, daß die Ammoniakoxidanten, wie z. B. Vertreter der Gattung *Nitrosomonas*, nach wie vor als obligat aerobe, lithoautotrophe Bakterien angesehen werden. Diese Organismen sind für den ersten Schritt der Umwandlung von Ammonium zu molekularem Stickstoff verantwortlich. Ihre Aktivität ist es, die in den Kläranlagen letztendlich die Geschwindigkeit der Stickstoffeliminierung begrenzt. Diese herausragende Stellung der Ammoniakoxidanten macht es nahezu unmöglich, die bestehende Konzeption der Nitrifikationsstufen in Kläranlagen grundlegend zu ändern.

Die Ammoniakoxidanten gewinnen ihre Stoffwechselenergie ausschließlich aus der Oxidation von Ammoniak zu Nitrit. In einem ersten Reaktionsschritt katalysiert das Enzym Ammoniummonooxigenase (AMO) die Oxidation bis zum Hydroxylamin.

$$NH_3 + O_2 + 2\,[H] \rightarrow NH_2OH + H_2O \qquad \Delta G_0' = 16{,}4\ kJ \tag{1}$$

Lemmer/Griebe/Flemming (Hrsg.)
Ökologie der Abwasserorganismen
© Springer-Verlag Berlin Heidelberg 1996

Die AMO kann nach bisherigem Kenntnisstand nur molekularen Sauerstoff als oxidierendes Agens verwenden. Aus diesem Grund handelt es sich bei der Oxidation von Ammonium zu Nitrit um einen obligat aeroben Prozeß. Es gibt allerdings erste Hinweise, daß Ammonium auch ohne Sauerstoff oxidiert werden kann [5, 6, 7]. Die weitere Umsetzung des aerob gebildeten Hydroxylamins durch das Enzym Hydroxylaminoxidoreduktase ist sauerstoffunabhängig.

$$NH_2OH + H_2O \rightarrow NO_2^- + 4\,[H] + H^+ \qquad \Delta G_0' = -296\ kJ \qquad (2)$$

Zwei der vier gewonnenen Reduktionsäquivalente können in die Atmungskette eingeschleust und zur Energiegewinnung genutzt werden, während die beiden anderen in die AMO-Reaktion einfließen. Die Atmung eingeschlossen ist die Ammoniakoxidation offensichtlich an zwei Stellen an aerobe Bedingungen gebunden. Allerdings konnte für einige *Nitrosomonas*-Stämme auch eine schwache anaerobe Denitrifikation mit Pyruvat als Elektronendonator und Nitrit als Elektronenakzeptor nachgewiesen werden [7, 8].

13.2
Anaerobe Denitrifikation von *Nitrosomonas*

13.2.1
Ammonium als Elektronendonator

Es ist seit langem bekannt, daß *Nitrosomonas* auch eine Nitritreduktase besitzt [9], die sowohl aerob als auch anaerob Nitrit zu N_2O reduziert [10]. Der natürlicher Elektronendonator für dieses Enzym ist Hydroxylamin [9]. Eine Nutzung von Ammonium ist nicht bekannt. Unter anaeroben Bedingungen ist die Oxidation von Ammonium zu Hydroxylamin durch die AMO nach bisherigem Kenntnisstand unmöglich. Trotzdem konnten wir in denitrifizierenden Kulturen von *Nitrosomonas eutropha* in einem Komplexmedium eine langsame Abnahme der Ammoniumkonzentration bei gleichzeitiger, aber nicht äquimolarer Abnahme der Nitritkonzentration feststellen. Diese Reaktion war mit einer sehr

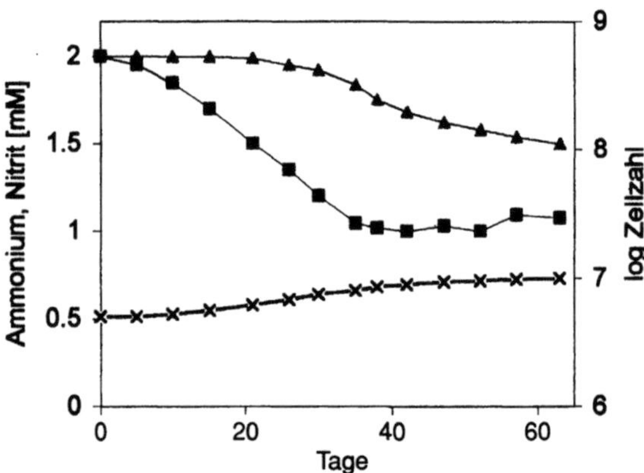

Abb. 13.1 Zunahme der Zellzahl (x) in einer anaerob denitrifizierenden Kultur von *N. eutropha* in einem Komplexmedium. Ammonium (■) diente als Elektronendonator, Nitrit (▲) als Elektronenakzeptor

langsamen Zunahme der Zellzahl verbunden (Abb. 13.1). Offensichtlich gibt es *Nitrosomonas*-Stämme, die unter geeigneten Bedingungen die Fähigkeit haben, Ammonium sauerstoffunabhängig zu oxidieren. Auch Mulder [6], sowie Abeliovich und Vonshak [7] wiesen auf die Existenz einer anaeroben Ammoniumoxidation hin. Der Mechanismus eines solchen Stoffwechsels ist bisher unbekannt. Möglicherweise läuft die Reaktion gemäß einer Summengleichung ab, die 1977 von Broda postuliert wurde [11]:

$$NH_4^+ + NO_2^- \rightarrow N_2 + 2\,H_2O \qquad \Delta G_0' = -\,380\;kJ/mol \tag{3}$$

In unseren Experimenten wurden Ammonium und Nitrit jedoch nicht im Verhältnis 1:1 verbraucht (Abb. 13.1), wie es aus der obigen Reaktionsgleichung hervorgeht. Wahrscheinlich wurden hier neben Ammonium auch organische Bestandteile aus dem im Medium vorhandenen Pepton als Elektronendonatoren genutzt (s. 13.2.3).

13.2.2
Hydroxylamin als Elektronendonator

In weiterführenden Untersuchungen konnten wir nachweisen, daß unter Umgehung der sauerstoffabhängigen AMO-Reaktion Zellen von *N. eutropha* und *N. europaea* auch zugesetztes Hydroxylamin unter anaeroben Bedingungen oxidieren. Nitrit diente bei dieser Reaktion als Elektronenakzeptor (nicht dargestellt). Es kam aber, ähnlich wie bei Verwendung von Ammonium als Elektronendonator, lediglich zu einem sehr geringen Zellwachstum. N_2O war als Intermediat der Denitrifikation nur in geringer Menge detektierbar, während molekularer Stickstoff wahrscheinlich gemäß den folgenden Gleichungen als Endprodukt entstand.

$$2\,NH_2OH + 2\,HNO_2 \rightarrow 2\,N_2O + 4\,H_2O \tag{4}$$

$$NH_2OH + H_2O \quad\;\; \rightarrow HNO_2 + 4\,[H] \tag{5}$$

$$2\,N_2O + 4\,[H] \quad\;\; \rightarrow 2\,N_2 + 2\,H_2O \tag{6}$$

$$\overline{3\,NH_2OH + HNO_2 \quad \rightarrow 2\,N_2 + 5\,H_2O \qquad \Delta G_0' = -\,1065\;kJ} \tag{7}$$

Gleichung (4) gibt die Nitritreduktase-Reaktion wieder, Gleichung (5) stellt die Reaktion der Hydroxylaminoxidoreduktase dar und Gleichung (6) zeigt die bisher für *Nitrosomonas* nicht bekannte Reaktion einer N_2O-Reduktase. Poth [12] konnte jedoch nachweisen, daß es *Nitrosomonas*-Stämme gibt, die molekularen Stickstoff produzieren und dementsprechend über eine N_2O-Reduktase verfügen.

13.2.3
Organische Substanzen als Elektronendonatoren

Neben Ammonium und Hydroxylamin können *N. eutropha* und *N. europaea* auch verschiedene organische Elektronendonatoren, wie Acetat und Pyruvat für eine anaerobe Denitrifikation nutzen [8]. Abbildung 13.2 zeigt, daß die

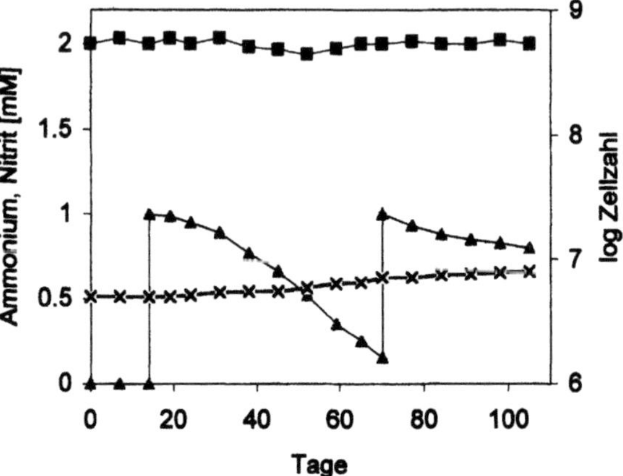

Abb. 13.2   Zunahme der Zellzahl (x) in einer anaerob denitrifizierenden Kultur von *N. eutropha* in einem Komplexmedium. Organische Substanzen aus Pepton dienten als Elektronendonatoren, Nitrit (▲) als Elektronenakzeptor. Ammonium (■) wurde nicht verbraucht. Nach 15 und nach 70 Tagen wurde jeweils 1 mM Nitrit zugesetzt

Zellzahl von *N. eutropha* unter anaeroben Bedingungen bei Zusatz von 150 mg Pepton/l permanent, wenn auch nur schwach, zunahm, ohne daß sich die Ammoniumkonzentration veränderte. Die Nitritkonzentration verringerte sich dagegen deutlich. Unter anaeroben Bedingungen sind organische Substanzen für die untersuchten *Nitrosomonas*-Arten offensichtlich ebenso nutzbar, wie die vorher beschriebenen, anorganischen Stickstoffverbindungen (s. 13.2.1 und 13.2.2). Allerdings mußten die Zellen sehr viel mehr Nitrit reduzieren, um eine ähnliche Zellzahl zu erreichen, wie bei Verwendung von Ammonium oder Hydroxylamin als Elektronendonatoren. Die Zellen waren folglich in der Lage, in Abwesenheit von Sauerstoff chemoorganotroph zu wachsen, jedoch mit äußerst geringer Effizienz. Im Gegensatz dazu konnte die Nutzung organischer Substanzen in aeroben Ansätzen von *Nitrosomonas* nie beobachtet werden, d.h. heterotrophes Wachstum ist in Gegenwart von Sauerstoff nicht möglich [7].

13.2.4
Molekularer Wasserstoff als Elektronendonator

N. eutropha kann bei Verwendung von molekularem Wasserstoff als Elektronendonator sehr gut denitrifizieren [5]. In Abwesenheit von Sauerstoff wurde in einer wasserstoffhaltigen Atmosphäre zugesetztes Nitrit immer wieder verbraucht (Abb. 13.3). Dabei stieg die N_2O-Konzentration meßbar an (nicht dargestellt), entsprach aber weniger als 1 % der umgesetzten Nitritmenge. Das Hauptendprodukt der Nitritreduktion war molekularer Stickstoff [5]. Nach 60 Tagen wurde eine Zellzahl von $1 \cdot 10^8$ Zellen/ml erreicht. Das Zellwachstum, gemessen als Zunahme der Zellzahl lag bei *N. eutropha* damit in der gleichen Größenordnung wie bei sauerstofflimitierten, mixotrophen Anzuchten (nicht dargestellt). Auch *N. europaea* war in der Lage, molekularen Wasserstoff als Elektronendonator für eine anaerobe Denitrifikation zu nutzen. Der Nitritumsatz war jedoch um den Faktor 2 bis 3 geringer als bei *N. eutropha*. Auch die Zellzahl erreichte nach 80 Tagen nur Werte um $2 \cdot 10^7$ Zellen/ml (nicht dargestellt). Die Reaktionsgleichung für die Denitrifikation von *N. eutropha* und

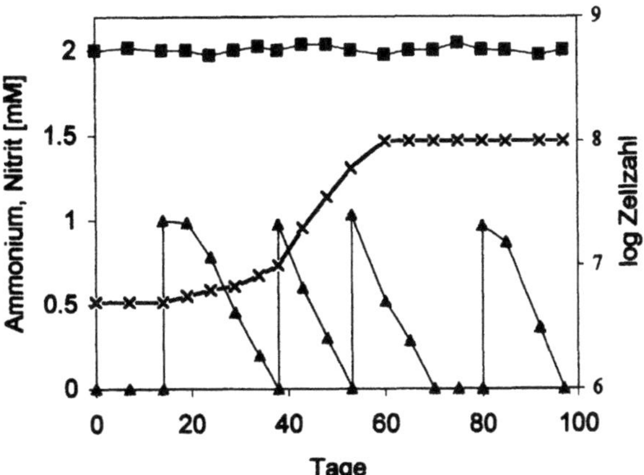

Abb. 13.3 Zunahme der Zellzahl (x) in einer anaerob denitrifizierenden Kultur von *N. eutropha* in einem Komplexmedium. Molekularer Wasserstoff diente als Elektronendonator, Nitrit (▲) als Elektronenakzeptor. Ammonium (■) wurde nicht verbraucht. Nach 15, 38, 52 und 80 Tagen wurde jeweils 1 mM Nitrit zugesetzt

N. europaea mit Wasserstoff als Elektronendonator entspricht wahrscheinlich der folgenden, von Wasserstoff oxidierenden Denitrifikanten bekannten Beziehung:

$$3\,H_2 + 2\,HNO_2 \rightarrow N_2 + 4\,H_2O \qquad \Delta G_0' = -778\ kJ \tag{8}$$

Dabei erklärt die hohe Energieausbeute der Gleichung (8) die bei *N. eutropha* angetroffenen hohen Zellerträge. Darüberhinaus kam es bei einem Absenken des pH-Wertes von 7,0 auf 6,2 zu einer Verdopplung der Zellzahl und zu einer deutlichen Steigerung der Nitritumsatzgeschwindigkeit (nicht dargestellt). Ein Grund dafür könnte das im sauren Bereich (pH 5,8) liegende pH-Optimum der Nitritreduktase sein [9].

Ein zusätzlich durchgeführter Hydrogenasetest [13] konnte eindeutig belegen, daß sowohl *N. eutropha* als auch *N. europaea* über eine Hydrogenase verfügen [5].

Es ist festzustellen, daß sich die eingesetzten *Nitrosomonas*-Arten unter anaeroben Bedingungen deutlich in ihrer Denitrifikationsleistungen unterschieden. Der verwendete *Nitrosomonas europaea*-Stamm (aus Abwasser isoliert) erwies sich beispielsweise als schlechter anaerober Denitrifikant, während der *Nitrosomonas eutropha*-Stamm (aus Gülle isoliert) unter gleichen Bedingungen deutlich bessere Leistungen zeigte [5]. An dieser Stelle sei außerdem erwähnt, daß die anaerob denitrifizierenden Zellen beider *Nitrosomonas*-Arten sehr sauerstoffsensitiv waren.

13.3
Denitrifikation von *Nitrosomonas* unter Sauerstofflimitierung

13.3.1
Nitrosomonas-Reinkulturen

Wie von verschiedenen Autoren beschrieben [10, 14, 15], sind Zellen von *Nitrosomonas europaea* in der Lage, auch unter aeroben Bedingungen zu denitrifizieren. Dabei werden jedoch nur geringer Mengen N_2O oder NO produziert. Eine Bildung von N_2 konnte bislang erst einmal nachgewiesen werden [12]. Die aerobe Denitrifikation von *N. europaea* stellt eine Anpassung an Sauerstoffmangelbedingungen dar: Bei Sauerstofflimitierung wird ein Teil der Elektronen aus der Ammoniakoxidation nicht mehr auf Sauerstoff sondern auf Nitrit übertragen [16]. Die Zellen „sparen" auf diese Weise Sauerstoff für die AMO-Reaktion. Atmung und Denitrifikation laufen parallel ab. Dabei kommt es durch Produktion von N_2O und möglicherweise auch N_2 zu einem Bilanzdefizit in der Summe der gelösten Stickstoffverbindungen Ammonium und Nitrit, das nach bisherigen Kenntnisstand eine Höhe von bis zu 10 % erreichen kann, in der Regel aber deutlich darunter liegt [14].

Um zu untersuchen, wie hoch dieses Bilanzdefizit unter sauerstofflimitierten Bedingungen steigen kann, wurden Zellen von *N. europaea* und *N. eutropha* in stehenden 1 l-Erlenmeyerkolben mit 600 oder 800 ml Medium angezogen. Die Sauerstoffversorgung war diffussionslimitiert. Durch die Sauerstoffzehrung der Organismen bildete sich in den Kulturgefäßen ein vertikaler Sauerstoffgradient mit stark sauerstofflimitierten Bedingungen in den unteren Bereichen. Es zeigte sich, daß die Bilanzdefizite in gleichbehandelten Folgekulturen solcher Ansätze immer weiter anstiegen und Werte von bis zu 40 % erreichten (Abb. 13.4). Dies traf sowohl für *N. europaea* als auch für *N. eutropha* zu [5]. Daraus kann man schließen, daß es bei einer fortgesetzten, sauerstofflimitierten Kultivierung von *Nitrosomonas*-Zellen zu einer anhaltenden Induktion von Denitrifikationsenzymen kommt. Nitrit und das daraus gebildete N_2O wird dabei wahrscheinlich zu molekularem Stickstoff reduziert [5].

Wurden *Nitrosomonas*-Reinkulturen unterschiedlich lange bei einem Sauerstoffgehalt von 0,8 mg/l angezogen und dann bei Sauerstoffsättigung weiter kultiviert, kam es zu einem deutlichen Anstieg der Ammonium-Oxidationsgeschwindigkeit (Abb. 13.5). Diese Steigerung wurde um so größer, je länger die Zellen dem Sauerstoffmangel ausgesetzt waren. Gleichzeitig stieg auch die Höhe des Stickstoffbilanzdefizits mit der Dauer der sauerstofflimitierten Vorinkubation an (Abb. 13.5). Letztendlich kam es bei Ansätzen, die 20 Tage bei 0,8 mg Sauerstoff/l kultiviert und dann mit Preßluft begast wurden, zu einer Verdopplung der Ammonium-Oxidationsgeschwindigkeit und zu einem Anstieg

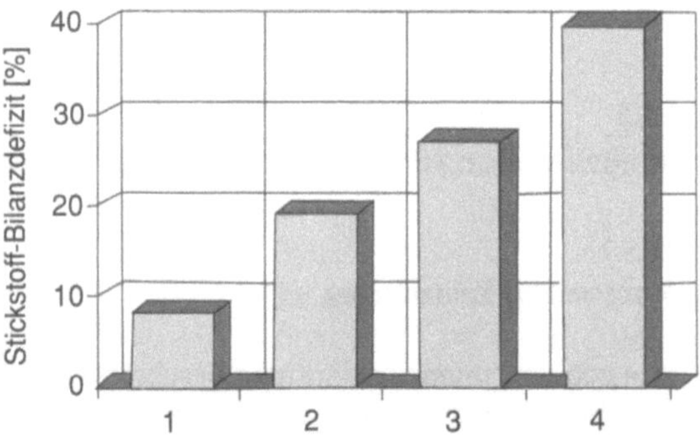

Abb. 13.4 Anstieg des Stickstoffbilanzdefizits in einer Reihe von Folgekulturen von *N. eutropha.* Kultur 4 wurde mit Zellen aus Kultur 3 beimpft, Kultur 3 mit Zellen aus Kultur 2 usw.

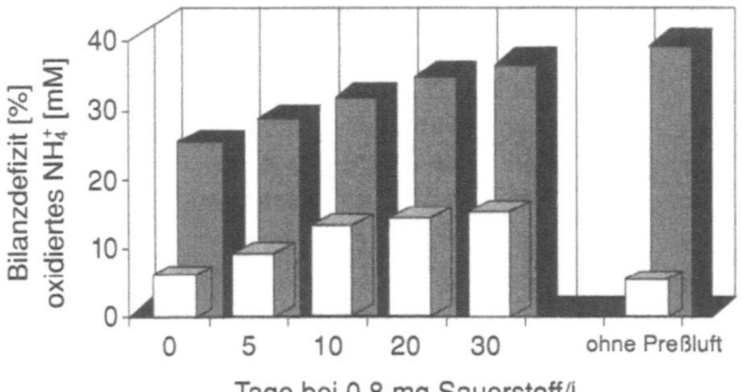

Abb. 13.5 Änderung des Stickstoffbilanzdefizits (■) und der Menge des täglich oxidierten Ammoniums (□) in mit Preßluft begasten Kulturen von *N. eutropha* in Abhängigkeit von der Dauer der Vorinkubation bei einem Sauerstoffgehalt von 0,8 mg/l. Ein Kontrollansatz wurde nicht mit Preßluft begast, sondern ständig bei einem Sauerstoffgehalt von 0,8 mg/l inkubiert

des Bilanzdefizits um 40% gegenüber ständig bei Sauerstoffsättigung kultivierten Ansätzen. Nach etwa 30 Tagen erreichten auch permanent sauerstofflimitierte Kulturen fast die gleiche Ammonium-Umsatzgeschwindigkeit wie Kulturen, die bei Sauerstoffsättigung angezogen wurden, allerdings mit einem höherem Bilanzdefizit (Abb. 13.5). Aus diesen Ergebnissen können zwei wichtige Schlußfolgerungen gezogen werden:

- Unter sauerstofflimitierten Bedingungen kommt es bereits nach 5 Tagen zur Induktion von Denitrifikationsenzymen, die auch unter sauerstoffgesättigten Bedingungen weiter aktiv sind.
- Unter sauerstofflimitierten Bedingungen kommt es wahrscheinlich zu einer vermehrten Bildung von AMO als Anpassung an den geringen Sauerstoffpartialdruck. Die spezifische Ammoniumoxidationsrate steigt deutlich an, denn nach Überführung der Zellen unter sauerstoffgesättigte Bedingungen wird das Ammonium mit sehr viel höherer Geschwindigkeit oxidiert als ohne eine sauerstofflimitierte Vorinkubation.

Wenn *Nitrosomonas*-Zellen in Gegenwart von sehr wenig Sauerstoff theoretisch nur noch Nitrit und N_2O und keinen Sauerstoff als terminalen Akzeptor der Elektronentransportkette nutzen, laufen die im folgenden dargestellten Reaktionen ab. Die Gleichungen (9) und (10) sind Reaktionen der klassischen Nitrifikation, Gleichung (11) zeigt die Reaktion der Nitritreduktase und Reaktion (12) stellt die postulierte N_2O-Reduktase-Reaktion dar (s. 13.2.2).

$$2\,NH_3 + 2\,O_2 \quad \rightarrow 2\,HNO_2 + 4\,[H] \tag{9}$$

$$NH_3 + O_2 + 2\,[H] \rightarrow NH_2OH + H_2O \tag{10}$$

$$NH_2OH + HNO_2 \rightarrow N_2O + 2\,H_2O \tag{11}$$

$$N_2O + 2\,[H] \quad \rightarrow N_2 + H_2O \tag{12}$$

$$3\,NH_3 + 3\,O_2 \quad \rightarrow N_2 + HNO_2 + 4\,H_2O \qquad \Delta G_0' = -954\,kJ \tag{13}$$

Aus Gleichung (13) folgt, daß das theoretische Bilanzdefizit eine maximale Höhe von 66 % erreichen kann. In experimentellen Ansätzen konnten bisher Bilanzdefizite bis zu einem Wert von 60 % gemessen werden [5]. Die Größenordnung des theoretischen Wertes wird also auch in der Praxis erreicht und spricht für die Richtigkeit der hier dargelegten Überlegungen.

Wenn neben Nitrit und N_2O auch Sauerstoff als terminaler Elektronenakzeptor genutzt wird, verringert sich das Stickstoffbilanzdefizit, da ein Teil der zur Verfügung stehenden Elektronen nicht mehr für die Denitrifikation nutzbar ist. Die Nitritreduktase hat außerdem eine hohe Affinität zum Sauerstoff [17], deshalb wird bei einem hohen Sauerstoffgehalt ein Teil der Elektronen von diesem Enzym unspezifisch auf Sauerstoff übertragen und das Bilanzdefizit verringert sich weiter.

Aerob denitrifizierende *Nitrosomonas*-Zellen verlieren ihre Fähigkeit zur Denitrifikation, wenn sie in einem gut belüfteten, mineralischen Medium angezogen werden. Dabei gehen die Stickstoffbilanzdefizite nach kurzer Zeit bis auf null zurück. Spätestens in der 2. Subkultur gibt es keinen Unterschied mehr zu klassischen, lithoautotroph nitrifizierenden *Nitrosomonas*-Zellen [5]. Dieses Experiment macht deutlich, daß es sowohl bei N. *europaea* als auch bei *N. eutropha* in Abhängigkeit vom Sauerstoffpartialdruck zu einer Induktion oder Repression von Denitrifikationsenzymen gekommen ist.

13.3.2
Mischkulturen von Nitrosomonas und verschiedenen chemoorganotrophen Bakterien

In Mischkulturen von *N. europaea* oder *N. eutropha* und verschiedenen aeroben Denitrifikanten kann die Entfernung von bis zu 100 % des Ammonium-Stickstoffs aus dem Medium erreicht werden. Dabei werden die Bilanzdefizite umso größer, je besser der chemoorganotrophe Organismus in Gegenwart von Sauerstoff denitrifizieren kann. In Abb. 13.6 sind die Stickstoffverluste in Mischkulturen von *N. eutropha* und verschiedenen chemoorganotrophen Bakterien dargestellt. Aus der Abbildung geht hervor, daß es in Mischkulturen

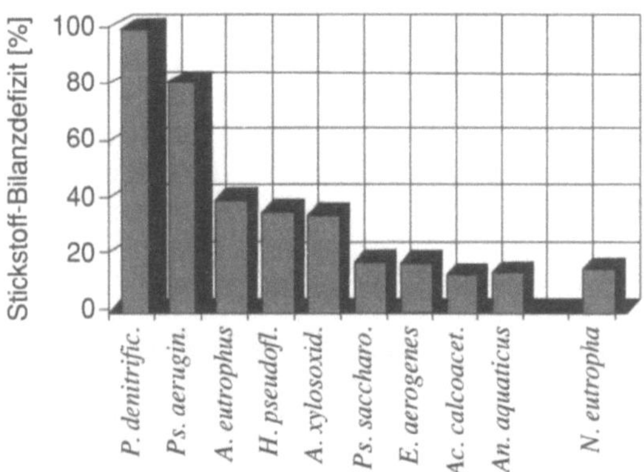

Abb. 13.6 Höhe des Stickstoffbilanzdefizits in Mischkulturen von *N. eutropha* und verschiedenen chemoorganotrophen Bakterien im Vergleich zu einer *N. eutropha*-Reinkultur

mit *Paracoccus denitrificans* und *Pseudomonas aeruginosa* im Vergleich zu einer
N. eutropha-Reinkultur zu einem deutlichen Anstieg der Stickstoffverluste auf
100 bzw. 80 % gekommen ist. Die beiden heterotrophen Organismen erwiesen
sich als hervorragende aerobe Denitrifikanten und konnten auch in Gegenwart
von Sauerstoff noch sehr gut Nitrit reduzieren. Die weniger gut aerob denitrifizierenden Arten *Alcaligenes eutrophus, Alcaligenes xylosoxidans* und *Hydrogenophaga pseudoflava* sorgten gegenüber der *N. eutropha*-Reinkultur noch
für einen signifikanten Anstieg der Stickstoffverluste in den Mischkulturen.
Ancylobacter aquaticus ist als anaerober Denitrifikant nicht in der Lage, in
Gegenwart von Sauerstoff Nitrit zu reduzieren und hat deshalb keinen Einfluß
auf das Stickstoffbilanzdefizit. Das gleiche gilt für die nichtdenitrifizierenden
Organismen *Acinetobacter calcoaceticus, Enterobacter aerogenes* oder *Pseudomonas saccharophila.* In diesen Mischkulturen gab es keinen Unterschied zu den
entsprechenden *Nitrosomonas*-Reinkulturen [5].

13.4
Zusammenfassung und Ausblick

Faßt man die Ergebnisse zusammen, so läßt sich feststellen, daß in geeigneten
Mischkulturen von Ammoniakoxidanten und aeroben Denitrifikanten Ammonium-Stickstoff einstufig entfernt werden kann, wenn der Sauerstoffpartialdruck entsprechend niedrig ist.

Gerade für die Abwasserreinigung könnte eine solche einstufige Eliminierung
von Ammonium-Stickstoff durch ein Zusammenwirken von gleichzeitig nitrifizierenden und denitrifizierenden Nitrifikanten und aeroben Denitrifikanten
von großem Interesse sein. Dabei könnte auch der anaeroben Denitrifikation
durch Nitrifikanten eine Bedeutung zukommen. Für eine praktische Nutzung
kommen die hier dargestellten Stoffwechselleistungen momentan jedoch nicht in
Frage, da die Umsetzungen zu langsam ablaufen. Weitergehende Forschungsarbeiten sollen zeigen, ob eine Optimierung dieser gleichzeitigen Nitrifikation und
Denitrifikation durch nitrifizierende Bakterien möglich ist, so daß beide Prozesse
schnell genug ablaufen, um auch eine technische Anwendung zu finden.

Literatur

1. Robertson LA, van Niel EWJ, Torremans RAM, Kuenen G (1988) Simultaneous nitrification
   and denitrification in aerobic chemostat cultures of *Thiosphaera pantotropha.* Appl
   Environ Microbiol 54:2812–2818
2. Lloyd D, Boddy L, Davies KJP (1987) Persistence of bacterial denitrification capacity under
   aerobic conditions: the rule rather than the exception. FEMS Microbiol Ecol 45:185–190
3. Freitag A, Rudert M, Bock E (1987) Growth of *Nitrobacter* by dissimilatoric nitrate reduction. FEMS Microbiol Lett 48:105–109
4. Bock E, Wilderer PA, Freitag A (1988) Growth of *Nitrobacter* in the absence of dissolved
   oxygen. Water Res 22:245–259
5. Bock E, Schmidt I, Stüven R, Zart D (1995) Nitrogen loss caused by denitrifying *Nitrosomonas* cells using ammonium or hydrogen as electron donors and nitrite as electron acceptor.
   Arch Microbiol 163:16–20

6. Mulder A (1988) Anoxic ammonia oxidation (Patentschrift). EP 0 327 184 A1, European Patent Office

7. Abeliovich A, Vonshak A (1992) Anaerobic metabolism of *Nitrosomonas europaea*. Arch Microbiol 158:267–270

8. Stüven R, Vollmer M, Bock E. (1992) The impact of organic matter on nitric oxide formation by *Nitrosomonas europaea*. Arch Microbiol 158:439–443

9. Hooper AB (1968) A nitrite-reducing enzyme from *Nitrosomonas europaea*. Preliminary characterisation with hydroxylamine as electron donor. Biochim Biophys Acta 162:49–65

10. Ritchie GAE, Nicholas DJD (1974) The partial characterization of purified nitrite reductase and hydroxylamine oxidase from *Nitrosomonas europaea*. Biochem J 138:471–478

11. Broda E (1977) Two kinds of lithotrophs missing in nature. Z Allg Microbiol 17:491–493

12. Poth M (1986) Dinitrogen production from nitrite by a *Nitrosomonas* isolate. Appl Environ Microbiol 52:957–959

13. Reh M, Schlegel HG (1981) Hydrogen autotrophy as a transferable genetic character of *Nocardia opaca* 1b. J Gen Microbiol 126:326–336

14. Goreau TJ, Kaplan WA, Wofsy SC, McElroy MB, Valois FW, Watson SW (1980) Production of NO_2^- and N_2O by nitrifying bacteria at reduced concentrations of oxygen. Appl Environ Microbiol 40:526–532

15. Poth M, Focht DD (1985) ^{15}N kinetic analysis of N_2O by *Nitrosomonas europaea*: an examination of nitrifier denitrification. Appl Environ Microbiol 49:1134–1141

16. Miller DJ, Wood PM (1983) The soluble cytochrome oxidase of *Nitrosomonas europaea*. J Gen Microbiol 129:1645–1650

17. Miller DJ, Nicholas DJD (1985) Characterization of a soluble cytochrome oxidase/nitrite reductase from *Nitrosomonas europaea*. J Gen Microbiol 131:2851–2854

Lachgas (N₂O)-Freisetzung aus Belebungsbecken von Kläranlagen in Abhängigkeit von den Abwassereigenschaften

E. Sümer · G. Benckiser · J. C. G. Ottow

14.1
Einleitung

Den kommunalen Kläranlagen Deutschlands werden jährlich Stickstoffmengen in der Größenordnung von ca. 0,4 bis 0,5 Tg (Tg = Teragramm; 1 Tg = 10^{12} g) zugeführt. Mit dem gereinigten Abwasser verlassen ca. 0,24 Tg N a^{-1} wieder die Kläranlagen. Während Kohlenstoff beim heutigen Stand der Technik zu ca. 90% aus den Abwässern entfernt wird, variiert die N-Elimination zwischen 30 und 70% [1, 2]. Gewünschtes Endprodukt bei der biologischen und weitergehenden Abwasserreinigung kommunaler und gewerblicher/industrieller N-Frachten ist N_2. Mit der Rückführung des inerten N_2 in die Atmosphäre ist der Stickstoffkreislauf wieder geschlossen. Neben molekularem Stickstoff (N_2) entsteht jedoch bei der biologischen Abwasserreinigung auch Lachgas (N_2O) [3, 4, 5, 6, 7, 8]. Verantwortlich hierfür sind nach heutigen Erkenntnissen sowohl nitrifizierende als auch denitrifizierende mikrobielle Prozesse, doch können weitere Mechanismen z. B. Chemodenitrifikation nicht ausgeschlossen werden. Lachgas hat eine atmosphärische Lebensdauer von 100 bis 200 Jahren und kann langfristig zum Treibhauseffekt in der Atmosphäre sowie zur Ozonzerstörung in der Stratosphäre beitragen [9, 10, 11]. Auf molarer Basis ist das Treibhauspotential von N_2O ca. 200 mal höher als das von CO_2. Die geschätzten N_2O-Emissionen aus natürlichen Quellen betragen global ca. 4–10 Tg und aus anthropogenen Quellen ca. 1–6 Tg pro Jahr. In der Troposphäre steigt die N_2O-Konzentration jährlich um etwa 0,25% und liegt heute bei ca. 300 ppb (ppb = parts per billion) [9]. Die N_2O-Freisetzungen sind somit aufgrund der hohen Verweilzeit in ihrer global ökologischen Bedeutung nicht zu unterschätzen. Während Böden heute als wichtigste N_2O-Quelle vermutet werden, ist über N_2O-Freisetzungen aus aquatischen Ökosystemen, insbesondere aus Abwassersystemen, kaum etwas bekannt [10, 11]. Es stellt sich nun die Frage, inwieweit biologische Kläranlagen zur N_2O-Freisetzung beitragen, und welche physikochemischen Bedingungen die Lachgasemissionen begünstigen.

14.2
N₂O-Quellen und -Senken in Gewässern

Nach heutigen Erkenntnissen kann die N_2O-Abgabe auch aus Gewässern und Abwasserreinigungsanlagen im wesentlichen auf die heterotrophe Denitrifika-

Lemmer/Griebe/Flemming (Hrsg.)
Ökologie der Abwasserorganismen
© Springer-Verlag Berlin Heidelberg 1996

tion, die (chemolithoautotrophe) Nitrifikation, die Nitratammonifikation und Chemodenitrifikation zurückgeführt werden [11, 12, 13]. Nach dem jetzigen Erkenntnisstand scheinen Nitrifikation und Denitrifikation als Hauptmechanismen der N_2O-Bildung in Kläranlagen in Betracht zu kommen [14, 15, 16, 17]. Ist das Angebot an organischen Wasserstoffdonatoren (= e^--Donatoren) im Vergleich zu e^--Akzeptoren (Nitrat) hoch, scheint auch die Nitratammonifikation als N_2O-Quelle in Frage zu kommen [12, 13]. Auch hohe Konzentrationen an Ammonium können durch eine Hemmung der Oxidation von NO_2^- zum NO_3^- bei der Nitrifikation zur N_2O-Bildung beitragen [14, 15]. Weiterhin kann auch das relativ instabile Nitrit mittels chemischer Katalysatoren [Fe (II) und/oder Mn (II)] zu NO und N_2O reduziert werden (Chemodenitrifikation). Schließlich ist die Bildung von NO oder N_2O aus NO_2^- oder NH_2OH unter sauren Bedingungen im Prinzip denkbar, in den meist alkalischen Abwässern jedoch unwahrscheinlich. Die Mengen an N_2O aus chemisch katalysierten Prozessen dürften jedoch verglichen mit der biologischen Lachgasbildung gering und damit unbedeutend sein [11]. Ob Gewässer und Abwasserreinigungsanlagen auch als N_2O-Senken fungieren können, ist zu prüfen, da gelöstes N_2O bei Nitrat- und O_2-Mangel sowie bei relativ hohem Angebot an leicht mineralisierbaren Kohlenstoffverbindungen rasch im Zuge einer Denitrifikation vollständig zum N_2 veratmet werden kann [17, 18, 19, 20].

14.2.1
Nitrifikation

Untersuchungen der letzten 10 Jahre haben gezeigt, daß N_2O in Böden, Gewässern und Abwassersystemen während der Oxidation von NH_4^+ zu NO_3^- (Nitrifikation) entstehen kann [11,14,15]. Böden und Gewässer mit intensiven Nitrifikationsprozessen können somit als relevante N_2O-Emittenten betrachtet werden [11, 16]. Lachgas entsteht dabei als Nebenprodukt bei der Oxidation von Ammonium über Nitrit zum Nitrat (Gleichung 14.1). Lachgas kann sich spontan aus zwei Molekülen Hyponitrit [NOH] und bei vermindertem pO_2 durch eine energiekonservierende Nitrit-Reduktion (ATP-Bildung?) bilden [3, 14, 20]. Die Hydroxylaminoxidoreduktase ermöglicht dabei die N_2O-Bildung aus Hydroxylamin (NH_2OH) vermutlich über das gebundene Zwischenprodukt [NOH] [15]. Bei der Nitratation wird NO_2^- bei ausreichender O_2-Zufuhr durch verschiedene Organismen rasch zu NO_3^- oxidiert. Unter Sauerstoffstreß-Bedingungen bei intensiven Stoffumsetzungen können Nitrifikanten das Zwischenprodukt NO_2^- offenbar auch zur Energiekonservierung (= ATP-Synthese) als e^--Akzeptor einsetzen und dabei vorwiegend N_2O, aber auch N_2 freisetzen [21, 22, 23, 24]. Die Reduktion von Nitrit in Gleichung 14.1 zwecks Energiekonservierung wird als „Nitrifikations-Denitrifikation" [14, 16] bezeichnet. Es ist nicht ausgeschlossen, daß Nitrifikanten unter O_2-Streß die Nitritreduktion zeitweise auch zur Entgiftung des relativ toxischen Nitrits verwenden. Außerdem spart die Bakterienzelle Sauerstoff, und die Ammoniummonooxigenase bleibt dadurch länger aktiviert [14]. Bei hohem C-Angebot und Stoffumsatz treten selbst in gut belüfteten Belebungsbecken zeitlich und räumlich O_2-arme bis

$$NH_4^+ \xrightarrow[\;O_2\;]{AMO} NH_2OH \xrightarrow[\;O_2\;]{HAO} [HNO] \xrightarrow[\;O_2\;]{} NO_2^- \xrightarrow[\;O_2\;]{} NO_3^- \qquad (14.1)$$

anaerobe Mikrohabitate auf, und die Nitrifikations-Denitrifikation wird zur N₂O-Quelle [3, 7, 25]. Neben der autotrophen Nitrifikation kann N₂O auch bei der Oxidation organischer N-Verbindungen zu NO_2^- und NO_3^- (heterotrophe Nitrifikation) entstehen. Jedoch wird das Vorkommen und Ausmaß der heterotrophen Nitrifikation und die daraus resultierende N₂O-Bildung um 10^3 bis 10^4 mal geringer als die autotrophe eingeschätzt [13]. Forschung ist hier erforderlich, um die Bedeutung dieses Prozesses zu klären.

14.2.2
Denitrifikation

$$NO_3^- \xrightarrow[NR\text{-}A]{[H]} NO_2^- \xrightarrow[NiR]{[H]} [NO] \xrightarrow[NO\text{-}Red]{[H]} N_2O \xrightarrow[N_2O\text{-}Red]{[H]} N_2 \qquad (14.2)$$

Die N₂O-Bildung im Zuge der heterotrophen Denitrifikation (anaerobe Atmung) (Gl. 14.2) ist ein stark variabler Prozeß und von verschiedenen Faktoren in komplexer Weise abhängig [11, 26, 27, 28, 29]. Denitrifikation ist ein aerober Prozeß (ATP-Synthese mit Hilfe der Elektronentransportphosphorylierung; ETP) bei vermindertem pO₂ oder zeitweise anoxischen Bedingungen und hoher Mineralisationsintensität [27, 29]. Ist das Angebot an Nitrat im Vergleich zum Angebot an leicht mineralisierbarem organische Kohlenstoffverbindungen (= Wasserstoffdonatoren) hoch, kommt es im allgemeinen verstärkt zur unvollständigen Denitrifikation und damit zur N₂O-Freisetzung [11, 18, 29]. Abwasserreinigungssysteme (Belebungsbecken) zeichnen sich in der Regel durch einen Überschuß an Wasserstoffdonatoren (BSB₅) und relativ hohe, aber schwankende NO_3^-- und O₂-Konzentrationen aus. Bei hoher Mineralisationsintensität können O₂ und Nitrat gleichzeitig veratmet werden (19, 25, 27, 29). Obige Voraussetzungen für eine zeitlich und räumlich intensive Denitrifikation dürften in Belebungsbecken häufig gegeben sein [3, 7]. Von herausragender Bedeutung hinsichtlich der N₂O-Emissionen ist das Verhältnis zwischen leicht abbaubarer organischer Substanz und dem NO_3^-- und NO_2^--Gehalt, gefolgt vom Sauerstoffpartialdruck, dem pH und der Temperatur [11, 13, 17, 28, 29]. Je höher das Verhältnis von DOC (Gehalt an gelöstem organischen Kohlenstoff) zu Nitrat ist, desto mehr N₂O wird zu N₂ reduziert (= vollständige Denitrifikation zur maximalen ATP-Gewinnung), und Gewässer können unter diesen Bedingungen zeitweise auch zu N_2O-Senken werden [11, 30]. Indirekt läßt sich die N_2O-Senkenfunktion über die gelöste N_2O-Konzentration nachweisen [7].

14.2.3
Nitratammonifikation

$$NO_3^- \xrightarrow[\text{NR-A}]{[H] \nearrow \text{ATP}} NO_2^- \xrightarrow[\text{NiR}]{} [HNO] \xrightarrow{? \nearrow N_2O} H_2NOH \xrightarrow{? \nearrow N_2O} NH_4^+ \qquad (14.3)$$

Ist das Angebot an organischer Substanz, das zu einem relativ hohem Elektronenpartialdruck (niedriges Eh) im Kulturmedium führen kann, hoch, können bestimmte Mikroorganismen (*Bacillus* spp.; Enterobakterien), die sowohl zu Gärungen als auch zum Atmungsstoffwechsel befähigt sind, NO_3^- über NO_2^- bis zum Ammonium reduzieren (Gl. 14.3). Hohe Umsätze an organischer Substanz führen zu Redoxpotentialen unter Eh < +200 bis +400 mV. Bei solchen Redoxpotentialen, die niedriger sind als bei der Denitrifikation, setzt die Nitratammonifikation ein [27]. Die Nitratammonifikation (= Nitratatmung) dient ebenfalls der Energiekonservierung (ATP-Bildung) mit Ammonium als Endprodukt (= dissimilatorische Nitratreduktion). Vermutlich entsteht N_2O als Nebenprodukt spontan aus membrangebundenem Hyponitrit und/oder Hydroxylamin. Der Mechanismus dieser N_2O-Bildung ist noch nicht geklärt [12]. Auch die ökologischen Bedingungen für die Nitratammonifikation sind noch weitgehend unbekannt. Voraussetzungen scheinen strikt anoxische Bedingungen, ein hohes Angebot an leicht mineralisierbarer organischer Substanz

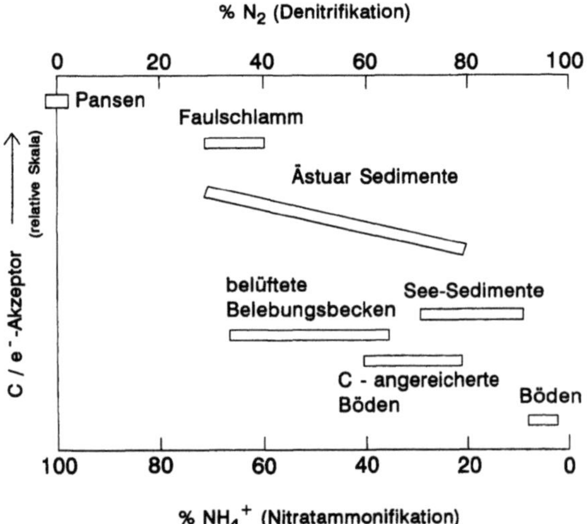

Abb. 14.1 Prozentualer, vom Kohlenstoff/Nitrat-Verhältnis abhängiger Anteil der Denitrifikation (N_2) und der Nitratammonifikation (NH_4^+) am Nitratumsatz in verschiedenen Biotopen (verändert nach Tiedje 1988)

und ein relativ hohes Angebot an Nitrat als alternativer Elektronenakzeptor zu sein (Abb. 14.1). Inwieweit die Nitratammonifikation in der Abwasserreinigung (z. B. im Denitrifikationsbecken) eine Rolle spielt, ist noch zu prüfen.

14.3
N₂O-Emissionen aus aquatischen und terrestrischen Ökosystemen

Die N_2O-Freisetzung aus terrestrischen Ökosystemen wurde bisher nur vereinzelt gemessen. Aus den komplexen Voraussetzungen und Bedingungen der o.g. Prozesse (Gln. 14.1, 14.2, 14.3) wird deutlich, daß die zeitlichen und räumlichen Raten der Lachgasfreisetzungen sehr hoch sein müssen [11, 28, 29]. Abschätzungen der N_2O-Emissionen durch die Landwirtschaft in Deutschland, die auf (viel zu) wenigen Messungen beruhen, liegen bei $78-88\,Gg\,a^{-1}$ (Gg = Gigagramm; $1\,Gg = 10^9\,g$) (Tabelle 14.1) und können nur als vorläufig gelten [11, 31, 32].

Wie schon erwähnt, werden jährlich Stickstoffverbindungen in der Größenordnung von ca. 0,4 bis 0,5 Tg N in unsere Kläranlagen eingeleitet. Die häufigsten Verfahrenstypen der in Deutschland betriebenen Kläranlagen sind in Abb. 14.2 schematisch dargestellt. Es handelt sich (nach den Angaben des Stati-

Tabelle 14.1   Höhe der N_2O-Emissionen aus aquatischen und terrestrischen Quellen

Quelle	N_2O-Emissionen $mg\,N_2O\;m^{-2}\,d^{-1}$	Literatur
Abwasserreinigung		
Belebungsbecken	41 (12–90)	[a]
Klärteich	87 (23–112)	[a]
Oxidationsgraben	28 (10–42)	[a]
Denitrifikationsbecken	16 (12–29)	[a]
Oberflächengewässer		
Assabet River (USA)	6,0 (2,2–60)	[b]
Hudson River (USA)	2,9–5,8	[b]
Merrimack River (USA)	2,0	[b]
Potomac River (USA)	1,7	[b]
Ästuar		
Alsea Bay, Oregon (USA)	0,25 (0,05–0,7)	[c]
Lac Des Allmands, Louisiana (USA)	0,14	[c]
Elbe Ästuar (D)	7,6–8,0	[c]
Sheldt Ästuar (max. Wert) (USA)	19,0	[b]
Böden		
Grünland (weltweit)	0,73 (0,005–2,7)	[d]
Acker mit Pflanzen (weltweit)	0,5 (0,02–1,95)	[d]
Acker ohne Pflanzen (weltweit)	2,8 (0,05–19,2)	[d]
Grünland, Deutschland	1,28–1,71	[c]
Acker, Deutschland	0,86	[c]

[a] [3];   [b] [35];   [c] [32];   [d] [31].

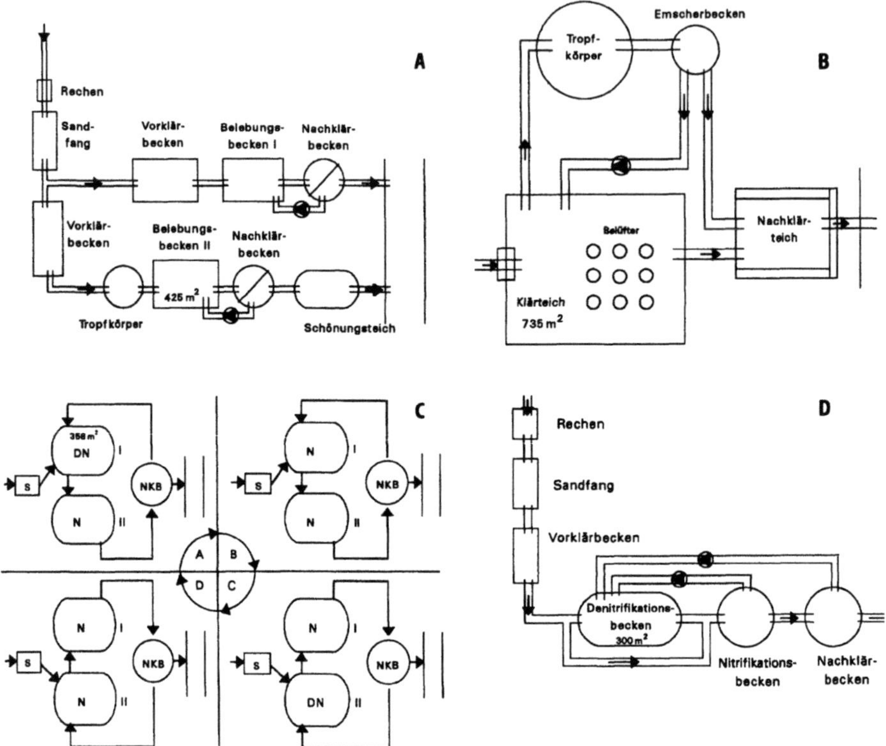

Abb. 14.2 Verschiedene Kläranlagentypen in Deutschland. Kläranlage (A): 2-stufiges mechanisch-biologisches Belebungsverfahren mit vorgeschaltetem Tropfkörper. Kläranlage (B):
belüfteter Abwasserteich mit zwischengeschaltetem Tropfkörper, Grobentschlammungsbecken
und Nachklärbecken. Abwasserteiche sind besonders im ländlichen Raum weiterbreitet.
Kläranlage (C): Oxidationsgraben mit alternierender Denitrifikation und Nachklärbecken
(I,II: Oxidationsgräben, N: Nitrifikation, DN: Denitrifikation, NKB: Nachklärbecken, S: Sand-
fang). Kläranlage (D): mechanisch-biologisches Belebtschlammverfahren mit vorgeschalteter
Denitrifikation

stischen Bundesamtes 1994) um insgesamt 9935 Kläranlagen verschiedenster
Verfahrensführung. Davon haben 1763 Anlagen nur eine mechanische und 5624
eine biologische Reinigung ohne gezielte Nährstoffelimination (Schlammbil-
dung im Belebungsbecken). Mit gezielter Nährstoffelimination (Nitrifikation/
Denitrifikation und P-Elimination) existieren bereits 2517 biologische Anlagen
[33]. Bis zum Jahre 2005 müssen alle Städte und Gemeinden mit biologischen
oder gleichwertigen Abwasserbehandlungsanlagen ausgestattet sein (EG-Richtlinie von 1991) [34].

Die Schätzungen von N_2O-Emissionen aus der Abwasserreinigung (0,4–0,5
Gg a^{-1}) beruhen auf einzelnen Kurzzeitmessungen (Tabelle 14.1). Sollten die
Kläranlagen entsprechend den gesetzgeberischen Forderungen (Ablaufwerte:
$CSB = 90$ mg L^{-1}, $BSB_5 = 20$ mg L^{-1}, $NH_4^+ = 10$ mg L^{-1}, $P = 2$ mg L^{-1}) ausgebaut

werden, muß in Deutschland mit einer steigenden Zahl an biologischen Kläranlagen gerechnet werden. Nach ersten Schätzungen werden heute durch menschliche Aktivitäten in Deutschland ca. 0,2 bis 0,3 Tg $N_2O\,a^{-1}$ in die Atmosphäre freigesetzt, was ca. 3 bis 4 % der anthropogenen N_2O-Emissionen weltweit bedeuten würde [5]. Bisher beträgt die mittlere Reinigungsleistung der bundesdeutschen Kläranlagen bezogen auf die Stickstofffrachten allenfalls ca. 50 %. Der Rest wird den Gewässern zugeführt. Lachgas-Emissionen aus Oberflächengewässern einschließlich Ästuaren werden bereits mit 24 bis 64 Gg a^{-1} angegeben, wenngleich auch für diese Biotope kaum zuverlässige Messungen vorliegen [35]. Systematische N_2O-Messungen an den verschiedensten Objekten und Verfahrensführungen sind Voraussetzung für eine zuverlässige Beurteilung der Sachlage.

14.4
In situ-N₂O-Freisetzung aus dem Belebungsbecken der Kläranlage Gießen

Um die Datenbasis für N_2O-Emissionen aus Kläranlagen zu erweitern, wurden im Belebungsbecken der Kläranlage Gießen (s. Abb. 14.2; mechanisch-biologisches Reinigungsverfahren mit vorgeschaltetem Tropfkörper; TYP A) *in situ-*N_2O-Messungen (März 1993 – März 1994) begonnen. Seit Februar 1994 ist die Kläranlage Gießen um eine Einheit zur gezielten Nährstoffelimination (NH_4^+, NO_3^-, P) erweitert worden. Das aus dem Belebungsbecken emittierte N_2O wurde mit offenen PVC-Kammern aufgefangen, in 0,5 nm Molekularsiebfallen gesammelt und gaschromatographisch quantifiziert [3, 7]. Tabelle 14.2 gibt die über das Jahr gemittelten Zulauf- und Ablaufkonzentrationen an organischen Kohlenstoffverbindung, Ammonium und Nitrat sowie die wichtigsten Kennwerte der Kläranlage Gießen wieder. In Abb. 14.3 sind die N_2O-Emissionen einschließlich Standardabweichungen über 12 Monate dargestellt und mit den relevanten chemisch-physikalischen Wassereigenschaften verglichen. Weiter sind in Tabelle 14.3 die Korrelationen zwischen der N_2O-Freisetzung und den chemisch-bakteriologischen Parametern des Belebungsbeckens dargestellt. Die Ergebnisse lassen folgende Schlüsse zu. Erstens betragen die freigesetzten N_2O-Mengen der Gießener Kläranlage im Zeitraum 1993 – 1994 durchschnittlich 1040 μg m^{-2}h^{-1} (mit Schwankungen zwischen 0 bis 6198 μg m^{-2}h^{-1}). Aus den 23 Meßterminen ließe sich für das Belebungsbecken der Anlage Gießen eine vorläufige jährliche N_2O-Freisetzung von 2,4 ± 1,3 kg N_2O-N abschätzen.

Zweitens zeigen die N_2O-Freisetzungen mit den Konzentrationen an Nitrat und Nitrit im Abwasser einen signifikant positiven, mit der Konzentration an Ammonium (Abb. 14.3 B) jedoch einen signifikant negativen Zusammenhang. Die leicht abbaubare organische Substanz (BSB_5, Abb. 14.3 C) und die Abwassertemperatur (Abb. 14.3 D) scheinen im Jahresverlauf wenig Einfluß auf die N_2O-Freisetzung auszuüben. Ein enger Zusammenhang scheint jedoch zwischen pH und N_2O-Emissionen zu bestehen (Abb. 14.3 D). Die hohe pH-Empfindlichkeit des Belebungsbeckens, die signifikant negative Korrelation zwischen N_2O-Freisetzung und Ammoniumkonzentration sowie die Tatsache, daß die höchsten N_2O-Emissionen bei steigenden O_2-Partialdrücken und sinkenden BSB_5-Werten

Tabelle 14.2   Technische und abwasserchemische Daten der Kläranlage Gießen

Parameter	Kläranlage Gießen (Altanlage)
Ausbaugröße	100 000 [EW][a]
angeschl. Einwohner	60 000 [EZ][b]
Belebungsbecken	
Volumen	1700 m^3
Oberfläche	400 m^2
Aufenthaltszeit	1 h
Zulaufmenge	230 L sec^{-1}
Zulauf-Konzentrationen (nach der Vorklärung)	mg L^{-1}
BSB$_5$	170 (10–510)
CSB$_{Mn}$	196 (32–756)
NH$_4^+$-N	33 (5,7–52)
NO$_3^-$-N	2,5 (0,3–13,8)
Ablauf-Konzentrationen (nach der Nachklärung)	mg L^{-1}
BSB$_5$	8,6 (4,2–15,6)
CSB$_{Mn}$	29 (17–46)
NH$_4^+$-N	24 (1,1–40)
NO$_3^-$-N	4,6 (0,3–19,4)

[a] [EW] Einwohnerwert.
[b] [EZ] Einwohnerzahl.

beobachtet wurden (Abb. 14.3 C), lassen vermuten, daß in Belebungsbecken vom Verfahrenstyp in Giessen N_2O hauptsächlich bei der Nitrifikation („Nitrifikations-Denitrifikation") [14, 16] und weniger aus der heterotrophen Denitrifikation entstehen dürfte [3, 7]. Diese Ergebnisse decken sich nicht mit Labor und *in situ*-Messungen anderer Forschergruppen [5,6], welche vielmehr eine heterotrophe Denitrifikation als Hauptmechanismus der N_2O-Bildung in Betracht ziehen. Vergleichende Untersuchungen an unterschiedlichen Kläranlagen können Aufschluß über Mechanismen der N_2O-Bildung bringen.

Drittens sind die Populationsdichten an Nitrifikanten und Denitrifikanten im Belebungsbecken während der Meßperiode immer relativ hoch und schwanken allenfalls zwischen ein und zwei Zehnerpotenzen. Aufgrund dieser relativ konstant hohen Populationsdichten sind erwartungsgemäß keine Korrelationen zwischen nitrifizierender und denitrifizierender Mikroflora und der N_2O-Freisetzung zu beobachten. Bei der N_2O-Bildung kommt es nicht auf die potentielle Aktivität, sondern auf eine zeitlich und räumlich geeignete Konstellation von ökologischen Bedingungen an.

14.5
Diskussion

Belebungsbecken kommunaler Abwasserreinigungsanlagen können offenbar ständig N_2O in die Atmosphäre freisetzen. Werden mechanisch-biologische

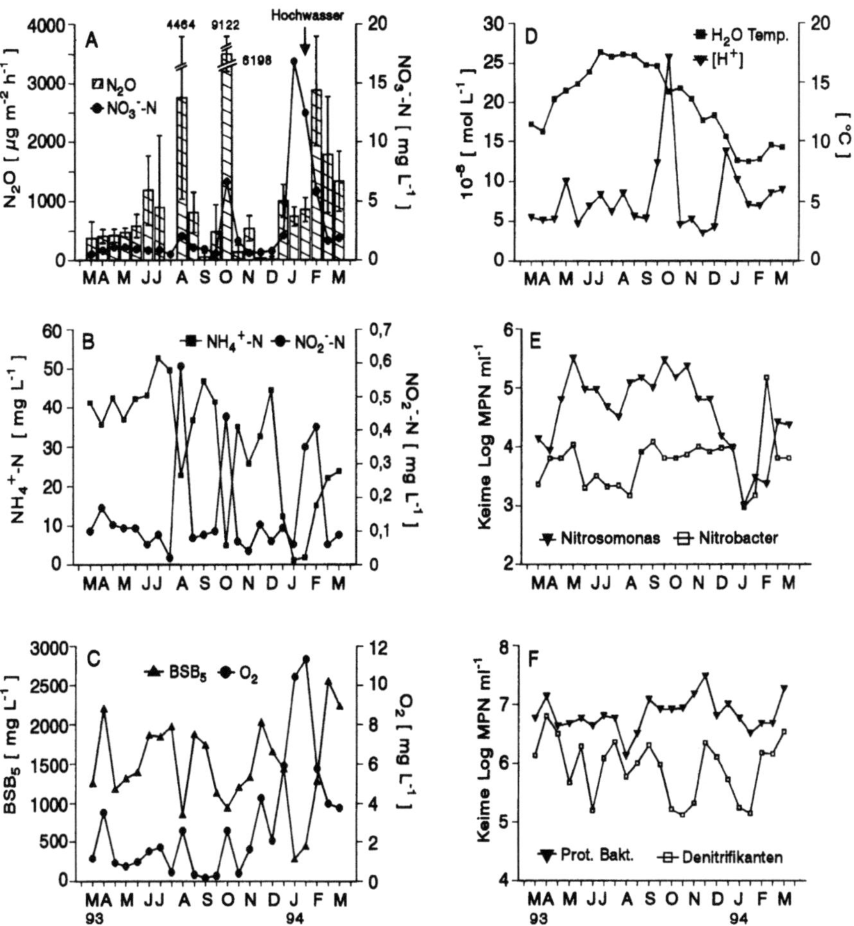

Abb. 14.3 *In situ*-N₂O-Freisetzung, NO₃⁻-(A), NO₂⁻-, NH₄⁺- (B), BSB₅-, O₂- (C), H⁺-Konzentrationen und Temperatur (D) sowie Populationsdichten an Nitrifikanten (*Nitrosomonas* spp. verantwortlich für Oxidation von NH₄⁺ zu NO₂⁻; *Nitrobacter* von NO₂⁻ zu NO₃⁻) (E) sowie Denitrifikanten und prototrophe Bakterien (verantwortlich für BSB₅-Abbau) (F) im Belebungsbecken der Kläranlage Giessen (März 1993–März 1994)

Abwasserreinigungsanlagen in den nächsten 10–30 Jahren zur Reduktion der Nitrat-Einträge in die Gewässer und der Eutrophierung weltweit verstärkt ausgebaut, können umgekehrt mit der Intensivierung der Mineralisationsprozesse auch die globalen N₂O-Emissionen zunehmen [7]. Nach Wicht und Beier [8] ist eine zusätzliche Gefährdung des Klimas durch N₂O-Emissionen aus der Umstellung unserer Kläranlagen auf eine weitergehende Stickstoffelimination heute nicht zu befürchten. Gegenwärtig steigt die N₂O-Konzentration in der Atmosphäre um jährlich ca. 0,2–0,3 % oder 3,5 Tg N₂O-N a⁻¹ an. Terrestrische Ökosysteme (landwirtschaftliche Nutzflächen, Wälder) setzen jährlich weltweit schätzungsweise 2,3–5 Tg N₂O frei [10, 36]. Verglichen mit den Gesamt-N-Men-

Tabelle 14.3 Korrelationen zwischen N_2O-Freisetzung und chemisch-bakteriologischen Parametern des Belebungsbeckens der Kläranlage Gießen

Parameter	NO_3^-	H^+-Konz.	NO_2^-	NH_4^+	pO_2	BSB_5	H_2O-Temp.	Denitrifikanten	Protot. Bakt.	Nitrobacter	Nitrosomonas
r	0,89***	0,79***	0,76***	−0,74***	0,36	−0,33	−0,11	−0,37	−0,25	0,12	−0,02

*** 99,9 % Signifikanzniveau.

gen, die der Gießener Kläranlage zugeführt werden, belaufen sich die daraus resultierenden N_2O-Emissionen nur auf ca. 0,001 %. Die Höhe der N_2O-Freisetzung im Belebungsbecken wird offenbar vor allem von der Nitrat- und Nitritkonzentration sowie vom pH bestimmt (Tabelle 14.3). Auf Nitrat lassen sich ca. 80 %, auf den pH-Wert ca. 60 % und auf Nitrit ca. 58 % der N_2O-Freisetzung zurückführen. Bezogen auf den jährlichen bundesweiten N-Eintrag in Kläranlagen von 0,4–0,5 Tg N [1] erscheinen die ca. 4,5 Mg a^{-1} (Mg = Megagramm; 1 Mg = 10^6 g) an freigesetztem N_2O sehr gering [7]. Dabei wurden zum einen die im Abwasser gelösten N_2O-Mengen, die an die Gewässer weitergegeben und dort emittiert werden können, und zum anderen die N_2O-Senkenfunktionen von Gewässern nicht berücksichtigt [7,30]. Werden insbesondere in den dichtbesiedelten Industrieländern zur weiteren Verringerung der Eutrophierung Nitrifikations-Denitrifikationsanlagen verstärkt ausgebaut, müssen die Ursachen der N_2O-Quellen und -Senken besser verstanden und bei der Planung stärker berücksichtigt werden, zumal die globale Gefahr von N_2O mit einer atmosphärischen Verweilzeit von 100 bis 200 Jahren und einem relativ hohen IR-Adsorptionspotential langfristig nicht zu unterschätzen ist [7, 10, 11]. Vor diesem Hintergrund muß das Potential dieses umweltgefährdenden Spurengases sicher quantifiziert werden. Detaillierte N_2O-Messungen in den sehr differenziert gestalteten Land-, Süßwasser- und Meerökosystemen sowie bei Verbrennungsprozessen liegen kaum vor und sind dringend zu fordern. Insbesondere die N_2O-Senkenfunktion von terrestrischen und aquatischen Ökosystemen ist nach wie vor unerforscht [11].

Dank

Diese Untersuchungen wurden vom Hessischen Ministerium für Wissenschaft und Kunst, Wiesbaden, im Rahmen der „Ökologischen Zukunftsforschung" finanziell gefördert.

Literatur

1. Wieting J, Wolf P (1990) Stickstoffbilanz für die Oberflächengewässer der Bundesrepublik Deutschland. Wasser und Boden 10:646–648
2. Lorch RHJ (1993) Mikrobiologische Charakterisierung und Stoffumsatz der einzelnen Reinigungsstufen verschiedener belüfteter Abwasserteichanlagen im ländlichen Raum. Habilitationsschrift, Justus-Liebig-Universität, Gießen
3. Körner R, Benckiser G, Ottow JCG (1993) Quantifizierung der Lachgas (N₂O)-Freisetzung aus Kläranlagen unterschiedlicher Verfahrensführung. Korr Abw 4:514–525
4. Krauth K (1993) N₂O in Kläranlagen. Korr Abw 11:1777–1791
5. Schön M, Walz R (1994) Emissionen der klimarelevanten Spurengase Distickstoffoxid und Methan in der Bundesrepublik. Spektrum der Wissenschaft 2/1994:109–112
6. Schön G, Bußmann M, Geywitz-Hetz S (1994) Bildung von Lachgas (N₂O) im belebten Schlamm aus Kläranlagen. gwf Wasser Abwasser 135:293–301
7. Sümer E, Weiske A, Benckiser G, Ottow JCG (1995) Influence of environmental conditions on the amount of N₂O released from activated sludge in a domestic waste water treatment plant. Experientia 51:419–422
8. Wicht H, Beier M (1995) N₂O-Emissionen aus nitrifizierenden und denitrifizierenden Kläranlagen. Korr Abw 3:404–413
9. Dritter Bericht der Enquete-Kommission (1994) Schutz der Erdatmosphäre, Economica Verlag, DS 12/8350, Sachgebiet 2129, 71–88
10. Granli T, Böckman OC (1994) Nitrous oxide from agriculture. Norwegian J Agric Sci 12: 7–86
11. Ottow JCG, Benckiser G (1994) Effect of ecological conditions on total denitrification and N₂O release from soils. Nova Acta Leopoldina 288:251–262
12. Tiedje JM (1988) Ecology of denitrification and dissimilatory nitrate reduction to ammonium. In: Zehnder AJB (ed) Biology of anaerobic microorganisms. John Wiley and Sons, New York, 179–244
13. Umarov MM (1990) Biotic sources of nitrous oxide (N₂O) in the context of the global budget of nitrous oxide. In: Bouwman AF (ed) Soils and the greenhouse effect. John Wiley and Sons, New York, 263–268
14. Poth M, Focht DD (1985) ¹⁵N Kinetic analysis of N₂O production by *Nitrosomonas europaea*: An examination of nitrifier denitrification. Appl Environ Microbiol 49:1134–1141
15. Hooper AB, Arciero DM, DiSpirito AA, Fuchs J, Johnson M, LaQuier F, Mundfrom G, McTavish H (1990) Production of nitrite and N₂O by the ammonia-oxidizing nitrifiers. In: Gresshoff PM, Roth LE, Stacey G, Newton WE (eds) Nitrogen fixation. Achievements and Objectives, Chapman and Hall, New York, 387–392
16. Remde A, Conrad R (1990) Production of nitric oxide in *Nitrosomonas europaea* by reduction of nitrite. Arch Microbiol 154:187–191
17. Groffman PM (1991) Ecology of nitrification and denitrification in soil evaluated at scales relevant to atmospheric chemistry. In: Rogers JE, Whiteman WP (eds) Microbial production and consumption of greenhouse gases: Methane, nitrogen oxides and halomethanes. Am Soc Microbiol, Washington D.C., 201–217
18. Ottow JCG, Burth-Gebauer I, El-Demerdash ME (1985) Influence of pH and partial oxygen pressure on the N₂O-N to N₂ ratio of denitrification. In: Golderman HL (ed) Denitrification in the nitrogen cycle. Plenum Press, New York and London, 101–120
19. Abou-Seada MNI, Ottow JCG (1988) Einfluß chemischer Bodeneigenschaften auf Ausmaß und Zusammensetzung der Denitrifikationsverluste drei verschiedener Bakterien. Z Pflanzenernähr Bodenkd 151:109–115
20. Yoshinari T (1990) Emissions of N₂O from various environments – the use of stable isotope composition of N₂O as tracer for the studies of N₂O biogeochemical cycling. In: Revsbech NP, Sorensen J (eds) Denitrification in soil and sediment. Plenum Press, New York, 129–150
21. Ritchi GAF, Nicholas DJD (1972) Identification of the sources of nitrous oxide produced by oxidative and reductive processes in *Nitrosomonas europaea*. Biochem J 126:1181–1191
22. Poth M (1986) Dinitrogen production from nitrite by a *Nitrosomonas* isolate. Appl Environ Microbiol 52:957–959

23. Abeliovich A, Vonshak A (1992) Anaerobic metabolism of *Nitrosomonas europaea*. Arch Microbiol 158:267–270

24. Lipski A, Ahrens A, Reichert K, Altendorf K (1994) Identifizierung von *Alcaligenes faecalis* als heterotrophen Nitrifizierer und aeroben Denitrifizierer in Biofiltern. VDI Berichte 1104: 251–259

25. Robertson LA, Kuenen JG (1991) Physiology of nitrifying and denitrifying bacteria. In: Rogers JE, Whiteman WP (eds) Microbial production and consumption of greenhouse gases: Methane, nitrogen oxides and halomethanes. Am Soc Microbiol, Washington D.C., 189–199

26. Munch JC, Ottow JCG (1984) Composition of denitrification gases (N_2/N_2O/NO) from soil as affected by the denitrifying microflora. In: Udluft P, Merkel B, Prösl KH (eds) Recent investigations in the zone of aeration. Proc Intern Symp Munich: Dep Hydrogeology and Hydrochem Techn Uni Munich 2:437–443

27. Ottow JCG, Fabig W (1985) Influence of oxygen aeration on denitrification and redox level in different batch cultures. In: Caldwell DE, Brierley JA, Brierley CL (eds) Planetary ecology. Van Nostrand Reinhold Co, New York, 427–440

28. Benckiser G, Syring KM (1992) Denitrifikation in Agrarstandorten. BioEngin 8:46–52

29. Ottow JCG (1992) Denitrifikation, eine kalkulierbare Größe in der Stickstoffbilanz von Böden? Wasser und Boden 9:578–581

30. Simarmata T, Benckiser G, Ottow JCG (1993) Effect of an increasing carbon:nitrate-N ratio on the reliability of acetylene in blocking the N_2O-reductase activity of denitrifying bacteria in soil. Biol Fertil Soils 15:107–112

31. Eichner MJ (1990) Nitrous oxide emissions from fertilized soils: Summary of available data. J Environ Qual 19:272–280

32. Schön M, Walz R, Angerer G, Bätcher K, Böhm E, Hillenbrand T, Hiessl H, Reichert J (1993) Anthropogene N_2O- und CH_4-Emissionen in der BRD. Forschungsbericht 93-10402682, Umweltforschungsplan des Bundesministers für Umwelt Naturschutz und Reaktorsicherheit, Schutz der Erdatmosphäre, 1–219

33. Statistisches Bundesamt (1994) Statistik der öffentlichen Abwasserbeseitigung 1991, Ausgewählte vorläufige Ergebnisse, IV D51

34. Teuber W, Port E (1991) Anforderungen an kommunale Abwasseranlagen; EG-Richtlinie verabschiedet. Kor Abw 38:900–904

35. Hemond HF, Duran AP (1989) Fluxes of N_2O at the sediment-water and water-atmosphere boundaries of a nitrogen-rich river. Wat Resour Res 25:839–846

36. Davidson EA (1991) Fluxes of nitrous oxide and nitric oxide from terrestrial ecosystems. In: Rogers JE and Whiteman WB (eds) Microbial production and consumption of greenhouse gases: Methane, nitrogen oxides and halomethanes. Am Soc Microbiol, Washington D.C., 219–235

KAPITEL 15

Stoffumsetzungen und Bakterienpopulationen in belüfteten Abwasserteichanlagen

H.-J. Lorch

15.1
Einleitung

Aus ökonomischen und ökologischen Gründen werden im ländlichen Raum vielfach belüftete Abwasserteichanlagen als dezentrale, naturnahe Abwasserreinigungsverfahren eingesetzt. Die Vorteile von belüfteten Abwasserteichen werden darin gesehen, daß sie kostengünstig und wartungsarm sind, eine hohe Reinigungsleistung bei hoher Prozeßstabilität aufweisen, ein großes Pufferungsvermögen gegenüber Belastungsschwankungen und Stoßbelastungen besitzen, die Mitbehandlung von Regenwasser erlauben sowie eine einfache Schlammbehandlung möglich machen [1].

Mit diesem einfachen biologischen Abwasserreinigungsverfahren wird primär die Reduzierung der organischen Substanz (BSB_5 und CSB) verfolgt, während die Eliminierung der anorganischen Nährstoffe (N und P) weitgehend unbe-

Tabelle 15.1 Anforderungsniveau für das Einleiten von Abwasser in Gewässer nach der Novelle des Anhang 1 vom 27.8.1991 der Rahmen-Abwasser-VwV und nach der EG-Richtlinie über die Behandlung von kommunalem Abwasser vom 21.5.1991 [3]

Ausbaugröße		*Mindestanforderungen*, mg l^{-1}				
kg BSB_5 roh	EW[a]	CSB	BSB_5	NH_4^+-N[b]	N_{min}[b]	P_{ges}
< 60	< 1000	150	40	–	–	–
< 300	< 5000	110	25	–	–	–
< 1200	< 20000	90	20	10	18	–
< 6000	< 100000	90	20	10	18	2
> 6000	> 100000	75	15	10	18	1
EG-Richtlinie		CSB	BSB_5	N_{ges}[c]	P_{ges}	
	> 2000	125	25	–	–	
	> 10000	125	25	15	2	
	> 100000	125	25	10	1	

[a] Einwohnerwert.
[b] im Zeitraum Mai-Oktober bzw. für Wassertemperaturen >12°C.
[c] anorganischer und organischer Stickstoff.

Lemmer/Griebe/Flemming (Hrsg.)
Ökologie der Abwasserorganismen
© Springer-Verlag Berlin Heidelberg 1996

rücksichtigt bleibt. In Deutschland gilt seit langem als Zielsetzung des Gewässerschutzes die Einhaltung von Gewässergüteklasse II, wobei Gewässer mit besserer Qualität sich nicht verschlechtern dürfen [2]. Seit dem 1.1.1992 müssen Kläranlagen mit einer Ausbaugröße über 5000 EW eine weitgehende Stickstoffverminderung mit Hilfe der Nitrifikation und Denitrifikation erzielen (Tabelle 15.1). Da dezentrale Kläranlagen in der Regel für geringere Anschlußwerte ausgebaut werden, sind sie momentan von diesen Zielvorgaben nicht betroffen. Die vielfältigen Nutzungsanforderungen und -ansprüche an die Gewässer machen neben der Begrenzung von Belastungsquellen (Emissionsprinzip) auch die Berücksichtigung von Qualitätszielen (Immissionsprinzip) notwendig [4, 5, 6]. Da belüftete Abwasserteiche häufig ihre „gereinigten" Abwässer in abflußarme Fließgewässer oder sensible Bachoberläufe einleiten, ist zu erwarten, daß zukünftig auch an diese Kläranlagen die weitergehenden Anforderungen der Abwasserreinigung gestellt werden. In dieser Hinsicht sind grundlegende Kenntnisse der stofflichen Umsetzungen und der Mikrobiologie notwendig, wenn es darum geht, die Effizienz der N-Eliminierung ggf. technisch zu verbessern.

15.2
Bau und Betrieb von belüfteten Abwasserteichanlagen

Abwasserteiche sind, wie Pflanzenkläranlagen und die Landbehandlung von Abwasser, naturnahe Reinigungsverfahren, die im Gegensatz zu den kompakten technischen Systemen (Belebungsverfahren, Tropfkörper, Scheibentauchkörper) relativ lange Verweilzeiten des Abwassers erfordern. Derartige Abwasserteiche stellen Ökosysteme dar, bei denen große Volumina und Flächen für die Abwasserreinigung (Selbstreinigung) herangezogen werden. Die verschiedenen naturnahen Abwasserreinigungsverfahren (Pflanzenkläranlagen, Bodenfilter, Abwasserteiche) unterscheiden sich jedoch hinsichtlich der Reinigungsleistung und des Flächenbedarfs beträchtlich. Bei Abwasserteichanlagen werden die Anforderungen der allgemein anerkannten Regeln der Technik als erfüllt angesehen [7, 8]. Fast 4000 Abwasserteiche befinden sich in 16 europäischen Staaten, wobei ein Großteil dieser Kläranlagen in ländlichen Gebieten Deutschlands eingesetzt wird [9, 10, 11, 12, 13, 14]. Der Einsatzbereich von belüfteten (mechanisch belüfteten) Abwasserteichen liegt bei Anschlußwerten bis zu 5000 EW, wobei eine Teichfläche von ca. 2 m^2 bzw. ein Behandlungsraum von ca. 3 m^3 pro EW erforderlich ist. Für die Bemessung ist eine BSB$_5$-Raumbelastung von < 25 g m^{-3} d^{-1} sowie eine Durchflußzeit von > 5 Tagen anzusetzen [1]. Abwasserteichanlagen bestehen zweckmäßig aus mehreren hintereinandergeschalteten, belüfteten Teichen und, zur Rückhaltung von Feststoffen und zur Nivellierung der Ablaufergebnisse, einem unbelüfteten Nachklär- oder Schönungsteich. Bei der Belüftung von Abwasserteichen (Mammutrotoren, Oberflächenbelüfter, Linienbelüfter u.a.) erfolgt neben dem Sauerstoffeintrag eine Umwälzung des Wasserkörpers, ohne daß größere Mengen an Schlamm aufgewirbelt werden [15]. Die Abwasserreinigung in belüfteten Teichen ist durch aerobe Mineralisation im Wasserkörper, Sedimentation der absetzbaren Stoffe, aerobe Mineralisation der sedimentierten und gelösten Stoffe in der Schlamm-Wasser-Kontaktzone und anaerobe Stabilisation des Schlammes unterhalb der Schlamm-Wasser-Kontaktzone charakterisiert [16]. Eine Schlammräumung muß erst nach einigen Jahren erfolgen. Betriebliche Maßnahmen zur Erhöhung (Optimierung) der Reinigungsleistung sind bei belüfteten Abwasserteichen nur begrenzt möglich [17, 18]. Der Nachteil des großen Flächenbedarfs läßt sich unter Beibehaltung der Vorteile, durch Vorschaltung einer hochbelasteten technischen Stufe vermindern [19]. Zur Erweiterung der Aufwuchsflächen für sessile Organismen (z. B. Nitrifikanten) können zusätzlich Festbettreaktoren in die Teiche oder Belüftungssysteme eingesetzt oder Tropf- bzw. Scheibentauchkörper zwischengeschaltet werden [20, 21].

15.3
Eliminierung der C-Verbindungen

Die Reinigungsleistung von belüfteten Abwasserteichen erfüllt hinsichtlich der Elimination der organischen Substanz (BSB_5, CSB) weitgehend die Mindestanforderungen (Tabelle 15.2). Einzuschränken ist, daß Abwasserteiche häufig nicht ausgelastet sind, da sie aus Sicherheitsgründen oder in Hinblick auf zukünftig anzuschließende Einwohner überdimensioniert werden. Bei zunehmender Auslastung oder auch bei vernachlässigter Schlammräumung ist oftmals eine Verschlechterung der Reinigungsleistung zu beobachten. Im Gegensatz zu Belebungsanlagen stellen Abwasserteiche limnische Ökosysteme dar, in denen sowohl heterotrophe als auch autotrophe Organismen eine reich gegliederte Biozönose bilden. Sukzessionen in den Organismengesellschaften sowie Massenentwicklungen von Zooplankton und/oder Phytoplankton sind daher für dieses Abwasserreinigungsverfahren typische Begleiterscheinungen und können als Indikatoren auf den Belastungs- bzw. Mineralisationsgrad hinweisen [22, 23]. Die Bestimmung der Ablaufwerte für den BSB_5 und CSB aus der filtrierten Probe gibt zwar die Reinigungsleistung wieder, vernachlässigt allerdings, daß die Biomasse der pflanzlichen und tierischen Organismen im Vorfluter mineralisiert wird und zu einer zusätzlichen Gewässerbelastung führen kann.

15.3.1
Populationsdichte und Aktivität der heterotrophen Bakterienflora

Abwasserteichanlagen werden ohne Schlammrückführung betrieben und sind prinzipiell als Ausschwemmreaktoren anzusehen [24]. Der Belebtschlammgehalt im Wasserkörper ist gering (ca. 50 mg Trockenmasse l^{-1}), so daß die Mineralisierung durch die sessilen Organismen in der Schlamm-Wasser-Kontaktzone überwiegt [1, 25]. Aufgrund der Schwebschlammgehalte in den belüfteten Teichen wird geschätzt, daß für die Abbauleistung zu 23 % die planktontischen und zu 77 % die sessilen Organismen verantwortlich sind [26, 27]. In den einzelnen Reinigungsstufen ergeben sich jedoch charakteristische Unter-

Tabelle 15.2 Planungsdaten und Reinigungsleistung von belüfteten Abwasserteichanlagen im Raum Marburg-Kirchhain, Hessen (nach Angaben der Mittelhessischen Wasserwerke, Gießen)

Parameter			H^a	G	E	A	R
Ausbaugröße		EW	2600	1200	1000	1300	500
Belüftete Teiche			4	2	3	1	2
Oberfläche	T-1	m^2	1800^b	1012	750	720	453
	T-2		900	1012	750	–	241
	T-3		900	–	613	–	–
Festbett^c			Folien	–	–	Tk^d	Stk^d
Oberfläche		m^2	1102	–	–	11000	1674
Schönungsteich		m^2	1900	1400	550	234	450
Abwassermenge		$m^3\,d^{-1}$	1059^e	201	178	110	286
Auslastung		%	44	39	76	113	50
Abbaugrad		% BSB_5	86	95	94	90	89
		% CSB	72	87	88	79	82
Ablaufwerte							
BSB_5		$mg\,l^{-1}$	$11\,(68)^f$	8 (48)	20 (83)	27 (87)	14 (49)
			$2-48^g$	3–16	2–65	4–70	3–45
CSB		$mg\,l^{-1}$	$42\,(67)^f$	47 (48)	77 (82)	98 (88)	68 (49)
			$10-165^g$	16–95	18–185	22–160	27–156
Anteil d. Proben mit							
< 15 mg BSB_5 l^{-1}		%	88	98	54	22	65
< 75 mg CSB l^{-1}		%	97	94	55	24	71
> Mindestanforderung		%	3	0	20	41	4

[a] H = Hatzbachtal, G = Ginseldorf, E = Emsdorf, A = Anzefahr, R = Reddehausen.
[b] Parallelteiche 1a und 1b, jeweils ca. 50 % Zulauf.
[c] PVC-Folien in T-3 eingehängt; Tk = Tropfkörper; Stk = Scheibentauchkörper.
[d] mit ca. 50 % Abwasserrückführung in den belüfteten Teich bzw. Zulauf.
[e] hoher Fremdwasseranteil.
[f] Mittelwert, () Anzahl der Proben 1988–1991, 24 h-Proben.
[g] Extremwerte.

schiede in den Aktivitäten des Stoffumsatzes, da bereits im ersten belüfteten Teich aufgrund von Sedimentation und Mineralisierung eine Reduzierung der organischen Substanz (BSB_5, CSB_{Mn}) um ca. 60 % erfolgt (Abb. 15.1). Die nachfolgenden belüfteten Teiche und technischen Stufen tragen zur Eliminierung der C-Verbindungen verhältnismäßig wenig bei. Trotz Belüftung treten in der ersten Reinigungsstufe häufig Sauerstoffdefizite auf, während die nachgeschalteten Teiche zeitweise Sauerstoffübersättigungen aufweisen. Die fehlende Rückhaltung bzw. Anreicherung der Biomasse im Wasserkörper führt dazu, daß in den belüfteten Teichen sowohl die Populationsdichten an Saprophyten als auch die Enzymaktivitäten niedriger als in den Zuläufen sind. Dementsprechend nehmen Bakterienpopulationen und -aktivitäten im Verlauf des Reinigungs-

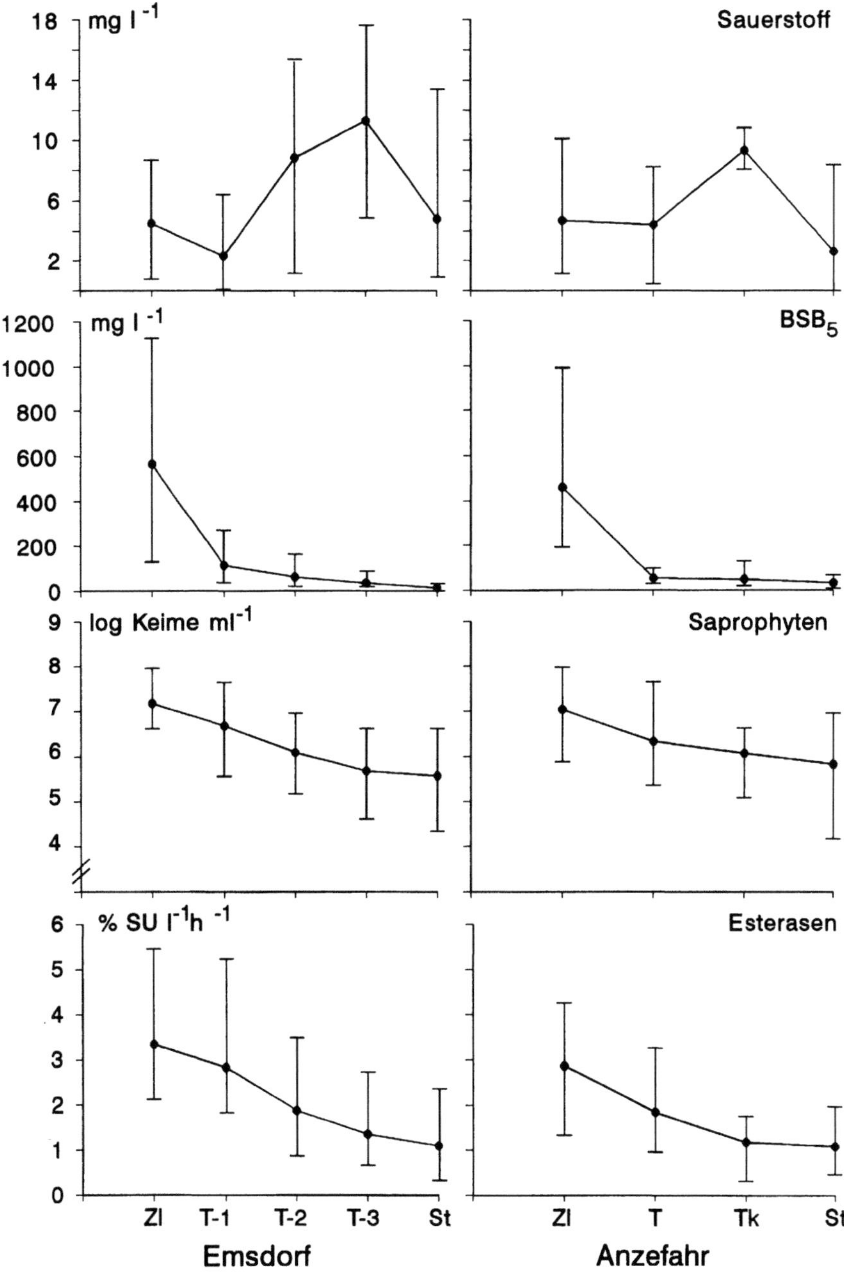

Abb. 15.1 Mittel- und Extremwerte der Sauerstoffkonzentration, des Biochemischen Sauerstoffbedarfs, der Saprophytendichte (MPN) und der Esterasen-Aktivität in den belüfteten Abwasserteichanlagen Emsdorf und Anzefahr; Z (Zulauf), T (belüfteter Teich), Tk (Tropfkörper), St (Schönungsteich)

Tabelle 15.3 Gehalt an organischer Substanz sowie Populationsdichte an Saprophyten und Esterasen-Aktivität in der Schlamm-Wasser-Kontaktzone von belüfteten Abwasserteichen

	C_{org}	*Saprophyten* (MPN)[a]		*Esterasen-Aktivität*	
	mg g^{-1} TS	$\times 10^6$ ml^{-1}	$\times 10^8$ g^{-1} TS	% SU l^{-1} h^{-1}	% SU g^{-1} TS h^{-1}
Abwasserteichanlage Emsdorf (Mai '90 – April '91)					
Teich-1	110–180 (5)[b]	23–430 (4)	8,7–77 (4)	2,7–11,3 (4)	0,07–0,91 (4)
Teich-2	85–246 (6)	9,3–93 (5)	27–404 (5)	1,8–9,0 (5)	0,27–3,91 (5)
Teich-3	52– 69 (3)	0,09–15 (4)	2,3 (2)	1,5–6,4 (4)	0,06–0,16 (2)
Abwasserteichanlage Anzefahr (Februar '90 – Juli '91)					
Teich	198–343 (5)	43–930 (10)	14–134 (5)	3,2–8,8 (7)	0,11–0,46 (5)

[a] most probable number.
[b] Extremwerte, () Anzahl der Proben.

prozesses kontinuierlich ab und liegen in Größenordnungen wie sie für alpha-mesosaprobe bzw. polysaprobe Gewässer kennzeichnend sind [28]. Auch die mikroskopische Analyse der Bakterienflora aus belüfteten Abwasserteichen zeigt in Dichte und Morphologie eine weitgehende Übereinstimmung mit den Bakterienassoziationen aus Oberflächengewässern. Solitäre Bakterienzellen (Stäbchen und coccoide Formen) dominieren, während fädige Organismen, Bakterienkonglomerate und Flocken, wie sie für Belebungsanlagen typisch sind, so gut wie nicht auftreten [29, 30]. Das Fehlen von Turbulenzen im Wasserkörper bedingt, daß sowohl größere Organismen als auch Bakterienaggregate und Schwebstoffe schnell sedimentieren. Mit anderen Reinigungsverfahren (z. B. Belebungsanlagen) vergleichbare Keimdichten an Saprophyten werden nur in der Schlamm-Wasser-Kontaktzone erreicht (Tabelle 15.3). Dagegen liegen die Enzymaktivitäten weitaus niedriger als sie für Belebungsanlagen beschrieben werden [31, 32]. Die organische Substanz dürfte in der Schlamm-Wasser-Kontaktzone von Abwasserteichen keinen begrenzenden Faktor für Wachstum und Aktivität der Mikroorganismen darstellen, so daß sich möglicherweise das zeitliche und lokale Zusammentreffen von aeroben und anaeroben Abbauvorgängen hemmend auf den Stoffumsatz auswirkt.

15.4
Notwendigkeit der Stickstoffreduzierung hinsichtlich des Gewässerschutzes

Die Stickstoffeinträge in die Oberflächengewässer werden zu 55% auf diffuse Quellen sowie zu 45% auf kommunale (einschließlich Regenwasserbehandlung) und industrielle Abwassereinleitungen zurückgeführt [33]. Maßnahmen zur Reduzierung der Stickstoffemissionen müssen daher sowohl die Landwirtschaft als auch die Abwasserbehandlung umfassen [5, 6]. Bei der biologischen Abwasserreinigung ohne Nitrifikation/Denitrifikation wird Stickstoff überwiegend in reduzierter Form als Ammonium emittiert. Eine Folge der dezentralen Ab-

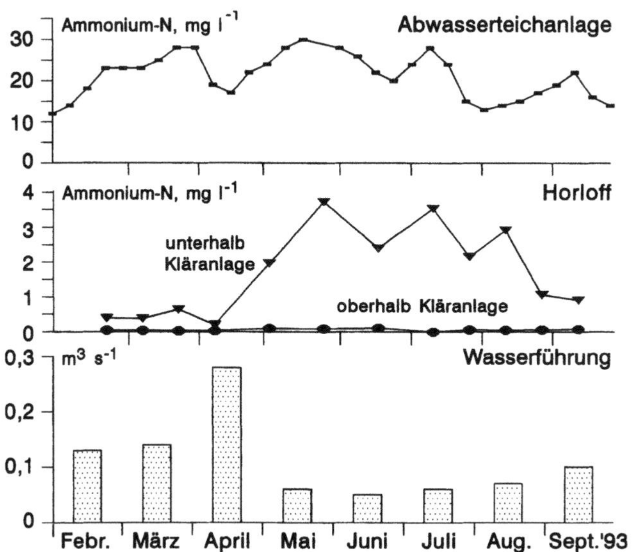

Abb. 15.2 Auswirkungen der Ammoniumemissionen der belüfteten Abwasserteichanlage Gonterskirchen (nach Angaben des Abwasserverbandes Lauter-Wetter, Laubach) auf die Wasserqualität der Horloff in Beziehung zur mittleren Wasserführung (Pegel Ruppertsburg; nach Angaben des Wasserwirtschaftsamtes Friedberg)

wasserbehandlung ist oft das Fehlen ausreichender Vorflut, so daß zwangsläufig erhebliche Gewässerbelastungen auftreten (Abb. 15.2) [34]. Neben O_2-Zehrung und Eutrophierung können Ammoniak und Nitrit durch akute und chronische Toxizitäten die aquatische Biozönose schädigen. Als Qualitätsziel für das Schutzgut „Aquatische Lebensgemeinschaft" werden für Salmonidengewässer 0,16 mg NH_4^+-N l^{-1} bzw. 0,06 mg NO_2^--N l^{-1} und für Cyprinidengewässer 0,31 mg NH_4^+-N l^{-1} bzw. 0,20 mg NO_2^--N l^{-1} angesehen. Ammoniak sollte im Gewässer eine Konzentration von 0,025 mg l^{-1} nicht überschreiten [6]. Für Nitrat wird in Hinblick auf die „Trinkwassergewinnung aus Oberflächengewässern" ein Qualitätsziel von 5,7 mg N l^{-1} gefordert [35]. Darüber hinaus wird für die stark gefährdete Flußperlmuschel (*Margaritifera margaritifera*) und für die Bachmuschel (*Unio crassus*) eine hohe Sensibilität gegenüber Nitrat angenommen, wobei als Richtwert für intakte Populationen weniger als 1,5 bzw. 2,3 mg N l^{-1} genannt wird [36, 37]. Unter diesen Gesichtspunkten ergibt sich die Notwendigkeit, daß auch in Kläranlagen mit geringer Ausbaugröße Ammonium durch Nitrifikation zu Nitrat oxidiert wird, welches wiederum durch Denitrifikation zu gasförmigen Produkten reduziert werden kann.

15.4.1
Stickstoffemissionen bei belüfteten Abwasserteichanlagen

Die mikrobielle Oxidation des Ammoniums zu Nitrat ist in belüfteten Abwasserteichanlagen nur in unzureichendem Ausmaß gegeben. Nitrifikation in den

Teichen erfolgt dann, wenn ausreichende Kontaktzeit bzw. -fläche und günstige Bedingungen für die lithoautotrophen Nitrifikanten in der Schlamm-Wasser-Kontaktzone zusammentreffen. Folglich kann ausnahmsweise in stark unterbelasteten Abwasserteichanlagen eine weitgehende Stickstoffoxidation auftreten. Auch in der wärmeren Jahreszeit wird Nitrifikation beobachtet, wobei ein Zusammenhang mit der Belastung nicht immer besteht [11, 14, 18, 38]. Da die langsam wachsenden, sessilen Nitrifikanten in Konkurrenz zu den heterotrophen Bakterien stehen, sind zusätzliche Aufwuchsflächen Voraussetzung für eine stabile Nitrifikation. Bei zwischengeschalteten Tropfkörpern (Brockenfüllung) ist eine BSB_5-Raumbelastung von $< 0{,}2\,kg\,m^{-3}\,d^{-1}$ und bei Tauchkörpern eine BSB_5-Flächenbelastung von $< 4\,g\,m^{-2}\,d^{-1}$ anzusetzen [21]. In Abb. 15.3 sind die Stickstoffemissionen von belüfteten Abwasserteichanlagen mit und ohne Festbettreaktoren (vgl. Tabelle 15.2) in Anlehnung an die Anforderungen der weitergehenden Abwasserreinigung dargestellt. Ablaufwerte $< 10\,mg\,NH_4^+$-$N\,l^{-1}$ lassen sich nur bei den Abwasserteichanlagen mit zwischengeschalteter technischer Stufe (A und R) in größerer Anzahl erzielen. Weiterhin werden hinsichtlich des anorganischen Stickstoffs die Anforderungen von $< 18\,mg\,N_{min}\,l^{-1}$ in der Abwasserteichanlage H, die allerdings durch einen hohen Fremdwasseranteil gekennzeichnet ist, und in der Abwasserteichanlage mit Scheibentauchkörper (R) häufiger unterschritten als in den anderen Abwasserteichanlagen. Schleypen [13] gibt für eine belüftete Abwasserteichanlage mit nachgeschalteter zweistufiger Tauchkörperanlage eine Reduzierung des Ammoniumstickstoffs von $31{,}1\,mg\,l^{-1}$ auf $12{,}3\,l^{-1}$ und eine Erhöhung des Nitratstickstoffs von Spuren auf $17{,}5\,mg\,l^{-1}$ an. Eine Alternative zu den technischen Stufen stellt möglicherweise der Einbau von Festbettreaktoren in die Linienbelüfter von Simultanteichanlagen dar, da in Verbindung mit der Rückführung des Abwassers in den Zulaufbereich zur Denitrifikation Ablaufwerte bis unter $1\,mg\,NH_4^+$-$N\,l^{-1}$ und $5\,mg\,NO_3^-$-$N\,l^{-1}$ erzielt werden konnten [39, 40].

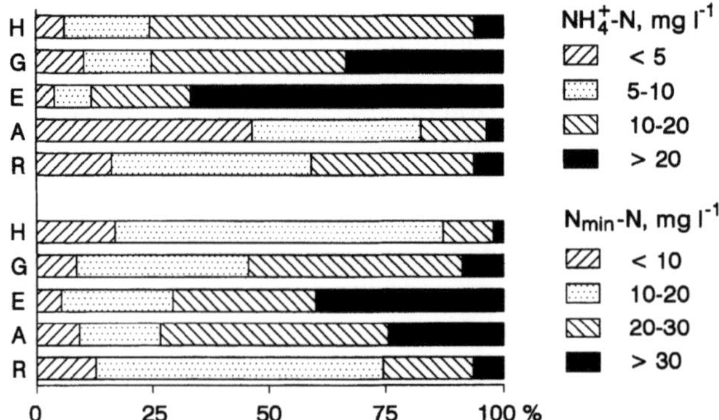

Abb. 15.3 Verteilung der Konzentrationen an Ammonium und anorganischem Stickstoff (Ammonium und Nitrat) im Ablauf der Abwasserteichanlagen Hatzbachtal (H), Ginseldorf (G), Emsdorf (E), Anzefahr (A) und Reddehausen (A). 24h-Proben, 1988–1991; nach Angaben der Mittelhessischen Wasserwerke, Gießen

15.4.2
N-Dynamik in den Reinigungsstufen

Geringe Populationsdichten der chemolithotrophen Nitrifikanten im Wasserkörper können als typisch für belüftete Abwasserteiche angesehen werden (Tabelle 15.4). Verschiebungen zu günstigeren Randbedingungen im Verlauf des Reinigungsprozesses (Abnahme der organischen Substanz, Zunahme der Sauerstoffkonzentration, pH-Werte > 7) wirken sich scheinbar nicht fördernd auf die nitrifizierenden Bakterien aus. In herkömmlichen belüfteten Abwasserteichanlagen wird die Nitrifikation vorwiegend durch die Organismen in der Schlamm-Wasser-Kontaktzone bestimmt, die durch ein hohes Schlammalter (keine Ausschwemmung) gekennzeichnet ist. In diesen Kompartimenten sind die Nitrifikanten mit ca. zwei Zehnerpotenzen höheren Keimdichten als im Wasserkörper vertreten und erreichen Populationsdichten, wie sie auch für andere Kläranlagen berichtet werden [41, 42]. In den Abwasserteichen stellen jedoch zeitliche und lokale Verknüpfungen mit der Mineralisierungsaktivität der heterotrophen Bakterien sowie zeitweise auftretende Sauerstoffdefizite und/oder Metaboliten des anaeroben Stoffwechsels Streßfaktoren für die Nitrifikanten dar. Andererseits ist eine hohe Widerstandsfähigkeit gegenüber ungünstigen Umweltbedingungen Voraussetzung für die Überlebensfähigkeit der Nitrifikanten, da sie am Ende des Mineralisierungsprozesses stehen und auf sich ändernde ökologische Bedingungen schnell reagieren müssen. Abeliovich [43] konnte zeigen, daß Nitrifikanten aus Abwasserteichanlagen noch ein Wachstum bei O_2-Konzentrationen von $0,1-0,2$ mg l^{-1} aufweisen. Da die ökologischen Bedingungen im Wasserkörper und in der Schlamm-Wasser-Kontaktzone differieren können, sind wechselnde Beziehungen der Nitrifikation zu abwasserchemischen Parametern des Wasserkörpers die Folge. Ebenfalls kann durch Nitrifikation gebildetes Nitrat, aufgrund des hohen Bedarfs an Elektronenakzeptoren in der Schlamm-Wasser-Kontaktzone denitrifiziert werden, so daß eine Ammoniumabnahme nicht unbedingt mit einer Nitratzunahme einhergehen muß.

Im Gegensatz zu den lithoautotrophen Nitrifikanten bilden potentiell denitrifizierende Bakterien stets einen bestimmten Bestandteil (ca. 1–10%) der heterotrophen Bakterienflora, wobei Keimdichte und Diversität für das jeweilige Biotop spezifisch sind [44]. Primär ist für die Denitrifikation in Abwässern ein hohes Angebot an leicht mineralisierbarer organischer Substanz (H-Donatoren) und Nitrat in Verbindung mit niedrigen Sauerstoffkonzentrationen Voraussetzung. Aber auch bei Anwesenheit von O_2 kann Denitrifikation auftreten, wenn durch intensive Mineralisierungsprozesse der Bedarf an Elektronenakzeptoren so groß wird, daß O_2 alleine nicht ausreicht und Nitrat parallel als alternativer H-Akzeptor herangezogen wird [45]. In der Schlamm-Wasser-Kontaktzone von belüfteten Abwasserteichen entsprechen die Populationsdichten an Denitrifikanten (Tabelle 15.4) denjenigen von Belebungsanlagen [32, 44]. Bei einem hohen Angebot an leicht mineralisierbarer organischer Substanz in der ersten Reinigungsstufe stellt Nitrat den begrenzenden Faktor des Denitrifikationsprozesses dar. In den nachfolgenden Abwasserteichen ist die Denitrifikations-

Tabelle 15.4 Populationsdichten an nitrifizierenden und denitrifizierenden Bakterien im Wasserkörper und in der Schlamm-Wasser-Kontaktzone von belüfteten Abwasserteichanlagen

Wasserkörper

Abwasserteichanlage Emsdorf (n = 12)				*Abwasserteichanlage Anzefahr* (n = 11)			
	Nitrifikanten		*Denitrifikanten*		*Nitrifikanten*		*Denitrifikanten*
	NH_4^+-Ox.	NO_2^--Ox.	$\times 10^3$		NH_4^+-Ox.	NO_2^--Ox.	$\times 10^3$
		MPN ml^{-1}	MPN ml^{-1}			MPN ml^{-1}	MPN ml^{-1}
Zl[a]	1800[2)]	1300	2500	Zl[a]	2600[2)]	710	460
	150-9300	230-4300	230-9300		230-15000	230-2300	93-2300
T-1	290	320	280	T	160	63	54
	43- 4300	75-4300	21-4300		9,3-2300	11-430	9,7-970
T-2	110	72	16	Tk	460	63	26
	9,3-930	2,3-930	0,75-930		23-23000	4,3-430	2,1-430
T-3	62	91	9	St	85	20	27
	23-430	15-2300	0,43-430		2,3-930	0-93	2,8-230
St	11	18	4				
	2,3-43	2,8-43	0,023-43				

Schlamm-Wasser-Kontaktzone

	Emsdorf[c]	T-1	T-2	T-3	*Anzefahr*[c] T
Nitrifikanten (MPN)					
Ammonium-Oxidierer					
$\times 10^2$ ml^{-1}		3,8 – 93	7,5 – 93	2,1 – 11	43 – 2300
$\times 10^4$ g^{-1}TS		1,7 – 13	27 – 79	1,1 – 2,8	9,7 – 134
Nitrit-Oxidierer					
$\times 10^2$ ml^{-1}		4,3 – 93	7,5 – 230	0,43 – 43	4,3 – 430
$\times 10^4$ g^{-1}TS		8,7 – 66	27 – 153	2,4 – 3,3	7,4 – 134
Denitrifikanten (MPN)					
$\times 10^4$ ml^{-1}		230 – 2300	75 – 150	0,93 – 430	930 – 9300
$\times 10^6$ g^{-1}TS		215 – 767	59 – 652	58 – 62	250 – 1329

[a] Zl = Zulauf, T = belüfteter Teich, Tk = Tropfkörper, St = Schönungsteich.
[b] Mittelwert und Extremwerte.
[c] Extremwerte, Trockensubstanz (TS) zwischen 0,3 % und 11 %, Anzahl der Proben s. Tabelle 15.3.

aktivität weitgehend unabhängig von der Nitratkonzentration, da durch die Zunahme an relativ persistenten Verbindungen die Verfügbarkeit von Wasserstoffdonatoren eingeschränkt sein dürfte. Im Wasserkörper der belüfteten Teiche wirken, auch bei ausreichendem Nitratangebot, der minimale C-Umsatz und überwiegend aerobe Verhältnisse sowie die kontinuierliche Ausschwemmung von Biomasse limitierend auf die Entfaltung der denitrifizierenden Bakterienflora. Kurzfristige Änderungen in den Verhältnissen (z. B. Sauerstoff-

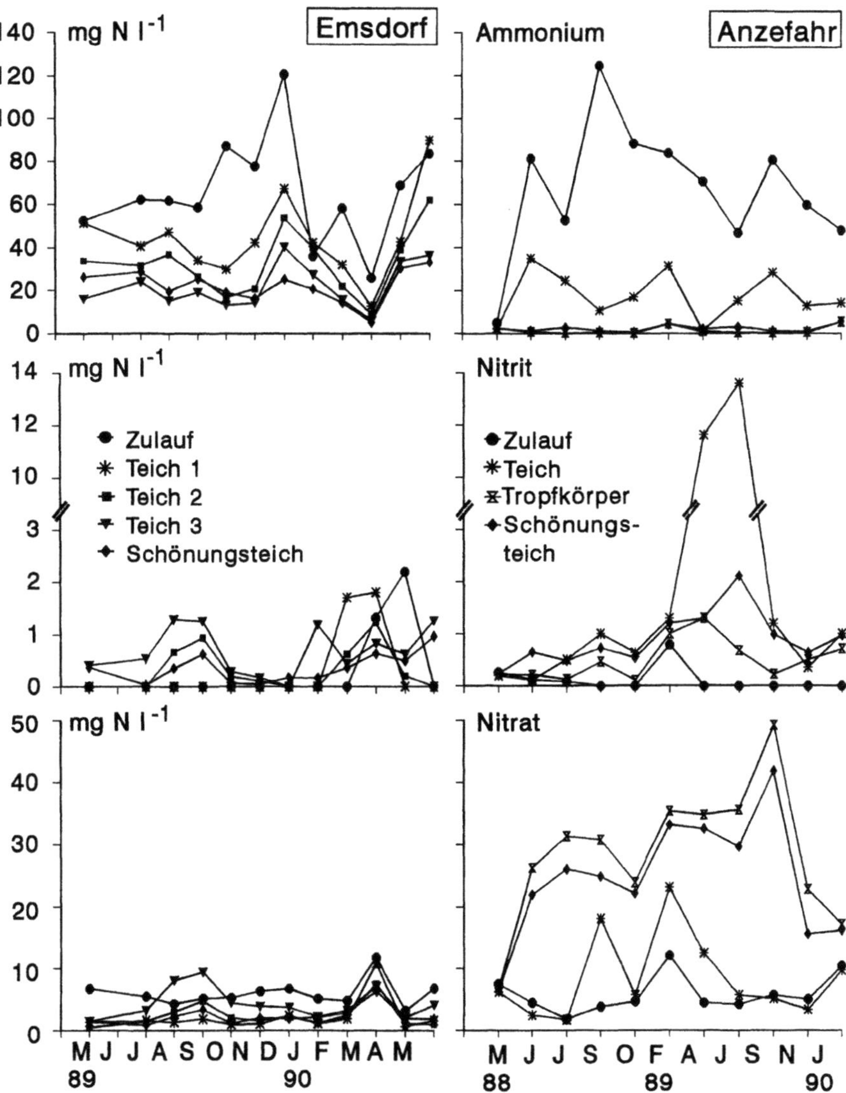

Abb. 15.4 Anorganischer Stickstoff im Zulauf und in den verschiedenen Reinigungsstufen der Abwasserteichanlagen Emsdorf und Anzefahr

zehrung) können zu einer Nitritakkumulation führen, da der geringe Bedarf an Elektronenakzeptoren eine vollständige Denitrifikation nicht notwendig macht. Der jahreszeitliche Verlauf der anorganischen Stickstoffkonzentrationen im Wasserkörper der Abwasserteichanlagen Emsdorf und Anzefahr ist in Abb. 15.4 vergleichend dargestellt. In Emsdorf ist die Stickstoffabnahme überwiegend durch die Umsetzungen im ersten belüfteten Teich bedingt. In den nachfolgen-

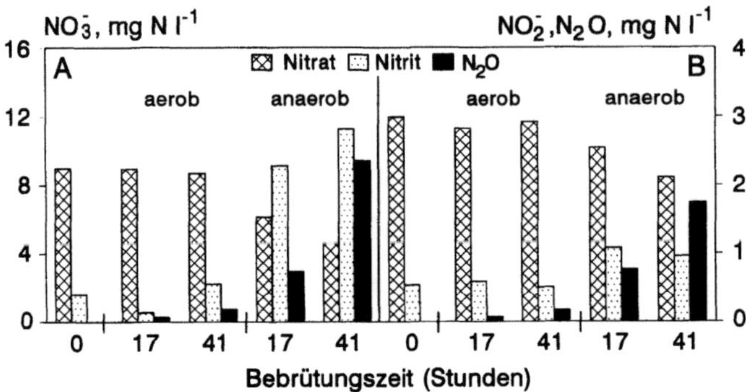

Abb. 15.5 N$_2$O-Bildung (Maß für die aktuelle Denitrifikationskapazität) sowie Nitrit- und Nitratkonzentrationen bei Wasserproben aus dem belüfteten Teich der Abwasserteichanlage Anzefahr (A: 19.2.1990, B: 9.10.1990) nach einer Bebrütungszeit von 17 h und 41 h (1 % v/v Acetylen, 20 °C) bei aerober und anaerober (He-Atmosphäre) Inkubation

den Reinigungsstufen weisen die Abnahmen bzw. Zunahmen von Ammonium oder Nitrat darauf hin, daß zumindest zeitweise nitrifiziert bzw. denitrifiziert wird. Eine direkte Abhängigkeit von der Wassertemperatur oder der O$_2$-Konzentration ist nicht erkennbar. Auch bestehen zwischen Ammonium und den oxidierten N-Verbindungen keine engen Beziehungen. In Anzefahr ist die Effizienz des Tropfkörpers hinsichtlich der Nitrifikation bemerkenswert, da im Ablauf fast immer geringe Ammonium- und hohe Nitratkonzentrationen zu verzeichnen sind. Im belüfteten Teich werden die Stickstoffkonzentrationen und -umsetzungen sowohl durch die Rückführung des nitrathaltigen Abwassers vom Tropfkörper als auch durch das ammoniumreiche Rohabwasser beeinflußt. Daraus resultierende hohe Nitritkonzentrationen sind Kennzeichen für unvollständige (gestörte) N-Umsetzungen, die entweder von der Nitrifikation oder der Denitrifikation stammen können. Ein Anstieg von Nitrit ist dementsprechend bei Wasserproben aus dem belüfteten Teich zu beobachten, die zur Ermittlung der Denitrifikationskapazität in Batch-Versuchen anaerob bebrütet wurden (Abb. 15.5). Auf eine intensive Stickstoffreduzierung im belüfteten Teich weisen auch die im Vergleich zu anderen Kläranlagen (Belebungsanlagen, Oxidationsgraben) relativ hohen N$_2$O-Emissionen von 87 mg m^{-2} d^{-1} hin [46]. Allerdings kann N$_2$O unter Sauerstoffstreß-Bedingungen auch von Nitrifikanten freigesetzt werden [42], so daß weitergehende Untersuchungen notwendig sind.

15.5
Schlußbemerkung

Langfristig können die minimalen Anforderungen an die Reinigungsleistung von Kläranlagen mit geringer Ausbaugröße nicht aufrechterhalten werden. Belüftete Abwasserteiche nach herkömmlicher Bauweise erreichen bei voller Auslastung weder hinsichtlich des Abbaus der organischen Substanz noch der

N-Eliminierung das anzustrebende Anforderungsniveau und geben auch kaum Möglichkeiten zur Leistungssteigerung. Bei der Erweiterung mit zusätzlichen Aufwuchsflächen bedarf es noch weitgehender Klärung, welche Systeme den Erwartungen dauerhaft gerecht werden können. Neben technischen Verfahren wären auch zwischengeschaltete bewachsene Bodenfilter denkbar, die unter hydrobiologischen und landschaftsökologischen Gesichtspunkten eine Bereicherung der landwirtschaftlich geprägten Gebiete darstellen. Gerade bei knappen Finanzmitteln sind praktikable Lösungsmöglichkeiten für die Sanierung bzw. den Neubau von dezentralen Kläranlagen notwendig, die langfristig die Anforderungen erfüllen. Aus ökologischer Sicht ist eine Betrachtung der Belastbarkeit und Vorbelastung des Gewässers einzubeziehen, da sich hieraus die notwendigen Grenzwerte ableiten lassen. Teure Abwasserreinigungssysteme, mit denen die erforderlichen Qualitätsziele im Gewässer nicht zu erreichen sind, werden bei Gemeinden und Bevölkerung auf wenig Verständnis stoßen und dienen kaum der Akzeptanz des dringend notwendigen Gewässerschutzes.

Literatur

1. Abwassertechnische Vereinigung (1989) Arbeitsblatt A 201, 2. Aufl, Ges z Förd d Abwassertechnik e. V., St. Augustin
2. Hessisches Ministerium für Umwelt, Energie und Bundesangelegenheiten (Hrsg) (1991) Gewässergüte im Lande Hessen. Wiesbaden
3. Klopp R (1992) Die weitergehende Abwasserreinigung bei der kommunalen Abwasserreinigung. Wasser-Kalender 1993:80–113
4. Buck H (1986) Wirkung von Ammonium-Stickstoff als gütebestimmender Faktor in Fließgewässern. In: Stickstoff und Phosphor in Fließgewässern: 1. Kasseler Siedlungswasserwirtschaftliches Symposium. Wasser, Abwasser, Abfall, Universität Gesamthochschule Kassel, 1:102–115
5. Krauth K (1989) Zukünftige Anforderungen an die Leistung kommunaler Klärwerke. In: Technische und wirtschaftliche Realisierbarkeit der zukünftigen Gewässerschutzziele. Stuttgarter Berichte zur Siedlungswasserwirtschaft, Oldenbourg, München, 107: 45–54
6. Hamm A (Hrsg) (1991) Studie über Wirkungen und Qualitätsziele von Nährstoffen in Fließgewässern. Academia, St. Augustin
7. Naturnahe Abwasserbehandlungsverfahren im Leistungsvergleich (1986). Technische Hochschule, Darmstadt. Schriftenreihe WAR 26
8. Pflanzenkläranlagen – besser als ihr Ruf (1990). Schriftenreihe WAR 48, Technische Hochschule, Darmstadt
9. Voss K (1985) Erfahrungen mit Abwasserteichen in Schleswig-Holstein. In: Gewässerschutz und Abwasserreinigung als komplexe Aufgabe. Gewässerschutz, Wasser, Abwasser, Universität, Aachen, 69:193–207.
10. Duda H (1986) Bewertung der naturnahen Abwasserbehandlungsverfahren aus der Sicht des Landes Hessen. In: Stickstoff und Phosphor in Fließgewässern: 1. Kasseler Siedlungswasserwirtschaftliches Symposium (1986) Wasser, Abwasser, Abfall, Universität Gesamthochschule Kassel, 1:301–314.
11. Kayser R, Fröse G (1986) Erfahrungen mit kommunalen Abwasserteichen in Norddeutschland. In: Naturnahe Abwasserbehandlungsverfahren im Leistungsvergleich. Schriftenreihe WAR, Technische Hochschule, Darmstadt, 26:187–211
12. Mara DD, Marecos do Monte MH (eds) (1988) Waste stabilization ponds. Water science and technology, Vol 19, Pergamon Press, Oxford
13. Schleypen P (1987) Stickstoffumsatz in Abwasserteichen. In: Stickstoffentfernung bei der Abwasserreinigung. Schriftenreihe WAR, Technische Hochschule, Darmstadt, 31:181–201.

14. Lorch H-J (1993) Mikrobiologische Charakterisierung und Stoffumsatz der einzelnen Reinigungsstufen verschiedener belüfteter Abwasserteichanlagen im ländlichen Raum. Habilitationsschrift, Justus-Liebig-Universität, Gießen

15. Schleypen P (1991) Belüftungssysteme für Abwasserteiche. In: Belüftungssysteme in der Abwassertechnik. Schriftenreihe WAR, Technische Hochschule, Darmstadt, 54:159-177

16. Rajbhandari KK (1994) Charakterisierung der mikrobiellen Biomasse in Schlämmen von belüfteten Abwasserteichanlagen mit Hilfe der Dimethylsulfoxidreduktase- und Dehydrogenase-Aktivität sowie der Populationsdichte funktioneller Bakteriengruppen. Dissertation, Justus-Liebig-Universität, Gießen

17. Schua LF (1975) Die Beurteilung von Simultanteichanlagen zur Abwasserreinigung aus ökologisch-hydrobiologischer Sicht. Umweltschutz 4:91-97

18. Schleypen P (1986) Bemessung, Reinigungsleistung und Kosten von Abwasserteichanlagen in Bayern. In: Naturnahe Abwasserbehandlungsverfahren im Leistungsvergleich.Schriftenreihe WAR, Technische Hochschule, Darmstadt, 26:163-186

19. Jochims T (1987) Untersuchungen zur Entwicklung einer neuartigen Verfahrenskombination zur Reinigung kommunaler Abwässer auf der Basis belüfteter Abwasserteiche durch Vorschaltung einer hochbelasteten technischen Stufe. Gewässerschutz, Wasser, Abwasser, 93, Universität, Aachen.

20. Wolf P (1983) Erfahrungen mit der Abwasserreinigung in belüfteten Teichen und Teichen mit zwischengeschalteten Tropfkörpern oder Scheibentauchkörpern. gwf, Wasser, Abwasser 124:115-124

21. Abwassertechnische Vereinigung (1989) Arbeitsblatt A 257, 2. Aufl, Ges z Förd d Abwassertechnik e. V., St. Augustin

22. Sladeckova A, Sladecek V (1990) Periphyton in a stabilization system. Acta Hydrochim Hydrobiol 18:557-562

23. Wrigley T J, Toerien D F (1990) Limnological aspects of small sewage ponds. Wat Res 24:83-90

24. Spies P, Muskat J (1986) Erfahrungen mit belüfteten Abwasserteichen. Korrespondenz Abwasser 33:142-146

25. Rajbhandari KK, Lorch H-J, Ottow JCG (1993) Biomasseaktivität im Schlamm verschiedener Reinigungsstufen einer belüfteten Abwasserteichanlage. gwf, Wasser, Abwasser 134:667-671

26. Voss K (1980) Abbau in belüfteten Abwasserteichen. Wasser und Boden 5:208-210

27. Vogt M (1986) Belüftete Abwasserteiche – Verfahrenstechnische Unterschiede bei Einsatz verschiedener Belüftungssysteme. Korrespondenz Abwasser 33:40-42

28. Lorch H-J (1994) Wirkung anthropogener Stressoren auf die Bakterienflora. In: Gunkel G (Hrsg) Bioindikation in aquatischen Ökosystemen. Fischer, Jena Stuttgart, 167-177

29. Lorch H-J, Lorenz S, Ottow JCG (1990) Populationsdichten verschiedener Bakteriengruppen in einer belüfteten Abwasserteichanlage. Forum Städte-Hygiene 41:133-137

30. Lorch H-J, Ottow JCG, Gerhards K-H (1992) Nitrifikation und Denitrifikation in belüfteten Abwasserteichanlagen mit zwischengeschalteter technischer Stufe. Korrespondenz Abwasser 39:64-70

31. Obst U (1984) Ergebnisse biochemischer Untersuchungen von Oberflächen- und Grundwasser. Vom Wasser 63:7-16

32. Lemmer H, Lind G, Schade M (1994) Bewertung biologischer Parameter zur Beurteilung der Leistungsfähigkeit von Belebtschlammbiozönosen. Korrespondenz Abwasser 9:1580-1584

33. Wieting J, Wolf P (1990) Stickstoffbilanz für die Oberflächengewässer der Bundesrepublik Deutschland. Wasser und Boden 10:646-648

34. Kuhbier S, Poenitz U, Lorch H-J, Ottow JCG (1995) Einflüsse punktueller und diffuser Einträge auf die Bakterienpopulationen in einem kleinen Fließgewässer (Horloff/Vogelsberg. In: Deutsche Gesellschaft für Limnologie (Hrsg) Erweiterte Zusammenfassungen der Jahrestagung 1994. Kaltenmeier, Krefeld, 437-441

35. Bernhardt H, Schmidt K (1990) Anforderungen an die Phosphor- und Stickstoffkonzentration in Fließgewässern aus der Sicht der Trinkwasserversorgung. In: AKM Berlin (Hrsg) Wasser Berlin 1989. Schmidt, Berlin, 428-448

36. Hamm A (1992) Zu erwartende ökologische Auswirkungen der weitergehenden Abwasserreinigung für die Binnengewässer. In: Weitergehende Abwasserreinigung. Münchener Beiträge zur Abwasser-, Fischerei- und Flußbiologie, Oldenbourg, München, 46:121-136
37. Gunkel G (1994) Wirkung toxischer Verbindungen auf aquatische Organismen. In: Gunkel G (Hrsg) Bioindikation in aquatischen Ökosystemen. Fischer, Jena Stuttgart, 187–198
38. Wolf P (1984) Nitrifikation und Denitrifikation in Abwasserteichen. Wasser und Boden 11:543–544
39. Riegler K (1989) Leistungsfähigkeit von Simultanteichanlagen mit Linienbelüfter. Österreich Wasserwirtsch 41:257–266
40. Sonnenburg R (1991) Verfahrensentwicklung zur Nitrifikation und Denitrifikation an einer belüfteten Abwasserteichanlage. Korrespondenz Abwasser 38:1380–1386
41. Pell M, Nyberg F, Ljunggren H (1990) Microbial numbers and activity during infiltration of septic-tank effluent in a subsurface sand filter. Wat Res 24:1347–1354
42. Sümer E, Benckiser G, Ottow JCG (1995) Lachgas (N_2O)-Freisetzung aus Belebungsbecken von Kläranlagen in Abhängigkeit von den Abwassereigenschaften. In: Lemmer H, Griebe T, Flemming H-C (Hrsg) Mikrobielle Ökolgie des Abwassers. Springer, Berlin Heidelberg New York
43. Abeliovich A (1987) Nitrifying bacteria in wastewater reservoirs. Appl Environ Microbiol 53:754–760
44. Schmider F (1985): Denitrifizierende Mikroflora in Kläranlagen und Gewässern. Oldenbourg, München. Stuttgarter Berichte zur Siedlungswasserwirtschaft Bd 88
45. Ottow JCG, Fabig W (1985) Influence of oxygen aeration on denitrification and redox level in different bacterial batch cultures. In: Caldwell DE, Brierley JA, Brierley CL (eds) Planetary ecology. Van Nostrand Reinhold, New York, 427–440
46. Körner R, Benckiser G, Ottow JCG (1993) Quantifizierung der Lachgas (N_2O)-Freisetzung aus Kläranlagen verschiedener Verfahrensführung. Korrespondenz Abwasser 40:514–525

Polyphosphatspeichernde Bakterien und weitergehende biologische Phosphorentfernung in Kläranlagen

G. Schön

16.1
Einleitung

Kommunale Kläranlagen mit biologischen Reinigungsstufen sind bisher meist darauf ausgerichtet und optimiert worden, eine möglichst vollständige Entfernung der *organischen* Schmutzstoffe aus dem Abwasser zu gewährleisten. Ein großes, weltweites Problem sind aber meist immer noch die *anorganischen* Nährstoffe, die mit dem nur unvollständig gereinigten Abwasser in natürliche Gewässer gelangen. Durch den erhöhten Zufluß an Stickstoff und Phosphor kann es zu einer Störung des ökologischen Gleichgewichts in Seen, langsam fließenden Flüssen und Talsperren, aber auch den Meeren kommen. Eine zu gute Versorgung mit den anorganischen Nährsalzen führt zu einer Eutrophierung der Gewässer. Es kann eine „Algenblüte", eine Massenentwicklung von Algen, ausgelöst werden. Bekannte Folgen sind: Schaum- und Schleimbelästigung an Badeständen und eine Toxinbildung durch Cyanobakterien, die zu Haut- und Atemproblemen beim Menschen und zu Todesfällen bei Tieren führen kann. Die O_2-Atmung der Algen bei Nacht und besonders die spätere Biomassezersetzung verursachen in den Gewässern u. a. Sauerstoffmangel, so daß es zu Fischsterben kommt. Ein O_2-Mangel bewirkt sekundär auch eine Reduktion von Nitrat zum giftigen Nitrit oder eine Phosphatfreisetzung aus dem Sediment. Die Bereitung von Trinkwasser aus eutrophierten Gewässern erfordert außerdem einen sehr hohen Reinigungsaufwand. Es ist deshalb eines der wichtigsten Ziele in der heutigen Abwassertechnik, neben der Beseitigung der organischen Schmutzstoffe auch die anorganischen Nährsalze Stickstoff und Phosphor weitgehend zu entfernen.

Stickstoff läßt sich relativ einfach mikrobiologisch über den Prozeß der Nitrifikation und Denitrifikation eliminieren; dabei wird der gebundene Stickstoff größtenteils in den gasförmigen Zustand des molekularen Stickstoffs (N_2) überführt und so beseitigt. Da die Nitrifizierer sehr langsam wachsen, kann eine Nitrifikation jedoch nur in Anlagen mit geringer BSB_5-Schlammbelastung und genügend langer Aufenthaltszeit im belüfteten Becken stattfinden. Die Nitrifizierer würden sonst schnell mit dem Überschußschlamm herausverdünnt werden.

In natürlichen Gewässern sind anorganische Stickstoffverbindungen (z. B. Nitrat und Ammonium) für das Wachstum von Cyanobakterien (Blaualgen)

Lemmer/Griebe/Flemming (Hrsg.)
Ökologie der Abwasserorganismen
© Springer-Verlag Berlin Heidelberg 1996

nicht notwendig, da sie N_2 assimilieren können. Diese Mikroorganismen besitzen einen photoautotrophen Stoffwechsel und nutzen Kohlendioxid (CO_2) als Kohlenstoffquelle. Im Süßwasser ist somit die Konzentration an Phosphat der entscheidende, limitierende Faktor für ihre Wachstumsrate und die Zunahme an Biomasse. Untersuchungen zeigten, daß erst bei einer P-Konzentration unter 10 µg l^{-1} eine Eutrophierung verhindert werden kann [1].

Im Gegensatz zu den Stickstoffverbindungen können Phosphorverbindungen aus dem Abwasser nur entfernt werden, wenn sie auf Grund chemischer oder biochemischer Reaktionen in den festen Aggregatzustand überführt und anschließend in Form von Feststoffen aus dem Wasser abgeschieden werden. Dies kann entweder durch Inkorporation in die Biomasse oder durch chemische Fällung erfolgen. In konventionell betriebenen kommunalen Kläranlagen mit biologischen Reinigungsstufen und einem P- Zufluß von 7–12 mg l^{-1} wird durch Wachstum und Vermehrung der Mikroorganismen im Schlamm normalerweise nur 30–40 % des Phosphors entfernt [2]. Um eine Massenentwicklung von Algen in Gewässern zu vermeiden, müßten aber über 90 % eliminiert werden [3]. Dies bedeutet, daß im Ablauf der Kläranlage nur 0,5–1,0 mg P l^{-1} vorhanden sein dürften. Um diese geringen Phosphor-Ablaufwerte (< 1 mg l^{-1}) zu erreichen, sind verschiedene chemische Fällungsverfahren eingeführt worden, wobei heute hauptsächlich die Fällung mit Eisen- und Aluminiumsalzen angewandt wird [4].

Die chemische Fällung ist jedoch mit erheblichen negativen Nebenwirkungen verbunden, wie Aufsalzung der Vorfluter durch die Fällmittelanionen, zusätzlicher Schlammanfall mit einem höheren Anteil nicht-verbrennbarer Stoffe und außerdem höheren Betriebskosten für die Fällmittel. Daneben ist auch eine mögliche Belastung des Klärschlammes mit zusätzlichen Verunreinigungen, z. B. Schwermetalle, zu berücksichtigen, die eine landwirtschaftliche Verwertung des Schlammes unmöglich macht.

Durch besondere Verfahrensweisen läßt sich aber auch auf biologischem Wege eine weitergehende P-Entfernung erreichen. Dabei wird Phosphor in hoher Konzentration von der Biomasse der Schlammflocken gespeichert und somit dem Abwasser entzogen [5–12]. Die Betriebskosten bei diesen biologischen Verfahren zur erhöhten Phosphorentfernung sind deutlich geringer als die der chemischen Fällung, wobei die meisten Nachteile der chemischen Fällung nicht auftreten. In den letzten Jahren hat daher die weitergehende biologische Phosphorentfernung, die auch als vermehrte oder erhöhte P-Entfernung (engl.: „enhanced biological phosphorus removal [EBPR]" oder „excess [luxury] uptake") bezeichnet wird, zunehmend Interesse gefunden.

Die Entdeckung der erhöhten Phosphorentfernung durch Belebtschlamm, die deutlich die für das Wachstum notwendige Menge überschritt, geht auf unabhängige Beobachtungen aus den Jahren 1959 bzw. 1961 zurück [13, 14]. Anfangs wurde angenommen, daß es sich hierbei um eine chemische Ausfällung handelt, möglicherweise durch den Stoffwechsel von Mikroorganismen ausgelöst und gefördert [15, 16]. In den grundlegenden Untersuchungen von Fuhs und Chen [17] konnte geklärt werden, daß diese weitergehende P-Entfernung in Kläranlagen biologische Ursachen hat und daß dabei bestimmte Bakterien, die Phosphat als Polyphosphat speichern, eine entscheidende Rolle spielen. Die technischen

Verfahren wurden bereits in den siebziger Jahren (hauptsächlich in Südafrika) entwickelt [18].

16.2
Phosphoraufnahme durch Mikroorganismen

Alle Organismen enthalten Phosphor in vielen Zellstrukturen (z.B. Phospholipiden, Nukleinsäuren), Verbindungen des Energiestoffwechsels (z.B. ATP) und Zwischenverbindungen des Synthesestoffwechsels (z.B. phosphorylierte Zucker). Der Phosphorgehalt (P) beträgt ca. 3% der Zelltrockenmasse. Dichte Mikroorganismen-Populationen können daher bei gutem Wachstum in relativ kurzer Zeit viel Phosphor aus dem Medium in ihrer Biomasse festlegen. Neben dieser wachstumsbedingten Phosphorassimilation kann bei vielen Mikroorganismen auch eine weitergehende Aufnahme von Phosphor stattfinden, die über die für Wachstum und Vermehrung notwendige Menge hinausgeht [19, 20]. Dieser zusätzliche Phosphor wird in Form von Polyphosphat durch die Zellen gespeichert. Die Einlagerung von Polyphosphat ist von verschiedenen Umweltfaktoren abhängig, z.B. vom Phosphat- und Substratgehalt des Mediums sowie von der Konzentration an verschiedenen Metallionen. Polyphosphate können in unterschiedlichen Zellkompartimenten abgelagert sein; bei Bakterien vorwiegend als Einschlußkörper (= Volutin = metachromatische Granula) innerhalb des Cytoplasmas, aber auch im intracytoplasmatischen Raum, zwischen Zellmembran und Zellwand [21, 22]. Polyphosphate sind Salze der Polyphosphorsäure, die hauptsächlich lange Ketten aus Phosphatresten (n [$-PO_3H-$], n bis 10^4) bilden, deren negative Ladungen durch Kationen (K^+, Mg^{2+}, Ca^{2+}) abgesättigt sind [23].

Polyphosphat:

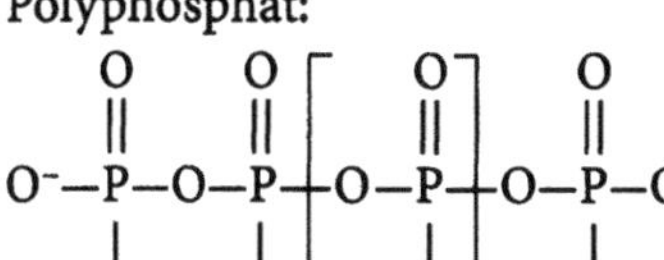

Darüber hinaus wurden ringförmige Moleküle nachgewiesen. Die einzelnen Bausteine sind durch energiereiche Säure-Anhydridbindungen verknüpft, in gleicher Art wie beim Adenosintriphosphat (ATP). Die Synthese von Polyphosphaten kann daher bei heterotrophen Mikroorganismen nur stattfinden, wenn den Zellen ein geeignetes organisches Substrat als Energiequelle zur Verfügung steht. Die Polyphosphatgranula enthalten neben Phosphor und den Metallionen in geringerer Menge noch andere Verbindungen (z.B. Proteine und Lipide). Sie lassen sich durch Anfärbung mit Methylenblau (Neisser-Färbung) [24], Toluidinblau [25] (als violette Einschlüsse) und 4,6-Diamidino-2-Phenylindol (DAPI) [26] (als hellgelb fluoreszierende Einschlüsse in der blau fluoreszierenden Zelle) nachweisen. In elektronenmikroskopischen Dünnschnitten erscheinen Poly-P-Granula als elektronendichte (schwarze) Einschlüsse in den

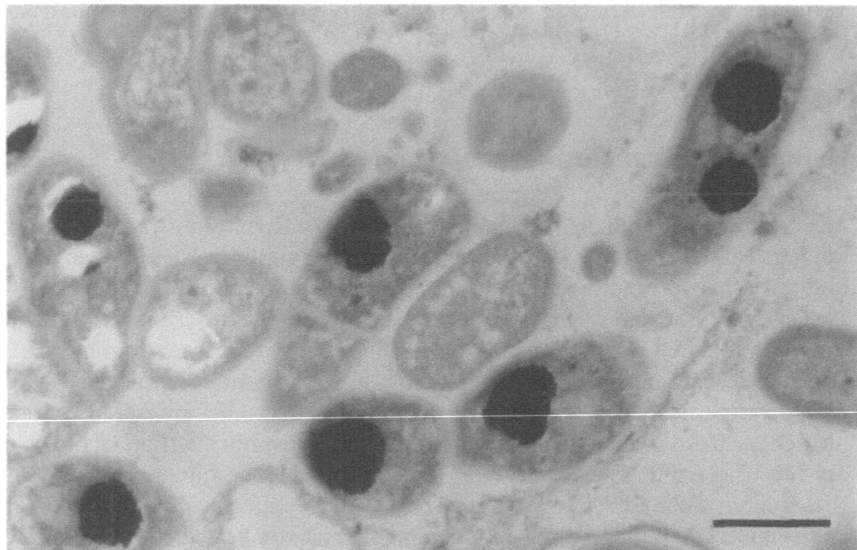

A

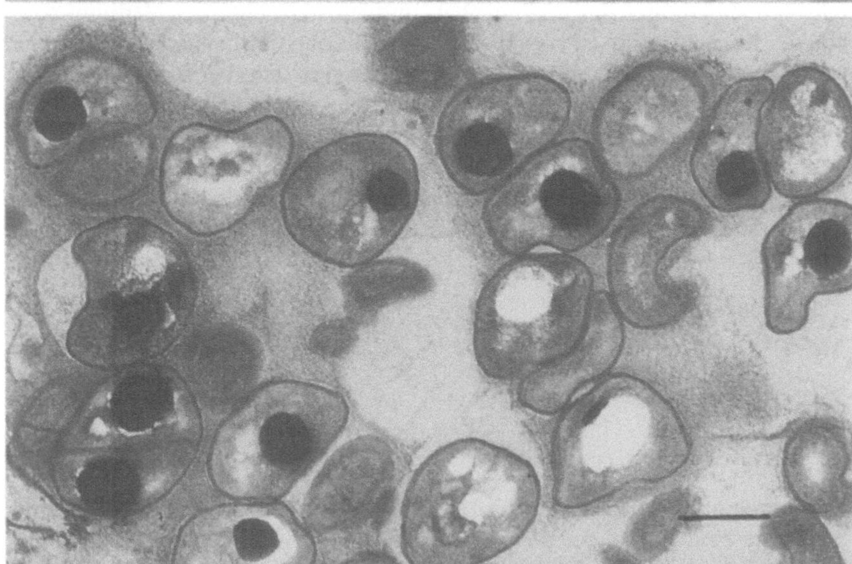

B

Abb. 16.1 A, B　Elektronenmikroskopische Aufnahmen von Bakteriendünnschnitten. (A und B): Teile von Abwasserflocken aus hochbelasteten Anlagen (KA Wyk bzw. Braunschweig), (C-G): Einzelzellen aus Belebtschlamm.(C, D, E): Bakterien aus schwach belasteten Kläranlagen mit Nitrifikation (KA Hildesheim u. Darmstadt-Eberstadt), relativ kleine Polyphosphatgranula; (F und G): Bakterien aus hochbelasteten Anlagen (KA Wyk bzw. Braunschweig), in der die Zellen meist sehr große Poly-Phosphatgranula enthalten. Polyphosphate sind als elektronendichte (schwarze) Einschlüsse zu erkennen. Helle (runde) Stellen sind Lipidspeicherstoffe. – Markierungsstrich entspricht 0,5 μm. Alle Aufnahmen Dr. J. Golecki

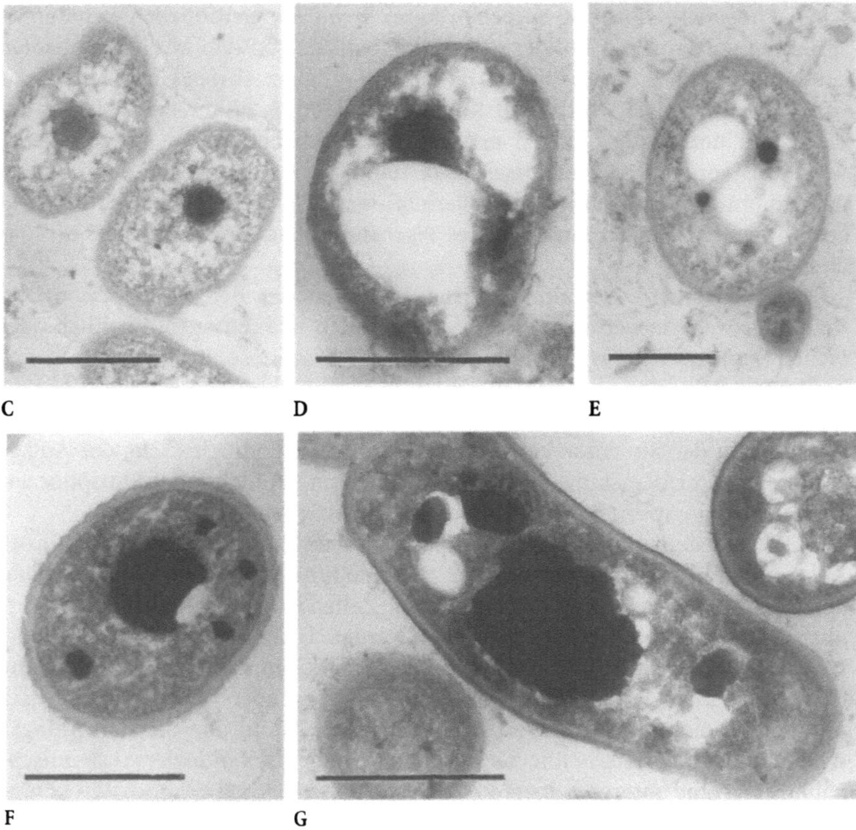

Abb. 16.1 C–G Fortsetzung

Zellen (Abb. 16.1 A–G). Der Phosphorgehalt der Zelltrockenmasse kann bei hoher P-Speicherung über 10 % betragen. Polyphosphate werden von den Zellen als Phosphorquelle und unter energielimitierten Bedingungen (z. B. anaerob) oft auch als Energiequelle genutzt [19, 20, 23]. Wahrscheinlich sind sie auch regulativ im Stoffwechsel wirksam, z. B. um den Gehalt an Phosphationen und die Konzentration an Kationen in der Zelle konstant zu halten.

16.3
Phosphoraufnahme durch Belebtschlamm in Kläranlagen

Im Abwasser befinden sich gelöstes (ortho-)Phosphat (PO_4^{3-}), anorganisches Polyphosphat sowie organisch gebundenes Phosphat. Polyphosphate und andere hydrolysierbare Phosphorverbindungen werden normalerweise schnell von Mikroorganismen durch Exoenzyme zu Phosphat gespalten. Im Belebungsbecken liegen daher die gelösten Phosphorverbindungen überwiegend als Phosphate vor. In dieser Form wird Phosphor von den Zellen aufgenommen, so daß man anstelle von einer biologischen Phosphorentfernung auch von einer biologischen Phosphatentfernung sprechen kann. Beim konventionellen Belebungsverfahren wird nur ein Teil des gelösten Phosphats von den Mikroorganismen zur Synthese von Biomasse fixiert, da in kommunalem Abwasser das Verhältnis von Phosphor zu verwertbarem Kohlenstoff deutlich höher liegt, als für das Wachstum notwendig. Für ein aerobes Wachstum beträgt ein ausgewogenes Verhältnis von C:N:P theoretisch etwa 100:14:3; im vorgeklärten häuslichen und kommunalen Abwasser ist das Verhältnis etwa 60:12:3, so daß der P-Gehalt des Abwassers die für ein normales Wachstum benötigte Menge um ca. 40% übersteigt [27].

Durch besondere Verfahrensweisen, in denen der Belebtschlamm in der Kläranlage wechselweise anaeroben und aeroben Bedingungen – zeitlich oder örtlich – unterworfen wird, verändert sich die Biozönose und es reichern sich bestimmte Bakterien im belebten Schlamm an, die Phosphat in hoher Konzentration als Polyphosphat in den Zellen speichern können, so daß dadurch Phosphor in der Biomasse konzentriert wird [5–12]. Mit dem aus der Anlage entnommenen Überschußschlamm läßt sich dann deutlich mehr Phosphor aus dem Abwasser entfernen als in konventionell betriebenen Anlagen.

In Kläranlagen mit weitergehender biologischer Phosphorentfernung (Bio-P-Anlagen) kann Phosphat neben der Aufnahme für das normale Wachstum und der Speicherung als Polyphosphat in den Zellen noch zusätzlich durch chemisch-physikalische Vorgänge gebunden werden. Diese nicht-biologische Fixierung wird durch die Stoffwechselaktivität der Mikroorganismen gefördert und ist von der Zusammensetzung des Abwassers, besonders dem Calciumgehalt und der Erhöhung des pH-Wertes abhängig [22, 28]. In den meisten Anlagen scheint in der belüfteten Zone die zusätzliche (biologisch induzierte) chemische Fällung nur eine untergeordnete Rolle zu spielen. Anaerob bzw. anoxisch könnte dagegen der Anteil des chemisch fixierten Phosphats bei höherer Phosphatkonzentration und Zunahme der Alkalität (durch die Denitrifikation) höhere Werte erreichen. Der Phosphorgehalt im belebten Schlamm mit erhöhter biologischer Phosphorentfernung beträgt in der Regel über 3% und kann sogar Werte über 5% erreichen. Die P-Ablaufkonzentration wird dadurch auf Werte bis unter 1 mg l^{-1} erniedrigt [5].

Mit einer biologischen P-Entfernung allein lassen sich aber in vielen Fällen P-Spitzenbelastungen nicht abfangen und bei zeitweilig ungünstigen Umweltbedingungen (z.B. tiefe Abwassertemperaturen) die Überwachungswerte (2,0 bzw. unter 1,0 mg l^{-1} Gesamt-P im Ablauf) nicht erreichen. So ist in Bio-P-Anlagen i.d.R. eine zusätzliche Dosierung von Fällmitteln vorgesehen, um bei zeitweiser ungenügender biologischer P-Entfernung die Grenzwerte durch eine simultane chemische Fällung einhalten zu können [7].

16.3.1
Aerobe P-Aufnahme und anaerobe P-Rücklösung durch Belebtschlamm

Eine Schlüsselfunktion für die weitergehende Phosphorentfernung im aeroben Belebungsbecken hat eine vorgeschaltete anaerobe Zone [17, 29, 30], die in unterschiedlichen Verfahrensweisen realisiert werden kann [5–7]. Grundsätzlich

lassen sich alle Belebungsverfahren durch das Einfügen einer anaeroben Zone
(oder Phase) vor die aerobe Belebung zu Bio-P-Anlagen modifizieren (= Hauptstromverfahren); doch muß noch eine Reihe anderer Bedingungen eingehalten
werden (s. u.). Die verschiedenen Hauptstromverfahren unterscheiden sich vor-
allem in der Art der Nitratentfernung. Die anaerobe Zone kann auch in einen
Teilstrom des Rücklaufschlammes zwischengeschaltet sein (= Nebenstrom-
verfahren mit Anaerobreaktor); in diesem Verfahren läßt sich eine zusätzliche
P-Elimination durch eine chemische Fällung des rückgelösten Phosphats (s. u.)
im Überstandswasser aus dem anaeroben Reaktor durchführen [5–7]. Die
P- Entfernung erfolgt somit sowohl beim Abziehen des Überschußschlammes
als auch durch eine Phosphatfällung im Abwasserteilstrom.

In allen Verfahren wird in der anaeroben Zone der aerob von der Biomasse
gebundene Phosphor z. T. wieder als Phosphat in das Abwasser rückgelöst
(Abb. 16.2); die P-Fracht bzw. P-Konzentration im abfließenden Klarwasser ist
trotzdem stark vermindert, da die folgende aerobe Phosphataufnahme höher als
die Rücklösung ausfällt. Diese für die aerobe P-Elimination wichtige Phosphatfreisetzung [s. 16.3.1.2] wird durch Nitrat gestört. In nitrifizierenden Anlagen
muß daher eine Denitrifikation ablaufen, damit der Rücklaufschlamm weitgehend nitratfrei der anaeroben Mischzone zufließt. Werden diese Voraussetzungen nicht vollständig erfüllt, kommt es meist nur zu einer unbefriedigenden
P-Elimination.

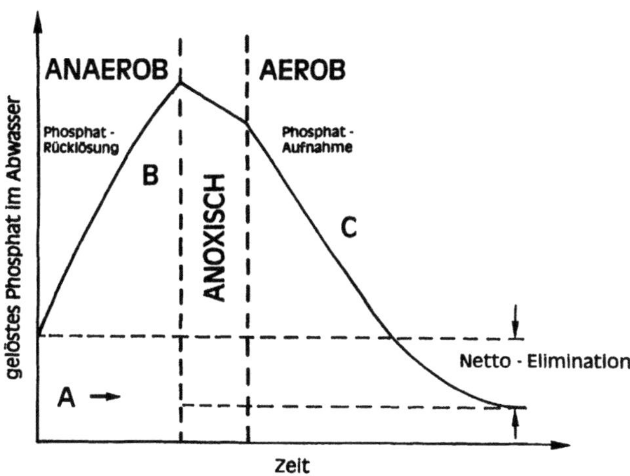

Abb. 16.2 Anaerobe Phosphatrücklösung und aerobe bzw. anoxische Phosphataufnahme
durch Belebtschlamm aus einer Kläranlage mit weitergehender biologischer Phosphorentfernung. Da aerob mehr Phosphat aufgenommen wird, als anaerob rückgelöst wurde, reichert
sich Phosphor in der Biomasse an und kann mit dem Überschußschlamm entfernt werden.
Im anoxischen Bereich ist in der Regel die Rate der Phosphat-Aufnahme sehr viel geringer
als in der belüfteten Zone. Phosphatkonzentration im Abwasser: A = zufließendes Phosphat,
B = rückgelöstes Phosphat aus dem Rücklaufschlamm, C = durch Belebtschlamm aufgenom-
menes Phosphat

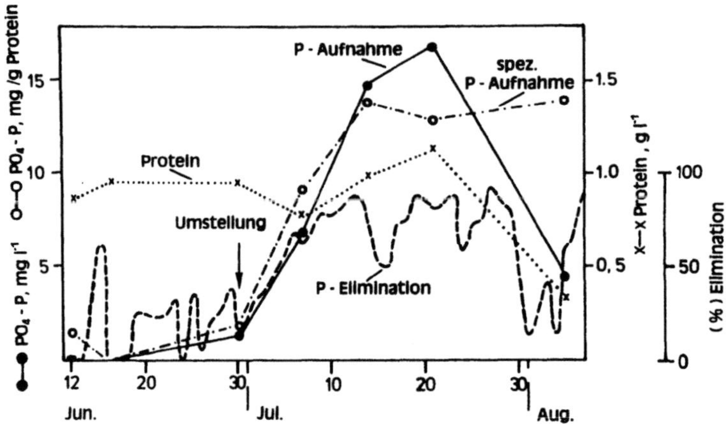

Abb. 16.3 Vergleich der Phosphorelimination (in % des P-Zufluß, ca.10 mg l⁻¹ P) in einer halb-technischen Kläranlage (in KA Forchheim) mit der aeroben Phosphataufnahme (P mg l⁻¹) und spezifische Phosphataufnahme (mgP/gProtein) durch den Belebtschlamm im Laborversuch. Nach Umstellung der Kläranlage zur weitergehenden P-Elimination (↓) stieg die P-Elimination in der KA als auch die Phosphataufnahme durch den Belebtschlamm (im Laborversuch) sofort an. Die Störung der P-Elimination in der KA Anfang August war durch einen zu geringen Schlammgehalt (TS) im Belebungsbecken verursacht, die spez. P-Aufnahme blieb dagegen nahezu gleich

In nitrifizierenden Anlagen läßt sich im einfachsten Verfahren bereits durch 3 Zonen, einer belüfteten (aeroben), einer anaeroben und einer dazwischenge-schalteten anoxischen Zone, eine weitergehende P-Entfernung erreichen [5–7].

Nach Umstellung der Kläranlage auf eine anaerob-aerobe Betriebsweise kann es 14 Tage (Abb. 16.3) [31], aber auch Wochen oder Monate dauern, ehe eine stabile, weitergehende Phosphorentfernung stattfindet. Je höher die BSB₅-Schlammbelastung (bis zu einem betriebsabhängigen Grenzwert), um so kürzer ist die Anpassungsphase und um so höher die Rate der aeroben Phosphatauf-nahme. Belebtschlamm in Kläranlagen mit einer Nitrifikation und Denitrifika-tion hat i. d. R. eine relativ geringe (maximale) Phosphataufnahme, da wegen des langsamen Wachstums der nitrifizierenden Bakterien die Schlammbelastung nicht zu hoch sein darf und zusätzlich leicht abbaubare Schmutzstoffe von den Denitrifizierern verbraucht werden. Die maximal mögliche aerobe Phosphat-aufnahme von Schlämmen aus Anlagen mit Nitrifikation und Denitrifikation liegt daher im Durchschnitt deutlich niedriger als aus hochbelasteten Anlagen ohne Nitrifikation (Tabelle 16.1). Es lassen sich jedoch bei sonst günstigen Bedingungen auch Ablaufwerte unter 1 mg l⁻¹ Gesamt-P erreichen.

Unter anoxischen Bedingungen kann auch eine P-Entfernung beobachtet werden [9, 32, 33]. Erfolgt die Denitrifikation im Anschluß an die anaerobe Phase, in der Phosphat rückgelöst wurde, beginnt bereits dort eine Elimination von P aus dem Abwasser, doch ist die Rate der anoxischen Phosphatauf-nahme allgemein geringer als während der Belüftung des Belebtschlammes (Ta-belle 16.1).

Tabelle 16.1 Aerobe und anoxische Phosphataufnahme durch belebten Schlamm von Klär-anlagen mit unterschiedlichen Verfahrensweisen zur biologischen Phosphorentfernung; A: Anlagen ohne Nitrifikation und Denitrifikation; B: Anlagen mit Nitrifikation und Denitrifikation

Kläranlage	Phosphataufnahme $(mg\,P\,l^{-1}h^{-1})$		NO_3^--Reduktion $(mg\,N\,l^{-1}h^{-1})$	Phosphataufnahme
	aerob	anoxisch		aerob/anoxisch
A Wyk[a] (Föhr)	23 ± 1,7	2 ± 0	10 ± 1	11,5
A Braunschweig	13 ± 1,1	2 ± 1,7	12 ± 4,2	6,5
A Berlin-Marienfelde	13	2	6	6,5
B Berlin-Ruhleben	11 ± 4,6	7 ± 2,5	15 ± 8,6	1,6
B Hildesheim	9 ± 5,3	4 ± 0,6	15 ± 3,5	2,3

[a] Nitrifikation in einer 2. Stufe ohne Denitrifikation.

16.3.1.1
Substratabhängigkeit der aeroben Phosphataufnahme

Eine befriedigende P-Elimination ist von einem ausreichenden Angebot an leicht verwertbaren Substraten abhängig [34, 35]. Durch eine höhere Schlamm-belastung ließe sich der Gehalt an Schmutzstoffen erhöhen, doch sind dieser Maßnahme enge Grenzen gesetzt, wenn in der Belebung auch eine Nitrifikation stattfinden soll.

In der Literatur sind eine Reihe von Verfahren zur Erhöhung der Konzen-tration leicht verwertbarer Substrate, z.B. Essigsäure und Propionsäure, vor-geschlagen [36]. Es handelt sich dabei meist um eine Vorversäuerung des Abwassers oder des Primärschlammes (aus der Vorklärung) durch eine längere anaerobe Schlamm-Aufenthaltszeit. Diese Vorbehandlung des Primär- bzw. Mischschlammes von Primär- und Rücklaufschlamm (aus der Nachklärung) erhöht die Konzentration an kurzkettigen Fettsäuren im Abwasser erheblich und kann somit die biologische Phosphorentfernung deutlich verbessern. Die notwendige mehrstündige anaerobe Aufenthaltszeit verändert aber auch die Zusammensetzung der Abwasserflora und die Populationsgröße verschiedener Abwasserbakterien. Es kann dabei nicht nur eine Ansäuerung erfolgen, sondern es können auch Faulvorgänge einsetzen. Eine Erhöhung der schnell abbaubaren organischen Substrate läßt sich auch durch eine chemische Hydrolyse der kom-plexen Schmutzstoffe erhalten [37].

Die leicht verwertbaren organischen Stoffe (z.B. Essigsäure) sind haupt-sächlich in der anaeroben Mischzone notwendig. Das zeigt sich darin, daß die Aufnahme von Phosphat sofort mit Beginn der Belüftung mit höchster Rate ein-setzt, auch dann, wenn im Medium keine schnell abbaubaren Substrate mehr vorhanden sind [12]. Bei ungenügender anaerober Phosphatrücklösung kann bei höherer aerober Substratzugabe sogar eine aerobe Phosphatabgabe durch die Biomasse eintreten. Belebtschlamm, dem anaerob keine leicht verwertbaren Substrate zur Verfügung standen, zeigte bei der Belüftung – mit und ohne Substrat – nur eine geringe Phosphataufnahme.

Ein zu geringer Gehalt an leicht verwertbaren Substraten im Abwasser ist oft Ursache für eine ungenügende biologische P-Entfernung.

16.3.1.2
Anaerobe Phosphatrücklösung und Speicherung von Lipiden

In der anaeroben (O_2^- und NO_3^--freien) Zone, die für eine stabile weitergehende Phosphorentfernung in der anschließenden belüfteten Zone notwendig ist, läuft eine Reihe von biochemischen Vorgängen ab, deren Mechanismen aber nur zum Teil bekannt sind. Die obligat aeroben, polyphosphatspeichernden Bakterien können anaerob nicht wachsen, aber ihr Polyphosphat unter diesen „Streßbedingungen" als Energiequelle für bestimmte Synthesen nutzen; dadurch wird Phosphat wieder freigesetzt [29, 38].

Poly-beta-hydroxyalkanoate:

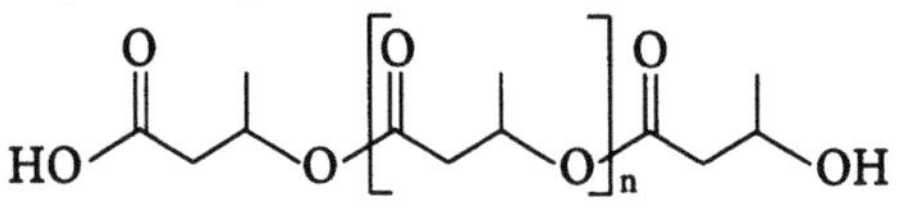

Poly(3-hydroxybuttersäure) (PHB)

(= Poly-3-hydroxyfettsäuren)

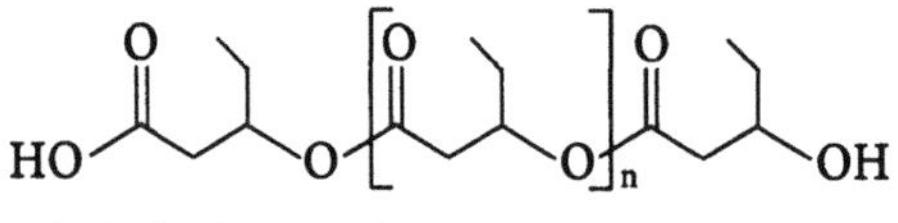

Poly(3-hydroxyvaleriansäure) (PHV)

Der Anstieg an gelöstem Phosphat aus Polyphosphat ist mit der Synthese von Lipid- Speicherstoffen, besonders osmotisch inerten Poly-beta-hydroxyalkanoaten (z.B. Poly-beta-hydroxybuttersäure [PHB] oder Poly-beta-hydroxyvaleriansäure [PHV]) in den Zellen korreliert [39, 40]. Die Einlagerung von PHB läßt sich bereits durch Anfärben der Schlammflocken mit dem Fluoreszensfarbstoff Nilblau A gut erkennen; die Zellen fluoreszieren dabei hellorange.

Substrate für die Lipidsynthese sind z.B. Essig- und Propionsäure, die durch Versäuerungsprozesse im Kanalsystem entstehen und so mit dem Abwasser zufließen oder die durch fakultativ anaerobe Bakterien aus schnell vergärbaren Schmutzstoffen als Gärendprodukte unter den O_2- und NO_3^--freien Bedingungen ausgeschieden werden. Der überwiegende Teil der leicht verwertbaren Substrate wird in der Regel bereits in ca. einer Stunde Kontaktzeit von zufließendem Abwasser und Rücklaufschlamm von den Schlammflocken aufgenommen. Nach Beginn der Belüftung werden die daraus synthetisierten und gespeicherten

Lipide im aeroben Stoffwechsel verwertet (s. 16.3.3). Je höher die anaerobe Phosphatrücklösung und damit auch die Lipidspeicherstoff-Bildung, um so besser ist die anschließende Phosphorentfernung in der aeroben Belebung [38].

Eine Phosphatrücklösung – aber unerwünscht – kann bereits im Belebungsbecken oder in der Nachklärung einsetzen, wenn dort ein Sauerstoffmangel entsteht. In hochbelasteten Anlagen führt bereits ein Absinken des gelösten O_2 auf ca. 0,5 mg l^{-1} zur P-Freisetzung [12, 39, 41]. In der anaeroben Zone können dagegen Störungen in der P-Rücklösung eintreten, wenn zuviel O_2 durch das zufließende Abwasser eingetragen wird.

In der anaeroben Zone werden auch organische Substrate an den Flocken bzw. Schleimhüllen der Bakterien adsorbiert. Diese Substrate können die Flockenbakterien unter aeroben bzw. anoxischen Bedingungen schnell verwerten [40].

16.3.1.3
Aerobe Polysaccharidspeicherung

Neben Polyphosphat werden unter aeroben Bedingungen auch Polysaccharide durch die Biomasse gespeichert [40–44]. Dünnschichtchromatographische und enzymatische Analysen ergaben, daß sie hauptsächlich aus Glucose bestehen und Glykogen-ähnlich zusammengesetzt sind [40]. Unter anaeroben Bedingungen werden Polysaccharide – korreliert zur Phosphatrücklösung – wieder abgebaut [40].

Die Bedeutung der Polysaccharide für die polyphosphatspeichernden Bakterien ist noch nicht vollständig geklärt. Es wird angenommen, daß sie für das Überleben der obligat aeroben, polyphosphatspeichernden Bakterien unter anaeroben Bedingungen wichtig sind und für die Synthese endogener Lipidspeicherstoffe die Reduktionsäquivalente bereitstellen [43].

16.3.1.4
Abhängigkeit der Phosphorentfernung von der Phosphatkonzentration

Die maximale Phosphataufnahme ist auch vom Phosphatgehalt im Abwasser abhängig. In hochbelastetem Belebtschlamm lassen sich Bakterien mit besonders großen Polyphosphatgranula beobachten (Abb. 16.1 F, G). Das Speichervermögen in schwach belastetem Schlamm scheint dagegen weniger ausgeprägt zu sein, da dort in den Bakterien meist nur kleine Polyphosphateinschlüsse zu erkennen sind (Abb. 16.1 C – E).

Mit steigender Phosphatkonzentration (bis zu einem Grenzwert von ca. 60 mg l^{-1} P) erhöht sich die Rate der biologischen Phosphataufnahme und die maximale Phosphorentfernung (Abb. 16.4). Dabei zeigt Belebtschlamm aus stärker belasteten Anlagen (ohne Nitrifikation) eine deutlich höhere Aufnahmerate als Schlamm aus schwach belasteten Anlagen (mit Nitrifikation, s. Tabelle 16.1).

Bei sehr hoher Phosphatkonzentration (über 80 mg l^{-1} P) kommt es zusätzlich zu einer verstärkten chemischen Phosphatfällung, wie an der relativ geringen anaeroben Phosphatrücklösung zu erkennen ist (Abb. 16.4). Diese Phosphatfällung ist vom pH-Wert und dem Gehalt des Abwassers an Calcium- und anderen Kationen abhängig.

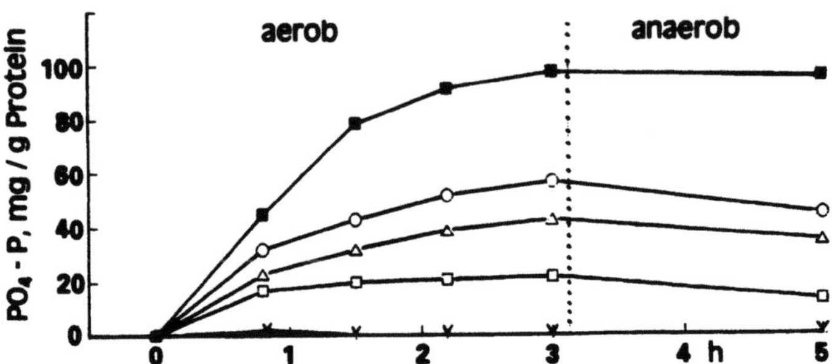

Abb. 16.4 Einfluß unterschiedlicher Phosphatkonzentrationen auf die aerobe spezifische Phosphataufnahme (mgP/gProtein) und die anaerobe Phosphatrücklösung durch belebten Schlamm aus der Kläranlage Berlin-Marienfelde (hoch belastet). Die Ansätze erhielten keine Substrat. Phosphat-Anfangskonz, mg l⁻¹ P im Medium: $-\square- = 10$, $-\triangle- = 20$ u. 40, $-o- = 80$, $-\blacksquare- = 320$, $-\star- =$ anaerobe Kontrolle (40 mg l⁻¹ P)

Durch eine geringe Phosphatkonzentration im Zufluß und vielleicht auch durch eine dauernde, zusätzliche chemische Simultanfällung wird die absolute Phosphatmenge, die biologisch festgelegt werden kann, vermindert, so daß dadurch wahrscheinlich auch P-Zulaufspitzen durch die polyphosphatspeichernden Bakterien nicht mehr abgefangen werden können.

16.3.2
Hemmung der Phosphatrücklösung durch Nitrat

Die Phosphatrücklösung und damit die Synthese von Lipidspeicherstoffen wird unter sauerstofffreien Bedingungen durch Nitrat gehemmt [45]. Da die anaerob gespeicherten Lipide eine wesentliche Rolle bei der anschließenden aeroben Phosphataufnahme und Polyphosphatspeicherung spielen, ist auch die aerobe Phosphorelimination vermindert. In Anlagen mit einer hohen Nitratbelastung oder bei einer Nitratbildung durch eine Nitrifikation muß daher durch eine effektive Denitrifikation der Eintrag von Nitrat in die anaerobe Zone so klein wie möglich gehalten werden.

Es wird angenommen, daß unter anoxischen Bedingungen eine Konkurrenz von „normalen" Denitrifizierern und „Poly-P-Bakterien" um das verfügbare Substrat für die Nitrathemmung verantwortlich ist [46]. Auch eine Hemmung der Enzyme, die im Phosphatstoffwechsel beteiligt sind, wird diskutiert [47]. Bemerkenswert ist, daß Stickstoffmonoxid (NO), ein Zwischenprodukt der Denitrifikation, die Phosphatrücklösung im Belebtschlamm stark hemmt [zit. in 48]. Möglicherweise beeinflußt auch der Anstieg des Redoxpotentials durch Nitrat die P-Rücklösung [49]. Am Nitrateffekt könnten aber auch regulative Vorgänge beteiligt sein, die vom Energiegehalt und dem Reduktionszustand (NADH/NAD⁺-Verhältnis) der Zellen sowie von den Wachstumsbedingungen abhängig sind. Wahrscheinlich werden mehrere Faktoren an der Störung der Phosphatrücklösung beteiligt sein, abhängig von der Zusammensetzung des zufließenden Abwassers und der Bakterienflora.

16.3.3
Modellvorstellungen zum P-Stoffwechsel im Belebtschlamm

Aufgrund der experimentellen Befunde in Versuchsanlagen, der Beobachtung in Betriebsanlagen und der Kenntnisse über bakterielle Stoffwechselwege wurden bereits einige Modellvorstellungen über die stoffwechselphysiologischen Zusammenhänge bei der erhöhten Phosphorelimination entwickelt [50–53] (Abb. 16.5 A, B).

In der belüfteten Stufe werden die anaerob gespeicherten Lipidreservestoffe und leicht abbaubare exogene Substrate, z. B. die Gärendprodukte aus der anaeroben Stufe und leicht abbaubare organische Stoffe aus dem Zulauf, als Energie- und Kohlenstoffquelle zum Wachstum genutzt (Abb. 16.5 A). Durch Verwertung der endogenen Speicherstoffe können sich die Zellen schnell an das aerobe Milieu anpassen und sofort mit Atmungsstoffwechsel und Wachstum beginnen. Der Energie (ATP)-Gewinn aus der Veratmung der endogenen und exogenen Substrate dient gleichzeitig zur Aufnahme von Phosphat, seiner Speicherung als Polyphosphat und der Synthese von Polyglucose.

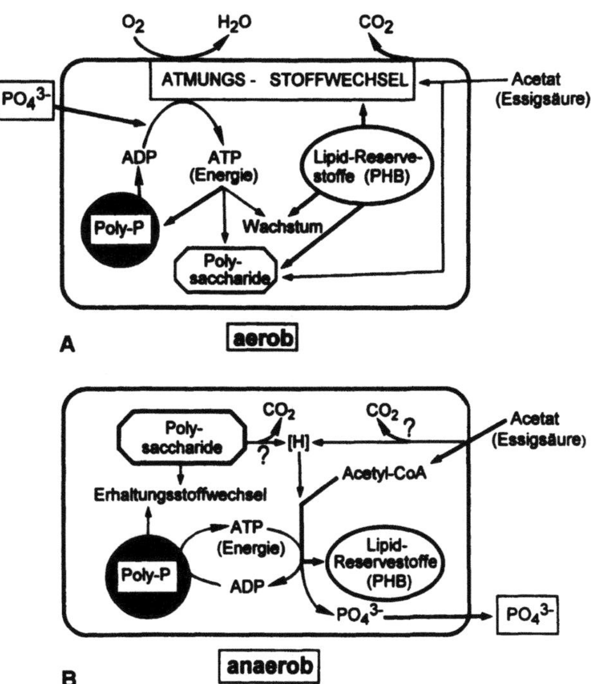

Abb. 16.5 A und B Modell des Stoffwechsel obligat aerober, polyphosphatspeichernder Bakterien unter aeroben (A) und anaeroben (B) Bedingungen; stark vereinfacht nach Wentzel und Mitarb. [51] und Mino und Mitarb. [52]. Poly-P = Polyphosphat, PHB = Poly-beta-hydroxybuttersäure, [H] = Reduktionsäquivalente aus oxidierten Substraten, ATP = Adenosintriphosphat, ADP = Adenosindiphosphat

In der anaeroben Stufe der Kläranlage finden wahrscheinlich verschiedene Stoffwechselvorgänge statt, die für die spätere erhöhte Phosphorentfernung aus dem Abwasser in der belüfteten Zone wichtig sind (Abb. 16.5 B). Durch den Gärungsstoffwechsel fakultativ anaerober Bakterien werden überwiegend kurzkettige, organische Säuren gebildet (z. B. Essig- und Propionsäure), die von den polyphosphatspeichernden Bakterien aufgenommen, umgewandelt und als Lipidreservestoffe (z. B. Poly-beta-hydroxybuttersäure) gespeichert werden. Die Energie zu deren Synthese stammt aus den zuvor, unter aeroben Bedingungen, gespeicherten Polyphosphaten, bei deren teilweisen Abbau Phosphat wieder aus den Zellen freigesetzt wird. Die Polyphosphate dienen den Zellen wahrscheinlich auch als Energiequelle zum Überleben im anaeroben Milieu.

In anoxischen Zonen (d. h. NO_3^--haltig, ohne O_2) kann die P- Dynamik, abhängig von den stoffwechselphysiologischen Eigenschaften der Mikroorganismen, wie in der aeroben oder wie in der anaeroben Stufe verlaufen.

Durch die Speicherung organischer Reservestoffe unter anaeroben Bedingungen scheinen die obligat aeroben, polyphosphatspeichernden Bakterien Wachstumsvorteile gegenüber den anderen obligaten Aerobiern zu haben, die aerob für ihre Synthesen ausschließlich auf exogene Substrate angewiesen sind. Wahrscheinlich sind diese stoffwechselphysiologischen Eigenschaften dafür verantwortlich, daß die polyphosphatspeichernden Bakterien sich bei entsprechender anaerob-aerober Verfahrensweise im Belebtschlamm anreichern.

16.4.
Polyphosphatspeichernde Belebtschlammbakterien

In Betriebsanlagen ließ sich bisher kein eindeutiger Zusammenhang zwischen biologischer Phosphorentfernung und der Anreicherung bestimmter Bakterienarten finden. Trotz sehr vieler Untersuchungen ist noch nicht geklärt, welche polyphosphatspeichernden Bakterien hauptsächlich für die erhöhte Phosphorentfernung in der Belebung verantwortlich sind.

Nach den beobachteten Veränderungen der Speicherstoffe im Belebtschlamm aus Kläranlagen mit weitergehender biologischer Phosphorentfernung und den darauf beruhenden Hypothesen sollten (theoretisch) die für die erhöhte Phosphataufnahme verantwortlichen Mikroorganismen folgende Eigenschaften besitzen: Aerob sollten sie Polyphosphat und Polyglucose speichern und anaerob einen Teil des gespeicherten Polyphosphats wieder als Phosphat freisetzen, dabei sollten sie auch leicht verwertbare Substrate (z. B. Acetat) aus dem Medium aufnehmen und als Lipidreservestoffe speichern.

16.4.1
Modellbakterium Acinetobacter

Nach Meinung vieler Autoren spielen Vertreter der Gattung *Acinetobacter* bei der biologischen Phosphoreliminierung im Belebtschlamm von Kläranlagen eine dominierende Rolle [z. B. 17, 54–58].

Polyphosphatspeichernde Stämme dieser Bakterien sind bisher auch bevorzugte Objekte zur Untersuchung des Phosphatstoffwechsels gewesen [48]. Die Modellvorstellungen von Wentzel et al. [51] über die P-Dynamik im Belebtschlamm beziehen sich auch auf Bakterien dieser Gattung.

16.4.1.1
Polyphosphatspeicherung und Polyphosphatverwertung durch Acinetobacter

Arten der Gattung *Acinetobacter* sind Gram-negative, Oxidase-negative, obligat aerobe Bakterien. Aus Abwasser ließen sich verschiedene polyphosphatspeichernde Stämme isolieren [55–60], auch Genotypen, die noch keinem bekannten Typstamm zugeordnet werden konnten [61].

In Reinkultur speichern viele *Acinetobacter*-Stämme Polyphosphat in hoher Konzentration [12, 54, 57–59]. Mit der erhöhten Phosphataufnahme unter aeroben Bedingungen ist auch eine Aufnahme von Kalium- und Magnesiumionen verbunden [62], in gleicher Weise wie im Belebtschlamm [28]. Unter anaeroben „Streßbedingungen" läßt sich auch eine Phosphatrücklösung ins Medium durch den Abbau von Polyphosphat beobachten. Bisher ist jedoch noch keine eindeutige Substrat-Aufnahme (z.B. von Acetat) in dieser Phase beobachtet worden.

Phosphat kann von *Acinetobacter* – wie von anderen Gram- negativen Bakterien – über zwei Aufnahmesysteme in die Zelle gelangen [48, 63, 64]. Bei hoher Phosphatkonzentration wird Phosphat in einem Protonen-Symport in die Zellen transportiert. Geringe Phosphatkonzentrationen induzieren ein zusätzliches, ATP-abhängiges Phosphataufnahmesystem.

Die Synthese von Polyphosphat könnte durch eine Polyphosphatkinase (ATP: Polyphosphattransferase) katalysiert werden [23, 48].

$$\text{ATP} + \text{Poly-P}_n = \text{Poly-P}_{n+1} + \text{ADP}$$

Es wird aber auch eine rückläufige Reaktion der Polyphosphat:AMP-Transferase diskutiert [23].

Dieses Enzym, das aus *Acinetobacter* isoliert werden konnte [65], katalysiert wahrscheinlich bei einigen Stämmen den Abbau von Polyphosphat, das dadurch als Energiequelle zur ATP-Synthese dient [65, 66].

$$\text{Poly-P}_n + 2\,\text{AMP} = \text{Poly-P}_{n-2} + 2\,\text{ADP} \qquad 2\,\text{ADP} = \text{ATP} + \text{AMP}$$

2 ADP werden dann durch die Adenylatkinase zu ATP und AMP umgesetzt.

Möglicherweise wird Phosphat auch durch eine Phosphatase vom Polyphosphat abgespalten [67–69]. Verwertbare Energie könnte dabei von der Zelle gewonnen werden, wenn ein Phosphat-Protonen-Symport nach außen stattfindet und sich dadurch ein Protonengradient über die Cytoplasmamembran ausbildet, der zur Synthese von ATP und in anderen energieabhängigen Reaktionen genutzt werden könnte [48].

Weitere polyphosphatabhängige Enzyme, z.B.die Polyphosphat-Glucokinase, die die Synthese und den Abbau von Poly-P katalysieren, sind bei anderen polyphosphatspeichernden Bakterien und im Belebtschlamm, aber nicht in *Acinetobacter* nachgewiesen worden [23, 48, 60].

16.4.1.2
Energiegehalt der Zellen und Polyphosphatspeicherung

Reservestoffe werden meist dann von Zellen gespeichert, wenn das Wachstum limitiert ist, aber ein Überschuß an Stoffwechselenergie vorliegt [70]. Die Konzentration der Adeninnucleotide spielt eine Schlüsselrolle bei der Regulation der entsprechenden Enzyme. Auslösender Faktor für die Polyphosphatsynthese in *Acinetobacter* ist wahrscheinlich auch ein hoher ATP- bzw. Energiegehalt (AEC) der Zellen. So zeigten sich bei gleichen Wachstumsraten große Unterschiede im ATP- und Energiegehalt zwischen zwei *Acinetobacter*-Stämmen, die sich in ihrer Fähigkeit zur Polyphosphatspeicherung unterschieden (Abb. 16.6, 16.7).

In statischer Kultur wachsen beide Stämme mit gleicher Wachstumsrate (μ_{max} = 0,46 h^{-1}, 20 °C, Substrat Acetat). Im Gegensatz zur Zunahme der Zellmasse war die Phosphataufnahme aus dem Medium und pro Zellprotein (= spezifische P- Einlagerung) sehr unterschiedlich (Abb. 16.6) Die Einlagerung von Phosphor durch *Acinetobacter* Stamm Br-2 war nach Beendigung des Wachstums bei gleicher Biomassekonzentration 100 % bis über 200 % höher als durch Stamm Fo-21. Während die Rate der Phosphataufnahme bei allen Ansätzen von Stamm Fo-21 nahezu gleich war, zeigten sich in den Kulturen von Stamm Br-2 nach der logarithmischen Wachstumsphase sehr unterschiedliche Aufnahmeraten. Diese Unterschiede sind hauptsächlich auf die Anfangsdichte der Kultur zurückzuführen, durch die die Länge der Wachstumsphasen, z. B. des linearen Wachstums, und damit auch die Rate der Poly-P-Speicherung beeinflußt wird.

Die erhöhte Phosphataufnahme von *Acinetobacter* Stamm Br-2 fand vor allem beim Übergang des Wachstums zur stationären Phase statt. Die Zellen von Br-2 hatten jedoch bereits am Ende des logarithmischen Wachstums einen höheren spezifischen P-Gehalt (mg P g^{-1} Protein) als die Zellen von Fo-21, bei denen der spezifische Phosphorgehalt am Ende der logarithmischen Phase nur noch geringfügig anstieg und anschließend wieder etwas abfiel (Abb. 16.6).

Während des Wachstums von *Acinetobacter* Stamm Br-2 nahm die ATP-Konzentration bis zum Ende der logarithmischen Phase in den Zellen zu, während sich der ADP-Gehalt kaum veränderte und die AMP-Konzentration sich korreliert zum ATP-Anstieg verminderte. Beim Übergang von der logarithmischen Phase zum linearen Wachstum erreichte der ATP-Spiegel seinen Höchstwert (13 nmol mg^{-1} Protein), um anschließend stark abzufallen. Mit dem Absinken des ATP-Spiegels stieg der AMP-Gehalt wieder an (ohne Abb.).

Abb. 16.6 Wachstum (O. D.) und spezifische Phosphataufnahme (mg P/gProtein) während der Kultur von *Acinetobacter*, Stamm Br-2 (=---) und Stamm Fo-21 (=—); Wachstum (O.D.): □—□ = Fo-21, ■—■ = Br-2; spezifische Phosphataufnahme: ○—○ = Fo-21, ●—● = Br-2

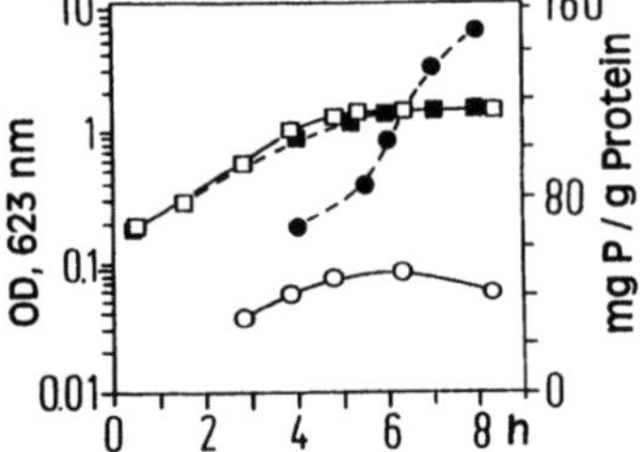

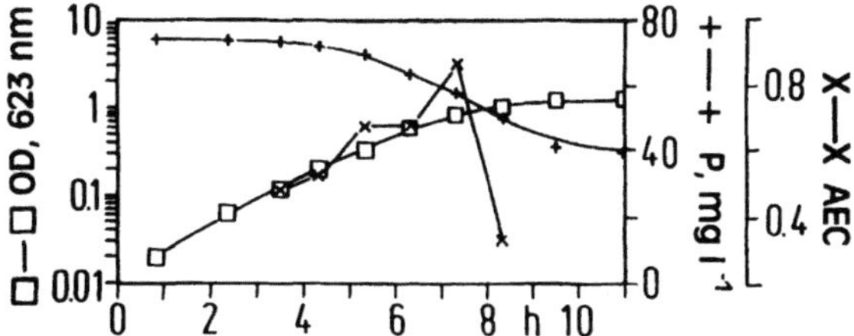

Abb. 16.7 Zunahme der Zelldichte (O.D.): □—□, Phosphatkonzentration (PO_4-P, mg l^{-1}) im Medium: +—+ (Abnahme = Phosphataufnahme durch die Bakterien) und Energiegehalt (AEC): x—x der Zellen von *Acinetobacter*, Stamm Br.-2 während des Wachstums. AEC = ATP + 0,5 ADP/ ATP+ADP+AMP

Die höchste Phosphataufnahme in der Kultur begann kurz vor Erreichen des höchsten ATP-und Energiegehalts (AEC), setzt sich aber beim anschließenden Abfall des ATP- bzw. AEC-Spiegels fort (Abb. 16.7). Weitere Untersuchungen der Übergangsphase bestätigten, daß die höchste Phosphataufnahme mit Erniedrigung der Wachstumsrate begann, wenn der ATP-Gehalt und der AEC stärker anstiegen.

Diese Ergebnisse unterstützen die Annahme, daß Polyphosphat hauptsächlich dann gespeichert wird, wenn das Wachstum der Zellen limitiert ist und sich dabei der Energiegehalt in den Zellen erhöht. Im Belebtschlamm der Kläranlage könnte auch ein limitiertes Wachstum bei Energieüberschuß vorliegen, wenn von den polyphosphatspeichernden Bakterien bei einem Wechsel von anaeroben zu aeroben Bedingungen endogene Speicherstoffe und exogenes Substrat sofort als ATP-Quelle im Atmungsstoffwechsel genutzt werden, ehe das Wachstum mit voller Rate einsetzen kann.

16.4.1.3
Organische Reservestoffe

Eine Reihe aus Belebtschlamm isolierter *Acinetobacter*-Stämme kann aerob PHB speichern [48,54,71,72], sie weisen aber keine Synthese von Polyglucose als Reservestoff auf, zumindest nicht bei normaler Substratkonzentration; anaerob wurde auch noch keine signifikante Substrataufnahme und PHB-Speicherung gefunden. Eine aerobe PHB-Synthese in *Acinetobacter* ließ sich meist auch nur durch Limitierung von gebundenem Stickstoff, Phosphat oder Sulfat induzieren. Da in der anaeroben Phase, normalerweise der Mischzone von zufließendem Abwasser und Rücklaufschlamm, kein Nährstoffmangel vorliegt, kann dieser nicht als auslösender Faktor für die Speicherstoffsynthese im Belebtschlamm wirksam sein.

Wachse:

Anstelle von PHB können einige aus Abwasser isolierte *Acinetobacter-* Stämme unter aeroben Bedingungen Wachse (C26-C36, hauptsächlich C32-C36) synthetisieren, die bei Substratmangel wieder abgebaut werden (ohne Abb.). Die Wachse setzten sich hauptsächlich aus C12-C18 Alkoholen und den entsprechenden Säuren zusammen. Wieweit die Wachse auch im anaeroben Stoffwechsel gebildet werden können, ist noch nicht geklärt.

16.4.2
Spektrum polyphosphatspeichernder Bakterien im Belebtschlamm

Untersuchungen von Cloete et al. [73] ergaben, daß Vertreter der Gattung *Acinetobacter* nicht allein für die Phosphoreliminierung in Kläranlagen verantwortlich sein können. Nach ihren immunologischen Bestimmungen der *Acineto-bacter*-Populationen in verschiedenen Belebtschlämmen berechneten sie, daß Stämme dieser Gattung nur für 5–15% (maximal 34%) der Phosphataufnahme verantwortlich waren. Auch in elektronenmikroskopischen Untersuchungen von Belebtschlämmen verschiedener Kläranlagen mit biologischer Phosphorelemination konnten morphologisch sehr unterschiedliche Gram-positive und Gram-negative Zellen mit Polyphosphateinschlüssen beobachtet werden, darunter auch fädige Formen [74].

Bei einer Bestimmung der Lebendkeimzahl im Belebtschlamm lassen sich aber fast immer in der höchsten Verdünnungsstufe *Acinetobacter*-Stämme nachweisen [74]. Wahrscheinlich ist die relativ hohe Anzahl von Kolonien dieser Gattung bei der Isolierung jedoch durch ein selektives Wachstum auf den normalerweise verwendeten Nährböden (mit Acetat als Substrat) bedingt. Die Bestimmungen der *Acinetobacter*-Population über das Polyaminmuster der Flockenbakterien [75] oder mit spezifischen rRNA-Sonden [76, 77] weisen dieser Gattung für die Phosphorentfernung in den meisten Betriebsanlagen nur eine untergeordnete Rolle zu.

Es wurde eine Reihe anderer Gram-negativer Bakterien, aber auch Grampositiver Formen aus Abwasser isoliert, die Polyphosphat in hoher Konzentration einlagern, z.B. *Pseudomonas-*, *Arthrobacter-*, *Corynebacterium-* und *Microlunatus*-Arten [78–83].

Ein aus der Kläranlage Stuttgart isolierter *Moraxella-* ähnlicher Stamm (St-8) ist im Vergleich zu den untersuchten *Acinetobacter*-Stämmen dem „hypothetischen" Mikroorganismus schon etwas ähnlicher. Der Stamm St-8 kann aerob Polyphosphat speichern. Er lagert auch unter O_2-limitierten Bedingungen in hoher Konzentration PHB bzw. Polyhydroxyvaleriansäure in die Zellen ein. Außerdem läßt sich unter aeroben Bedingungen die Synthese von Polyglucose nachweisen, die anaerob zum Teil wieder abgebaut wird. Die Polyphosphatspeicherung dieses Stammes erfolgt jedoch deutlich langsamer als die vieler *Acinetobacter*-Stämme [22].

Die elektronenmikroskopischen und populationsdynamischen Untersuchungen sprechen dafür, daß abhängig von der Verfahrensweise und der Abwasserzusammensetzung das Spektrum der polyphosphatspeichernden Bakterien sehr unterschiedlich sein kann. Für Betriebsanlagen scheint die Bedeutung der

Gattung *Acinetobacter* bei der biologischen Phosphoreliminierung überschätzt worden zu sein; Vertreter verschiedener anderer Bakteriengattungen sind wahrscheinlich ebenfalls oder sogar im höheren Maße an der Phosphoreliminierung beteiligt. Allgemein scheinen die Gram-positiven Bakterien bei der Phosphorentfernung in Kläranlagen eine größere Bedeutung zu haben, als bisher angenommen.

Neben den einzelligen polyphosphatspeichernden Bakterien werden in den letzten Jahren immer häufiger fädige Formen beobachtet, die sowohl in Anlagen mit weitergehender biologischer Phosphorentfernung als auch in Anlagen mit chemischer Phosphatfällung Schwimmschlamm verursachen können [12]. Bei diesen Gram-positiven Formen handelt es sich hauptsächlich um *Microthrix parvicella* und teilweise auch um nocardioforme Bakterien. Die Gründe für das massenhafte Auftreten dieser fädigen Bakterien sind weitgehend unbekannt. Fettartige Substanzen, möglicherweise auch bestimmte Tenside, fördern das Wachstum der Nocardioformen [84] und von *Microthrix* [85]. Biologisch interessant ist, daß diese Schwimmschlammbildner neben Polyphosphat auch organische Reservestoffe speichern können [40]. Damit besitzen sie zwei wichtige Stoffwechseleigenschaften, durch die sich auch die „typischen" einzelligen, polyphosphatspeichernden Bakterien auszeichnen. Doch ist bei diesen Formen die anaerobe Phosphatrücklösung nur sehr gering. Wieweit diese Bakterien direkt an der weitergehenden Phosphorentfernung beteiligt sind, ist noch ungeklärt.

16.4.3
Synthropher Stoffwechsel im Belebtschlamm

Der Belebtschlamm in Kläranlagen stellt eine Mischkultur verschiedener physiologischer Bakteriengruppen dar, die sich gegenseitig beeinflussen [86]. Es kann daher nicht ausgeschlossen werden, daß die *Acinetobacter*-Stämme und andere polyphosphatspeichernde Bakterien, die in Reinkultur nicht vollständig dem „hypothetischen Poly-P-Bakterium" entsprechen, im Belebtschlamm im symbiontischen Wachstum mit verschiedenen anderen Flockenbakterien sich stoffwechselphysiologisch anders verhalten als unter den Bedingungen einer Reinkultur. Wahrscheinlich werden die beobachteten Veränderungen der Konzentration organischer Speicherstoffe und von Phosphat im Belebtschlamm beim Wechsel von aeroben zu anaeroben Bedingungen nicht durch einen physiologischen Bakterientyp, sondern durch die gegenseitige Beeinflussung des Stoffwechsels verschiedener Bakterienarten in der Biozönose Belebtschlammflocke verursacht.

16.5
Schlußbetrachtung

In Deutschland wird bereits eine große Anzahl von Kläranlagen mit unterschiedlichen Verfahrensweisen zur weitergehenden biologischen Phosphorentfernung betrieben. In vielen Fällen werden ausgezeichnete P-Ablaufwerte erhalten; in verschiedenen Anlagen sind die P-Eliminationsraten jedoch nicht hoch genug, oder es lassen sich keine gleichmäßig niedrigen P-Ablaufwerte erreichen. Die Ursachen für die Störungen oder für die zu geringe Phosphataufnahme durch die Biomasse sind in den meisten Fällen nicht eindeutig geklärt. So müssen, obwohl im Prinzip die Bedingungen für eine weitergehende biologische Phosphorentfernung bekannt sind, die Zusammenhänge zwischen Betriebsbedingungen und ihren Einfluß auf den bakteriellen Phosphatstoffwechsel und die anaeroben Stoffwechselvorgänge noch genauer untersucht werden. Genaue Kenntnisse der mikrobiologischen Grundlagen und ein weitgehendes Verständnis der unter den verschiedenen Milieubedingungen ablaufenden Stoffwechselprozesse sind unbedingt notwendig, um eine Verbesserung der Eliminationsleistung und die Beseitigung von Störungen zu erreichen. Wenn das Spektrum der polyphosphatspeichernden Bakterien und ihr aerober und anaerober Stoffwechsels vollständig bekannt wäre, ließen sich auch die biochemischen Reaktionen bei der P-Elimination besser verstehen. Damit könnten die Ursachen für Störungen bei der weitergehenden Reinigung in den Kläranlagen eindeutig erkannt und somit schneller verhindert werden. Genaue Kenntnisse über die symbiontischen und konkurrierenden Vorgänge im Stoffwechsel der unterschiedlichen Mikroorganismen im Belebtschlamm würden außerdem die Ansätze zur theoretischen Bemessung von Bio-P-Anlagen für Auslegung und Betriebsweise verbessern und somit zu einer Optimierung der Verfahrensweisen für eine weitergehende Phosphorentfernung führen.

Dank

Ein Teil der eigenen Untersuchungen wurde durch das Bundesministerium für Forschung und Technologie sowie durch die Fritz und Margot Faudi-Stiftung gefördert.

Literatur

1. Dryden FD, Stern G (1968) Renovated waste water creates recreational lake. Environ Sci Technol 2:268–278
2. Nesbitt JB (1969) Phosphorus removal, the state of the art. J Wat Pollut Control Fed 41: 701–713
3. Schaak F, Boschet AF, Chevalier D, Kerlain F, Senelier Y (1985) Efficiency of existing biological treatment plants against phosphorus pollution. Tech Sci Municip 80:173–181
4. Yeoman S, Stephenson T, Lester JN, Perry R (1988) The removal of phosphorus during wastewater treatment: A review. Environ Poll 49:183–233
5. Bever J, Teichmann H (eds) (1990) Weitergehende Abwasserreinigung. R.Oldenbourg Verlag, München, Wien
6. Abwassertechnische Vereinigung (1989) Biologische Phosphorentfernung. Arbeitsbericht der ATV-Arbeitsgruppe 2.6.6, Korr Abw 36:337–348
7. Abwassertechnische Vereinigung (1994) ATV-Merkblatt Nr 208
8. Levin GV, Shapiro J (1965) Metabolic uptake of phosphorus by wastewater organisms. J Wat Pollut Control Fed 37:800–821
9. Yall I, Boughton WH, Knudson RC, Sinclair, NA (1970) Biological uptake of phosphorus by activated sludge. Appl Microbiol 20:145–150

10. Meganck MTJ, Faup GM (1988) Enhanced biological phosphorus removal from waste waters. Biotreatment Syst (ed. Wise DL) 3:111–204
11. Toerien DF, Gerber A, Lötter LH, Cloete TE (1990) Enhanced biological phosphorus removal in activated sludge systems. Adv Microbiol Ecol 11:173–230
12. Schön G (1994) Biologische Phosphorentfernung bei der Abwasserreinigung im Belebungsverfahren. Bio Engineering 4:23–32
13. Srinath EG, Sastry CA, Pillai SC (1959) Rapid removal of phosphorus from sewage by activated sludge. Experientia 15:339–340
14. Alarcon GO (1961) Removal of Phosphorus from Sewage. Master's Essay, The John Hopkins University, Baltimore, MD, USA
15. Menar AB, Jenkins D (1969) The fate of phosphorus in waste treatment processes. Proc 24th Ind Waste Treatment Conference, pp 665–674, Purdue University, Lafayette, Ind, USA
16. Arvin E (1985) Biological Removal of phosphorus from wastewater. CRC Critical Reviews in Environmental Control 15:25–64
17. Fuhs GW, Chen M (1975) Microbiological basis of phosphate removal in the activated sludge process for the treatment of wastewater. Microbiol Ecol 2:119–138
18. Barnard JL (1976) A review of biological phosphorus removal in the activated sludge process. Water SA 2:136–144
19. Harold FM (1966) Inorganic polyphosphates in biology: Structure, metabolism and function. Bacteriol Rev 30:772–794
20. Kulaev IS, Vagabov VM (1983) Polyphosphate metabolism in microorganisms. Adv Microbiol Physiol 24:83–171
21. Halvorson HO, Suresh N, Roberts MF, Coccia M, Chikarmane HM (1987) Metabolically active surface polyphosphate pool in *Acinetobacter lwoffii*, In: Torriani-Gorine A, Rothmann FG, Silver S, Wright A, Yagil E (eds), Phosphate Metabolism and Cellular Regulation in Microorganisms, American Society for Microbiology, Washington, D.C., pp 220–224
22. Streichan M, Schön G (1991) Periplasmic and intracytoplasmic polyphosphate and easily washable phosphate in pure cultures of sewage bacteria. Wat Res 25:9–13
23. Kornberg A (1995) Inorganic Polyphosphate: toward making a forgotten polymer unforgettable. J Bacteriol 177:491–496
24. Gurr E (1965) The rational use of dyes in biology. Leonard Hill, London, p 216
25. Drews G (1983) Mikrobiologisches Praktikum, 4. Aufl, Springer, Berlin, Heidelberg
26. Allan RA, Miller JJ (1980) Influence of S-adenosyl-methionine on DAPI induced fluorescence of polyphosphate in the yeast vacuole. Can J Microbiol 26:912–919
27. Schönborn W (1986) Historical Developments and Ecological Fundamentals. In: Rehm H-J, Reed G (eds), Biotechnology, Band **8**, Microbial degradations (Schönborn W, ed), 1. Auflage, VCH- Verlagsgesellschaft, Weinheim, pp 3–42
28. Arvin E, Kristensen GH (1985) Exchange of Organics, Phosphate and Cations between Sludge and Water in Biological Phosphorus and Nitrogen Removal Process. Wat Sci Tech 17: 147–162
29. Nicholls HA, Osborn DW (1979) Bacterial stress: a prerequisite for biological removal of phosphorus. J Wat Pollut Control Fed 51:557–569
30. Rensink JH, Donker HJGW, Simons TSJ (1986) Biologische Phosphorelimination bei niedrigen Schlammbelastungen. Gwf-Wasser/Abwasser 127:449–453
31. Streichan M, Junghans D, Schön G (1989) Comparative study of biological phosphorus removal by activated sludge in a pilot plant and in laboratory batch experiments. IAWPRC/EW PCA-specialized conference on „Upgrading of wastewater treatment plants". Wat Sci Technol 22:279–280
32. Kerrn-Jespersen JP, Henze M (1993) Biological phosphorus uptake under anoxic and aerobic conditions. Wat Res 27:617–624
33. Schön G, Streichan M (1989) Anoxische Phosphataufnahme und Phosphatabgabe durch belebten Schlamm aus Kläranlagen mit biologischer Phosphorentfernung. Gwf-Wasser/ Abwasser 130:67–73
34. Marais GvR, Loewenthal RE, Siebritz IP (1983) Observations supporting phosphate removal by biological excess uptake. A review. Wat Sci Tech 15:15–41

35. Gerber A, Mostert ES, Winter CT, De Villiers RH (1986) The effect of acetate and other short-chain carbon compounds on the kinetics of biological nutrient removal. Water SA 12:7–12
36. Schönberger R (1989) Optimierungsmöglichkeiten bei der biologischen Phosphorelimination. Gwf-Wasser/Abwasser 130:49–55
37. Witt PCh, Hahn HH (1995) Bio-P und Chem-P: Neue Erkenntnisse und Versuchsergebnisse. In: Bio-P Hannover 95. Veröffentlichungen des Institutes für Siedlungswasserwirtschaft und Abfalltechnik der Universität Hannover, Heft 92, S. 5–1 bis 5–23
38. Wentzel MC, Dold PL, Ekama GA, Marais GvR (1985) Kinetics of biological phosphorus release. Wat Sci Tech 17:(11/12) 57–71
39. Fukase T, Shibata M, Miyaji Y. (1984) The role of an anaerobic stage on biological phosphorus removal. Wat Sci Tech 17:(2/3) 69–80
40. Schön G, Geywitz-Hetz S, Valta A (1993) Weitergehende biologische Phosphorentfernung und organische Reservestoffe im belebten Schlamm. In: Biologische Phosphoreliminierung aus Abwässern, Kolloquium an der TU Berlin, 27./28.9.1993, Schriftenreihe Biologische Abwasserreinigung der Technischen Universität Berlin, pp 181–194
41. Schön G, Geywitz S, Mertens F (1993) Influence of dissolved oxygen and oxidation-reduction potential on phosphate release and uptake by activated sludge from sewage plants with enhanced biological phosphorus removal. Wat Res 27:349–354
42. Arun V, Mino T, Matsuo T (1988) Biological mechanism of acetatc uptake mediated by carbohydrate consumption in excess phosphorus removal systems. Wat Res 22:565–570
43. Satoh H, Mino T, Matsuo T (1992) Uptake of organic substrates and accumulation of polyhydroxyalkanoates linked with glycolysis of intracellular carbohydrates under anaerobic conditions in the biological excess phosphate removal processes. Wat Sci Tech 26:933–942
44. Matsuo T, Mino T, Satoh H (1992) Metabolism of organic substances in anaerobic phase of biological phosphate uptake process. Wat Sci Tech 25:83–92
45. Hascoet MC, Florentz M (1985) Influence of nitrate on biological phosphorus removal from wastewaters. Water SA 11:1–8
46. Mostert ES, Gerber A, van Riet CJJ (1988) Fatty acid utilisation by sludge from full-scale nutrient removal plants, with special reference to the role of nitrate. Water SA 14:179–184
47. Lötter LH, van der Merwe EHM (1987) The activities of some fermentation enzymes in activated sludge and their relationship to enhanced phosphorus removal. Water Res 21:1307–1310
48. Kortstee GJJ, Appeldoorn KJ, Bonting CFC, van Niel EWJ, van Veen HW (1994) Biology of polyphosphate-accumulating bacteria involved in enhanced biological phosphorus removal. FEMS Microbiol Rev 15:137–153
49. Iwema A, Meunier A (1985) Influence of nitrate on acetic acid induced biological phosphate removal, Wat Sci Tech 17:289–294
50. Comeau Y, Hall KJ, Hancock REW, Oldham WK (1986) Biological model for enhanced biological phosphorus removal. Wat Res 20:1511–1521
51. Wentzel MC, Lötter LH, Ekama GA, Loewenthal RE, Marais GvR (1991) Evaluation of biochemical models for biological excess phosphorus removal. Wat Sci Tech 23:567–576
52. Mino T, Arun V, Tsuzuki Y, Matsuo T (1987) Effect of phosphorus accumulation on acetate metabolism in the biological phosphorus removal process. In: Biological Phosphate Removal from Wastewaters (Adv Water Pollut Control Vol 4, R. Ramadori, ed), Pergamon Press Oxford, pp 27–38
53. Mino T, Satoh H, Matsuo T (1994) Metabolism of different bacterial populations in enhanced biological phosphate removal processes. Wat Sci Tech 29:67–70
54. Deinema MH, van Loosdrecht M, Scholten A (1985) Some physiological characteristics of *Acinetobacter* spp. accumulating large amounts of phosphate. Wat Sci Tech 17:119–125
55. Lötter LH, Murphy M (1985) The identification of heterotrophic bacteria in an activated sludge plant with particular reference to polyphosphate accumulation. Water SA 11:179–184
56. Stephenson T (1987) *Acinetobacter:* Its role in biological phosphate removal. In: Biological Phosphate Removal from Wastewaters, in Adv Water Pollut Control Vol 4 (R. Ramadori, ed), Pergamon Press, Oxford pp 313–316

57. Deinema MH, Habets LHA, Scholten J, Turkstra E, Webers HAAM (1980) The accumulation of polyphosphate in *Acinetobacter* spp. FEMS Microbiol Lett 9:275–279

58. Wentzel MC, Lötter LH, Loewenthal RE, Marais GvR (1986) Metabolic behaviour of *Acinetobacter spp.* in enhanced biological phosphorus removal – a biochemical model. Water SA 12:209–224

59. Bark K, Sponner A, Kämpfer P, Grund S, Dott W (1992) Differences in polyphosphate accumulation and phosphate adsorption by *Acinetobacter* isolates from wastewater producing polyphosphate: AMP phosphotransferase. Wat Res 26:1379–1388

60. Kämpfer P (1995): Klassische Methoden zur Charakterisierung von Abwasserbakterien – Grenzen und Möglichkeiten. Kapitel 4 in diesem Buch.

61. Wiedmann-Al-Ahmad M, Tichy H-V, Schön G (1994) Characterization of *Acinetobacter* type strains and isolates obtained from wastewater treatment plants by PCR fingerprinting. Appl Environ Microbiol 60:4066–4071

62. Van Groenestijn JW, Vlekke GJFM, Anink DME, Deinema MH, Zehnder AJB (1988) Role of cations in accumulation and release of phosphate by *Acinetobacter* strain 210A. Appl Environ Microbiol 54:2894–2901

63. Yashphe J, Chikarmane H, Iranzo M, Halvorson HO (1992) Inorganic phosphate transport in *Acinetobacter lwoffii.* Curr Microbiol 24:275–280

64. Van Veen HW, Abee T, Kortstee GJJ, Konings WN, Zehnder AJB (1993) Characterization of two phosphate transport systems in *Acinetobacter johnsonii* 210A. J Bacteriol 175:200–206

65. Bonting CFC, Kortstee GJJ, Zehnder AJB (1991) Properties of polyphosphate: AMP phosphotransferase of *Acinetobacter* strain 210A. J Bacteriol 173:6484–6488

66. Van Groenestijn JW, Deinema MH, Zehnder AJB (1987) ATP production from polyphosphate in *Acinetobacter* strain 210A. Arch Microbiol 148:14–19

67. Van Groenestijn JW, Bentvezen MMA, Deinema MH, Zehnder AJB (1989) Polyphosphate-degrading enzymes in *Acinetobacter* spp. and activated sludge. Appl Environ Microbiol 55:219–223

68. Yashphe J, Chikarmane H, Iranzo M, Halvorson HO (1990) Phosphatases of *Acinetobacter lwoffii.* Localization and regulation of synthesis by orthophosphate. Curr Microbiol 20:273–280

69. Bonting CFC, Kortstee GJJ, Zehnder AJB (1993) Properties of polyphosphatase of *Acinetobacter johnsonii* 210A. Ant. v. Leenwenh. 64:75–81

70. Dawes EA, Senoir PJ (1973) The role and regulation of energy reserve polymers in microorganisms. Adv Microbiol Physiol 10:135–266

71. Vierkant MA, Martin DW, Stewart JR (1990) Poly-beta-hydroxybutyrate production in eight strains of the genus *Acinetobacter.* Can J Microbiol 36:657–663

72. Rees GN, Vasiliadis G, May JW, Bayly RC (1993) Production of poly-beta-hydroxybutyrate in *Acinetobacter* spp. isolated from activated sludge. Appl Microbiol Biotechnol 38:734–737

73. Cloete TE, Steyn PL (1988) The role of *Acinetobacter* as a phosphorus removing agent in activated sludge. Wat Res 22:971–976

74. Streichan M, Golecki JR, Schön G (1990) Polyphosphate-accumulating bacteria from sewage plants with different processes for biological phosphorus removal. FEMS Microbio Ecol 73:113–124

75. Auling G, Pilz F, Busse H-J, Karrasch S, Streichan M, Schön G (1991) Analysis of the polyphosphate accumulating microflora in phosphorus-eliminating anaerobic-aerobic activated sludge systems by using diaminopropane as a biomarker for rapid estimation of *Acinetobacter* spp. Appl Environ Microbiol 57:3585–3592

76. Wagner M, Erhart R, Manz W, Amann R, Lemmer H, Wedi D, Schleifer K-H (1994) Development of an rRNA-targeted oligonucleotide probe specific for the genus *Acinetobacter* and its application for *in situ* monitoring in activated sludge. Appl Environ Microbiol 60:792–800

77. Bond PL, Hugenholtz P, Keller J, Blackall LL (1995) Bacterial community structures of phosphate-removing and non-phosphate-removing activated sludges from sequencing batch reactors. Appl Environ Microbiol 61:1910–1916

78. Suresh N, Warburg, R, Timmermann M, Wells J, Coccia M, Roberts MF, Halvorston HO(1985) New strategies for the isolation of microorganisms responsible for phosphate accumulation. Wat Sci Tech 17:99–111
79. Hiraishi A, Masamune K, Kitamura H (1989) Characterization of the bacterial population structure in an anaerobic-aerobic activated sludge system on the basis of respiratory quinone profiles. Appl Environ Microbiol 55:897–901
80. Nakamura K, Masuda K, Mikami E (1991) Isolation of a new type of polyphosphate accumulating bacterium and ist phosphate removal characteristics. J. Fermentation Bioengineering 71:258–263
81. Kämpfer P, Eisenträger A, Hergt V, Dott W (1990) Untersuchungen zur bakteriellen Phosphateliminierung. I. Mitteilung: Bakterienflora und bakterielles Phosphatspeicherungsvermögen in Abwasserreinigungsanlagen. Gwf-Wasser/Abwasser 131:156–164
82. Ubukata Y, Takii S (1994) Induction ability of excess phosphate accumulation for phosphate removing bacteria. Wat Res 28:247–249
83. Nakamura K, Hiraishi A, Yoshimi Y, Kawaharasaki M, Masuda K, Kamagata Y (1995) *Microlunatus phosphorus* gen nov, sp nov, a new gram-positive polyphosphate-accumulating bacterium isolated from activated sludge. Int J System Bacteriol 45:17–22
84. Lemmer H (1985) Wachstumsverhalten von Actinomyceten („Nocardia") in Kläranlagen mit Schwimmschlammproblemen. Korr Abw 32:965–971
85. Slijkhuis H (1983) *Microthrix parvicella*, a filamentous bacterium isolated from activated sludge: cultivation in a chemically defined medium. Appl Environ Microbiol 46:832–839
86. Brodisch KEU (1985) Zusammenwirken zweier Bakteriengruppen bei der biologischen Phosphateliminierung. Gwf-Wasser/Abwasser 126:237–240

Teil IV

Physikalische Probleme durch Abwasserbakterien

Ursachen und Bekämpfung von Blähschlamm

H. Lemmer

17.1
Einführung

Hohe Anforderungen an die Reinigungsleistung von Abwasserreinigungsanlagen führten in den letzten Jahrzehnten dazu, daß neben der Elimination
von Kohlenstoffverbindungen zunehmend auch die Entfernung der Nährstoffe
Stickstoff und Phosphor erforderlich wurde. Da zur Stickstoffelimination meist
der Weg über die Nitrifikation und Denitrifikation beschritten wird, werden
Belebungsanlagen heute einerseits in einem bis zu zwei Zehnerpotenzen niedrigeren Schlammbelastungsbereich gefahren als zu Beginn der Abwasserreinigung, andererseits werden anoxische, d.h. sauerstofffreie, nitrathaltige Zonen in
das Fließschema eingeführt. Zur biologischen Entfernung von Phosphor, der
bisher allerdings noch meist über chemische Fällung eliminiert wird, werden
anaerobe Zonen zwischengeschaltet.

Im Belebungsverfahren zur Abwasserreinigung beruht die Trennung des
belebten Schlammes vom gereinigten Abwasser in der Nachklärung meist auf
einfacher Sedimentation. In einem nachgeschalteten Reaktor wird der Schlamm
abgesetzt und durch Umpumpen in die Belebung rückgeführt. Ist das Absetzverhalten durch bestimmte Schlammeigenschaften beeinträchtigt, können
Rückführrate und Reinigungsleistung der Nachklärung und damit der Kläranlagenbetrieb empfindlich gestört sein. Ein solches Phänomen ist die Bildung von
„Blähschlamm", d.h. die Entwicklung von leichtem, schlecht absetzbarem
Schlamm. Im folgenden werden Ursachen dieses Phänomens sowie Möglichkeiten zu seiner Bekämpfung vorgestellt.

17.2
Fadenförmige Mikroorganismen im Belebtschlamm

Fadenförmige Mikroorganismen treten praktisch in jedem belebten Schlamm
als Bestandteil der Bakterien- oder Pilzflora auf. Wenn sie nur in geringer
Dichte vorliegen, tragen sie zur Stabilisierung der Belebtschlammflocke bei.
Probleme entstehen dann, wenn aufgrund eines massenhaften Wachstums
dieser Organismen das Absetzen der Flocken behindert wird und der Schlamm
voluminös im Wasserkörper der Nachklärung steht, was in extremen Fällen

Lemmer/Griebe/Flemming (Hrsg.)
Ökologie der Abwasserorganismen
© Springer-Verlag Berlin Heidelberg 1996

zum Schlammabtreiben in das Gewässer führt. Dieses Phänomen wird als „Blähschlamm" bezeichnet. Definitionsgemäß leidet ein Schlamm dann unter Blähschlammbildung, wenn der Schlammindex 150 ml g^{-1} übersteigt und zudem im mikroskopischen Bild fadenförmige Mikroorganismen zu finden sind. Absetzschwierigkeiten und Schlammabtrieb, die auf anderen Schlammeigenschaften beruhen, wie z. B. ein starkes Auftreten von *Zoogloea*-artigen Bakterien [28] oder ein Zerfall der Flocke, werden in unserem Sprachgebrauch nicht als Blähschlamm bezeichnet. Vom Phänomen Blähschlamm sind insbesondere auch die Absetzschwierigkeiten zu unterscheiden, die auf Flotationseffekten beruhen wie die Bildung von Schaum und Schwimmschlamm (vgl. Kap. 18).

In Veröffentlichungen der 50er und 60er Jahre wurde als Verursacher von Blähschlamm vorwiegend das Bakterium *Sphaerotilus* sp. erwähnt. Heute sind etwa 30 verschiedene Bakterien als Verursacher dieses Absetzphänomens bekannt. Pilze spielen nur eine sehr untergeordnete Rolle. Schon früh wurden die verschiedenen Fadenorganismen über einfache morphologische Kriterien bzw. anhand ihrer Reaktion in der Färbung nach Gram (Unterscheidung von Bakterien mit unterschiedlichem Zellwandaufbau) und Neisser (Nachweis von Polyphosphatgranula) zu unterscheiden gesucht [9]. Damit war der Grundstein gelegt, einen Zusammenhang herzustellen zwischen verschiedenen Betriebsund Abwasserbedingungen und dem Auftreten bestimmter Fadenorganismen. Da Blähschlammorganismen durch unterschiedlichste Milieu- und Nahrungsbedingungen selektiert werden, somit also verschiedene Ursachen für ihre Entwicklung vorliegen, können keine einheitlichen Empfehlungen zur Bekämpfung ausgesprochen werden. Der Einleitung spezifischer Maßnahmen muß immer die Bestimmung der jeweiligen Fadenorganismen vorausgehen.

Als Hilfe für den Praktiker wurde die o. g. Bestimmungsmethode einem breiten Personenkreis zugänglich gemacht [13, 17, 21]. Verschiedene Institutionen, wie z. B. die Abwassertechnische Vereinigung (ATV), bieten Kurse an zur Vermittlung der Vorgehensweise bei der mikroskopischen Untersuchung des belebten Schlammes. Mittlerweile wird die Mikroskopie vielerorts routinemäßig im Kläranlagenbetrieb durchgeführt.

Im wissenschaftlichen Bereich erfolgten sowohl Untersuchungen zur taxonomischen Einordnung von Fadenorganismen als auch zu ihrer Wachstumskinetik. Diese Untersuchungen sind oft langwierig, da viele der Fadenorganismen schwierig zu isolieren und in Kultur zu halten sind. Neben klassischen Methoden der numerischen Taxonomie [18] hat sich in jüngster Zeit der Einsatz von oligonucleotid-gerichteten fluoreszenzmarkierten Gensonden für diese Untersuchungen als sehr vielversprechend erwiesen. Mit Hilfe der Gensondentechnik ist ein direkter Nachweis von Fadenorganismen *in situ* möglich. Weiter kann über den Einsatz von gattungs- und artspezifischen Sonden eine Einordnung auch nicht kultivierbarer Fadenbakterien erfolgen [37]. Bisher sind allerdings nur wenige der Blähschlammbildner taxonomisch eingeordnet, weswegen derzeit noch die von Eikelboom eingeführten Typnummern zu ihrer Unterscheidung verwendet werden.

Neben taxonomischen Fragestellungen wurden weltweit Anstrengungen unternommen, die Biologie und Reaktionskinetik fadenförmiger Belebtschlammorganismen aus Belebtschlamm *in situ* und in Reinkulturen zu erhellen. Systematische vergleichende Untersuchungen zum Einfluß von Abwasserbeschaffenheit und Belastungsverhältnissen, d.h. Substratqualität und -quantität der verschiedenen Fadenorganismen fehlen allerdings auch heute noch. Insbesondere die Rolle der Fadenorganismen bei spezifischen Reinigungsleistungen wie Nitrifikation/Denitrifikation oder biologische Phosphorelimination sind zwar im Ansatz, jedoch nicht systematisch untersucht [3, 27].

Nichtsdestotrotz sind heute einige der Organismen so weit charakterisiert, daß spezifische Bekämpfungsmaßnahmen eingeleitet werden können. Für den Praktiker steht eine Zusammenstellung der bis ca. 1990 vorliegenden Ergebnisse in einem Handbuch zur Verfügung [22]. Darin werden neben biologischen und ökologischen Eigenschaften Selektionsfaktoren für verschiedene Fadenorganismen sowie Bekämpfungsmaßnahmen und deren Erfolg dargestellt. Die z. T. widersprüchlichen Angaben zeigen dabei, daß oft eng verknüpfte Ursachenkombinationen vorliegen, die sich bei Kenntnis von vorwiegend autökologischen Daten, d.h. solchen, die die Organismen direkt betreffen, noch nicht befriedigend erklären lassen. Daher sind synökologische Aspekte, d. h. die Wechselwirkung zwischen den Belebtschlammorganismen betreffende Fragestellungen, Ziel aktueller Forschungsarbeiten.

17.3
Wachstumskinetik von Belebtschlammbakterien

Das klassische Belebungsverfahren ist vergleichbar mit einem Fermenterverfahren mit Biomasserückführung. Die Aufenthaltszeit der Organismen im System ist dabei vom Schlammalter abhängig. Bei Wachstum der Organismen auf Aufwuchskörpern oder Wandungen bzw. in Schlammfraktionen, die sich dem normalen Schlammkreislauf entziehen wie Ablagerungen und Flotate, oder auch durch Kreislaufführung von Schlammfraktionen kann die Aufenthaltszeit erheblich höher sein als im übrigen System. Hier können sich auch Organismen mit sehr niedrigen Wachstumsraten ansiedeln und den übrigen Schlamm kontinuierlich animpfen.

Die Wachstumsrate von Mikroorganismen ist abhängig von den Nahrungs (Substrat)- und Milieubedingungen, denen sie ausgesetzt sind. Die Abhängigkeit der Wachstumsrate von der Substratkonzentration kann durch das Monod-Modell in Anlehnung an das Enzymmodell von Michaelis und Menten beschrieben werden als

$$\mu = \mu_{max} \, S \, (K_s + S)^{-1} \tag{1}$$

wobei S die Substratkonzentration darstellt bzw. K_S die Substratkonzentration, bei der die halbmaximale Wachstumsrate μ erreicht wird. Organismen, die im hochkonzentrierten Substratbereich hohe Wachstumsraten aufweisen, werden als μ_{max}- oder r-Strategen bezeichnet, K-Strategen hingegen erreichen schon bei niedrigen Substratkonzentrationen eine hohe Wachstumsrate. Die heutigen Belastungsverhältnisse in Belebungsanlagen führen zur Selektion der letzteren

Organismengruppe. Vergleicht man die Ergebnisse mikroskopischer Untersuchungen früherer Jahre mit den heutigen, so zeigt sich, daß es zu einer starken Verschiebung des Vorkommens bestimmter fadenförmiger Belebtschlammbakterien kam. Während früher „Hochlastbakterien" wie *Sphaerotilus* sp., der Fadentyp 1863 oder 0961 häufig waren, finden sich heute vielfach Organismen, die an niedrige Kohlenstoffkonzentrationen angepaßt sind, wie z. B. Typ 0041, 0675, 0092, 1851 oder *Microthrix parvicella* (da in der angelsächsischen Literatur die Schlammbelastung als food:microorganism ratio ausgedrückt wird, wird dieser Blähschlamm häufig als „low F:M bulking" bezeichnet [2, 12, 14, 32]).

Obwohl das Monod-Modell ein Ein-Substrat-Modell darstellt, kann auch die Kinetik von Belebtschlamm mit dem Substratgemisch Abwasser näherungsweise mit diesem Modell beschrieben werden, insbesondere dann, wenn gleichartige Substrate wie z. B. „leicht abbaubare gelöste Oligo- und Monomere" oder „hydrolysierbares polymeres Substrat" im Modell getrennt berücksichtigt werden [16].

In der Praxis der Abwasserreinigung sind Wachstumsrate und Biomasseproduktion durch verschiedene Umweltfaktoren allerdings oft erheblich eingeschränkt, so z. B. durch verschiedene Nährstofflimitierungen im Niedriglastbereich, Sauerstoffmangel oder toxische Einflüsse.

Im sehr niedrigen Substratkonzentrationsbereich, d.h. im linearen Bereich der Wachstumskurve, wird die Wachstumsrate näherungsweise der Substratkonzentration proportional:

$$S \approx \mu \, K_S \, \mu_{max}^{-1} \text{ bzw. } \mu \approx S \, \mu_{max} \, K_S^{-1} \tag{2}$$

Kommunale Kläranlagen im niedrigen Belastungsbereich mit einem Schlammalter von über 10 d werden in einem Bereich betrieben, wo die Wachstumsrate weit unter der maximalen liegt. Die Substratkonzentration im Wasserkörper der Belebung entspricht der Ablaufkonzentration und liegt weit unter K_S. Die Verfügbarkeit an gelöstem Substrat für die Organismen in einem solchen System ist damit sehr gering.

Neben verschiedenen Kohlenstoffquellen können kinetische Betrachtungen auch für andere „Substrate", wie z. B. Sauerstoff, angestellt werden. Analog zur Substratkonzentration K_S stellt hier die Sauerstoffkonzentration K_{DO} bei halbmaximalem Wachstum einen wichtigen wachstumskinetischen Parameter zur Charakterisierung von Organismen dar. So erreichen Organismen mit einer hohen Affinität zu Sauerstoff (niedriger K_{DO}-Wert) schon bei sehr niedriger Sauerstoffkonzentration eine hohe Wachstumsrate, wie etwa das Fadenbakterium *Microthrix parvicella* ($K_{DO} = 0{,}016 \text{ mg l}^{-1}$ [35]) oder *Sphaerotilus natans* ($K_{DO} = 0{,}033 \text{ mg l}^{-1}$ [31]), im Vergleich zu verschiedenen flockenbildenden Bakterien (z. B. $K_{DO} = 0{,}15 \text{ mg l}^{-1}$ [20]). Liegen solche Bakterien in einer Biozönose vor, bedeutet das, daß diese Fadenorganismen unter Sauerstoffmangel einen Selektionsvorteil gegenüber den Flockenbildnern haben. Das Selektionsprinzip kann sich allerdings dann ins Gegenteil umkehren, wenn ein Belebtschlamm eine hohe Dichte an fakultativ anaeroben Bakterien aufweist, d.h. solchen, die auch im Anaeroben zu wachsen imstande sind.

Wurden früher zur Bemessung von Kläranlagen Modelle verwendet, die wachstumskinetische Parameter des gesamten belebten Schlammes berücksichtigten, versuchen Modellierungsansätze neuerer Zeit der Vielfalt an Stoffwechselleistungen der Belebtschlammbakterien Rechnung zu tragen. Daher schließen sie neben leicht und schwer abbaubaren bzw. spezifischen Kohlenstoffquellen und Sauerstoff auch Stickstoff- und andere Nahrungsquellen mit ein [5, 15].

17.4
Ursachen für die Bildung von Blähschlamm

Die Bildung von Blähschlamm kann sowohl durch die Abwasserbeschaffenheit als auch durch die Betriebs- und Verfahrensweise begünstigt werden. Aufgrund der Vielfalt an biologischen Eigenschaften und Anpassungsmöglichkeiten der Fadenorganismen sowie deren Wechselwirkungen mit anderen Belebtschlammbakterien ist die Ursachenfindung oft sehr komplex [22].

17.4.1
Abwasserbeschaffenheit

Insbesondere leicht abbaubare gelöste Abwasserinhaltsstoffe wie Kohlenhydrate, Zucker oder kurzkettige organische Säuren im Zulauf zum Belebungsbecken fördern die Bildung von Blähschlamm. Daher sind beispielsweise Anlagen mit einem hohen Anteil an Abwasser der Gemüse verarbeitenden Industrie oft für Blähschlamm anfällig. Diese Abwässer weisen in vielen Fällen auch einen Mangel an den Nährstoffen Stickstoff und/oder Phosphor auf ($BSB_5 : N : P \gg 100 : 5 : 1$). Diese Nahrungsbedingungen führen häufig zur Selektion des Fadenorganismus Typ 021N oder auch *Sphaerotilus*. Typ 021N nimmt Ammonium sehr effektiv in die Zelle auf und weist mit einem K_N-Wert von $1\,\mu g\,l^{-1}$ Ammonium eine sehr hohe Substrataffinität auf. Daher ist er bei Stickstoffmangel oder -stoßbelastung gegenüber Flockenbildnern im Konkurrenzvorteil [31].

Sauerstoffmangel kann die Bildung von Blähschlamm begünstigen, weil sich unter diesen Bedingungen Fadenorganismen mit hoher Sauerstoffaffinität durchsetzen, wie *Microthrix parvicella* oder der Fadentyp 1701. Auch angefaultes Abwasser mit einem hohen Gehalt an reduzierten Schwefelverbindungen, wie H_2S, ist der Bildung von Blähschlamm förderlich. In diesen Fällen setzen sich häufig Schwefelbakterien, z.B. der Gattungen *Thiothrix* oder *Beggiatoa* durch. Sie bedienen sich dieser Schwefelverbindungen als Reduktionsäquivalente und oxidieren sie zu elementarem Schwefel, der im Mikroskop leicht zu erkennen ist, womit diesen Organismen für den Praktiker eine wichtige Indikatorfunktion zukommt.

17.4.2
Betriebs- und Verfahrensweise

Neben den o.g. Abwasserbedingungen führen bestimmte Verfahren und Betriebsbedingungen, wie z.B. Belebungsanlagen mit volldurchmischten

Becken und verteilter Abwasserzuführung oder Anlagen mit langer Aufenthaltszeit in der Vorklärung, häufig zur Ausbildung von Blähschlamm. Im Gegensatz dazu bildet sich Blähschlamm weniger häufig in Anlagen mit aerober Schlammstabilisation, Anlagen ohne Vorklärung, Belebungsbecken mit Pfropfenströmung, Anlagen mit vorgeschalteter Denitrifikation, Anlagen mit vorgeschaltetem Tropfkörper oder in solchen mit simultaner chemischer Fällung [33]. Diese empirischen Beobachtungen sind zum Teil biologisch interpretierbar, v. a. in den Fällen, wo einzelne Selektionsfaktoren wirksam sind. Deswegen können bestimmte Verfahrensweisen gezielt zur Bekämpfung bestimmter Blähschlammbildner eingesetzt werden (vgl. Abschn. 17.5).

Als Beispiel sei hier die positive Wirkung der Pfropfenströmung näher beleuchtet. Schon in den 70er Jahren wurde bei Untersuchungen an leicht abbaubarem Abwasser aus der Lebensmittelindustrie beobachtet, daß eine diskontinuierliche Beschickung wesentliche Vorteile gegenüber einer kontinuierlichen hatte. Der Wechsel zwischen hoher Substratkonzentration während der Abwasserzugabe und Substratmangel während der Zeit ohne Beschickung hemmte offensichtlich das Wachstum der Fadenorganismen [26]. Ein solcher Substratgradient kann sowohl durch zeitliche Änderung der Belastung (intermittierende Beschickung) als auch durch räumliche Trennung verschieden belasteter Zonen eingerichtet werden.

Unter den bisher bekannten Fadenorganismen haben einige dann einen Selektionsvorteil, wenn die organische Belastung sehr niedrig ist, da sie sehr effektiv Substrat adsorbieren können [29]. Daher wird angestrebt, die Wachstumsbedingungen für Flockenbildner dadurch zu verbessern, daß im Bereich niedriger Belastung Zonen mit hoher Substratkonzentration geschaffen werden. Dies ist in einem volldurchmischten Becken beispielsweise durch die Mischung des Rückführschlammes mit dem Zulauf in einer „hochbelasteten belüfteten Kontaktzone" möglich. Da hier Sauerstoff vorliegt und flockenbildende Bakterien gegenüber Fadenorganismen selektiert werden sollen, spricht man auch von einem „aeroben Selektor". In diesem Bereich werden binnen einiger Minuten die Belebtschlammbakterien über Adsorptionsvorgänge mit Nährstoffen beladen, die dann während des weiteren Aufenthalts im Belebungsbecken abgebaut werden [10]. Da viele Flockenbildner μ_{max}-Strategen sind und bei hoher Substratkonzentration eine hohe Wachstumsrate erreichen, sollen sie auf diese Weise in der Kontaktzone einen Selektionsvorteil gegenüber den Fadenorganismen mit hoher Substrataffinität und niedrigem K_S-Wert (K-Strategen) erlangen. Nach den Pionierarbeiten von Chudoba und Mitarbeitern [6, 7], die beispielsweise *Sphaerotilus* erfolgreich durch den aeroben Selektor bekämpften, wurde in vielen weiteren Untersuchungen die positive Wirkung eines aeroben Selektors bestätigt, z.B. beim Einsatz gegen *Haliscomenobacter hydrossis* und *Microthrix parvicella* [30, 10, 23] bzw. gegen die Fadenorganismen Typ 0041 oder 0092 [8, 11]. Beim erfolgreichen Einsatz intermittierender Beschickung zur Bekämpfung des Fadenorganismus Typ 1701 wurde angenommen, daß dieser aufgrund niedrigerer Kohlenstoffaufnahmeraten, gekoppelt mit einer niedrigeren Glykogenspeicherkapazität, gegenüber Flockenbildnern ins Hintertreffen gerät [25].

Schwierigkeiten und Widersprüche treten allerdings häufig dann auf, wenn Ursachenkombinationen vorliegen wie etwa die Kopplung zwischen hoher Belastung und Sauerstoffmangel aufgrund der starken Zehrung. Daher sind einige Negativbeispiele bekannt, in denen ein „aerober" Selektor deshalb nicht wirksam war, weil in der hochbelasteten Kontaktzone Sauerstofflimitierung herrschte.

Als weiteres Beispiel soll der biologische Hintergrund der empirisch festgestellten positiven Wirkung einer vorgeschalteten Denitrifikation zur Blähschlammbekämpfung einer genaueren Betrachtung unterzogen werden. Neben der organischen Belastung wirkt auch der Sauerstoffgehalt als Selektionsfaktor. Fadenorganismen, die schlecht an Sauerstoffmangel angepaßt sind, können durch die Einführung sauerstoffarmer oder -freier Zonen in ihrem Wachstum beeinträchtigt werden. So bewirkt die Einführung einer anoxischen Denitrifikationszone bzw. einer anaeroben Zone zur biologischen Phosphorelimination eine Wachstumsverminderung bestimmter Fadenorganismen wie z. B. von Typ 021N [38, 39]. Im Gegensatz zum aeroben Selektor liegt hier das Selektionsprinzip nicht in der Substratbelastung, sondern im Sauerstoffmangel, man spricht von einem „anaeroben Selektor". Seine Anwendung birgt allerdings die Gefahr, daß sich Organismen durchsetzen, die die vorliegende Sauerstofflimitierung tolerieren, wie etwa *Microthrix parvicella* [36].

Auch in diesem Fall weisen widersprüchliche Ergebnisse auf die enge Verknüpfung verschiedener Milieu- und Substratfaktoren hin. So zeigten beispielsweise Casey und Mitarbeiter [4], daß eine Denitrifikationszone nur dann wirksam zur Bekämpfung von „low F:M bulking" eingesetzt werden konnte, wenn die Denitrifikation möglichst vollständig verläuft, d. h. möglichst wenig Nitrat und Nitrit in die folgende aerobe Zone gelangt. Der Grund hierfür – so wird hypothetisiert – könnte in der Anhäufung des Intermediärprodukts Stickstoffoxid NO in der Zelle von Denitrifikanten liegen, die zunächst zu einer Hemmung ihrer Atmungsaktivität im Aeroben führt. Die Autoren gehen wie auch Brenner und Argaman [1] davon aus, daß die Fadenbildner zur Denitrifikation nicht fähig sind, weswegen die NO-Anhäufung und damit der hemmende Effekt ausbleibt und ihnen auf diese Weise ein Konkurrenzvorteil gegenüber denitrifizierenden Flockenbildnern verschafft wird. Das Selektionsprinzip läge also in diesem Fall nicht im Sauerstoffmangel, sondern in der unterschiedlichen Ausstattung von Fadenorganismen und Flockenbildnern mit Enzymen zur Nitratreduktion.

Untersuchungen dieser Art sind dringend erforderlich, allerdings müssen sie unbedingt durch mikrobiologische Untersuchungen begleitet werden, um die Ergebnisse interpretieren und verifizieren zu können.

17.5
Maßnahmen zur Bekämpfung von Blähschlamm

Allgemein gültige Methoden zur Blähschlammbekämpfung sind schwer zu formulieren, da das Wachstum der verursachenden Mikroorganismen durch die unterschiedlichsten Milieu- und Substratbedingungen gefördert wird. Im folgenden werden in der Praxis mit mehr oder weniger gutem Erfolg zur Anwendung gekommene Maßnahmen kurz besprochen. Gängige Bekämpfungsmaßnahmen nach dem heutigen Wissensstand sind z. B. in Sarfert et al. 1988, Eikelboom 1992 bzw. Lemmer 1992 zusammengestellt [33, 12, 22].

Eine *Beschwerung des Schlammes* ist durch die absetzbaren Stoffe des Rohabwassers zu erreichen. Daher ist das Absetzverhalten von Schlämmen aus Anlagen ohne Vorklärung erfahrungsgemäß oft besser als in Anlagen mit Vorklärung. Beim Auftreten von Blähschlamm kann daher versucht werden, durch Umgehung der Vorklärung eine Schlammbeschwerung zu erreichen. Auch der *Zusatz von Fällungs- und Flockungsmitteln* ist für eine künstliche Beschwerung des Schlammes geeignet, so z. B. in Anlagen mit simultaner Phosphorfällung. Für bestimmte Fadenorganismen zeigen Eisensalze sogar spezifische Wirkung. So hemmte etwa Kaliumferrat, das in die Zelle eindringt, die Dehydrogenaseaktivität von *Sphaerotilus* [19].

Zur Bekämpfung von Fadenorganismen wurde verschiedentlich der *Einsatz von Chemikalien* empfohlen. Von einer Chlorung ist aufgrund der Möglichkeit der unkontrollierten Entstehung von chlororganischen Verbindungen grundsätzlich abzusehen. Der Einsatz von H_2O_2 hat sich dort bewährt, wo Fadenorganismen mit polysaccharidhaltiger Scheide wie der Typ 0041 vorliegen [34]. Als Notmaßnahme wird von der Technischen Universität Wien eine Kalkung empfohlen [24]. Dabei wird solange Kalk ins Rücklaufschlammhebewerk dosiert, bis der gesamte Schlamm kurzzeitig mit einem pH von 10,5 bis 11 in Berührung gekommen ist. Aufgrund der größeren Angriffsfläche, die Fadenorganismen im Vergleich zu den in der Flocke geschützt liegenden Bakterien aufweisen, werden diese stärker geschädigt als die Flockenbildner. Die aus der Schädigung resultierende Beeinträchtigung der Reinigungsleistung ist erfahrungsgemäß nach etwa 2 d aufgehoben und wird statt eines langwierigen Schlammabtriebs aufgrund von Blähschlamm in Kauf genommen.

Zur *Verbesserung der Abwasserbeschaffenheit* empfiehlt sich im Falle von Sauerstoffmangel bzw. bei Vorliegen von angefaultem Abwasser eine *Erhöhung des Sauerstoffeintrags* zur spezifischen Unterdrückung von Fadenorganismen mit hoher Sauerstoffaffinität wie der Typ 1701 oder von Schwefelbakterien wie *Thiothrix* sp., die durch reduzierte Schwefelverbindungen wie H_2S selektiv begünstigt werden. Der *Zusatz von Stickstoff- und Phosphorverbindungen* empfiehlt sich bei Nährstoffmangel wie etwa in Industrieabwässern mit einem Verhältnis von $BSB_5 : N : P \gg 100 : 5 : 1$ in Form von billigen technischen Produkten wie Handelsdünger. Bei Stickstoffmangel ist auch die Zugabe von stickstoffhaltigem Trübwasser aus dem Faulbehälter eine bewährte Methode. Fadenorganismen, die eine hohe Affinität für Stickstoff aufweisen wie z. B. Typ 021N, können durch Nährstoffzugabe zurückgedrängt werden. Allerdings ist dabei zur Vermeidung der Eutrophierung des Gewässers unbedingt eine begleitende Kontrolle des Ablaufs nötig.

Änderungen in der Betriebsweise beinhalten z. B. Änderungen in der Verfahrensweise (Erhöhung der Rückführrate, Umgehung der Vorklärung u. ä.) oder die Einführung von hochbelasteten Zonen (aerober Selektor) oder solchen mit sauerstoffarmem oder -freiem Milieu (anaerober Selektor).

Ein *aerober Selektor* ist auch in bestehenden Anlagen mit relativ einfachen Mitteln einzurichten. Vorschläge hierzu wurden für verschiedene Anlagentypen zusammengestellt [10]. Zur Bemessung eines aeroben Selektors haben sich aus den Erfahrungen der Technischen Universität Wien sowie Literaturangaben folgende wichtige Bemessungsgrößen herauskristallisiert [33]: Als Raumbelastung, d.h. das Verhältnis von BSB_5-Fracht zu Beckengröße, sind im kommunalen Bereich etwa 10 kg $(m^3 \cdot d)^{-1}$, im industriellen Bereich bis über 20 kg $(m^3 \cdot d)^{-1}$ anzustreben. Die spezifische Sauerstoffzufuhr pro m^3 Selektorvolumen sollte zur sicheren Vermeidung von Sauerstofflimitierung etwa das Doppelte derjenigen in der Belebung betragen. Als Kontaktzeit genügen einige Minuten. Bei Zulaufschwankungen kann eine starke Änderung der Kontaktzeit durch Kaskadenführung mit flexiblem Selektorvolumen eingedämmt werden. Die Konzentration des gelösten Substrats, ausgedrückt als chemischer Sauerstoffbedarf, sollte im Ablauf des Selektors etwa 30 mg l^{-1} CSB über der des Ablaufs der Kläranlage liegen. Auf die z.T. widersprüchlichen Erfolgsmeldungen bei Vorliegen von Ursachenkombinationen wurde bereits hingewiesen (s. Abschn. 17.4.2).

Im anoxischen bzw. anaeroben Selektor sollte der Schlamm nur gerührt werden, die Raumbelastung B_R nicht so hoch sein wie im aeroben Selektor und bei ca. 2,5 kg $(m^3 \cdot d)^{-1}$ liegen (vgl. Sarfert et al. 1988). Die Wirkung *anoxischer Zonen* wird allerdings widersprüchlich diskutiert (s. Abschn. 17.4.2).

17.6
Ausblick

Trotz der Bemühungen der letzten Jahre, einen tieferen Einblick in die Wachstumsstrategien von fadenförmigen Belebtschlammbakterien zu bekommen, sind wir von einem umfassenden Verständnis der Selektion dieser Organismen noch weit entfernt. Zum einen liegen für viele der heute häufigen „low F:M"-Organismen noch keine ausreichenden biologischen Daten vor, da sich Isolierung, Kultur und physiologische Untersuchung oft sehr schwierig gestalten. Zum anderen sind die vielfältigen Wechselwirkungen zwischen nichtfädigen und fadenförmigen Belebtschlammorganismen noch unklar. Insbesondere das Wachstums- und Konkurrenzverhalten und somit die physiologische Rolle von Fadenorganismen unter nährstoffarmen und/oder sauerstofflimitierten Bedingungen bedürfen noch systematischer Untersuchung. Erst der Einblick in die Physiologie von Abwasserbakterien unter Substratlimitierung, die die verschiedensten Adaptationsmechanismen beinhaltet, wie etwa die Bildung und Nutzung von Reservestoffen oder die Nutzung verschiedener Elektronenakzeptoren, wird uns bei der biologischen Lösung der aktuellen Probleme im Kläranlagenbetrieb weiterbringen.

Dank

Für die kritische Durchsicht des Manuskripts danke ich Norbert Matsché, George Lind und Margit Schade.

Literatur

1. Brenner A, Argaman Y (1990) Control of sludge settling characteristics in the single-sludge system, a hypothesis. Wat Res 24:1051–1054

2. Blackbeard JR, Ekama GA, Marais GvR (1986) A survey of filamentous bulking and foaming in activated sludge plants in South Africa. WPC 85:90–100

3. Casey TG, Wentzel MC, Loewenthal RE, Ekama GA, Marais GvR (1992) A hypothesis for the cause of low F:M filament bulking in nutrient removal activated sludge systems. Wat Res 26:867–869

4. Casey TG, Wentzel MC, Ekama GA, Loewenthal RE, Marais GvR (1994) A hypothesis for the causes and control of anoxic-aerobic (AA) filament bulking in nutrient removal activated sludge systems. Wat Sci Tech 29:203–212

5. Chiesa SC, Irvine RL (1985) Growth and control of filamentous microbes in activated sludge: an integrated hypothesis. Wat Res 19:471–479

6. Chudoba J, Ottova V, Madera V (1973 a) Control of activated sludge filamentous bulking: I. Effect of the hydraulic regime or degree of mixing in an aeration tank. Wat Res 7:1163–1182

7. Chudoba J, Grau P, Ottova V (1973 b) Control of activated sludge filamentous bulking: II. Selection of microorganims by means of a selector. Wat Res 7:1389–1406

8. Chudoba P, Pujol R (1994) Kinetic selection of microorganisms by means of a selector – twenty years of progress: history, practice and problems. Wat Sci Tech 29:177–180

9. Eikelboom DH (1975) Filamentous organisms observed in activated sludge. Wat Res 9:365–388

10. Eikelboom DH (1982) Biosorption and prevention of bulking sludge by means of a high floc loading. In: Chambers B, Tomlinson EJ (eds) Bulking of activated sludge. Ellis Horwood WRC Ltd., Chichester, pp 90–104

11. Eikelboom DH (1988) Licht-Slibhandboek. Rapport Nr.R87/358. TNO, Delft

12. Eikelboom DH (1992) Drijflagen op rioolwaterzuiveringsinstallaties. Stowa Report 92-01, Den Haag

13. Eikelboom DH, van Buijsen HJJ (1983) Handbuch für die mikroskopische Schlammuntersuchung. Hirthammer, München

14. Gabb DMD, Still DA, Ekama GA, Jenkins D, Marais GvR (1991) The selector effect on filamentous bulking in long sludge age activated sludge systems. Wat Sci Tech 23:867–877

15. Gujer W, Henze M, Mino T, Matsuo T, Wentzel MC, Marais GvR (1995) The activated sludge model No 2: Biological phosphorus removal. Wat Sci Tech 31:13–23

16. Henze M, Grady CPL jr, Gujer W, Marais GvR, Matsuo T (1986) Activated sludge model No 1. IAWPRC Task group on mathematical modelling for design and operation of biological wastewater treatment, Report 1986, pp 1–33

17. Jenkins D, Richard MG, Daigger GT (1986) Manual on the causes and control of activated sludge bulking and foaming. US EPA, Cincinnati Ohio

18. Kämpfer P, Dott W (1989) Numerische Identifizierung aquatischer Mikroorganismen mittels automatisierter Methoden am Beispiel von Bakterien aus dem belebten Schlamm. Zb. Bakt Hyg B 187:216–229

19. Kato K, Kazama F (1991) Respiratory inhibition of *Sphaerotilus* by iron compounds and the distribution of the sorbed iron. Wat Sci Tech 23:947–954

20. Lau AO, Strom PF, Jenkins D (1984) Growth kinetics of *Sphaerotilus natans* and a floc former in pure and dual continuous culture. Wat Pollut Control Fed 56:41–51

21. Lemmer H (1991) Die mikroskopische Untersuchung von belebtem Schlamm und ihre Bewertung. Münchener Beiträge zur Abwasser-, Fischerei- und Flußbiol 45:176–191

22. Lemmer H (1992) Fadenförmige Mikroorganismen aus belebtem Schlamm. Vorkommen – Biologie – Bekämpfung. ATV Dokumentation und Schriftenreihe aus Wissenschaft und Praxis Bd 30

23. Madoni P, Davoli D (1993) Control of *Microthrix parvicella* growth in activated sludge. FEMS Microbiol Ecol 12:277–284

24. Matsché N (1991) Erfahrungen mit der Anwendung von Kalk auf Abwasserreinigungsanlagen in Österreich. Nachlese Symposium für Abwasser- und Klärschlammbehandlung der Österreichischen Kalkindustrie, pp 13–15
25. Matsuzawa Y, Mino T (1991) Role of glycogen as an intracellular carbon reserve of activated sludge in the competitive growth of filamentous and non-filamentous bacteria. Wat Sci Tech 23:899–905
26. Mulder EG, Antheunisse J, Crombach WHJ (1971) Microbial aspects of pollution in the food and dairy industries. In: Sykes G, Skinner FA (eds) Microbial aspects of pollution. Academic Press, London, pp 71–89
27. Musvoto EV, Casey TG, Ekama GA, Wentzel MC, Marais GvR (1994) The effect of incomplete denitrification on anoxic-aerobic (low F/M) filament bulking in nutrient removal activated sludge systems. Wat Sci Tech 29:295–299
28. Novak L, Larrea L, Wanner J, Garcia-Heras JL (1994) Non-filamentous activated sludge bulking caused by *Zoogloea*. Wat Sci Tech 29:301–304
29. Pujol R, Canler JP (1992) Biosorption and dynamics of bacterial populations in activated sludge. Wat Res 26:209–212
30. Rensink JH (1979) Cure and prevention of bulking sludge in practice. Tribune de Cebedeau 32:445–450
31. Richard MG, Shimizu GP, Jenkins D (1985) The growth physiology of the filamentous organism type 021N and its significance to activated sludge bulking. J Wat Pollut Control Fed 57:1152–1162
32. Rossetti S, Carucci A, Rolle E (1994) Survey on the occurrence of filamentous organisms in municipal wastewater treatment plants related to their operating conditions. Wat Sci Tech 29:305–308
33. Sarfert F, Eikelboom DH, Klein B, Kowalsky, Lemmer H, Matsché N, Mudrack K, Popp W, Reinnarth G, Wagner F (1988) Verminderung und Bekämpfung von Blähschlamm und Schwimmschlamm. Arbeitsbericht der ATV-Arbeitsgruppe 2.6.1 „Blähschlammbildung und -bekämpfung". Korr Abw 35:152–164
34. Schwarzer H, Reuss N, Schindler W (1980) Blähschlammbekämpfung mit H_2O_2. Korr Abw 12:834–837
35. Slijkhuis H (1983) The physiology of the filamentous bacterium *Microthrix parvicella*. Dissertation, Landbouwhogeschool Wageningen
36. Slijkhuis H, Deinema MH (1988) Effect of environmental conditions on the occurrence of *Microthrix parvicella* in activated sludge. Wat Res 22:825–828
37. Wagner M, Amann R, Kämpfer P, Aßmus B, Hartmann A, Hutzler P, Springer N, Schleifer K-H (1994) Identification and in situ detection of gram-negative filamentous bacteria in activated sludge. System Appl Microbiol 17:405–417
38. Wanner J, Chudoba J, Kucman K, Proske L (1987 a) Control of activated sludge filamentous bulking. VII. Effect of anoxic conditions. Wat Res 21:1447–1451
39. Wanner J, Kucman K, Ottova V, Grau P (1987 b) Effect of anaerobic conditions on activated sludge filamentous bulking in laboratory systems. Wat Res 21:1541–1546

Biologische Ursachen von Schaum und Schwimmschlamm in Belebungsanlagen sowie mögliche Gegenmaßnahmen

H. Lemmer

18.1
Einführung

In den letzten Jahren ist in der biologischen Abwasserreinigung immer häufiger die Bildung viskoser, stabiler Schäume auf Belebungsbecken zu beklagen. In der Nachklärung schäumender Anlagen kommt es häufig zur Entwicklung von Schwimmschlamm, d.h. zum teilweisen Aufschwimmen des abgesetzten Schlammes und damit zum Schlammabtrieb in das Gewässer. Oft ergeben sich in diesen Anlagen auch in den Faulräumen unerwünschte Schaumbildung und Flotationseffekte.

Aufgrund der höheren Anforderungen an die Abwasserreinigung wurden die Bestrebungen nach einer hohen Eliminationsrate von Kohlenstoffverbindungen auch auf die Nährstoffe Stickstoff und Phosphor ausgedehnt. Um eine möglichst vollständige Nitrifikation zu erreichen, werden die Anlagen mit sehr niedriger Schlammbelastung gefahren. Weiter werden aufgrund der angestrebten Denitrifikation und biologischen Phosphorelimination anoxische bzw. anaerobe Teilbereiche in das Belebungsverfahren eingeführt.

Im mikroskopischen Bild schäumender Belebtschlämme fällt ein verstärktes Auftreten bestimmter fadenförmiger Belebtschlammbakterien auf. Es gibt viele Hinweise darauf, daß einige dieser Organismen ursächlich für die Schaum- und Schwimmschlammbildung verantwortlich sind. Es können aber auch nichtfädige Belebtschlammbakterien zu Flotationseffekten beitragen.

Im folgenden werden biologische Aspekte von Belebtschlammbakterien diskutiert, die u.U. einer Schaumbildung förderlich sind. Die Betrachtung ihres Wachstumsverhaltens vor dem Hintergrund der Ökologie von Bakterien in nährstoffarmem Milieu soll einen Beitrag zum Verständnis der Schaum- und Schwimmschlammproblematik leisten.

18.2
Definition von „Schaum und Schwimmschlamm"

Schäume bestehen aus gasgefüllten, kugel- oder polyederförmigen „Zellen". Bei ihrer Erzeugung wird Gas in eine Flüssigkeit eingebracht, in der Tenside oder andere oberflächenaktive Substanzen enthalten sind, die Grenzflächenaktivität und ein gewisses Filmbildungsvermögen aufweisen [36].

Lemmer/Griebe/Flemming (Hrsg.)
Ökologie der Abwasserorganismen
© Springer-Verlag Berlin Heidelberg 1996

Schaum auf einem Belebungsbecken besteht aus Gasblasen, die von einer dünnen Schicht von Belebtschlamm überzogen und dadurch stabilisiert sind. Diese Schicht kann bei kleinen Blasen so dicht sein, daß das Gas auch durch mechanische Belastung nicht entfernt wird. Die Voraussetzung für die Blasenbildung ist das Vorliegen von

- oberflächenaktiven Stoffen,
- „Stabilisatoren", die sich an die Grenzflächen zwischen Gas- und Wasserphase anlagern.

Als Stabilisatoren kommen grenzflächenaktive Substanzen infrage, wie z. B. Tenside, die mit ihrem hydrophilen Ende in die Wasserphase ragen und mit dem hydrophoben, wasserabstoßenden Teil in Richtung Gasphase weisen. Diese Anlagerung führt neben einer Stabilisierung auch zu einer Anreicherung von Nährstoffen (Substrat) an eben dieser Grenzfläche. Die Fraktion in der adsorbierten Phase ist dabei für viele stark hydrophobe Verbindungen umso größer, je kleiner der Radius der Gasblasen ist [45]. Die Substratanreicherung kann auch die Adsorption von Organismen fördern, die in der Wasserphase nicht mehr genügend Nahrung vorfinden. Die energetisch günstige Anheftung hydrophober Abwasserinhaltsstoffe oder auch von Organismen mit einer hydrophoben Zelloberfläche an die Gas-Wasser-Grenzfläche führt neben einer Fraktionierung zur Stabilisierung. Dadurch überstehen die schlammumhüllten Gasblasen die Verfrachtung in die Nachklärung unbeschadet und steigen als Schwimmschlamm an die Oberfläche auf.

Für die Flotation sind grundsätzlich zwei Komponenten nötig: zum einen ein flotierendes Agens, das eine geringere Dichte hat als Wasser (z. B. Fett, Gas), und weiter hydrophobe Abwasserbestandteile als „Falle" für das flotierende Agens („gas trap"). Die für die Schaumfraktionierung nötigen Komponenten und Bedingungen sind im Prinzip in jeder Belebung vorhanden: feine Gasblasen, oberflächenaktive Substanzen als „Sammler" und eine gute Durchmischung von Adsorptiv und Adsorbens. Es findet aber nicht immer eine Schaumfraktionierung statt, d.h. darüber hinaus müssen noch spezielle Bedingungen gegeben sein. Eine Möglichkeit besteht darin, daß zur Ausbildung des Phänomens eine Mindestkonzentration an oberflächenaktiven Substanzen nötig ist, da zu Beginn einer Schaumbildung wegen der Kurzlebigkeit der Gasblasen eine hohe Diffusionsrate mit kurzen Weglängen erforderlich ist. Im Zulauf der Kläranlagen werden oberflächenaktive Substanzen direkt als Tenside, Dispergiermittel u. v. m. eingebracht. Indirekt entstehen oberflächenaktive Substanzen durch zahlreiche Stoffwechselaktivitäten der Abwasserbakterien oder auch durch Auflösung von Zellen (Lyse) in Anlagen mit extrem niedriger Schlammbelastung zur Schlammstabilisierung.

In älteren Arbeiten wurde häufig angenommen, daß eine Flotation von Schlamm durch hohe Konzentrationen an Fetten zustandekommt. Fett spielt jedoch nur in Ausnahmefällen als flotierendes Agens eine entscheidende Rolle. Bei einer Dichte von $0,93\,\mathrm{g\,cm^{-3}}$ Fett bzw. von $1,8\,\mathrm{g\,cm^{-3}}$ für die Schlammtrockensubstanz [21] unter der Annahme, daß der Schlamm ab einer Dichte von $1\,\mathrm{g\,cm^{-3}}$ aufsteigt, sind $5,9\,\mathrm{g}$ Fett nötig, um $1\,\mathrm{g}$ Schlammtrockensubstanz zu

flotieren. Das entspricht einem Fettgehalt der Schlammtrockensubstanz von
86 %. Derartige Fettkonzentrationen wurden nur bei Betriebsunfällen, z. B. von
Molkereien, festgestellt. In den Schwimmschlämmen unserer Untersuchungen
lag der Fettgehalt meist zwischen 15 und 30 % [25]. Gase haben eine deutlich
geringere Dichte als Fett. Damit führt schon die Anlagerung geringster Mengen
zur Flotation des Schlamms. Bei einer Dichte von $1{,}8\,\mathrm{g\,cm^{-3}}$ für die Schlammtrockensubstanz und von $0{,}00125\,\mathrm{g\,cm^{-3}}$ für Stickstoff reichen bereits 0,56 mg
Stickstoff aus, um 1 g Schlammtrockensubstanz zu flotieren.

Im Belebungsverfahren liegt als flotierendes Gas beispielsweise Luft aus den
Belüftungseinrichtungen oder Denitrifikationsstickstoff vor. Im Faulturm
können auch Methan oder Schwefelwasserstoff zur Schlammflotation beitragen.
Als Falle für die Gasblasen kommen neben nicht-organismischen Abwasser-
bestandteilen, wie Fette oder Mineralöle, auch Mikroorganismen mit stark
hydrophober Zelloberfläche in Betracht.

18.3
Fadenförmige Bakterien in schäumendem Belebtschlamm

Die Bestimmung von fadenförmigen Belebtschlammbakterien in der mikroskopischen Analyse zeigt im Schlamm von Anlagen, die unter Schaum- oder
Schwimmschlammbildung leiden, sehr häufig eine starke Entwicklung von
Gram-positiven Fadenorganismen [5, 11, 35]. Zu diesen gehören nocardioforme
Actinomyceten oder das Fadenbakterium *Microthrix parvicella*, über deren biologische Eigenschaften schon einiges bekannt ist (eine umfassende Übersicht
wurde von Soddell und Seviour präsentiert [42]). Auffällige Gemeinsam-
keit dieser Organismen ist, daß sie in flotierten Schlammfraktionen bzw. an
schlammumhüllten Gasblasen stark angereichert werden. Daneben treten häufig
Gram-positive Organismen der Gattung *Nostocoida* oder der Fadentyp 1851 auf,
deren Substrat- und Milieuansprüche bisher nicht bekannt sind. Inwieweit sich
die Flora nichtfädiger Bakterien in Schaumanlagen von nicht schäumenden
Anlagen unterscheidet, ist bislang nur in sehr geringem Maße untersucht [46].

18.3.1
Biologie schaumbildender Actinomyceten

Actinomyceten weisen aufgrund ihres hohen Gehalts an Mycolsäuren, Menachi-
nonen und wachsartigen Verbindungen in Cytoplasmamembran und Zellwand
eine stark hydrophobe Zelloberfläche auf. Dadurch kommt es wegen der geringen Grenzflächenenergie zu einer ausgezeichneten Haftung von Gasblasen an
die Hyphen dieser Organismen [19]. Bei massivem Auftreten dieser Organismen
wird daher die Flotation gefördert und die Organismen im Flotat angereichert
[26, 4]. In Schwimmschlämmen wurden verschiedene Gattungen und Arten von
Actinomyceten gefunden [3, 23, 27], die allerdings in ihren physikalischen bzw.
biochemischen Eigenschaften sehr ähnlich sind. Da für die Hydrophobie die
Kettenlänge der Mycolsäuren ausschlaggebend ist [31], zeigte sich, daß bei-

spielsweise Actinomyceten der Gattung *Rhodococcus* stabilere Schäume bilden als *Nocardia* sp.. Eine Verringerung der Hydrophobie von *Nocardia amarae* durch die Zugabe von Montmorillonit in Laborversuchen hatte zur Folge, daß zellstabilisierte Schäume zusammenbrechen [2].

Die in Schaum und Schwimmschlamm häufig beobachteten nocardioformen Actinomyceten erwiesen sich als äußerst vielseitig, was die Nutzung verschiedener Kohlenstoffquellen betrifft [22, 27, 43]. Allerdings erforderten die Actinomyceten *Nocardia amarae* und *Rhodococcus ruber* in Reinkulturversuchen für eine nennenswerte Biomasseproduktion hohe Substratkonzentrationen, die etwa dem 10- bis 100fachen der Zulaufkonzentration einer kommunalen Anlage entsprechen [38]. Für die Praxis bedeutet dies, daß Actinomyceten höhere Substratkonzentrationen benötigen, als bei niedrig belasteten Anlagen in der freien Wasserphase vorliegen.

Aufgrund der langen Generationszeiten von Actinomyceten (beispielsweise 6 h bei *N. amarae* im Vergleich zu 0,5 h bei *Pseudomonas* sp. [1]) sind diese Organismen insbesondere bei selektiver Substratversorgung konkurrenzfähig. Für das Wachstum von Actinomyceten förderliche Abwasserinhaltsstoffe sind deshalb solche, die vorwiegend diesen Organismen als Substrat zur Verfügung stehen, wie z. B. aromatische Verbindungen wie Phenole. Es handelt sich dabei oft um Stoffe, deren Abbau langsam erfolgt, daher nur bei hohem Schlammalter stattfinden kann und nur zu einer geringen Biomasse der Actinomyceten führt. Bei Abwasserinhaltsstoffen, die sich selektiv an die hydrophoben Hyphen der Actinomyceten anlagern, kann die Abbaugeschwindigkeit und die Biomasseproduktion erheblich höher sein, so daß auch bei niedrigem Schlammalter mit Actinomycetenwachstum gerechnet werden muß. Solche Abwasserinhaltsstoffe sind hydrophobe Verbindungen, wie Fette, Öle oder unpolare Kohlenwasserstoffe [28]. Diese fördern die Flotation also nicht direkt, sondern dadurch, daß sie den hydrophoben Actinomyceten als Substrat und damit ihrer Vermehrung dienen. Weiter ist das Vorliegen oberflächenaktiver Substanzen für das Wachstum von Actinomyceten förderlich. Dies zeigten Versuche mit Laborkläranlagen, denen verschiedene Tenside in Konzentrationen zugeführt wurden, die realen Verhältnissen entsprechen und daher zu gering waren, um direkt als Substrat zu dienen und über diesen Weg eine Anreicherung von Actinomyceten zu bewirken [25]. Man könnte nun annehmen, daß Actinomyceten durch andere Stoffgruppen selektiv versorgt werden, die als Substrat durch einen „Sammlermechanismus" mittels oberflächenaktiver Substanzen an Gas/Wasser- und anderen Grenzflächen akkumuliert werden, wie es z. B. für die Entwicklung des Neustons bekannt ist (s. Abschn. 18.4).

Oberflächenaktive Substanzen gelangen mit dem Zulauf in die Kläranlage, z. B. bei Belastung mit anionischen, nichtionischen oder kationischen Tensiden [28]. Insbesondere langsam abbaubare nichtionische Tenside trugen zur Stabilisierung von Schäumen bei, allerdings nur bei gleichzeitigem Vorliegen von *Nocardia*-Zellen [15]. Weiter entstehen oberflächenaktive Stoffe auch in der Belebung durch den Abbau von organischem Material. Viele Bakterien – darunter auch häufig Actinomyceten – sind in der Lage, oberflächenaktive Substanzen ins Medium auszuscheiden, insbesondere unter nährstofflimitierten Bedingungen [2, 20, 37] (vgl. Abschn. 18.4). Die Beobachtung, daß vor allem niedrig belastete Anlagen mit hohem Schlammgehalt unter massiver Schaumbildung leiden [4, 39], könnte mit der Auflösung von Zellen aufgrund des hohen Schlammalters sowie starker Scherkräfte zusammenhängen, was wiederum zur Anreicherung von oberflächenaktivem Material führt.

Für den Kläranlagenpraktiker bedeutet die Hypothese einer Anreicherung von Substrat an Grenzflächen als Selektionsfaktor für Actinomyceten, die Wachstumsmodelle neu zu überdenken, die zur Beschreibung der Wachstumsstrategien von fadenförmigen Blähschlammorganismen eingeführt und vielfach auch auf das Wachstum von Actinomyceten angewendet wurden. In die hypothetischen Organismengruppen der K- bzw. μ_{max}-Strategen im klassischen Blähschlammodell von Chudoba und Mitarbeitern [8, 9] und Chiesa und Irvine [7] sind Actinomyceten nicht einzuordnen, da sie eine geringe Substrataffinität und lange Generationszeiten aufweisen [1, 26]. Daher wurden Modelle vorgeschlagen, die der Substratanreicherung an Grenzflächen Rechnung tragen [29]. Kappeler und Gujer [16] modellierten die Selektion von Actinomyceten unter Berücksichtigung des Gehalts an hydrophobem Substrat und verschiedenen Tensiden im Abwasser.

Neben der Verwertung diverser Kohlenstoffquellen sind Actinomyceten auch in der Lage, verschiedenste Stickstoffquellen zu nutzen, so daß Stickstofflimitierungen prinzipiell kein Hemmnis für sie darstellen. Allerdings können diese Bedingungen zur Ausscheidung oberflächenaktiven Materials durch diese Organismen führen. Ziegler und Dott [48] zeigten, daß aus Belebtschlamm isolierte nocardioforme Actinomyceten bessere Zellausbeuten erbrachten, wenn Nitrat anstelle von Ammonium als Stickstoffquelle angeboten wurde. Dies bedeutet, daß Actinomyceten in nitrifizierenden Anlagen nicht nur aufgrund des hohen Schlammalters, sondern auch durch die dort vorliegenden Stickstoffquellen begünstigt werden.

Als weiteres auffälliges Charakteristikum schaumbildender Actinomyceten ist immer wieder zu beobachten, daß sie zur Speicherung verschiedener Reservestoffe in der Lage sind. Neben Poly-beta-hydroxybuttersäure (PHB) als Kohlenstoffquelle lagern sie unter bestimmten Bedingungen große Mengen an Polyphosphat (Volutingranula) in die Zellen ein. Inwiefern ihnen deshalb eine Rolle bei der biologischen Phosphorelimination zukommen könnte, ist noch nicht systematisch untersucht. Jedenfalls verschafft ihnen die Möglichkeit, Reservematerial einzulagern, in flotierten Schlammfraktionen, die für längere Zeit dem Schlammkreislauf und damit der Nahrungsversorgung entzogen sind, einen Konkurrenzvorteil.

In den an die Oberfläche flotierten Schlammfraktionen sind Actinomyceten zudem noch dadurch begünstigt, daß sie durch die wachsartigen Verbindungen in ihrer Zellwand sehr gut an Trockenheit angepaßt und durch Pigmentierung vor der inaktivierenden UV-Strahlung der Sonne geschützt sind, so daß sie sich im Flotat sogar noch vermehren können.

18.3.2
Biologie von *Microthrix parvicella*

Ein weiterer Gram-positiver Fadenorganismus, der häufig in Schaumanlagen auftritt, ist *Microthrix parvicella*. Im Gegensatz zu Actinomyceten sind dessen

Nahrungsansprüche sehr einseitig. Die Untersuchungen von Slijkhuis und Deinema [40, 41] zeigten, daß dieser Organismus auf langkettige Fettsäuren, wie z. B. Oleat, als Kohlenstoffquelle angewiesen ist. In Reinkulturversuchen wurden diese in Form von Polyethoxysorbitan-Ester vorgelegt (Tween 20, 40, 60 und 80 mit Fettsäuren verschiedener Kettenlänge von C14 bis C18). Ähnliche Stoffgruppen werden heute aufgrund ihrer leichteren Abbaubarkeit verstärkt als Tenside in Wasch- und Reinigungsmitteln eingesetzt. Möglicherweise stellen z. B. Fettalkoholethoxylate mit Kettenlängen von C14 bis C18 ein passendes Substrat dar und tragen damit zur weiten Verbreitung von *Microthrix* bei.

Microthrix wies in den Untersuchungen von Slijkhuis [40] eine hohe Affinität zu Sauerstoff auf, was ihm in O_2-armem Milieu mit einem O_2-Gehalt unter 1 mg l^{-1} einen Selektionsvorteil verschafft. Zudem ist der Fadenorganismus bei der Nutzung von Stickstoff- und Schwefelquellen auf reduzierte Verbindungen angewiesen, was ihn in Anlagen mit anoxischen und anaeroben Zonen konkurrenzfähiger macht als etwa Actinomyceten. Es ist deshalb nicht verwunderlich, daß heute in Anlagen mit Stickstoff- und Phosphorelimination verstärkt Massenentwicklungen von *Microthrix* sowie Schaumbildung zu beobachten sind [14].

Microthrix parvicella zeichnet sich auch dadurch aus, unter den verschiedensten Milieubedingungen große Mengen an Polyphosphat in Form von Volutingranula in die Zellen einzulagern. Möglicherweise spielt *Microthrix* damit auch in Anlagen mit biologischer Phosphorelimination eine wichtige Rolle, in denen er sehr häufig gefunden wird [46]. Das Wachstumsverhalten unter oligotrophen Bedingungen sowie die Wirkung von Tensiden und anderen Stoffgruppen auf diesen Organismus sind jedoch noch zu wenig untersucht, als daß schon dessen Wachstumsstrategien formuliert werden könnten [12].

18.3.3
Weitere fadenförmige Bakterien in schäumendem Belebtschlamm

In schäumenden Anlagen wurden auch häufig an niedrige Belastungsverhältnisse angepaßte Fadenbakterien, wie Typ 0092, 0041 und 1851 oder auch *Nostocoida limicola*, beobachtet [5, 11]. Über diese Organismen ist noch sehr wenig bekannt. Auffällig ist jedoch, daß sie im Gegensatz zu Actinomyceten und *Microthrix* nicht in der flotierten Schlammfraktion angereichert werden [11]. Dies spricht für grundsätzlich andere Wachstumsstrategien dieser Organismen im Vergleich zu den oben beschriebenen hydrophoben Organismen.

18.4
Wachstumsstrategien von Mikroorganismen in nährstoffarmer Umgebung als Schlüssel zum Verständnis der Flotationsproblematik

Die Umstellung der biologischen Abwasserreinigung von Hochlastverfahren hin zu niedriger Schlammbelastung führte zu einer veränderten Selektion von Belebtschlammorganismen. Während in den Anfängen der Abwasserreinigung copiotrophe, d.h. an hohes Nahrungsangebot angepaßte Bakterien ideale Bedingungen vorfanden, liegen jetzt für diese Organismen kurz- oder langzeitig Hungerperioden vor. Im Gegensatz zu einigen fadenförmigen Blähschlammorganismen, die gut an sehr niedrige Substratkonzentrationen angepaßt sind und sich daher in der oligotrophen, d.h. nährstoffarmen Umgebung niedrig belasteter Anlagen durchsetzen ("low F:M bulking"), sind viele der fadenförmigen "Schaumbakterien" an hohe Substratkonzentrationen angepaßt. Da sie aufgrund ihrer langen Generationszeiten auf eine genügend lange Aufenthaltszeit des Schlammes in der Anlage, d.h. auf ein genügend hohes Schlammalter angewiesen sind, verwundert es nicht, daß in vielen Anlagen mit "low F:M bulking" auch Schaum- und Flotationsprobleme verzeichnet werden.

Zum Wachstumsverhalten von Bakterien in nährstoffarmem Milieu liegen aus den Bereichen Bodenmikrobiologie bzw. aquatische Mikrobiologie eine Fülle von Untersuchungen vor. Möglicherweise stellen die Strategien, die diese Bakterien zur Sicherung ihrer Substratversorgung verfolgen, einen Schlüssel zum Verständnis der Schaum- und Schwimmschlammproblematik in Kläranlagen dar.

Eine Reaktion copiotropher Bakterien auf Hungerzustände ist die Verringerung des Zellvolumens (Bildung von Zwergformen) und die Erhöhung der Zellzahl. Damit verbunden ist eine Erhöhung adhäsiver Eigenschaften durch die Reduktion von Mucopeptiden in der Zellwand (Dawson et al. 1981, in [18]. Insbesondere eine Limitierung an Kohlenstoffverbindungen fördert die Adhäsion an Oberflächen [6]. Solche Grenzflächenphänomene sind aus der Limnologie und marinen Ökologie seit langem bekannt. So bietet die Wasseroberfläche, d.h. die Grenzfläche zwischen Wasser- und Gasphase, der Lebensgemeinschaft des Neuston ein passendes Habitat. Durch die Akkumulation von organischem Material, wie Fettsäuren, Lipide, Polysaccharide, Kohlenwasserstoffe und Proteine, bietet diese Zone einer reichhaltigen Biozönose Nährstoffkonzentrationen, die sie im eigentlichen Wasserkörper nicht vorfinden würde [47]. Der Aufbau dieser Nährstoffschicht beginnt in Anwesenheit von oberflächenaktiven Stoffen mit der Ausbildung einer monomolekularen Schicht. Dieser Effekt kann an der Grenzfläche zu einer Anreicherung von Proteinen und anderen oberflächenaktiven Stoffen bis zum 200fachen der Konzentration im Wasserkörper führen. Durch Adsorption und chemische Bindung an die primär adsorbierte Molekülschicht werden auch Ionen und Spurenelemente angereichert [24]. Nach Baylor und Mitarbeitern (1962, in [24]) genügen beispielsweise schon Spuren von organischem Material zur Anreicherung von Phosphationen an der Wasseroberfläche. Aufgrund der in niedrig belasteten Anlagen mit hohem Schlammalter vorherrschenden niedrigen Substratkonzentrationen wurde postuliert, daß sich copiotrophe Schwimmschlammorganismen wie Actinomyceten dadurch einen Selektionsvorteil verschaffen, daß sie sich in nährstoffreichen Mikrozonen anreichern [25]. So zeigt sich beispielsweise schon im mikroskopischen Bild, daß an den schlammumhüllten Gasbläschen aus Schwimmschlamm eine starke Anreicherung von Actinomyceten an der Grenzfläche erfolgt [31].

Eine weitere Strategie copiotropher Bakterien zur Anpassung an eine oligotrophe Umgebung besteht in einer Erniedrigung der Polarität (Hydrophobierung), die wiederum im Vergleich zu hydrophilen Bakterien zu einer signifikant höheren irreversiblen Bindung an Grenzflächen führt [18]. Die Effektivität, Nährstoffe an einer Grenzfläche aufzunehmen, ist bei hydrophoben Bakterien ausgeprägter als bei hydrophilen [17]. Dies gilt insbesondere für fakultativ oligotrophe Bakterien, die mehr zur Anheftung an Grenzflächen tendieren als obligat Oligotrophe (Ishida et al. 1982, in [18]). Actinomyceten sind durch den ihnen eigenen Aufbau der Zellwand stark hydrophob, was sich beispielsweise durch Ausschütteln mit Hexadecan aus einer Wasserphase gut nachweisen läßt [25]. Inwieweit bestimmte Nährstoffbedingungen diese Hydrophobie erhöhen, ist nicht im Detail untersucht. Bei *Microthrix parvicella* fällt auf, daß dieser Organismus früher als Blähschlammorganismus beschrieben wurde. Heute findet er sich praktisch nur noch in Anlagen mit Flotationsproblemen. Sollte die jetzt veränderte Nährstoffsituation eine verstärkte Hydrophobierung dieses Organismus bewirken?

Zu Beginn einer Hungerperiode erwies sich die Sauerstoffaufnahmerate bei hydrophilen Bakterien als doppelt so hoch wie bei hydrophoben Bakterien [17]. Das bedeutet in Anlagen mit sauerstofflimitierten oder -freien Zonen einen Selektionsvorteil von hydrophoben Organismen, insbesondere solchen mit hoher Sauerstoffaffinität wie *Microthrix parvicella* (s. Abschn. 18.3.2).

Bakterien in nährstoffarmer Umgebung zeichnen sich dadurch aus, daß sie flexibel auf ein kurzzeitig vorhandenes Nährstoffangebot reagieren können. Die Affinität für ein Substrat ist nicht konstant, sondern abhängig von anderen Substraten und der Wachstumsrate. So wurden beispielsweise für Kohlenhydrate Aufnahmesysteme mit hoher und niedriger Affinität (high und low affinity uptake systems) gefunden. Durch die Aufhebung der Unterdrückung (Derepression) von Enzymen erfolgt eine positive Chemotaxis sowie eine rasche Anpassung der Transportaktivität bei niedrigem Nährstofffluß. Dabei nimmt unterhalb einer Schwellenkonzentration die Diversität katabolischer, d. h. am Abbau beteiligter Stoffwechselaktivitäten stark zu [33]. Die aus Schwimmschlamm isolierten Actinomyceten erwiesen sich als sehr flexibel, was die Ausnutzung verschiedener Nahrungsquellen betrifft (s. Abschn. 18.3.1). Ob diese Flexibilität der Actinomyceten durch mangelnde Substratversorgung gesteigert wird, ist jedoch nicht näher untersucht. Für *Microthrix parvicella* wäre diese Strategie auszuschließen, sollte sich deren bisher beschriebenes enges Nährstoffspektrum bewahrheiten.

Eine weitere Überlebensstrategie unter nährstoffarmen Bedingungen besteht in der Einlagerung von Reservematerial in anderer Form als unter nährstoffreichen Bedingungen. Für die Speicherung von Phosphor nimmt Poindexter [33] an, daß unter Kohlenstoff- und Stickstoffüberschuß Ribonucleinsäure (RNA) der Hauptspeicher für Phosphor ist, bei Kohlenstofflimitierung hingegen Polyphosphat. Bei der Speicherung ist das Nährstoffverhältnis in der Umgebung der Organismen wichtig, nicht unbedingt der absolute Nährstofffluß. Nach Stanier et al. [44] werden Reservestoffe generell dort gebildet, wo Zellen nicht aktiv wachsen, so z. B. bei Vorliegen eines Nährstoffmangels. Nicht nur Kohlenstoff- oder Stickstoffmangel, auch Mangel an Salzen wie etwa Sulfat kann zur Bildung großer Mengen an Polyphosphat führen. Bei den aus Schaum isolierten Fadenorganismen fällt auf, daß sie neben Kohlenstoffreserven wie Poly-beta-hydroxy-buttersäure (PHB) in starkem Maße Polyphosphat einlagern. Unter welchen Umständen dies bevorzugt passiert bzw. welche Rolle die Reservestoffe spielen, wird – insbesondere im Hinblick auf eine effektive biologische Phosphorelimination – in nächster Zeit das Ziel genauerer Untersuchungen sein.

Untersuchungen zur chemischen und biologischen Aktivität von gelöstem organischem Material, das ein weites Spektrum an Molekülen umfaßt, von denen auch viele oberflächenaktive Eigenschaften haben, zeigten, daß oft die enzymatische Angriffsmöglichkeit und damit die biologische Aktivität erhöht ist, wenn das Substrat an einer Grenzfläche lokalisiert vorliegt, obwohl in diesem Fall die chemische Aktivität verringert ist wegen der geringeren Zusammenstöße von Molekül und Organismus [18]. Diese Beobachtung macht die Strategie von Organismen in nährstoffarmer Umgebung verständlich, an Grenzflächen angereicherte Nährstoffe zu nutzen. Zu diesem Zweck scheiden viele Organismen oberflächenaktive Substanzen aus. Insbesondere leicht abbaubare oberflächenaktive Substanzen erwiesen sich in einem Flußbiotop als sehr förderlich für die Anheftung von Bakterien an Grenzflächen [30]. Die Bildung extrazellulärer oberflächenaktiver Substanzen wird auch oft durch Nährstoffmangel gefördert, wie z.B. bei *Pseudomonas aeruginosa* durch Stickstofflimitierung [32]. Auch bei Wachstum auf hydrophobem Substrat scheiden viele Bakterien oberflächenaktive Substanzen aus [10, 20, 23 u. v. m.]. Es wird angenommen, daß die Erniedrigung der Oberflächenspannung die Emulgierung von Kohlenwasserstoffen und damit die Nährstoffversorgung fördert. *Acinetobacter* entwickelt bei Wachstum auf Hexadecan phospholipidreiche extrazelluläre Membranvesikel mit stark oberflächenaktiven Eigenschaften. Andere Organismen stellen aufgrund der Zusammensetzung ihrer Zelloberfläche selbst die oberflächenaktive Substanz dar. So scheidet beispielsweise *Acinetobacter calcoaceticus* dünne hydrophobe Fimbrien aus, die neben anderen hydrophoben Stellen eine starke Hydrophobie der Zelloberfläche bewirken. *Nocardia amarae* kann Emulsionen (De-emulsifier) durch Corynemycolsäuren in ihrer Zellwand brechen. Auf diese Weise wird der Abbau von Kohlenwasserstoffen bewerkstelligt, der des direkten Kontakts bedarf, weil die katabolischen Enzyme zellgebunden vorliegen [37]. Diese Wachstumsstrategien können direkt auf die Beobachtungen an Anlagen mit Flotationsproblemen angewendet werden. Daß hydrophobe Abwasserinhaltsstoffe nicht per se zur Flotation führen, wurde in Abschn. 18.2 aufgezeigt. Indirekt jedoch sind solche Inhaltsstoffe zusammen mit den heute üblichen Milieubedingungen in der Kläranlage durchaus dazu geeignet, die Bakterienbiozönose in Richtung zu einem höheren Anteil an hydrophoben Organismen bzw. solchen, die oberflächenaktive Substanzen ausscheiden können, zu verändern. Es ist also nicht verwunderlich, daß wir solche Organismen in verstärktem Maße auffinden. Die genauere Betrachtung solcher Populationsverschiebungen, die experimentelle Untermauerung hypothetischer Wachstumsstrategien von Schwimmschlammorganismen in nährstoffarmem Milieu sowie die Bedeutung der Bildung von Reservestoffen, die in besonderem Maße durch Actinomyceten und *Microthrix* eingelagert werden, ist das Ziel aktueller Untersuchungen.

18.5
Maßnahmen zur Bekämpfung von Flotationsproblemen

Schaum- und Schwimmschlammprobleme, an denen Actinomyceten oder *Microthrix parvicella* beteiligt sind, zeichnen sich dadurch aus, daß die hydrophoben Mikroorganismen leicht flotieren und daher im Flotat z. T. extrem angereichert sind.

Als wichtigste Bekämpfungsmaßnahme sind deshalb die flotierten Schlammfraktionen möglichst vollständig aus dem Schlammkreislauf zu entfernen. Der Schlamm kann in einer Zentrifuge entgast und direkt der Schlammtrocknung zugeführt werden, um die Flotationstendenz des Schlammes möglichst gering zu halten. Zur Entfernung des Flotats hat sich die Einrichtung von zwischengeschalteten Flotationsbecken mit geeigneter Schwimmschlammräumung bewährt [34]. Das Vorschalten eines Flotationsbeckens hat auch den Vorteil, daß Flotationsvorgänge in der Nachklärung mit der Gefahr von Schlammabtrieb vermieden werden.

Erst nach Entfernung der flotierten Schlammfraktionen, die oft eine sehr lange Aufenthaltszeit, d. h. ein sehr hohes Schlammalter aufweisen, kann erwogen werden, durch Erhöhung der Schlammbelastung das Schlammalter so weit zu erniedrigen, daß Actinomyceten oder *Microthrix parvicella* aufgrund ihrer langen Generationszeiten aus der Anlage ausgeschwemmt werden.

Besonderes Augenmerk ist darauf zu legen, ob oberflächenaktive und hydrophobe Abwasserbestandteile mit dem Zulauf in die Anlage kommen, die die Substratversorgung von Actinomyceten begünstigen. Diese Stoffgruppen sollten nach Möglichkeit direkt beim Einleiter, im Fettfang bzw. in eigenen Flotationsbecken abgetrennt werden.

Der Aufbau eines Substratgradienten im Belebungsbecken, wie er sich bei der Bekämpfung von einigen Blähschlammverursachern bewährt hat (aerober Selektor, s. Kap. 17), kann u. U. dann erfolgreich sein, wenn vorwiegend Substrat vorliegt, das Actinomyceten oder *Microthrix parvicella* nicht selektiv verwerten können. Nach Kappeler und Gujer [16] können Actinomyceten bei niedrigem Schlammalter durch einen aeroben Selektor unterdrückt werden. Ein anoxischer Selektor ist nach Meinung der Autoren bei einer breiten Palette an Schlammaltern wirksam.

Als unspezifische Maßnahme kann die Einführung einer diskontinuierlichen Belüftung zum Erfolg führen, solange der Schaum noch nicht stabil ist. Grobblasige Belüftung führt oft zur Reduktion der Schaumbildung. Möglicherweise spielt hier die geringere Adsorption hydrophober Substanzen eine Rolle [45]. Mechanische Oberflächenbelüfter fördern im allgemeinen eine extrem starke Schaumbildung.

Zur Zerstörung der Schaum- und Schwimmschlammschichten wurde der Einsatz von H_2O_2 versucht, der allerdings teilweise zu einer Verstärkung der Schaumbildung führte (Kunst, pers. Mitt.). Der Einsatz von Entschäumern hat im großtechnischen Maßstab keinen Erfolg gebracht. Auch die Zugabe von Enzympräparaten zur Spaltung von Fetten (Lipasen) brachte nicht den erhofften Erfolg. Bei den Untersuchungen von Franz und Matsché [13] wurde lediglich

die Actinomycetenpopulation, die zu Beginn des Einsatzes die Belebtschlammflora beherrschte, durch *Microthrix parvicella* verdrängt, die besser an die nach
dem Enzymeinsatz vorliegenden langkettigen Fettsäuren angepaßt war.

Von einer Chlorung von Schäumen ist aus Gründen der Umweltverträglich-
keit (unkontrollierte Entstehung von chlororganischen Verbindungen) grundsätzlich abzuraten.

Dank

Für kritische Anmerkungen und Durchsicht des Manuskripts danke ich George
Lind, Norbert Matsché und Margit Schade.

Literatur

1. Baumann M, Lemmer H, Ries H (1988) Scum actinomycetes in sewage treatment plants. Part 1. Growth kinetics of *Nocardia amarae* in chemostat culture. Wat Res 22:755–759
2. Blackall LL, Marshall KC (1989) The mechanism of stabilization of actinomycete foams and the prevention of foaming under laboratory conditions. J Ind Microbiol 4:181–188
3. Blackall LL, Parlett JH, Hayward AC, Minnikin DE, Greenfield PF, Harbers AE (1989) *Nocardia pinensis* sp. nov., an actinomycete found in activated sludge foams in Australia. J Gen Microbiol 135:1547–1558
4. Blackall LL, Harbers AE, Greenfield PF, Hayward AC (1991) Foaming in activated sludge plants: a survey in Queensland, Australia and an evaluation of some control strategies. Wat Res 25:313–317
5. Blackbeard JR, Ekama GA, Marais GvR (1986) A survey of filamentous bulking and foaming in activated sludge plants in South Africa. WPC 85:90–100
6. Brown CM, Ellwood DC, Hunter JR (1977) Growth of bacteria at surfaces. Influence of nutrient limitation. FEMS Microbiol. Lett. 1:163–166
7. Chiesa SC, Irvine RL (1985) Growth and control of filamentous microbes in activated sludge: An integrated hypothesis. Wat. Res. 19:471–479
8. Chudoba J, Ottova V, Madera V (1973 a) Control of activated sludge filamentous bulking. I. Effect of the hydraulic regime or degree of mixing in an aeration tank. Wat. Res. 7:1163–1182
9. Chudoba J, Grau P, Ottova V (1973 b) Control of activated sludge filamentous bulking. II. Selection of microorganisms by means of a selector. Wat. Res. 7:1389–1406
10. Cooper DG, Zajic JE (1980) Surface active compounds from microorganisms. Adv. Appl. Microbiol. 26:229–253
11. Eikelboom DH (1992) Drijflagen op rioolwaterzuiveringsinstallaties. Stowa Report 92-01, Den Haag
12. Eikelboom DH (1994) The *Microthrix parvicella* puzzle. Wat Sci Tech 29:271–280
13. Franz A, Matsché N (1994) Investigation of a bacteria-enzyme additive to prevent foaming in activated sludge plants. Wat Sci Tech 29:281–284
14. Gabb DMD, Still DA, Ekama GA, Jenkins D, Marais GvR (1991) The selector effect on filamentous bulking in long sludge age activated sludge systems. Wat Sci Tech 23:867–977
15. Ho C-F, Jenkins D (1991) The effect of surfactants on *Nocardia* foaming in activated sludge. Wat Sci Tech 23:879–887
16. Kappeler J, Gujer W (1994) Scumming due to actinomycetes: Towards a better understanding by modelling. Wat Res 28:763–779
17. Kjelleberg S, Humphrey BA, Marshall KC (1983) Initial phases of starvation and activity of bacteria at surfaces. Appl Environ Microbiol 46:978–984
18. Kjelleberg S (1984) Effects of interfaces on survival mechanisms of copiotrophic bacteria in low-nutrient habitats. In: Klug MJ, Reddy CA (eds) Current perspectives in microbial ecology. ASM, Washington DC, pp 151–159

19. Köhler R (1975) Technologie und Anwendung der Entspannungsflotation in der Abwasser-reinigung. Wasser Luft Betrieb 19:72–77
20. Kosaric N, Choi HY, Blaszczyk R (1990) Biosurfactant production from *Nocardia* SFC-D. Tenside Surf Det 27:294–296
21. Laubenberger G, Hartmann L (1971) Ursachen für das Aufschwimmen von Überschuß-schlamm aus der biologischen Stufe in Vorklärbecken. GWF Wasser Abwasser 112:154–156
22. Lechevalier HA (1975) Actinomycetes of sewage-treatment plants. Environ Prot Tech Ser EPA-600/2-75-031, Cincinnati, Ohio 45268
23. Lechevalier HA, Lechevalier MP (1974) *Nocardia amarae* sp. nov., an actinomycete common in foaming activated sludge. Inter J Syst Bact 24:278–288
24. Lemlich R (1972) Adsubble processes: foam fractionation and bubble fractionation. J Geophy Res 77:5204–5210
25. Lemmer H (1985) Mikrobiologische Untersuchungen zur Bildung von Schwimmschlamm auf Kläranlagen. Dissertation, Technische Universität München
26. Lemmer H (1986) The ecology of scum causing actinomycetes in sewage treatment plants. Wat Res 20:531–535
27. Lemmer H, Kroppenstedt RM (1984) Chemotaxonomy and physiology of some actino-mycetes isolated from scumming activated sludge. System Appl Microbiol 5:124–135
28. Lemmer H, Baumann M (1988) Scum actinomycetes in sewage treatment plants. Part 2. The effect of hydrophobic substrate. Wat Res 22:761–763.
29. Lemmer H, Ries H, Baumann M (1991) Selection and Growth Strategies of Filamentous Microorganisms in Bulking and Scumming Activated Sludge. In: Madoni P (ed) Biological approach to sewage treatment process: Current status and perspectives. Luigi Bazzucchi Center, Perugia, pp 151–155
30. Marchesi JR, Russell NJ, White GF, House WA (1991) Effect of surfactant adsorption and biodegradability on the distribution of bacteria between sediments and water in a fresh-water microcosm. Appl Environ Microbiol 57:2507–2513
31. Mori T, Sakai Y, Honda K, Yano J, Hashimoto S (1988) Stable abnormal foam in activated sludge process produced by *Rhodococcus* sp. with strong hydrophobic property. Environ Technol Letters 9:1041–1048
32. Mulligan CN, Gibbs BF (1989) Correlation of nitrogen metabolism with biosurfactant production by *Pseudomonas aeruginosa*. Appl Environ Microbiol 55:3016–3019
33. Poindexter JS (1987) Bacterial responses to nutrient limitation. In: Fletcher M, Gray TRG, Jones JG (eds) Ecology of microbial communities. Cambridge University Press, London, pp 283–317
34. Pretorius WA, Laubscher CJP (1987) Control of biological scum in activated sludge plants by means of selective flotation. Wat Sci Tech 19:1003–1011
35. Pujol R, Duchene PH, Schetrite S, Canler JP (1991) Biological foams in activated sludge plants: characterization and situation. Wat Res 25:1399–1404
36. Römpp Chemie Lexikon (1992) 9. Aufl. Thieme Verlag, Stuttgart
37. Rosenberg E (1986) Microbial surfactants. CRC Crit Rev Biotechnol 3:109–132
38. Segerer M (1984) Untersuchungen zur Schwimmschlammbildung in Kläranlagen durch Actinomyceten. Korr Abw 31:1073–1076
39. Sezgin M, Karr PR (1986) Control of actinomycete scum on aeration basins and clarifiers. J Wat Poll Control Fed 58:972–977
40. Slijkhuis H (1983) *Microthrix parvicella*, a filamentous bacterium isolated from activated sludge: Cultivation in a chemically defined medium. Appl Environ Microbiol 46:832–833
41. Slijkhuis H, Deinema MH (1988) Effect of environmental conditions on the occurrence of *Microthrix parvicella* in activated sludge. Wat Res 22:825–828
42. Soddell JA, Seviour RJ (1990) Microbiology of foaming in activated sludge plants. J Appl Bact 69:145–176
43. Soddell JA, Seviour RJ (1994) Incidence and morphological variability of *Nocardia pinensis* in Australian activated sludge plants. Wat Res 28:2343–2351
44. Stanier RY, Adelberg EA, Ingraham JL (1984) General Microbiology. MacMillan Press, London

45. Valsaraj KT (1994) Hydrophobic compounds in the environment: adsorption equilibrium at the air-water interface. Wat Res 28:819–830
46. Wagner M, Erhart R, Manz W, Amann R, Lemmer H, Wedi D, Schleifer K-H (1994) Development of an rRNA-targeted oligonucleotide probe specific for the genus *Acinetobacter* and its application for in situ monitoring in activated sludge. Appl Environ Microbiol 60: 792–800
47. Wangersky PJ (1976) The surface film as a physical environment. Ann Rev Ecol Syst 161–176
48. Ziegler M, Dott W (1990) Blähschlamm verursachende Bakterien aus Kläranlagen. II. Wachstumsphysiologie fadenförmiger Bakterien. Z Wasser-Abwasser-Forsch 23:49–57

KAPITEL 19

Schaum in Faulbehältern

S. Kunst · S. Knoop

19.1
Entwicklung und Beschreibung der Situation in der Abwasserpraxis

Über Schaumbildung auf den Oberflächen von belebten Schlämmen in Abwasserreinigungsanlagen wird schon seit ungefähr 25 Jahren aus den USA, Frankreich, England und Australien berichtet [1, 2, 3, 4]. Diese immer wieder beschriebenen Störungen von Abwasserreinigungsprozessen sind aber auch ein Problem im Bereich der anaeroben Schlammstabilisierung gewesen. Wenn in früheren Jahrzehnten *überlastete* Faulbehälter Schwierigkeiten machten, so lag dies entweder in einem instabilen anaeroben Abbau (Anreicherung von organischen Säuren) oder an spezifischen Schäumen (durch einseitige Substrate). Heute stellt sich die Situation jedoch ganz anders dar. Die vermehrten Berichte über Probleme mit Schaum im Faulbehälter kommen meist von Kläranlagen, die zur weitergehenden Abwasserreinigung mit biologischer Phosphorelimination und Nitrifikation ausgestattet wurden. In diesen eher *unterbelasteten* Kläranlagen bilden sich die Schäume sowohl auf den Oberflächen des belebten Schlammes im Belebungsbecken als auch im Faulbehälter aus.

Dabei ist aus der Praxis zu berichten, daß die Intensität der Schaumbildung auf den Belebungsbecken und in den Faulbehältern sowie die entsprechenden Schwierigkeiten sehr subjektiv bewertet werden. Einerseits wird von manchen Kläranlagenbetreibern der Schaum häufig gar nicht als erwähnenswert befunden, da er „schon immer" vorhanden war und/oder noch nie zu ernsthaften Problemen geführt hat. Andererseits wird ein sich schlecht absetzender belebter Schlamm häufig erst dann erwähnt, wenn er tatsächlich über die Beckenränder tritt oder aus dem Faulbehälter herausschäumt. Ein anderer wichtiger Aspekt ist die Definition des Schaumes auf den Belebungsanlagen und im Faulbehälter. Viele Kläranlagenbetreiber beurteilen Schwimmschlamm nur dann als schäumend, wenn er sich wie ein typischer Seifenschaum aufbläht und auch wieder in sich zusammenfällt. Der schokoladenbraune, äußerst stabile und viskose Schaum, der sich auf den Belebungsbecken und in dunklerer Farbe auch im Faulbehälter in den Anlagen mit weitergehender Abwasserreinigung ausbildet, wird daher häufig von den Kläranlagenbetreibern nicht als Schaum erkannt und bezeichnet.

Die Bildung von Schäumen auf den Oberflächen der Belebungsbecken wurde in der Vergangenheit verschiedenen Ursachen zugeschrieben. Infolge der Ein-

Lemmer/Griebe/Flemming (Hrsg.)
Ökologie der Abwasserorganismen
© Springer-Verlag Berlin Heidelberg 1996

führung von Waschmitteln auf der Basis von schlecht abbaubaren, verzweigtket-
tigen Alkylbenzensulfonaten kam es zur Ausbildung von voluminösen, weißen
Schäumen auf den Belebungsbecken. Seit der Einführung von abbaubaren Haus-
haltsreinigern kommt diese Art des „Tensidschaumes" auf den Belebungsbecken
der Abwasserreinigunganlagen eigentlich nicht mehr vor. Allerdings wurden
immer Schäume beobachtet, die durch unkontrollierte Denitrifikationsprozesse
im belebten Schlamm oder in neu eingefahrenen und überbelasteten Kläranlagen auf den Belebungsbecken und/ oder Nachklärbecken entstanden. Mit
Einführung der weitergehenden Abwasserreinigung mit Nitrifikation/Denitrifi-
kation treten jedoch diese Schäume nicht mehr häufig auf, da die Kläranlagen
eher niedrig belastet sind. Immer wieder wird von Schäumen berichtet, die nur
während der ersten drei bis vier Tage der Einarbeitungsphase von Kläranlagen
und danach nicht mehr auftreten. Alle diese genannten Schäume haben gemeinsam, daß sie mechanisch zerstörbar sind.

Die stabilen Schäume, die mechanisch schwer zerstörbar sind und heute
auf den Belebungsbecken und in den Faulbehältern immer häufiger werden,
kommen eher in unterbelasteten Kläranlagen mit weitergehender Abwasserreinigung vor. Durch die Indirekteinleitung erhöhter Fett- und Tensidkonzentrationen kommt es in diesen Schäumen oft zur Selektion bestimmter
Belebtschlammorganismen wie *Microthrix parvicella*. Die erhöhte Stabilität dieser Schäume führt dazu, daß sie im Gegensatz zu den oben beschriebenen
Schäumen nicht mechanisch zerstörbar sind und sich daher auch im Faulbehälter ausbilden. Schäumende Faulbehälter können häufig nur mit einem Drittel
des maximalen Füllvolumens beschickt werden. Die anaeroben Schlämme ent-
gasen schlecht, so daß eine schlechte Faulgas- bzw. Methangasausbeute/kg
Trockensubstanz (TS) die Folge ist. In Extremfällen muß der Faulbehälter außer
Betrieb genommen werden. Es ist sehr deutlich, daß das Schäumen in den Faulbehältern ursächlich mit der Beschaffenheit der belebten Schlämme im Belebungsbecken im Zusammenhang steht.

Im schäumendem belebten Schlamm wurden in der Bundesrepublik
Deutschland, den USA und Australien häufig große Mengen an fädigen Bakterien der Gattung *Nocardia* gefunden [5, 6, 7, 8]. Allerdings handelte sich dabei
um Kläranlagen, die weitgehend mit hohen Schlammbelastungen und ohne weitergehende Abwasserreinigung mit Nitrifikation und biologischer Phosphorelimination betrieben wurden. Die Zusammenhänge zwischen dem massenhaften
Vorkommen von *Nocardia* und dem Schäumen des belebten Schlammes im
Belebungsbecken [9, 10, 11] sowie im Faulbehälter [12] wurden vielfach untersucht. Seit Einführung der neuen Verfahrenstechniken sind die Schäume makroskopisch den *Nocardia*-Schäumen sehr ähnlich. Im Mikroskop zeigt sich aber
ein völlig anderes Bild: Das Schäumen des belebten Schlammes kann bei solchen
Anlagen nicht ausschließlich mit dem massenhaften Auftreten von *Nocardia* in
Verbindung gebracht werden. Auch spezifische Einleitungen, wie eiweißreiche
Abwässer, sind nicht unbedingt eindeutige Ursachen für diese Schaumbildung.

Von Seiten der mikrobiologischen Forschung (besonders aus den USA [13, 14,
15]) über Blähschlamm und Schwimmschlamm beschränkten sich die Überlegungen und Untersuchungen bisher darauf, einen Zusammenhang zwischen

dem Auftreten von *Nocardia*-Schäumen auf den Belebungsbecken und *Nocardia*-Schäumen im Faulbehälter nachzuweisen. Im folgenden soll dargelegt werden, daß dieses zu erweitern wäre, da erstens ein Zusammenhang zwischen *Microthrix parvicella*-Schäumen auf den Belebungsbecken und *Microthrix parvicella*-Schäumen im Faulbehälter besteht und zweitens die Indirekteinleitersituation bzw. die Abwasserqualität zur Ausprägung stabiler Schäume beiträgt.

19.2
Zusammenhänge zwischen Schaumbildung auf den Belebungsbecken und schäumenden Faulbehältern

Im Rahmen eines Forschungsprojektes zur Schaumbildung im Faulbehälter wurde bezüglich der Definition von Schaum eine Umfrage auf Kläranlagen in Norddeutschland durchgeführt.

Die Tabelle 19.1 zeigt einen Ausschnitt aus den Ergebnissen dieser Befragung. Es wird deutlich, daß alle Anlagen, die starke Schaumbildung auf dem Belebungsbecken zeigten, auch Probleme mit schäumenden Faulbehältern hatten. Der kausale Zusammenhang wurde durch die mikroskopische Bestimmung der fädigen Mikroorganismen deutlich. *M. parvicella* war dann dominant im Faulschlamm zu finden, wenn er auch als dominanter fädiger Mikroorganismus im Schaum identifiziert wurde. Das gleiche gilt für *Nocardia*-ähnliche Organismen (NALO's).

Die im Schlamm des Faulbehälters gefundenen dominanten Organismen kamen immer auch im belebten Schlamm und im Schaum der aeroben Stufe vor. Daraus folgt, daß das Ausfaulen des Sekundärschlammes aus der aeroben Stufe der Kläranlagen zu einer Anreicherung fädiger Mikroorganismen im anaeroben belebten Schlammes des Faulbehälters führt. Diese fädigen Mikroorganismen können im Faulbehälter überleben. In Anlagen mit biologischer Phosphorelimination und Nitrifikation ist eindeutig *Microthrix parvicella* der dominante, fädige Mikroorganismus im Schaum auf dem Belebungsbecken und im Faulbehälter. *Nocardia*-ähnliche Organismen (NALO's) sind für die Schaumbildung im Faulbehälter in Anlagen mit weitergehender Abwasserreinigung nicht relevant. *M. parvicella* wurde im belebten Schlamm von Kläranlagen mit weitergehender Abwasserreinigung häufig gefunden. Bei der Mikroskopie des belebten Schlammes wurde so vorgegangen, daß die verschiedenen fädigen Mikroorganismen im belebten Schlamm nach Jenkins et al. [15] identifiziert und ihre Häufigkeiten (H) anhand einer Häufigkeitsskala, abgeschätzt wurden. Auf dieser Skala bedeutet H0, daß keine Fäden dieser Art im belebten Schlamm gefunden wurden. H7 bedeutet, daß der belebte Schlamm fast ausschließlich aus Fäden dieser Art bzw. diesen Types bestand. Diese Häufigkeiten wurden in bezug auf die Abbildungen der Fädigkeitskategorien optisch abgeschätzt, d.h. sie entsprechen denen von Jenkins [15]. Da die von Jenkins angegebene Fädigkeitsstufe 6 für die Fadenhäufigkeit im Schaum aber nicht ausreichend war, wurden die Fädigkeitskategorien um eine Stufe erweitert. Diese Häufigkeitsstufe 7 entspricht der Stufe 6 von Jenkins. Sie unterscheidet sich aber darin, daß die Häufigkeit in der extrem verdünnten Probe abgeschätzt wurde.

Tabelle 19.1 Ergebnisausschnitt einer Umfrage auf Kläranlagen mit Schaumproblemen und der Mikroskopie der schäumenden belebten Schlämme im Jahr 1994

Klär-anlage Nr.	angeschlossene Einwohnergleichwerte (EW)	Baujahr bzw. Jahr der Anlagenerweiterung	Abwasserzusammensetzung	Verfahrenstechnische Anlagenbeschreibung	biologische Reinigungsprozesse in in der Anlage
1	64 000 EW	1954/55 1977/78	kommunales Abwasser	VK mit chem. Fällung	Nitrifikation
2	25 940 EW	1961	kommunales Abwasser mit industriellem Anteil aus: Gerberei, Druckerei; 2 Krankenhäuser Lungenheilanstalt	VK (Dortmundbrunnen) BB, ZK, TK	Nitrifikation
3	155 000 EW	1990	kommunales Abwasser mit industriellem Anteil aus: Margarineherstellung Wurstverarbeitung Texildruckerei	VK, AB, BB, NK, FB	Nitrifikation Denitrifikation biologische Phosphorelimination
4	45 000 EW	1986 1992	kommunales Abwasser mit Anteil aus: Bauchspeicheldrüsen verarbeitendem Pharma-Betrieb Wurstverarbeitung KFZ-Betriebe	VK, AB, BB, NK, FB	Nitrifikation Dentrifikation biologische Phosphorelimination
5	17 500 EW	1973/74 1992	kommunales Abwasser mit industriellem Anteil aus: Wäscherei, Krankenhaus, KFZ-Betrieb, chemische Fabrik	AB, BB, NK	Nitrifikation Dentrifikation biologische Phosphorelimination

VK = Vorklärung		ZK	= Zwischenklärung
AB = Anaerob-Becken		EW	= Einwohnergleichwerte
BB = Belebungsbecken		H	= Häufigkeit des Fadens im Schlamm Unterteilt in 0 bis 7
NK = Nachklärung			
TK = Tropfkörper		NALO	= Nocardia like organism
FB = Faulbehälter		n. i. Faden	= nicht identifizierte Faden

BSB$_5$-Schlamm-belastung g/(g * d)	Lokalisation des Schaumes			Fadenpopulation			
	Belebungs-becken	Nachklär-becken	Faul-behälter	im Schaum		im belebten Schlamm	im Faulbehälter
0,16	×			**NALO**	**H7**	NALO H3 N. limicola II Typ 0803 H1 Typ 0675 H1 massenhaft Hefen	kein Faulbehälter vorhanden
0,50	×			**NALO**	**H7**	NALO H7 n. i. Faden H3 Typ 0914 H3 Typ 0411 H3 M. parvicella H2 N. limicola II H2 Typ 0803 H1	kein Faulbehälter vorhanden
	×			**NALO**	**H7**	NALO H5 n. i. Faden H3	
	×			**NALO**	**H7**	NALO H5	
0,07	×	×	×	**M. parvicella H6** **N. limicola II H4**		**M. parvicella H5** **N. limicola II H4** Typ 0092 H2	M. parvicella H5 N. limicola H3 Typ 0092 H2
	×	×	×	**M. parvicella H6** **N. limicola II** Typ 0092		**M. parvicella H5** N. limicola II Typ 0092	M. parvicella H5 N. limicola Typ 0092
	×	×	×	**M. parvicella H7**		**M. parvicella H6** N. limicola II H2 N. limicola II H1 Typ 0092 H1	M. parvicella H6 N. limicola H2 Typ 0092 H2
0,03	×		×	**M. parvicella H7** Typ 0092 H4 N. limicola II/III H1 H. hydrossis H1 Typ 0041 H1 Typ 0803 H1 Typ 1851 H1		**M. parvicella H6** N. limicola II/III H4 Typ 0041 H3 Typ 0675 H3 H. hydrossis H3 Typ 0803 H2 Typ 0092 H2 Typ 1851 H1	M. parvicella H6 Typ 0092 H3 N. limicola II/III H2
0,02	×			**M. parvicella H7** **N. limicola II H1**		**M. parvicella H6** Typ 1701 H3 Typ 0675 H3 N. limicola II H2 H. hydrossis H1 Typ 0092 H1	kein Faulbehälter vorhanden

Die verschiedenen fädigen Mikroorganismen wurden nach Jenkins et al. [15] identifiziert und ihre Häufigkeit (H) anhand einer Häufigkeitsskala abgeschätzt. Auf dieser Skala bedeutet H0, daß keine Fäden dieser Art im belebten Schlamm gefunden wurden. H7 bedeutet, daß der belebte Schlamm fast ausschließlich aus Fäden dieses Types bestand.

Tabelle 19.1 Fortsetzung

Klär-anlage Nr.	angeschlossene Ein-wohner-gleich-werte (EW)	Baujahr bzw. Jahr der Anlagen-erweiterung	Abwasserzusam-mensetzung	Verfahrens-technische Anlagen-beschreibung	biologische Reinigungs-prozesse in in der Anlage
6	235 000 EW	1960 ~ 1985	kommunales Abwasser mit industriellem Anteil aus: Coca Cola-Fabrik	VK, AB, BB, NK, FB	Nitrifikation Dentrifikation biologische Phosphorelimination
7	38 000 EW	1976	kommunales Abwasser mit industriellem Anteil aus: Naturdarmfabrik	VK, BB, NK	Nitrifikation
8	10 000 EW ausgelegt für: 15 000 EW	1959 1989/90	kommunales Abwasser mit industriellem Anteil aus: 2 Schlachtereien	VK, AB, BB, NK, FB	Nitrifikation Denitrifikation biologische Phosphorelimination
9	42 000 EW	erweitert 1991	kommunales Abwasser mit industriellem Anteil aus: Mayonaise-Verarbeitung Shampoo-Herstellung	TK, BB, NK, FB	Nitrifikation Denitrifikation
10	32 000 EW ausgelegt für: 46 000 EW	1993	kommunales Abwasser mit industriellem Anteil aus: Wurstverarbeitung	VK, AB, BB, NK, FB	Nitrifikation biologische Phosphorelimination
11	288 000 EW	1959 1978	kommunales Abwasser mit industriellem Anteil aus: (Schokoladen-)pudding-Herstellung Krankenhaus	BB, ZK, TK	Nitrifikation unkontrollierte Denitrifikation in Zwischenklärung

BSB_5-Schlammbelastung g/(g * d)	Lokalisation des Schaumes			Fadenpopulation		
	Belebungs-becken	Nachklär-becken	Faul-behälter	im Schaum	im belebten Schlamm	im Faulbehälter
0,05	×		×	M. parvicella H7	M. parvicella H6 extrem viele Hefen	M. parvicella H5
0,08	×			M. parvicella H7	M. parvicella H7 NALO H2 N. limicola II H2	kein Faulbehälter vorhanden
0,08	×		×	M. parvicella H7	M. parvicella H5 N. limicola III H2	M. parvicella H6 N. limicola III H1
0,20	×		×	NALO H6	NALO H5 Typ 021N H5 Beggiatoa S. natans	NALO H5
	×		×	NALO H6 M. parvicella H4	n. i. Faden H5 M. parvicella H4 NALO H4 Typ 0961 H3 Typ 021N H3 H. hydrossis H2 Beggiatoa	n. i. Faden H5 NALO H4
	×	×		NALO H7	NALO H5 Typ 021N H5 N. limicola II H2 Hefen	nicht mikroskopiert
0,08	×	×	×	M. parvicella H7 NALO H5 Hefen H3 Typ 0092 H2 Beggiatoa H1	M. parvicella H5 NALO H5 Hefen H4 Beggiatoa H3 Typ 021N H2 Typ 0092 H2 Typ 0041 H1 N. limicola II/III H1	M. parvicella H5 NALO H4 Typ 0092 H4 Hefen H3
0,015	×		×	M. parvicella H6 kettenförm. H4 Gram + Typ 0092 H5	Typ 0092 H5 M. parvicella H4	M. parvicella H5 Typ 0092 (H2) H2
0,40	×		×	M. parvicella H7 NALO H7 N. limicola II/III H3	NALO H7 M. parvicella H6 N. limicola H3 Hefen	M. parvicella H5 NALO H4

Dieser Häufigkeitsskala zufolge wurde *M. parvicella* in Kläranlagen mit weitergehender Abwasserreinigung mit einer Häufigkeit von mindestens 5 gefunden. Im Schaum reichert sich *M. parvicella* an. Diese Tatsache wird dadurch deutlich, daß die Häufigkeit von *M. parvicella* im Schaum auf den Belebungsbecken gegenüber dem belebten Schlamm stets um eine Häufigkeitskategorie erhöht war (Tabelle 19.1). Im anaeroben Schlamm des Faulbehälters wurde *M. parvicella* gleich häufig gefunden wie im belebten Schlamm. Allerdings verändert *M. parvicella* unter anaeroben Bedingungen seine Morphologie und die charakteristischen Farbreaktionen in der Gram- und Neisser-Färbung werden untypisch. Die Gram-Färbung ist nicht mehr positiv, sondern eher als variabel einzustufen. *M. parvicella* erreicht im Faulschlamm höchstens ein Drittel seiner für ihn typischen Fadenlänge, verliert fast alle Phosphatgranula, lagert aber stattdessen Reservestoffe ein. Dabei handelt es sich um Lipidgranula, die sich nach Drews und Jenkins et al. [15, 16] mit Sudanschwarz anfärben lassen und entweder aus echten Fetten oder Poly-beta-hydroxybuttersäure [15, 17] bestehen. Daraus läßt sich der Schluß ziehen, daß *M. parvicella* unter Veränderung seiner Morphologie [18] und Ausnutzung seiner Reservestoffe sehr gut in anaeroben Bereichen der Kläranlage überleben kann [19, 20]. Es ist wahrscheinlich, daß *M. parvicella* durch seine hydrophoben Zellwände [19] die Hydrophobizität der Flocken so verstärkt, daß sie sich an die Luft-Wasser-Phase (z. B. den Blasen im Belebungsbecken) anheften und an die Belebungsbeckenoberfläche getragen werden. Dieser Mechanismus wurde für *Nocardia*-Schäume bereits mehrfach beschrieben [13, 21, 23].

19.3
Verfahrenstechnisch bedingte Selektion von *M. parvicella* unter besonderer Berücksichtigung der Qualität indirekt eingeleiteter Abwässer

Die Ursachen für eine Schaumbildung des belebten Schlammes speziell in Faulbehältern sind sehr komplex und können nicht nur durch das massenhafte Auftreten von *M. parvicella* erklärt werden. Eine Annäherung an die Lösung des Schaumproblems im Faulbehälter wird dann möglich sein, wenn nach den Ursachen für ein vermehrtes Wachstum von *M. parvicella* im belebten Schlamm von Kläranlagen mit weitergehender Abwasserreinigung gesucht wird.

Nach ATV-Arbeitsblatt A 131 wird für Anlagen mit weitergehender Abwasserreinigung eine Schlammbelastung $< 0{,}1$ g BSB_5 (g TS d)$^{-1}$ empfohlen. Die Ergebnisse in Tabelle 19.1 zeigen deutlich, daß alle untersuchten Kläranlagen, deren Schäume durch ein massenhaftes Auftreten von *M. parvicella* gekennzeichnet sind, mit Schlammbelastungen $< 0{,}08$ g BSB_5 (g TS d)$^{-1}$ betrieben werden. Einige der untersuchten Kläranlagen werden sogar mit Schlammbelastungen von $0{,}02 - 0{,}03$ g BSB_5 (g TS d)$^{-1}$ betrieben (Tabelle 19.1). Derartige Unterbelastungen des belebten Schlammes mit Substrat treten dadurch auf, daß viele der in den letzten Jahren ausgebauten Anlagen für die Zukunft gebaut, d. h. für die aktuelle Anschluß-Situation überdimensioniert werden. Daraus können z. B. in

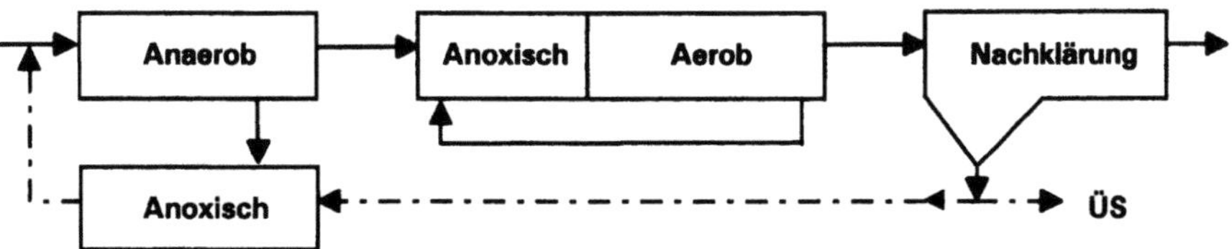

Abb. 19.1 Schema einer Kläranlage mit biologischer Phosphorelimination

Bio-P-Anlagen auch Verschiebungen der hydraulischen Aufenthaltszeit in den
z.B. anaeroben Vorbecken resultieren bzw. ein weitgehender Verbrauch der biologisch leicht abbaubaren CSB-Inhaltsstoffe bereits vor der Belebung stattfinden
(Abb. 19.1).

Konsequenterweise kommt es durch niedrige Substratkonzentrationen zu
einem besonderen Wachstumsvorteil fädiger Mikroorganismen gegenüber den
nicht fädigen flockenbildenden Bakterien. Soweit bestätigt sich die Modell-
vorstellung von Chudoba [22]. Demnach ist *M. parvicella* durch sein günstiges
Verhältnis von Zelloberfläche zu Zellvolumen in der Lage, mehr Substrat aufzunehmen und schneller seine maximale Atmungsrate zu erreichen als die nicht
fädigen Mikroorganismen des belebten Schlammes. Unberücksichtigt bleibt
dabei der Einfluß der Milieubedingungen wie Sauerstoffgehalt, Substratqualität,
Temperatur und Verfahrenstechnik.

Extreme Unterbelastungen, die zum Wochenende bis auf Schlammbelastungen von 0,01 g BSB$_5$ (g TS d)$^{-1}$ zurückgehen können, wurden während verschiedener Meßwochen auf unterschiedlichen Kläranlagen definiert. Das Wachstum
von *M. parvicella* bei niedrigen Schlammbelastungen wurde in der Literatur
häufig beschrieben [20, 21, 24]. Aufgrund seiner hohen Sauerstoffaffinität [19]
kann dieser fädige Organismus im mikroaeroben Bereich überleben. Außerdem
ist für *M. parvicella* charakteristisch, daß er auf langkettige Fettsäuren, wie z. B.
Ölsäure, als Kohlenstoffquelle angewiesen ist, d. h. er hat ein sehr limitiertes Sub-
stratverwertungsspektrum. Daher wurde *M. parvicella* schon häufiger in Indu-
striekläranlagen der Lebensmittel- und Fleischverarbeitung gefunden [20, 24].
Das Vorkommen von *M. parvicella* in industriellen Anlagen von Großwäsche-
reien wurde vereinzelt beobachtet [25]. Es wurde bisher jedoch nicht über
den Einfluß von Indirekteinleitungen fett- und tensidhaltiger Abwässer auf das
Wachstum von *M. parvicella* in Kläranlagen mit weitergehender Abwasserreinigung, d. h. mit cyclisch auftretenden anaeroben Milieubedingungen, berichtet.
In solchen Kläranlagen treten somit synergistische Effekte zwischen Abwasserbeschaffenheit, Sauerstoffkonzentration, Belastung und Temperatur auf, die
dann zu einer massenhaften Vermehrung von *M. parvicella* führen können.

Tabelle 19.1 zeigt, daß alle untersuchten Kläranlagen, die *M. parvicella* als
dominanten Faden im Schaum hatten, nicht nur Schlammbelastungen < 0,08 g
BSB$_5$ (g TS d)$^{-1}$ aufwiesen, sondern daß das kommunale Abwasser mit einem
bestimmten industriellen Anteil, z. B. aus der Wurstverarbeitung einerseits und/
oder andererseits mit Abwasser aus Betrieben, wie Wäschereien, Krankenhäusern und Shampoo-Produktion, im Zulauf zur Kläranlage beaufschlagt wird.

Durch Hydrolyse tierischer Fette entstehen langkettige Fettsäuren, wie Stearin-, Palmitinsäure und Ölsäure. *M. parvicella* ist besonders auf Ölsäure für sein Wachstum angewiesen [19, 20]. Durch Reinigungsarbeiten in den Lebensmittelbetrieben fallen vor allem besonders zum Wochenende hohe Tensidkonzentrationen an, die im Zulauf zur Kläranlage zu einer signifikanten Erhöhung der Tensidkonzentration führen. Insbesondere in Abwässern aus Wäschereien, Krankenhäusern und Shampoo-Firmen, aber auch aus lebensmittelverarbeitenden und feinkostproduzierenden Firmen sowie in Abwässern aus Brauereien und anderen Betrieben der Getränkeherstellung werden meist erhöhte Tensidkonzentrationen gemessen. Diese Zusammenstellung erhebt keinen Anspruch auf Vollständigkeit.

Abbildung 19.2 zeigt die Zusammenhänge zwischen dem Verhältnis aus der BSB_5-Schlammbelastung, der Fettbelastung und der Tensidkonzentration im Zulauf einer Kläranlage mit industriellem Abwasseranteil im Wochenverlauf. Die Tendenzen dieser beispielhaft aufgeführten Untersuchungen lassen sich bei verschiedenen Kläranlagen bestätigen. Es wird deutlich, daß im Zeitraum der niedrigsten BSB_5:Fett-Verhältnisse im Zulauf zur Kläranlage die höchsten Tensidkonzentrationen in die Kläranlage eingeleitet werden. Es werden hier die Verhältnisse dargestellt, da so die Substratsituation auf der Kläranlage, als ein sich veränderndes BSB_5: Fett-Verhältnis, im Wochengang klar wird. Am Wochenbeginn ist relativ viel BSB_5 und wenig Fett vorhanden und zum Wochenende viel Fett und wenig BSB_5, so daß dann

- erstens durch die hohe Fettbelastung bei wenig BSB_5 fädige Organismen bevorzugt werden,
- zweitens verstärkend für die Selektion spezifischer fädiger Organismen die sich mit der maximalen Fettbelastung aufbauende Tensidbelastung dazukommt.

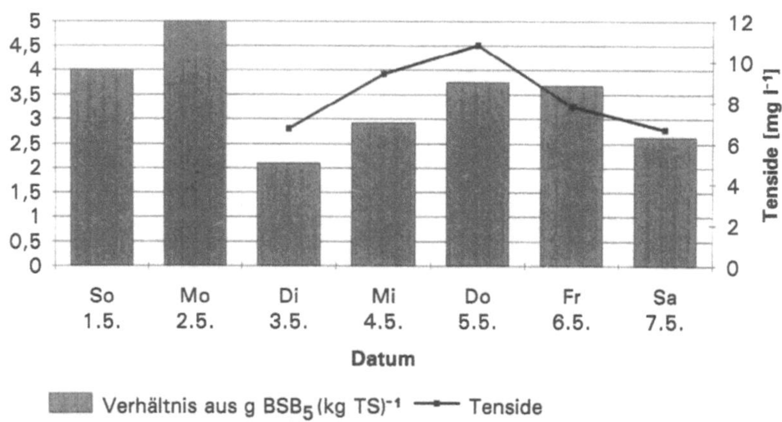

Abb. 19.2 Zusammenhang zwischen dem Verhältnis aus g BSB_5 (kg TS d)$^{-1}$ und g Fett (kg TS d)$^{-1}$ und der Tensidkonzentrationen in einer Kläranlage

Die deutliche stoßbelastungsartige Tensidkonzentrationsspitze führt zu einer Verringerung des BSB_5:Fett-Verhältnisses und damit zusammenhängend zur Schaumbildung in der Anlage. Die Tensidkonzentrationsspitzen entstehen durch die zum Wochenende durchgeführten Reinigungsprozesse bei Großbetrieben. Von verstärkter Schaumbildung zum Wochenende wird von Kläranlagenbetreibern immer wieder berichtet.

Einerseits können Tenside den Schaum durch ihre chemisch/physikalischen Eigenschaften stabilisieren [10, 15]. Andererseits erhöhen sie die Sauerstoffaffinität von *M. parvicella* auch unter mikroaeroben Bedingungen [19, 20], so daß dieser Fadenorganismus gegenüber den flockenbildenden Bakterien auch bei niedrigen Sauerstoffkonzentrationen im Wachstumsvorteil ist.

In Kläranlagen mit biologischer Phosphorelimination können die anaeroben Vorbecken zur Selektion von *M. parvicella* beitragen. Es wurden in den laufenden, insbesondere den um Bio-P erweiterten Anlagen, in den anaeroben Becken häufig Aufenthaltszeiten des belebten Schlammes von mehr als 3 Stunden errechnet [26]. Lange Aufenthaltszeiten in den vorgeschalteten anaeroben Becken zeigen nicht selten auch lange anoxische Phasen. Verknüpft damit sind hohe CSB-Adsorptionsraten (bis zu 80 %) an den belebten Schlamm und kaum noch meßbare CSB-Konzentrationen in der Wasserphase (85 mg/l O_2). Daraus resultieren sehr niedrige Substratkonzentrationen in den Belebungsbecken. Diese Faktoren tragen wie auch hohe Tensidkonzentrationen im Zulauf zur Kläranlage durch Erhöhung der Sauerstoffaffinität [19] zur besseren Konkurrenzfähigkeit von *M. parvicella* im belebten Schlamm bei.

Die mikroskopische Bestimmung der Fadenpopulation im Schaum und im belebten Schlamm der Kläranlagen 1 und 2 zeigte, daß hier nicht *M. parvicella*, sondern *Nocardia*-ähnliche Organismen (*NALO's*) deutlich dominierten (Tabelle 19.1). Beide Kläranlagen sind nicht mit einer weitergehenden Abwasserreinigung ausgestattet und werden daher mit Schlammbelastungen von 0,16 und 0,5 g BSB_5 (g TS d)$^{-1}$ betrieben. Hinzu kommt, daß das kommunale Abwasser keinen industriellen Anteil aus der Nahrungsmittelindustrie aufweist.

In diesem Zusammenhang sind die Ergebnisse der mikroskopischen Untersuchung des belebten Schlammes der Kläranlage 9 (Tabelle 19.1) besonders interessant. Der belebte Schlamm wurde im Dezember 1993 erstmals mikroskopiert. Bei einer Schlammbelastung von 0,2 g BSB_5 (g TS d)$^{-1}$ und einem industriellen Abwasseranteil aus der Mayonnaise-Verarbeitung und Shampooherstellung wurden *NALO's* dominant im belebten Schlamm, im Schaum und im Schlamm des Faulbehälters gefunden. *M. parvicella* war bei den gegebenen Substratbedingungen und Belastungsverhältnissen nicht dominant. Im Januar 1995 wurde *M. parvicella* dominant im Schaum, im belebten Schlamm und im Faulbehälter gefunden. Die Indirekteinleiter-Situation hatte sich im Laufe der Zeit nicht verändert, allerdings zeigte eine im Januar 1995 auf der Kläranlage durchgeführte Meßwoche, daß die Schlammbelastung auf 0,08 g BSB_5 (g TS d)$^{-1}$ gesunken war.

Diese Ergebnisse belegen, daß das Massenvorkommen von *M. parvicella* in Kläranlagen eindeutig, aber nicht ausschließlich von der Belastungssituation der Kläranlage abhängig ist. Vielmehr deuten die Ergebnisse auf einen synergistischen Effekt von niedriger BSB_5-Schlammbelastung und hohen Fett- bzw.

Tensidkonzentrationen für das dominante Wachstum von *M. parvicella* hin. Von Kläranlagenbetreibern wird häufig berichtet, daß das Schäumen auf den Belebungsanlagen mit sinkender Abwassertemperatur zunimmt. Dies weist auf den deutlichen Einfluß der Außen- und Abwassertemperatur auf die Schaumbildung hin. Im Zusammenhang mit der Stabilität der Schäume muß auch die Veränderung der Tensidkomponenten während der letzten Jahre erwähnt werden. Möglicherweise können einzelne Tensidkomponenten zur Stabilität der Schäume verstärkt beitragen.

19.4
Typische Mischpopulation fädiger Mikroorganismen in Kläranlagen mit weitergehender Abwasserreinigung

Die mikroskopische Bestimmung der Fadenpopulationen im belebten Schlamm von Kläranlagen mit Schaumproblemen auf dem Belebungsbecken und im Faulbehälter zeigte, daß sich für Anlagen mit biologischer Phosphorelimination und Nitrifikation/ Denitrifikation und in Abhängigkeit der oben genannten Zusammenhänge, typische Mischpopulationen fädiger Mikroorganismen im belebten Schlamm und im Schaum ausbilden.

Tabelle 19.1 zeigt deutlich, daß in Anlagen mit biologischer Phosphorelimination neben *M. parvicella* als dominantem fädigem Mikroorganismus immer auch die Fadenbakterien *Nostocoida limicola II* und/oder *Typ 0092* gefunden wurden. Das Vorkommen von *Nostocoida limicola* in schaumbildenden, insbesondere Phosphoreliminationsanlagen, wurde schon mehrfach beschrieben [27, 28] und kann durch diese Ergebnisse bestätigt werden. Nostocoida II und Typ 0092 lassen sich durch die Färbung mit Neissers Reagenz blauviolett anfärben. *M. parvicella* hingegen lagert Phosphate in Form von Granula im Faden ein. Unter anaeroben Bedingungen, d.h. im Anaerobbecken der Kläranlagen mit biologischer Phosphorelimination und im Faulbehälter verliert *M. parvicella* seinen Phosphatspeicher und lagert stattdessen neutrale Lipide, wie z.B. Poly-beta-hydroxybuttersäure in Form von Granula in das Zellinnere ein.

Helmer [30] fand heraus, daß ein durch massenhaftes Vorkommen von *M. parvicella* geprägter belebter Schlamm zu einer vermehrten Aufnahme von Phosphat in der Lage ist (Abb. 19.3). Helmer [30] untersuchte u.a. die spezifische P-Aufnahme eines belebten Schlammes im kontinuierlichen Versuchsanlagenbetrieb bei unterschiedlichen Temperaturen. Dabei stellte sich heraus, daß es bei Temperaturen unter 15 °C zu deutlichen Phasen erhöhter Fädigkeit kam. Diese wurden durch *M. parvicella* verursacht. Die Auswertung der Ergebnisse zeigte ein deutlich erhöhtes Phosphat-Speichervermögen der Biomasse bei starker Fädigkeit.

Es scheint, als ob *M. parvicella*, genau wie flockenbildende Bio-P-Organismen [30], in der Lage ist, biologische Phosphorelimination durchzuführen. Dies würde bedeuten, daß *M. parvicella* im aeroben Bereich vermehrt Phosphat aufnimmt und unter anaeroben Bedingungen spaltet. Unter aeroben Bedingungen könnte *M. parvicella* dann unter Verbrauch eines PHB-Speichers vermehrt

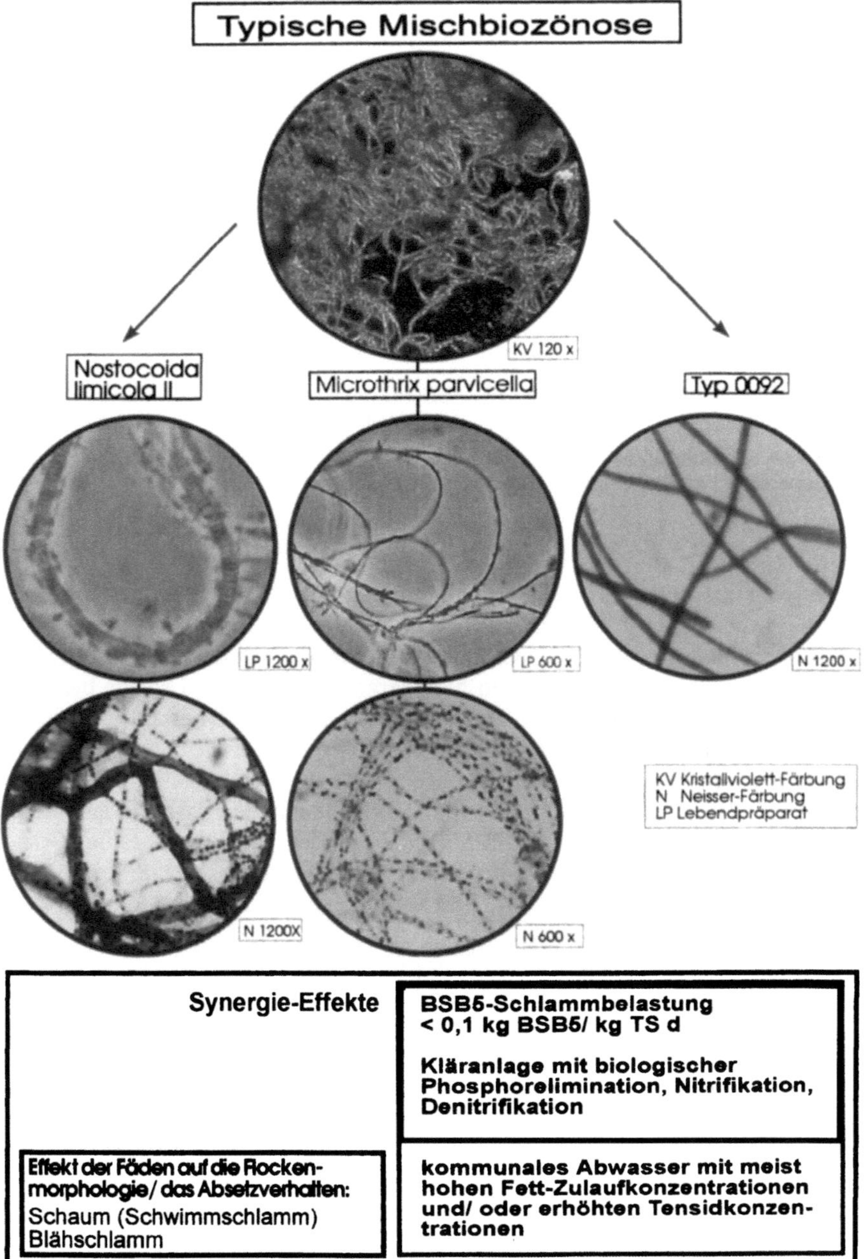

Abb. 19.3 Darstellung einer typischen Mischpopulation im schäumenden belebten Schlamm von Kläranlagen mit weitergehender Abwasserreinigung

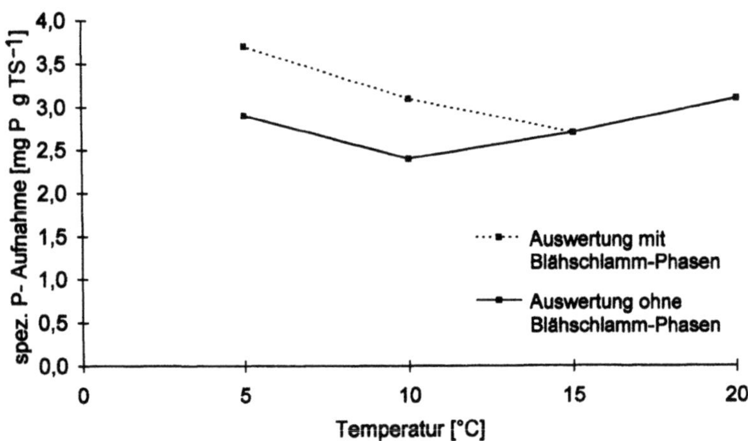

Abb. 19.4 Phosphataufnahme im Belebungsbecken mit und ohne Berücksichtigung der Phasen hoher Fädigkeit in Abhängigkeit von der Temperatur [30]

Phosphat aus der wäßrigen Phase aufnehmen und dieses Phosphat zum Zellaufbau nutzen. Dafür spricht, daß Lipid-Granula zu finden sind. Ein solcher Mechanismus wurde für flockenbildende Mikroorganismen vielfach beschrieben [31, 32, 33]. Durch Umfragen bei Kläranlagenbetreibern wurde bestätigt, daß seit dem Aufftreten der *M. parvicella*-Schäume verbesserte Phosphat-Ablaufkonzentrationen in Kläranlagen zu messen sind.

Nostocoida limicola II besitzt ebenso wie *M. parvicella* die Fähigkeit lange anaerobe Aufenthaltszeiten von bis zu 15 h zu überstehen [28] und ist deshalb gerade in Phosphoreliminationsanlagen besonders konkurrenzfähig. Ferner produziert *Nostocoida limicola II* oberflächenaktive Stoffe wie Lipide, Lipopeptide, Proteine und Kohlenhydrate und kann daher zur Schaumbildung in Belebungsanlagen beitragen [27].

Typ 0092 wurde schon früher in verschiedenen Betrieben der Lebensmittelindustrie, insbesondere der Fleisch- und Geflügelindustrie gefunden [23]. Unter dem Einfluß hoher Fettbelastungen des belebten Schlammes in den in Tabelle 19.1 aufgeführten Kläranlagen scheint er optimale Wachstumsbedingungen zu haben und wurde daher auch in den hier untersuchten Anlagen gefunden. Dieses mikroskopische Ergebnis wird von Blackbeard et al. [7] unterstützt. Sie fanden *Typ 0092* im flotierenden Schlamm zusammen mit *M. parvicella*.

Die oben beschrieben Ergebnisse weisen darauf hin, daß *M. parvicella* ebenso wie *Nostocoida limicola II* und *Typ 0092* in Kläranlagen mit biologischer Phosphorelimination eine ökologische Nische gefunden haben, in der sie sich optimal vermehren können. Für Schäume auf den Kläranlagen mit weitergehender Abwasserreinigung, insbesondere biologischer Phosphorelimination läßt sich daher ein charakteristisches mikroskopisches Erscheinungsbild aufstellen. Abbildung 19.3 zeigt beispielhaft ein charakteristisches mikroskopisches Erscheinungsbild.

19.5
Ausblick

Einerseits wird es aus der Sicht der Praxis in nächster Zeit von Bedeutung sein zu klären, welche Selektionsfaktoren für *M. parvicella* relevant sind, um eine Massenvermehrung von *M. parvicella* in den Belebungsanlagen mit weitergehender Abwasserreinigung zu verhindern. Andererseits müssen die Ursachen für die Stabilität der Schäume näher untersucht werden. In diesem Zusammenhang ist es von besonderem Interesse, die im Schaum enthaltenen extrapolymeren Substanzen (EPS) zu charakterisieren und den Schaum im Hinblick auf anorganische und organische Stickstoffverbindungen zu untersuchen.

19.6
Zusammenfassung

Seit Einführung der weitergehenden Abwasserreinigung mit biologischer Phosphorelimination, Nitrifikation und Denitrifikation kommt es in Deutschland zu einer verstärkten Schaumbildung auf den Belebungsbecken und in den Faulbehältern der Kläranlagen.

Die stark viskosen, stabilen Schäume sind makroskopisch den vielfach beschriebenen *Nocardia*-Schäumen sehr ähnlich. Mikroskopisch wurde aber *Microthrix parvicella* als dominanter Fadenorganismus in allen Anlagen mit weitergehender Abwasserreinigung identifiziert. *Nocardia* spielt bei der Schaumbildung in solchen Anlagen keine große Rolle, dagegen wurde *M. parvicella* dominant im belebten Schlamm, im Schaum und im Faulbehälter gefunden. Daraus folgt, daß das Ausfaulen des Sekundärschlammes aus der aeroben Stufe der Anlagen zu einer Anreicherung von *M. parvicella* und möglicherweise deshalb zum Schäumen des Faulbehälter führt. Bekämpfungsmaßnahmen gegen das massenhafte Vorkommen von *M. parvicella* im Faulbehälter müssen daher aus den Ursachen entwickelt werden, die dazu führen, daß *M. parvicella* dominant im Belebungsbecken wächst.

Wachstumsvorteile für *M. parvicella* gegenüber den nicht fädigen, flockenbildenden Bakterien ergeben sich aus einer Reihe synergistischer Effekte, die positiv auf das Wachstum *von M. parvicella* wirken. Die Wachstumsvorteile resultieren aus den niedrigen Schlammbelastungen < 0,08 g BSB_5/(g TS d), die zum Zwecke einer vollständigen biologischen Nitrifikation gefordert werden. Zusätzlich führen Abwässer aus der indirekteinleitenden Lebensmittelindustrie mit hohen Fettkonzentrationen und stoßweise erhöhten Tensidkonzentrationen zu einem Wachstumsvorteil von *M. parvicella* und zur verstärkten Schaumbildung auf diesen Kläranlagen. Besonders bei der Kombination dieser Faktoren kommt es aufgrund eines für die nichtfädigen Mikroorganismen ungünstigen BSB_5:Fett-Verhältnisses zu einem Wachstumsvorteil für *M. parvicella*.

M. parvicella, Nostocoida limicola II und *Typ 0092* finden in Kläranlagen mit biologischer Phosphorelimination, niedrigen BSB_5-Schlammbelastungen zum Zwecke der Nitrifikation, hohen Fettkonzentrationen im Zulauf sowie bei hohen

Tensidkonzentrationen eine ökologische Nische und bilden im belebten Schlamm solcher Anlagen eine charakteristische Mischpopulation aus. Diese kann auch die anaeroben Bedingungen im Faulbehälter überstehen und führt aufgrund ihrer physikalisch-chemischen Eigenschaften zum Schaum im Faulbehälter. Schaumbildungen auf dem Belebungsbecken und im Faulbehälter sind in diesem Sinne ursächlich miteinander verknüpft.

Literatur

1. Wells WN, Garret MT Jr (1971) Getting the most from an activated sludge plant. Public Works, 102:63–69
2. Lechevalier HA (1975) Actinomycetes of sewage treatment plants. USEPA Rept No 600/2-75/031, Cincinnati, OH
3. Pipes WO (1978b) Actinomycetes scum production in activated sludge. J Wat Pollut Control Fed 50:628–634
4. Dhaliwal BS (1979) *Nocardia amarae* and sludge foaming. J Wat Pollut Control Fed 51: 344–350
5. Richard MG, Jenkins D, Hao O, Shimizu G (1982a) The isolation and characterisation of filamentous microorganisms from activated sludge bulking. Rept No 81-2, Sanitary Eng Env HIth Res Lab, Univ of Calif, Berkeley, CA
6. Strom PF, Jenkins D (1984) Identification and significance of filamentous microorganisms in activated sludge. J Wat Pollut Control Fed 56:449–459
7. Blackbeard JR, Ekama GA, Marais GvR (1986) A survey of bulking and foaming in activated sludge plants in South Africa. Wat Pollut Control 85:90–100
8. Lemmer H (1986) The ecology of scum causing actinomycetes in sewage treatment plants. Wat Res 20:531–535
9. Minnikin DE (1982) in: Ratledge C, Stanford J (eds) The biology of the mycobacteria. Vol 1. Academic press, London, p 95–184
10. Ho CF, Jenkins D (1991) The effect of surfactants on *Nocardia* foaming in activated sludge. Wat Sci Tech 23:879–887
11. Cha DK, Jenkins D, Lewis WP, Kido WH (1992) Process control factors influencing *Nocardia* populations in activated sludge. Water Env Res 64:37–44
12. v. Niekerk A, Kawashigashi I, Reichlin D, Malea A, Jenkins D (1987) Foaming in anaerobic digesters – a survey and laboratory investigation. J Wat Pollut Control Fed 59:249–253
13. Wheeler DR, Rule AM (1980) The role of *Nocardia* in the foaming of activated sludge: Laboratory studies. presented at Georgia Water and Polln Control Assoc Ann Mtg, Savannah, GA
14. Lau AO, Strom PF, Jenkins D. (1984b) The competitive growth of flocforming and filamentous bacteria: A model for activated sludge bulking. J Wat Pollut Control Fed 56:52–61
15. Jenkins D, Richard MG, Daigger GT (1993) Manual on the causes and control of activated sludge bulking and foaming. Lewis publishers, Michigan, p 19–82
16. Drews G (1983) Mikrobiologisches Praktikum. Springer Berlin Heidelberg, p 102
17. Süßmuth R, Eberspächer J, Haag R, Springer W (1987) Biochemisch-mikrobiologisches Praktikum. Georg Thieme Verlag, Stuttgart, p 62
18. Foot RJ, Kocianova E, Forster CF (1992) Variable morphology of *Microthrix parvicella* in activated sludge systems. Wat Res 7:875–880
19. Slijkhuis H (1983a) The physiology of the filamentous bacterium *Microthrix parvicella*. Dissertation Landbouwhogeschool Wageningen, Niederlande
20. Slijkhuis H (1983b) *Microthrix parvicella*, a filamentous bacterium isolated from activated sludge. Cultivation in a chemically defined medium. Appl Environ Microbiol 46:832–839
21. Pitt PA, Jenkins D (1990) Causes and control of *Nocardia* in activated sludge. J Wat Pollut Control Fed 62:143–156
22. Chudoba J, Grau P, Ottova V (1973a) Control of activated sludge filamentous bulking – II. Selection of microorganisms by means of a selector. Wat Res 7:1389–1406

23. Lemmer H (1992) Fadenförmige Mikroorganismen aus belebtem Schlamm, ATV-Dokumentation und Schriftenreihe aus Wissenschaft und Praxis, Heft 30
24. Eikelboom DH (1977) Identification of filamentous organisms in bulking activated sludge. Prog Wat Tech 8:153–161
25. Haberkern B (1988) Schwimmschlamm- und Schaumbildung durch fadenförmige Mikroorganismen auf Kläranlagen unter besonderer Berücksichtigung von *Nocardien.* Diplomarbeit, Universität Stuttgart
26. Scheer H (1994) Biologische Phosphorelimination – Bemessung und Modellierung in Theorie und Praxis, Veröff d Inst f Siedlungswasserwirtschaft und Abfalltechnik der Universität Hannover, H 88
27. Goddard AJ, Forster CF (1987) A further examination into the problem of stable foams in activated sludge plants. Microbios 50:29–42
28. Wanner J, Grau P (1989) Identification of filamentous microorganisms from activated sludge: A compromise between Wishes, Needs and Possibilities. Wat Res 22:1317–1320
29. Eikelboom DH, van Buijsen HJJ (1983) Handbuch für die mikroskopische Schlammuntersuchung, F. Hirthammer Verlag, München, p 42
30. Helmer C (1994) Einfluß von Temperatur und Stoßbelastungen auf die Mikroflora der belebten Schlämme in Bio-P-Anlagen, Veröff. d. Inst. für Siedlungswasserwirtschaft und Abfalltechnik der Universität Hannover, H 89
31. Comeau Y, Hall KJ, Hanock REW, Oldham WK (1986) Biochemical model for enhanced biological phosphorus removal, Wat Res 20:1511–1521
32. Maschlanka J (1989) Phosphatelimination, Korr Abw 8:882–888
33. Wentzel MC, Lötter LH, Loewenthal RE, Marais GvR (1986) Metabolic behaviour of *Acinetobacter spp.* in enhanced biological phosphorus removal – a biochemical model. Water SA: 12:209–224

Nachwort

Anlaß für dieses Buch war die Erkenntnis, daß die Abwasserreinigung zwar ein interdisziplinäres Gebiet ist, daß aber die verschiedenen Disziplinen noch zu wenig miteinander kommunizieren. Es sollte eine Bestandsaufnahme dessen werden, was die Biologie der Abwasserreinigung inzwischen zu bieten hat: Ansätze zum Verständnis der ökologischen Zusammenhänge, in denen die Organismen stehen, von denen die Abwasserreinigung vollbracht wird. Wenn von „Ökologie der Mikroorganismen in Abwasser" die Rede ist, dann dürfte dies durchaus unterschiedliche Assoziationen hervorrufen. Der Ingenieur tendiert dazu, die Kläranlage primär als technisches System zu betrachten, das so weit wie möglich nach mechanistischen Gesetzmäßigkeiten funktionieren sollte und nicht so unvorhersagbar und unberechenbar wie komplexe Ökosysteme. Der Biologe andererseits ist beim Stichwort „Ökologie" geneigt, nur an natürliche, hoch vernetzte und vielschichtige Ökosysteme zu denken, in denen das Abwasser als Schadfaktor eine Rolle spielen kann. Sowohl für Ingenieure als auch für Biologen ist es noch relativ neu, technische Systeme wie beispielsweise Abwasserreinigungsanlagen, Kühltürme, Wärmetauscher oder Trink- und Reinwassernetze als Lebensraum für eine Vielzahl unterschiedlicher Mikrooorganismen zu betrachten – Mikroorganismen, die in intensiver Wechselwirkung zueinander stehen können und technische Prozesse entscheidend beeinflussen.

Mikrobiologie und Ingenieurwissenschaft haben sich inzwischen durchaus einander angenähert und eine fruchtbare Zusammenarbeit begonnen. Die neuen, zum Teil revolutionären Untersuchungsmethoden, die im Laufe der jüngsten Zeit entwickelt worden sind – z. B. die Abwendung von Gensonden, Mikroelektroden oder des konfokalen Lasermikroskops –, oder auch die miniaturisierte und automatisierte Version klassischer Verfahren, haben aber bereits jetzt schon Erkenntnisse zutage gebracht, aufgrund derer die herkömmlichen Vorstellungen über die Vorgänge bei der Abwasserreinigung grundlegend verändert werden müssen. Molekularbiologische Methoden zur *in situ*-Charakterisierung von Belebtschlammpopulationen haben gezeigt, daß manche Prozesse in der Abwasserreinigung von ganz anderen Mikroorganismen bewältigt werden, als bisher angenommen wurde.

In technischen Systemen bilden sich unterschiedliche mikrobielle Lebensgemeinschaften, je nach den Bedingungen, die an der entsprechenden Stelle gegeben sind. Selbst innerhalb einer Abwasserreinigungsanlage entstehen ganz unterschiedliche Biozönosen. Auch in stark belüfteten Reaktoren gibt es Zonen, in denen mikroaerobe oder anaerobe Verhältnisse herrschen. Außerdem lebt der größte Teil der Mikroorganismen nicht in frei suspendierter Form, sondern in Biofilmen, also an Oberflächen gebunden, oder in Flocken. Diese aggregierten Systeme sind nicht homogen, sondern von Gradienten des pH, des Redoxpotentials und der Konzentrationen von Sauerstoff, Substraten, Produkten und anderen gelösten Stoffen gekennzeichnet. Das bedeutet, daß auf kleinstem Raum unterschiedliche Bedingungen herrschen, sich Zonen und Schichten bilden, in denen jeweils unterschiedliche Lebensgemeinschaften entstehen. Natürlich unterscheiden sich die Abbauleistungen dieser Lebensgemeinschaften voneinander. Es ist eine große Herausforderung für die Mikrobiologie, diese Prozesse zu analysieren und daraus ein tieferes Verständnis für die tatsächlich ablaufenden Vorgänge bei der Abwasserreinigung zu entwickeln. Im Prinzip unterscheiden sich diese Vorgänge in nichts von jenen in natürlichen mikrobiellen Ökosystemen.

Die wichtigsten Fragestellungen bei der Beschreibung mikrobieller Lebensgemeinschaften sind:

1. die Bestimmung der Diversität der Populationen, d.h. welche Mikroorganismen befinden sich in einer Lebensgemeinschaft?
2. die Beschreibung des Adaptations- und Überlebenspotentials, d.h. können jene Organismen, die zum Abbau von Schadstoffen benötigt werden, sich an die jeweils herrschenden Bedingungen anpassen und dort überleben?
3. wie wirken die verschiedenen, am Abbau beteiligten Arten miteinander und wie sind die komplexen Strukturen mikrobieller Aggregate, also von Biofilmen und Flocken, mit der Aktivität der strukturbildenden Mikroorganismen verknüpft?

Um herauszufinden, welche Mikroorganismen an der Abwasserreinigung überhaupt beteiligt sind, wurden lange Zeit nur konventionelle Kultivierungsmethoden herangezogen. Mit sehr material- und zeitaufwendigen Analysen der Flora wurden Populationen aus dem Abwasser beschrieben und verglichen. Dabei fiel auf, daß immer wieder die gleichen Gruppen von Bakterien beschrieben wurden, daß ihr quantitativer Anteil nicht mit mikroskopischen Beobachtungen in Einklang zu bringen war und daß auch keine Übereinstimmung mit dem tatsächlich beobachteten Stoffwechsel bestand.

Hier bieten die molekularbiologischen Methoden, die heute erst am Anfang ihrer Entwicklung stehen, die Möglichkeit, die Zusammensetzung der mikrobiellen Populationen genau und detailliert zu erkennen – und zwar *in situ*, also ohne Isolierung und Züchtung auf Nährmedien, die nicht mehr für die Verhältnisse im Abwasser repräsentativ sind.

Die Zuordnung spezifischer biochemischer und physiologischer Leistungen zu räumlichen Verteilungsmustern ist mit Hilfe des konfokalen Lasermikroskops möglich, das die dreidimensionale Betrachtung mikrobieller Aggregate erlaubt. Bislang wurde es auf Biofilme angewandt, aber es sind Bestrebungen im Gang, auch Flocken *in situ* zu betrachten. So ergeben sich Aussichten, diese komplexen Strukturen besser zu verstehen. Damit wird die Beziehung zwischen Struktur und Funktion der mikrobiellen Lebensgemeinschaften transparenter. Darauf können sich neue Reaktorkonzepte stützen.

Als Beispiel, um die heutigen Anforderungen an die Verfahrenstechnik zu demonstrieren, seien „Gradientenorganismen" und Anaerobier herausgegriffen. Die erste Gruppe von Mikroorganismen ist abhängig von (gegen)läufigen Gradienten und kommt natürlicherweise in Grenz- und Sprungschichten vor (Chemokline in Seen, obere Schichten anoxischer Sedimente). Aufgrund der sehr hohen Atmungsaktivität der Bakterien im Belebtschlamm können auch im Zentrum der Flocken mikroaerobe oder sogar anoxische Bereiche entstehen. Solche Zonen wurden auch in Biofilmen auf Tropfkörpern nachgewiesen. Gradientenorganismen treten also in beiden Systemen auf. Selbst anaerobe Bakterien wie Gärer, Sulfatreduzierer und Methanbakterien können in den anoxischen Nischen im Inneren von Biofilmen und Flocken überleben und auch metabolisch aktiv sein. Gerade die Gradientenorganismen sind jedoch bisher noch sehr unzureichend erforscht. Das liegt vor allem daran, daß sie schwer zu kultivieren sind. Durch die neuen *in situ*-Methoden wird es möglich sein, die Bedeutung dieser Bakteriengruppen für Abbauprozesse in Flocken und Biofilmen zu untersuchen.

Die Ergebnisse dieser Forschung dürfen allerdings nicht auf die Mikrobiologie beschränkt bleiben. Ziel muß es vielmehr sein, die neu gewonnenen Einsichten in die Praxis umzusetzen. Deshalb ist es wichtig, daß der Ingenieur sie kennt. Nur in enger Zusammenarbeit zwischen Biologen und Ingenieuren ist es möglich, diese Einsichten auf verfahrenstechnische Prozesse zu übertragen und sie bei Konzeption, Planung und beim Betrieb neuer Anlagen zu berücksichtigen, um eine Optimierung der Abbauleistungen zu erreichen.

Wir stehen also am Anfang einer neuen, spannenden und fruchtbaren interdisziplinären Zusammenarbeit. Dazu soll dieses Buch einen Beitrag leisten.

Berlin, im Mai 1995

U. Szewzyk
Ökologie der Mikroorganismen
Fachbereich 73/TU Berlin
Franklinstraße 29, 10587 Berlin

Glossar

Ammoniakoxidanten: Gruppe der nitrifizierenden Bakterien, die ihre Energie aus der Oxidation von Ammoniak zu Nitrit gewinnen.

Ammoniummonooxigenase (AMO): Schlüsselenzym der Ammoniakoxidanten. Ammoniak wird mit molekularem Sauerstoff zu Hydroxylamin oxidiert. Ein Sauerstoffatom wird dabei zu Wasser reduziert.

Anaerobe Bedingungen: Sauerstofffreie Bedingungen unter Abwesenheit oxidierter Verbindungen wie Nitrit oder Nitrat.

Anoxische Bedingungen: Sauerstofffreie, jedoch nitrit- oder nitrathaltige Bedingungen.

ARDRA: Abkürzung für Amplified Ribosomal DNA - Restriction Analysis. Hiermit wird ein Verfahren zur Erzeugung genetischer Fingerprints beschrieben. → Ribosomale → DNA wird durch den → PCR-Prozeß aus einer Gesamt-DNA-Präparation vervielfältigt (amplifiziert) und anschließend einer Restriktionsanalyse unterworfen. Dabei werden die Fragmente mit Hilfe DNA-spezifisch schneidender Enzyme (Restriktionsenzyme) in definierte Subfragmente zerlegt. Diese ergeben nach elektrophoretischer Auftrennung ein charakteristisches Bandenmuster.

Atmung: Im **aeroben Bereich** Energiegewinnung im Zuge der Elektronentransportphosphorylierung (an das Cytochromsystem gekoppelte ATP-Synthese) mit Sauerstoff als Elektronenakzeptor. Bei der **anaeroben Atmung** erfolgt die Energiegewinnung im Zuge der Elektronentransportphosphorylierung mit alternativen Elektronenakzeptoren, wie z. B. Nitrat/Nitrit unter → anoxischen Bedingungen (Nitratatmung) oder z. B. Sulfat unter → anaeroben Bedingungen (Sulfatatmung).

ATP-ADP-AMP-System: Adenosintriphosphat-Adenosindiphosphat-Adenosinmono-phosphat-System. Zentrales System des Energiestoffwechsels in der Zelle mit der Möglichkeit zur Energiespeicherung durch Umwandlung (Phosphorylierung) von AMP zu ADP bzw. ADP zu ATP.

Autochthon: Autochthone Mikroorganismen sind die natürlichen, typischerweise vorkommenden Mikroorganismen eines bestimmten Standorts (Gegensatz allochthon, d. h. von außen in ein System gebracht).

Autökologie: Teilgebiet der → Ökologie, das die biologischen Charakteristika des Individuums untersucht.

Bakteriophagen: → Viren, die ausschließlich Bakterien befallen und dort zur Vermehrung kommen.

Belebungsbecken: Reaktor im sog. Belebungsverfahren, in dem der aerobe Abbau von Abwasserinhaltsstoffen durch den Eintrag von Luft/Sauerstoff ermöglicht („belebt") wird. Dabei entsteht Biomasse, der Belebtschlamm.

Belebtschlamm → Belebungsbecken.

Bioaugmentation: Zusatz hochspezialisierter oder auch genetisch veränderter Organismen zur autochthonen Mikroorganismenpopulation einer Kläranlage mit dem Ziel die metabolische Leistungsfähigkeit zu erhöhen bzw. neue Abbaueigenschaften zu etablieren.

Biofilm: (Dünner) Aufwuchs, z.B. auf wasserumspülten Oberflächen wie Membranreaktoren, Tauchkörper, Flußsediment etc.

Biologischer Sauerstoffbedarf (BSB$_5$): Gängiges Maß für die Abbaubarkeit von Abwasserinhaltsstoffen. Die Angabe erfolgt in mg $O_2 l^{-1}$. Zur Bestimmung wird die Sauerstoffzehrung in einer Probe über 5 Tage bestimmt, die durch den mikrobiellen Abbau der Inhaltsstoffe erfolgt. Durch Zugabe von Allylthioharnstoff, der die Nitrifikation hemmt, kann der Sauerstoffverbrauch beim Abbau von Kohlenstoffverbindungen von dem der Nitrifikation unterschieden werden.

Biotop: Lebensraum einer → Biozönose.

Biozönose: Lebensgemeinschaft verschiedener Organismen in einem → Biotop.

Blähschlamm: Schlecht absetzbarer belebter Schlamm, dessen Schlammvolumenindex 150 ml/g^{-1} übersteigt und der zudem eine große Anzahl an fadenförmigen Bakterien aufweist.

BSB$_5$ → Biologischer Sauerstoffbedarf

BTS → Schlammbelastung

C1-Verbindung: Verbindungen, die reduzierter sind als CO_2, aus ein oder mehreren Kohlenstoff-Atomen bestehen, jedoch keine kovalenten C—C-Bindungen enthalten (z.B. Methan, Methanol, Formaldehyd, Formiat, Methylamine, methylierte Schwefelverbindungen, Methylphosphate, Halomethane).

Chemokline: Bereich starker chemischer Gradienten.

Chemolithoautotropher Stoffwechsel (→ Stoffwechseltypus): Organismen mit einem solchen Stoffwechsel sind in der Lage, ihre Energie aus der Oxidation (an-)organischer Substrate zu gewinnen, während ihr Zellkohlenstoff seinen Ursprung im CO_2 hat. → als Wasserstoffdonator dienen anorganische Verbindungen. Sie können in Abwesenheit von organischen Verbindungen wachsen.

Chemoorganotropher Stoffwechsel (→ Stoffwechseltypus): Organismen mit diesem Stoffwechsel benötigen sowohl als energielieferndes Substrat als auch als Quelle für den Zellkohlenstoff organische Substanzen.

Chemotaxis: Eigenschaft von frei beweglichen Organismen, auf chemische Stoffe bzw. deren Konzentrationsunterschiede durch eine gerichtete Bewegung zu reagieren.

Copepoden: Kleinkrebse der Unterklasse Ruderfußkrebse.

copiotroph: durch hohe Substratkonzentrationen ausgezeichnete Umgebung bzw. Eigenschaft von Organismen, die bei hoher Substratkonzentration maximale Wachstumsraten erzielen.

Cyprinidengewässer: (Belastete) Zone des Tieflandgewässers mit Barben-, Brachsen- und Kaulbarsch-Flunderregion (vgl. → Salmonidengewässer).

Dehydrogenasen: Gruppenbezeichnung für Proteine, die als Enzyme biologischer Oxidationsvorgänge im Stoffwechsel die Dehydrierung bzw. → Übertragung von Wasserstoff katalysieren. Der von Substraten abgespaltene Wasserstoff wird von den Dehydrogenasen auf eines der sog. Cosubstrate (Coenzyme) vom Typ NAD(P), FAD usw. übertragen, von denen er zu demjenigen Substrat transportiert wird, das hydriert (reduziert) werden soll (vgl. → Reduktionsäquivalent). Zur Aktivitätsbestimmung von Dehydrogenasen lassen sich → Tetrazoliumsalze heranziehen.

Denitrifikation: Reduktion von Nitrat zu gasförmigen Stickstoffverbindungen (NO, → N_2O, N_2) durch aerobe Bakterien zur Energiekonservierung (ATP-Synthese mit Hilfe von Cytochromen).

Denitrifikanten: Bakterien mit Atmungsstoffwechsel, die in Abwesenheit von Sauerstoff alternativ oxidierte Stickstoffverbindungen (Nitrat, Nitrit, NO, Lachgas) als Elektronenakzeptoren nutzen können. **Aerobe Denitrifikanten** können auch unter aeroben Bedingungen parallel zur Atmung denitrifizieren. Denitrifikanten kommen in nahezu allen Bakteriengruppen vor.

Desoxyribonucleinsäure (DNA) (→ Nucleinsäuren) besteht aus zwei komplementären Einzelsträngen, die insbesondere durch Wasserstoffbrückenbindungen zwischen entsprechenden Basenpaaren (Adenin – Thymin und Guanin – Cytosin) zusammengehalten werden. Der Zuckerbaustein der DNA ist Desoxyribose. Durch Erhitzen oder Alkalibehandlung kann eine doppelsträngige DNA in ihre beiden Einzelstränge aufgetrennt werden.

Detritus: Durch Zersetzung von Tier- und Pflanzenresten entstehendes feines Material sowie mineralische Sinkstoffe.

Dichotom: Zweigeteilt, gegabelt (griech.).

DNA → Desoxyribonucleinsäure

DNA-Hybridisierung → Hybridisierung

Durchflußzytometer: Gerät zur schnellen Untersuchung vieler einzelner Zellen. Bei einer Rate von mehreren tausend Zellen pro Sekunde können für jede Zelle mehrere Eigenschaften gleichzeitig gemessen werden.

EGW (Einwohnergleichwert) → Einwohnerwert

Einwohnerwert (EW): Bei der Bemessung von Kläranlagen wird die Fracht an Abwasserinhaltsstoffen in Einwohnerwerten angegeben. Die EW setzen sich zusammen aus der Summe von Einwohnern (E) und den sog. Einwohnergleichwerten (EGW). Pro Einwohner wird eine tägliche → BSB_5-Fracht von 60 g angenommen; die BSB_5-Fracht industrieller Abwassereinleitungen wird über die Division durch 60 g BSB_5 in Einwohnergleichwerte (EGW) umgerechnet.

Epifluoreszenzmikroskopie: Verfahren, mit dem sich nach Einstellung einer bestimmten Wellenlänge Bakterien, die mit Fluoreszenzfarbstoffen bzw. fluoreszierenden Oligonukleotidsonden markiert sind, direkt mit hoher Auflösung quantifizieren lassen.

Epiphyten: Auf Oberflächen aufwachsende pflanzliche Organismen.

EPS = Extrazelluläre polymere Substanzen: Sie werden von Mikroorganismen ausgeschieden und bestehen zum überwiegenden Teil aus Polysacchariden, können aber auch deutliche Anteile an Proteinen, Glycoproteinen und Lipoproteinen enthalten.

Eukaryonten: (auch Eukaryoten) Organismen, die sich durch einen Zellkern sowie eine durch Membranen bewerkstelligte Aufteilung des Zellkörpers auszeichnen (Gegensatz → Prokaryonten). Zu dieser Gruppe gehören die Pilze sowie ein- und mehrzellige Pflanzen und Tiere.

Eutrophierung: Zunahme des Grades der → Trophie eines Gewässers.

EW (→ Einwohnerwert)

E (Einwohnerzahl) → Einwohnerwert

Flotation: Auch „Schwimmaufbereitung" genanntes Trennverfahren zur Aufbereitung von Salzen, Erzen oder Abwässern. Sie macht sich die unterschiedliche Grenzflächenspannung von Feststoffen gegenüber Flüssigkeiten und Gasen zunutze.

Fluoreszenz: Moleküle eines fluoreszierenden Stoffes absorbieren Licht einer bestimmten Wellenlänge (Farbe), wodurch Elektronen dieser Moleküle aus dem Grundzustand in ein höheres Energieniveau überführt werden. Da die absorbierte Energie in mehreren Stufen mit strahlungslosen Übergängen wieder abgegeben wird, ist das emittierte Fluoreszenzlicht energieärmer, also langwelliger als das Anregungslicht.

G + C-Gehalt: Guanin- + Cytosin-Anteil der → DNA (siehe auch → Nucleinsäuren).

Gensonden (→ Nucleinsäure-Sonden): Nucleinsäuresonden sind einzelsträngige Nucleinsäuren, die Markierungsstoffe tragen wie z. B. Radioisotope, Fluoreszenzfarbstoffe, Haptene. Sie binden unter geeigneten Bedingungen spezifisch an komplementäre → DNA- oder → RNA-Sequenzen. Nach ihrer Länge unterscheidet man Oligo- und Polynucleotidsonden.

Gram-Färbung: Färbung zur Differenzierung von Bakterien. Die Reaktion beruht auf Unterschieden im Zellwandaufbau. Gram-negative Bakterien (Rotfärbung durch Safranin) enthalten typischerweise eine dünne Mureinschicht und eine äußere Membran, Gram-positive (Blaufärbung durch Kristallviolett) haben eine dickere Zellwand mit mehrschichtigem Mureinnetz sowie Teichonsäuren u. ä..

Grenzflächenaktive Stoffe: Sammelbezeichnung für in der Regel organische Verbindungen, die sich aus ihrer Lösung an Grenzflächen wie Wasser/Öl oder Wasser/Luft stark anreichern und dadurch die Grenzflächenspannung herabsetzen.

Heterotroph → Stoffwechseltypus

Hybridisierung: Zusammenlagerung (Reassoziation) von komplementären → DNA- und/oder → RNA-Strängen durch Basenpaarung. Darunter fällt z. B. die Bindung einer Nucleinsäuresonde an die entsprechende Zielnucleinsäure. Bei der DNA-Hybridisierung werden die zwei reversibel verbundenen, komplementären Stränge der → DNA durch Hitze oder Alkalibehandlung voneinander getrennt. Nach Abkühlung oder Neutralisation können sie durch Hybridisierung wieder miteinander zum Doppelstrang reagieren. Es müssen nicht die ursprünglich miteinander verbundenen Stränge wieder miteinander reagieren, es kann auch eine markierte → Gensonde, deren Sequenz zu einem bestimmten Bereich der denaturierten Ziel-DNA komplementär ist, mit dieser reagieren. Durch die Markierung der Sonde läßt sich das Vorhandensein der Zielsequenz in einer Probe nachweisen, indem in einer chemischen oder physikalischen Reaktion ein Signal erzeugt wird.

Hydrogenase: Enzym, das molekularen Wasserstoff direkt in für die Zelle nutzbare → Reduktionsäquivalente umwandelt. Mikroorganismen, die ihre Energie aus der Oxidation von Wasserstoff zu Wasser gewinnen, werden als Knallgasbakterien bezeichnet.

Hydrophil = wasserliebend. Eine Substanz ist hydrophil, wenn sie die Tendenz hat, in Wasser einzudringen und dort zu verbleiben. Hydrophile Gruppen von grenzflächenaktiven Stoffen sind typischerweise Carboxylat-, Sulfat- oder Sulfonatgruppen, Polyetherketten.

Hydrophob = wasserabstoßend. Eine Substanz ist hydrophob, wenn sie die Tendenz hat, nicht in Wasser einzudringen und darin zu verbleiben. Hydrophobe Gruppen grenzflächenaktiver Stoffe sind typischerweise langkettige oder aromatische Kohlenwasserstoffreste.

Hydroxylaminoxidoreduktase: Neben der → Ammoniummmonooxigenase zweites Schlüsselenzym der → Ammoniakoxidanten. Es oxidiert Hydroxylamin zu Nitrit. Nur bei dieser Reaktion werden die für die Zelle energetisch nutzbaren → Reduktionsäquivalente gebildet.

Hyphe: Fädige Zellen, charakteristisch für Pilze und pilzähnlich wachsende Bakterien der Actinomyceten/Streptomyceten-Verwandtschaft.

Induktion: Neusynthese oder verstärkte Bildung von Enzymen als Antwort auf einen äußeren Reiz. Die Induktion stellt eine reversible Anpassung der Zelle auf veränderte Umweltbedingungen dar.

In situ-**Hybridisierung (Einzelzellhybridisierung):** Bei dieser Methode der → Hybridisierung werden die Zielnucleinsäuren, in der Regel die in zahlreichen Kopien vorliegenden → RNA-Moleküle, meist mit fluoreszenzmarkierten Oligonucleotidsonden direkt in Zellen nachgewiesen, die vorher durch Fixierung durchlässig (permeabel) gemacht wurden.

Intracytoplasmatisch: Innerhalb der Zelle (Protoplast) gelegen.

kbp (Kilobasenpaare): Größeneinheit für ein doppelsträngiges → DNA-Molekül als Vielfaches seiner kleinsten Einheit, dem Basenpaar.

Klonierung: Eigentlich bezeichnet Klonierung die Herstellung identischer Kopien eines Lebewesens oder eines → DNA-Moleküls. In der Gentechnik wird der Begriff meist umfassender verstanden und beschreibt die Einlagerung (Insertion) von → DNA-Fragmenten in einen Vektor, z. B. ein → Vektor → plasmid, und Übertragung in eine Bakterien- oder eukaryontische Zelle mit anschließender (ausschließlicher oder zumindest bevorzugter) Vermehrung derjenigen Zellen, die ein Vektorplasmid erhalten haben.

Konfokale Laserscanning-Mikroskopie: Lasergestütztes mikroskopisches Verfahren zur Erzeugung optischer Schnitte unter Beibehaltung der Materialstruktur, d.h. nichtdestruktiv. Der Einbau einer geeigneten Lochblende in den Strahlengang ermöglicht die Detektion von Fluoreszenzlicht, das ausschließlich von fluoreszenzmarkierten Zellen der vorgegebenen Fokusebene stammt. Durch digitale Bildauswertung wird eine dreidimensionale Analyse der untersuchten Objekte bei gleichzeitiger Reduktion der Hintergrundfluoreszenz möglich.

Konjugation: Gerichtete Übertragung von genetischem Material (Chromosom oder → Plasmid) durch direkten Kontakt von einer Spender(Donor)- zu einer Empfänger(Rezipienten)zelle.

Lachgas (N_2O): Farbloses, relativ stabiles Spurengas der Atmosphäre, das zum Treibhauseffekt in der Atmosphäre und zur Ozonzerstörung in der Stratosphäre beitragen kann. N_2O-Quellen sind biologische und chemische Prozesse, aus denen Lachgas freigesetzt wird. N_2O-Senken sind Böden und Gewässer, in denen das Lachgas zu Stickstoff reduziert wird. In der Stratosphäre wird Lachgas photolytisch abgebaut. Unter N_2O-Verweilzeit ist die mittlere Lebenszeit von Lachgas in der Atmosphäre zu verstehen.

Lithoautotroph → **Stoffwechseltypus**

Low F:M bulking: Blähschlammbildung in niedrig belasteten Anlagen (der Ausdruck „food:microorganism (F:M) ratio" im Englischen entspricht dem deutschen Ausdruck „→ Schlammbelastung" für das Verhältnis der Fracht an organischem Material zur in der Anlage vorliegenden Biomasse $(kg\ BSB(kg \cdot d)^{-1})$.

Makrophyten: Ohne Hilfsmittel wie Mikroskop etc. wahrnehmbare pflanzliche Organismen.

Metabolismus: Stoffwechsel.

Methylotrophie: Verwertung von → C1-Verbindungen als Kohlenstoff- und Energiequelle.

Mixotroph → **Stoffwechseltypus**

MPN = Most Probable Number-Technik: Methode zur Bestimmung der Bakteriendichte über Verdünnungsreihen, unter der Voraussetzung einer homogenen Verteilung der Organismen.

N_2O → **Lachgas**

N_2O-Reduktase: Denitrifikationsenzym, das N_2O zu molekularem Stickstoff reduziert. Bei den → Nitrifikanten ist dieses Enzym noch nicht biochemisch charakterisiert.

Neuston: Lebensgemeinschaft von Mikroorganismen (z.B. Bakterien, Pilze, Algen, höher organisierte Organismen) an der Grenzfläche zwischen Wasser und Luft.

Nitratammonifikation: Nitratreduktion in zwei Schritten, wobei die Reduktion von Nitrat zu Nitrit mit einem Energiegewinn für die Zelle einhergeht, die Reduktion von Nitrit zu Ammonium hingegen nicht.

Nitrifikation: Oxidation von Ammonium über Nitrit zu Nitrat, durch die die beteiligten Mikroorganismen Energie gewinnen können (→ ATP-Synthese). Bei der heterotrophen Nitrifikation geschieht die Oxidation durch heterotrophe Organismen (→ Stoffwechseltypus) ohne Energiekonservierung.

Nitrifikation/Denitrifikation: Simultane N./D. bedeutet das gleichzeitige Ablaufen der Reaktionen in einem Reaktor, z.B. dem → Belebungsbecken. **Intermittierende N./D.** bedeutet das Ablaufen der Reaktionen zeitlich oder räumlich versetzt.

Nitrifikations-Denitrifikation: Reduktion von Nitrit zu → N_2O, möglicherweise auch zu N_2, durch ammoniumoxidierende → Nitrifikanten bei vermindertem pO_2, vermutlich zur → ATP-Synthese.

Nitrifikanten: Zwei Gruppen nicht näher miteinander verwandter, → chemolithoautotropher Mikroorganismen, die ihre Energie aus der Oxidation von Ammoniak zu Nitrit bzw. von Nitrit zu Nitrat gewinnen. Als Quelle für den Zellkohlenstoff kann CO_2 assimiliert werden. Diese Organismen gelten gemeinhin als obligat aerob.

Nitritoxidanten: Gruppe der → Nitrifikanten, die ihre Energie aus der Oxidation von Nitrit zu Nitrat gewinnen.

Nitritreduktase: Denitrifikationsenzym, das Nitrit zu NO reduziert. Für die Nitritreduktase der → Nitrifikanten ist NO noch nicht sicher als Produkt nachgewiesen, es ist aber zu vermuten, daß es auch hier entsteht und dann von einer NO-Reduktase weiter zu N_2O reduziert wird.

Nitrobacter: Gattung der → Nitritoxidanten. Dazu gehören z.B. Arten wie *N. vulgaris* oder *N. hamburgensis.*

Nitrosomonas: Gattung der → Ammoniakoxidanten. Dazu zählen Organismen wie *N. europaea* oder *N. eutropha.*

Nucleinsäuren: Chemische Verbindungen, die die genetische Information in ihrer Sequenz (d.h. in der Abfolge ihrer Bausteine) speichern. Dabei handelt es sich um hochmolekulare Säuren aus verschiedenen Komponenten (Heteropolymere), die aus Pentosezuckern (Ribose in der → RNA, 2-Desoxyribose in der → DNA) aufgebaut sind, die durch Phosphodiester-Bindungen zu einem langen Einzelstrang verknüpft sind. Die Zuckerreste sind jeweils in C3-Stellung mit Purin- (Adenin, Guanin) oder Pyrimidinbasen (Cytosin, Thymin oder Uracil) substituiert. Ein Bauelement aus einem Zucker, einer Base und dem Phosphorrest wird als Nucleotid bezeichnet. Die Basen Adenin, Guanin, Cytosin und Thymin (in der DNA) bzw. Uracil (in der RNA) bilden die vier „Buchstaben" des genetischen Codes. Zwei Nucleinsäuresequenzen sind komplementär, wenn sich Paare aus Guanin und Cytosin oder Adenin und Thymin (bzw. Uracil) gegenüberliegen. Über Wasserstoffbrücken zwischen diesen Basenpaaren verbinden sich beide Ketten zu einem hybriden Doppelstrang. Durch Veränderung von Temperatur oder Salzkonzentration lassen sich beide Stränge voneinander trennen oder wieder vereinigen (→ Hybridisierung).

Ökologie: Wissenschaft, die sich mit der Aufklärung der komplexen Beziehungen und Wechselwirkungen von Organismen untereinander bzw. zur umgebenden Außenwelt befaßt.

Ökosystem: Wirkungsgefüge, das von Organismen und ihrer Umwelt gebildet wird. Es umfaßt die Gesamtheit der → Biozönose in einem Areal (→ Biotop) sowie deren Stoffkreisläufe und mannigfaltigen Beziehungen und Wechselwirkungen.

Oligotroph: durch niedrige Substratkonzentration ausgezeichnete Umgebung bzw. Eigenschaft von Organismen, mit niedriger Substratkonzentration maximale Wachstumsraten zu erzielen.

PCR: Abkürzung für Polymerase Chain Reaction, die sog. Polymerasekettenreaktion. In der PCR werden in einem vielfach wiederholten Cyclus → DNA-Fragmente exponentiell angereichert. Die Startpunkte der Synthese der amplifizierten DNA mit Hilfe einer hitzestabilen DNA-Polymerase wird durch die Eigenschaften von zwei Startermolekülen (Primer) festgelegt, die mit spezifischen Regionen der Ziel-DNA reagieren (→ hybridisieren) können.

Phagen: → Bakteriophagen.

Phagozytose: (griech.) Aufnahme von partikulärem Substrat (z. B. Bakterien) in die Zelle.

Phenetisch: Das Erscheinungsbild betreffend, im Gegensatz zu → phylogenetisch, wo der zeitliche Faktor eine Rolle spielt.

Phylogenetisch: stammesgeschichtlich. Als phylogenetischen Marker bezeichnet man ein Merkmal, das Aufschluß über die stammesgeschichtliche Verwandtschaft von Organismen gibt.

Plasmid: Kleines ringförmiges oder lineares → DNA-Molekül, das zusätzlich zum Chromosom in vielen Bakterien und in einigen → Eukaryonten vorkommen kann. Plasmide tragen z.B. Gene für Antibiotikaresistenzen (Resistenz(R)-Plasmide) oder für Enzyme ganzer Abbauwege (katabolische Plasmide). Sie werden unabhängig vom Chromosom vermehrt und können übertragen werden (→ Konjugation).

Planktische Organismen (im allgemeinen Sprachgebrauch auch planktonisch oder planktontisch bezeichnet, was aber sprachlich nicht richtig ist): Im Wasserkörper lebende, mit den Wasserbewegungen passiv treibende Organismen (z. B. Bakterioplankton, Phytoplankton, Zooplankton).

Polyphyletisch: mehrere stammesgeschichtliche Entwicklungslinien betreffend.

Prokaryonten: (auch Prokaryoten) Organismen, denen ein von einer Membran umschlossener Zellkern fehlt und die insgesamt sehr einfach gebaut sind (vgl. → Eukaryonten). Zu dieser Gruppe gehören die Bakterien.

RAPD: Abkürzung für **Random Amplified Polymorphic DNA.** In einer → PCR, die nur einen Typ Startermolekül einsetzt, werden Fragmente vervielfältigt (amplifiziert), deren Informationsgehalt im einzelnen nicht bekannt ist. Die erzeugten Fragmentspektren sind aber reproduzierbar und spezifisch für einzelne Stämme von Bakterien oder anderen Organismen.

RFLP: Abkürzung für **Restriktionsfragment-Längenpolymorphismus.** Dieser kommt dadurch zustande, daß eine bestimmte Region aus dem Genom zweier zu vergleichender Organismen in der → DNA-Sequenz einzelne Unterschiede aufweisen kann. Dies kann dazu führen, daß die Region aus dem einen Stamm von einem Restriktionsenzym geschnitten wird, die homologe Region aus dem anderen Stamm aber nicht. Eine Analyse der mit diesem Enzym erhaltenen Spaltprodukte zeigt dann unterschiedlich lange Fragmente und damit einen Polymorphismus der Längen dieser Restriktionsfragmente.

Redoxreaktionen: Reduktions-Oxidations-Reaktionen. Chemische Reaktionen, bei denen ein oder mehrere Elektronen von einem Elektronen-Donor (Reduktionsmittel) auf einen Elektronen-Akzeptor (Oxidationsmittel) übertragen werden. Im Zellstoffwechsel dient oft ein Wasserstoffatom als Elektronenüberträger (→ Wasserstoffdonator). Ein → Reduktionsäquivalent ist synonym mit 1 Mol der bei einer Redoxreaktion ausgetauschten Elektronen. Im Zellstoffwechsel sind Redoxreaktionen weit verbreitet. Beispiele für hintereinandergeschaltete Redoxreaktionen in Redoxkaskaden sind die

Atmungskette und die Photosynthese. Die dabei frei werdende Energie wird in Energiespeichern wie → ATP festgelegt.

Redoxpotential: Reduktions-Oxidations-Potential. Bezeichnung für das in Volt ausgedrückte Potential (Redoxspannung) eines Redoxsystems gegenüber der Normalwasserstoffelektrode oder einer anderen Bezugselektrode.

Reduktionsäquivalente: Aktivierter, coenzymgebundener Wasserstoff (z.B. an NAD = Nicotinamidadenindinucleotid gebunden als $NADH_2$ oder an FAD = Flavinadenindinucleotid gebunden als $FADH_2$), siehe auch → Wasserstoffdonator, → Redoxreaktionen). Die Reduktionsäquivalente sind für die Zelle nutzbare Reduktionsmittel.

Reservestoffe: Meist makromolekulare Speicherstoffe, die vorübergehend dem Fließgleichgewicht des Stoffkreislaufs entzogen und bei Bedarf als Bau- und Energiemittel in den Stoffwechsel zurückgeführt werden (z.B. Kohlenhydrate wie Glykogen, Lipide wie Poly-beta-hydroxybuttersäure, Polyphosphate (Volutin)).

Ribonucleinsäure (RNA): Diese enthält im Unterschied zur → DNA Ribose statt Desoxyribose als Zuckerbaustein und Uracil statt Thymin als Base. Sie liegt normalerweise als Einzelstrang vor, kann aber mit komplementären Nucleinsäuren auch einen Doppelstrang bilden.

Ribosomale → RNA: Die ribosomalen RNA-Moleküle (rRNA) bilden zusammen mit den ribosomalen Proteinen die Ribosomen, an denen die Proteinsynthese jeder Zelle stattfindet. Jedes Bakterienribosom enthält drei verschiedene rRNA-Moleküle, eine ca. 120 Nucleotide (→ Nucleinsäuren) lange 5S-rRNA, eine ca. 1500 Nucleotide lange 16S-rRNA und eine ca. 3000 Nucleotide lange 23S-rRNA. Die Basenabfolge in den rRNAs verschiedener Arten von Lebewesen ist zum Teil unterschiedlich. Aus der Häufigkeit von Sequenzunterschieden lassen sich Verwandtschaftsgrade verschiedener Organismen berechnen. Die rRNA-Moleküle haben sich als ideale Uhren der Entwicklungsgeschichte von Organismen, der Evolution, erwiesen: je unterschiedlicher die Sequenzen der Nucleotide sind, umso weniger verwandt sind die entsprechenden Mikroorganismen. rRNA-Moleküle kommen in der Regel in hohen Konzentrationen von 10^4 bis 10^5 Kopien pro Zelle vor und lassen sich deshalb sehr sensitiv nachweisen. Durch rRNA-gerichtete Hybridisierungssonden werden Sequenzunterschiede zur Unterscheidung von Arten oder Gruppen von Organismen bei → Hybridisierungen genutzt.

Salmonidengewässer: (Wenig belastete) Zone des Berggewässers mit Äschen- und Forellenregion (vgl. → Cyprinidengewässer).

Saprobie: Grad der Belastung von Gewässern mit biologisch abbaubarer, organischer Substanz, der mit Hilfe von biologisch-ökologischen Verfahren ermittelt wird; **oligosaprob** = unbelastet bis gering verunreinigt; **beta-mesosaprob** = mäßig verunreinigt; **alpha-mesosaprob** = stark verunreinigt; **polysaprob** = sehr stark verunreinigt.

Schaum: Gebilde aus gasgefüllten Zellen, die durch flüssige, hochviskose oder feste „Zellstege" begrenzt werden.

Schlammbelastung (BTS): Maß für die auf die Biomasse in einem → Belebungsbecken auftreffende Fracht an Abwasserinhaltsstoffen (im englischen

„food:microorganism ratio"). Die Angabe erfolgt als Schmutzstofffracht pro Tag, ausgedrückt als → Biologischer Sauerstoffbedarf, bezogen auf die Trockenmasse (TS) des → Belebtschlammes im Belebungsbecken, z. B. kg BSB_5 kg^{-1} TS d^{-1}. Hohe Belastungen liegen im Bereich von über 0,5, mittlere Belastungen im Bereich zwischen 0,15 und 0,5, niedrige Belastungen unter 0,15 kg BSB_5 kg^{-1} TS d^{-1}.

Sessile Organismen: Ortsgebundene, auf natürlichen oder künstlichen Substraten lebende Organismen (z. B. Aufwuchs, Biofilm).

Sequenzierung: Ermittlung der fortlaufenden Struktur aufeinanderfolgender Einheiten, z. B. der Abfolge der Basenpaare in einem → DNA-Molekül.

Stoffwechseltypus: Hinsichtlich der Energiequelle, der → Wasserstoffdonatoren und der Kohlenstoffquelle werden verschiedene Stoffwechseltypen unterschieden: Die Energie kann durch Licht bzw. über chemische Verbindungen gewonnen werden (**Photo-** bzw. **Chemotrophie**); als Wasserstoffdonatoren können anorganische bzw. organische Verbindungen dienen (**Litho-** bzw. **Organotrophie**); als Kohlenstoffquelle können CO_2 oder Carbonate bzw. organische Verbindungen dienen (**Auto-** bzw. **Heterotrophie**). Wachstum mit einem Gemisch von anorganischen und organischen Substraten wird als **mixotroph** bezeichnet.

Synökologie: Teilgebiet der → Ökologie, das → Ökosysteme und → Biozönosen auf ihre Struktur sowie die dort herrschenden Wechselbeziehungen und Regelprozesse untersucht (Gegensatz → Autökologie).

Tetrazoliumsalze: Bezeichnung für farblose bis gelbliche salzartige Verbindungen, die sich vom Tetrazoliumkation ableiten. Dieses wird im allgemeinen als 2H-Tetrazol-3-ylium formuliert mit Substituenten in 2-, 3- und 5-Stellung. Die Tetrazoliumsalze entstehen aus den stark farbigen Formazanen durch Dehydrocyclisation und gehen durch Reduktion wieder in diese über. Diese Reaktion wird zum Nachweis von Hydrogenasen-Systemen verwendet.

Transduktion: Übertragung von → DNA aus einer Spender- in eine Empfängerzelle mit Hilfe von Bakteriophagen. Dabei wird ein kleines Stück Spender DNA zusammen mit der Virus-DNA in den Viruspartikel verpackt und anschließend übertragen.

Treibhauseffekt: Allmähliche Erwärmung der Atmosphäre durch Absorption der von der Erde reflektierten Infrarot-Strahlung durch „Treibhaus"-Gase wie Kohlendioxid, Lachgas, Methan, Ozon, Fluorchlorkohlenwasserstoffe und Wasserdampf.

Trophie: Intensität der Primärproduktion in einem Gewässer. Die Primärproduzenten sind photo- und chemoautotrophe Organismen (→ Stoffwechseltypus), die aus gelösten anorganischen Verbindungen unter CO_2-Fixierung organische Materie aufbauen (Primärproduktion).

Vektorplasmid: Ringförmiges Trägermolekül für die Klonierung von → DNA, das sich in lebenden Zellen als selbständige genetische Einheit vermehrt und diesen Zellen eine Eigenschaft verleiht, aufgrund derer sie von Zellen abgetrennt werden können, die kein Plasmid tragen.

Viren: Infektiöse Agentien, die keinen eigenen Stoffwechsel besitzen und als Parasiten für ihre Vermehrung auf die Zellen echter Organismen angewiesen sind (vgl. → Bakteriophagen).

Wasserstoffübertragung: Im Zellstoffwechsel durch Enzyme katalysierte Übertragung von → Wasserstoffdonatoren auf Wasserstoffakzeptoren; diese Reaktion stellt eine spezielle Form von → Redoxreaktion dar. Bedeutende Wasserstoffübertragungsreaktionen finden in der Zelle in der Atmungskette, im Citrat-Cyclus oder bei der Photosynthese statt.

Wasserstoffdonator: Im Stoffwechsel laufen im Zuge des Auf-, Ab- und Umbaus von Zellbestandteilen zahlreiche, durch Enzyme katalysierte → Wasserstoffübertragungsreaktionen ab, wobei Coenzyme wie NAD oder FAD als Wasserstoffakzeptoren bzw. -donatoren wirken (siehe auch → Reduktionsäquivalent).

Xenobiotika: Stoffe natürlichen oder synthetischen Ursprungs, die durch menschliche Aktivitäten in unnatürlichen Konzentrationen oder an nicht natürlichen Standorten auftreten.

Sachverzeichnis

Springer-Verlag und Umwelt

Als internationaler wissenschaftlicher Verlag sind wir uns unserer besonderen Verpflichtung der Umwelt gegenüber bewußt und beziehen umweltorientierte Grundsätze in Unternehmensentscheidungen mit ein.

Von unseren Geschäftspartnern (Druckereien, Papierfabriken, Verpackungsherstellern usw.) verlangen wir, daß sie sowohl beim Herstellungsprozeß selbst als auch beim Einsatz der zur Verwendung kommenden Materialien ökologische Gesichtspunkte berücksichtigen.

Das für dieses Buch verwendete Papier ist aus chlorfrei bzw. chlorarm hergestelltem Zellstoff gefertigt und im pH-Wert neutral.